李洪卫 —— 编

心性、情感与道德认知

当代儒学道德心理学的前沿问题探索

河北出版传媒集团
河北人民出版社
石家庄

图书在版编目（ＣＩＰ）数据

心性、情感与道德认知 ： 当代儒学道德心理学的前沿问题探索 / 李洪卫编. -- 石家庄 ： 河北人民出版社，2024.7

ISBN 978-7-202-16779-3

Ⅰ．①心… Ⅱ．①李… Ⅲ．①儒学－道德心理学 Ⅳ．①B82-054

中国国家版本馆CIP数据核字(2024)第027596号

书　　名	心性、情感与道德认知——当代儒学道德心理学的前沿问题探索	
	XINXING QINGGAN YU DAODE RENZHI	
	DANGDAI RUXUE DAODE XINLIXUE DE QIANYAN WENTI TANSUO	
编　　者	李洪卫	

责任编辑　郭　忠　吕东辉
美术编辑　于艳红
责任校对　付敬华

出版发行　河北出版传媒集团　河北人民出版社
　　　　　（石家庄市友谊北大街330号）
印　　刷　河北锐文印刷有限公司
开　　本　787毫米×1092毫米　1/16
印　　张　25
字　　数　356 000
版　　次　2024年7月第1版　2024年7月第1次印刷
书　　号　ISBN 978-7-202-16779-3
定　　价　98.00元

目 录

心性、情感与道德认知之间的
内在统一性考察

——当代儒学道德现象学和道德
心理学前沿思考的巡礼

李洪卫

这本文集编辑的主要目的是，尝试以此为路径探索儒家思想的核心要义究竟为何？当然，从最终目的来说，这本书并不试图直接回答这个问题，而只是为这个问题的探索提供一些可能的侧面的思考，即对"情理"问题的思考。就本书来说，这个问题探索的着力点是儒学之中情的根源、发用与理的规范、节制以及理的自我认知之间内在关系特性或者"情理"内在机理究竟是什么？以及是否有某种本体论的根据在其中存焉。如果借用西方哲学和伦理学的术语来说，就是理性主义伦理学和情感主义伦理学之间的关系。这种在西方伦理学中展现为相互分离、相对存在甚至有些内在紧张甚或冲突的关系，在中国哲学尤其是儒学思想中是一个什么样的样态？同时，该问题的探究对儒学发展、中国哲学发展乃至对哲学本身（包括可能的未来的世界哲学）的发展提供什么样的可能契机？

本书的具体目标是指向情感与理性统一的，① 但是这二者在哲学史上向来是分属于人类个体两个不同层面的范畴，一般来讲是相对而出的，甚至于从讨论的性质来说经常处于一种对立关系之中，至少在西方哲学史上是很难并立的，这当然需要说明的是，它首先是从人类行动的维度展开的论证。从柏拉图那里开始基于人的天赋秉性的差异强调个体内在理性的特殊性质及其决定性或行动性质的层次性，这是他的认识论和实践哲学思想相一致的表现，到了近代经验主义哲学家那里呈现出相反的态势，譬如休谟就说情感是人类行动法则的依据，理性只是供情感展开发挥的手段。他说："第一，理性单独决不能成为任何意志活动的动机，第二，理性在指导意志方面并不能反对情感。"② "单是理性既然不足以产生任何行为，或是引起意志作用，所以我就推断说，这个官能（理性）同样也不能制止意志作用，或与任何情感或情绪争夺优先权。"③ 休谟强调的是"我们的行为与我们的动机、性情和环境，都有一种恒常的结合"④，他将人的行为和自然界存在的生物的行动的"动机"属性有类似的比拟，至少从行动"必然性"上是如此，⑤ 这与康德强调的人的行动主要是道德行动的自觉性自主性是直接冲突的，当然，休谟这里并没有直接区分道德行为和其他行为，而是将之一体观之，这也是他与理性主义尤其是义务论的伦理学相区别之所在。在这个意义上，儒家哲学在某些方面与之类似，譬如人类行动的先天动机方面，这是二者具有共性的地方，但是又有很大的不同，譬如人类行动的自主性层面，二者之间就存在着十分明显的差异。如果我们说牟宗三哲学之所以要和康德哲学

---

① 这里所谓的"统一性"并不是要说二者之间的"同一性"，这是自然的，因为作为哲学范畴二者之间的对象指称就存在基本的差异，这里的意思如下文所说的，是就讨论个体行动的功能方面而言。当然从中国哲学尤其是儒释道观念来说，二者之间的统一性还有更深层意义的蕴涵，但这是另外一个更加重大但是更加复杂的问题，还不是本文和选编本书的主旨。

② ［英］休谟：《人性论》（下），关文运译，郑之骧校，商务印书馆1996年版，第451页。

③ 同上，第452-453页。

④ 同上，第439页。

⑤ 同上，第442页。休谟在这一节都在讨论人的行动的必然性问题，他说"由于证明我们自由的欲望是我们行动的唯一动机，所以我们就永远不能摆脱必然的束缚。"［休谟：《人性论》（下），关文运译，郑之骧校，商务印书馆1996年版，第447页。］

做出对接，其中重要原因之一即在于此。①

本文集所选编的论文从认识基础上聚焦于儒家的"情理"观念，它超越了关于儒学单纯的理论或性论的争执，仅就这个问题的相关思考，自 20 世纪以来以及晚近三十年来中国哲学的研究看，有三个环节值得注意：第一阶段是梁漱溟先生对儒学特性之"理性"（情理）界定的断言，这个概念在今天仍被学界继续关注和诠释，其思想意义及其潜能仍然十分可观；第二阶段是 20 世纪现代新儒家心学一系尤其是牟宗三哲学的内涵，他虽然没有就理性主义和情感主义伦理学做直接的论述，但是其对儒家的分系说、对康德哲学的分疏与整合、对儒家仁性特质的把握，其实将这二者的复杂性和可能的潜在的联系进行了相当程度的疏导，但是在学界的讨论中，被表面上他对康德哲学的关注所笼罩，导致产生了诸多可能的多元解释甚至误解（诸如黄进兴与李明辉的争论便多少涉及于此，即儒学究竟是近康德还是近休谟等等意见的提出和不同论证），本文集中的部分篇章多少触及到了这部分内容；第三个阶段是近三十年来，舍勒现象学的引入与会通以及关于 resonableness 和 raitionality 等问题的讨论，将这个问题的研究拓宽到更加复杂和深厚的中西哲学的比较视域中。我这里仅就部分问题尤其是与本文相关度较高的论题做一简要的概述，以大体呈现本文集选编的基本要旨。

本文集大体涉及三个方面的问题，第一，从儒学视角考察孔子仁心和孟子恻隐之心的情理向度及其经验根据和先验根据；第二，以道德现象学和情感主义伦理学的西方视野，即从舍勒等现象学和西方情感主义伦理学角度审视或比较儒家道德情感与理性之间的内在同一性问题；第三，道德心理学中的移情和同情，这也是晚近以来西方道德心理学的重要话题之一，而其中正涉及儒家尤其是先秦儒家譬如孟子恻隐之心的分析，涉及到移情与同情之间的区分及其关联。最早就儒家"情理"做出

① 当然，这不是牟宗三哲学主动与康德哲学对接比较的唯一原因，因为牟宗三对接康德哲学，既看到了他与儒家哲学之间的对应性一面，又看到可以改变和发展的一面，同时，牟宗三注意到康德提出的现象与物自身、智的直觉、自由意志等诸多方面的思考与儒家哲学之间存在着相互对话的契机，这是需要作出说明的。

界定和思考的是现代新儒家的早期代表梁漱溟先生，他根据孔子之仁的特性最先界定儒家之心是仁心，但不是纯粹的"理性"，当然也不是单纯的情感，而是"情理"，他又将之称为"理性"，但这是与西方哲学中的理性概念大异其趣的，笔者曾就此有一评论：

> 梁漱溟把仁心称作"情理""理性"。梁漱溟提出的孔子的"理性"概念颠覆了我们通常从西方哲学所接受的"理性"概念，他指的是人的"情理"，梁漱溟对"理性"的界定，本于他在《东西方文化及其哲学》中的直觉，尤其是仁心之"寂"和"感"。寂是根本，感是寂的直发状态，是理性具体的呈现，它以寂为本。寂不是枯，而是平和，从根本上说也不是一般的平和而是一种完全的不受外界扰动困惑的心理状态，即喜怒哀乐未发谓之中，即中的状态，但是作为本体之中显然不易得，因此，梁漱溟有时候也用我们寻常的平和说理性。①

关于梁漱溟"理性"或情理问题的探讨，学界于最近二十年有多种相关论著研究，尤其是论文涉及更多，有些知名学者如李景林、童世骏、顾红亮等，还有一些青年学者也有相关研究发表，本文集中也有多位学者如赵法生、蔡祥元等涉及到这个话题。与此相关的是有关儒家仁心本身的属性及其本体论的认识，这是一个更加显赫且探讨更多的问题，这个问题与牟宗三的三卷本名著《心体与性体》密切相关，由此引发的一个话题是宋明儒家直接提出（其实从孟子"万物皆备于我"开始）的"万物一体之仁"的问题。这个话题牵涉儒家从孔子开始的仁心的情感属性、理性或理智属性以及其对天地万物的感通能力等等多方面的研究课题，甚至间接关系到儒学本体论中的理论、气论和心论等相关问题，同时它本身也是一个本体论思考的进路，即"万物一体之仁"既是孔子以降儒家仁性的属性及其内涵检讨，也是儒家对人与天地关系之根源性的考察，因此，所谓内外超越作为一个近二三十年来的重要研究课题始终不衰皆与此有关，本文集中蔡祥元、李洪卫的论文即涉及到后面这个

---

① 李洪卫：《天道、仁道与公共规则——儒学中个体价值的天道根基与时代转进》，河北人民出版社 2022 年版，第 168 页。

问题。因此，所谓内在超越问题不是与儒学的道德情感的伦理学和道德心理学无关，而是有深层的关联，甚至是对其本体论的思考方向之一。

就第二和第三个问题，我想就此做一个整体性的简要概述。黄进兴在《所谓"道德自主性"——以西方观念解释中国思想之限制的例证》一文中提出下列看法：

> 如果把道德的来源或基础建立在"道德情感"之上，依康德而言，即为"道德他律"（moral heteronomy），由此而衍生的行为准则即缺乏"普遍性"与"必然性"。譬如，一个人因为"怜悯"而帮助他人，如果他后来对此人"失去怜悯感"，则必将不再帮助此人。伦理真正的关键却是一个人"应该"或"必须"帮助他人（假若后者需要援助的话），即使此一行为违反他主观的喜好或意愿，而这个只能经由理性来决定，非能诉诸所谓的"道德情感"。①

黄进兴就此问题展开的讨论指向是牟宗三对中国儒学的研究应该嫁接的是苏格兰情感伦理主义的哲学，而不是康德哲学，作为牟宗三弟子的李明辉就此进行了辩护性论证，他分析了晚期康德和早期康德之间的差异，强调早期的康德对情感的思考更加复杂，另外，他想指出的是："在康德底系统中，道德主体虽仅是理性主体，这个理性主体却也是道德法则底制定者；但在朱子底理、气二元间架中，性只是理（道德法则），心则旁落于气，只能认知地赅摄理，而不能规定之。"② 李明辉试图借助于朱子和象山、阳明之间的区分肯定牟宗三对道德主体性的关注，这是与康德哲学相通的。他们争论的焦点其实是儒家哲学的情感与理性如何分布的问题，或者是仁心是否是理性的？仁心中的"情感"是一种什么样的情感？这些问题与本文集也是直接相关的。

本文集论文作者之一的卢盈华教授在其专著《道德情感现象学——透过儒家哲学的阐明》中，对该问题有过不小篇幅的论述，他指出孟子因为提出四端之心而有时被理解为一个休谟主义者，即黄进兴的看法，他随即指出："然而，二者之间存在着一个被忽略的根本差异：对休谟来

---

① 黄进兴：《优入圣域——权力、信仰与正当性（修订版）》，中华书局 2010 年版，第 12 页。
② 李明辉：《儒家与康德》，联经出版事业公司 1990 年版，第 9 页。

说，感受可以被还原为感觉（sensation），而孟子认为感受并不建立在生理心理状况之上。这一差异对他们各自的伦理学理论具有重要意义。"① "笔者认为，康德的义务论（deontology）更接近孟子的思想。"② 但是，这不等于卢盈华就认同孟子思想与康德思想贯通性，他在一些方面赞同李明辉，一些方面又有所批评，譬如他说："牟宗三和李明辉明智地宣称，儒家心学认可'本体论的觉情'，然而他们将理以及仁义礼智解释为道德法则却是缺乏说服力的。"③ 卢盈华的主要观点更加接近并采用舍勒现象学的架构方式，这也是当下中国儒学现象学的重要研究侧面。但是，就文集来说，只有卢盈华、蔡祥元的论文比较多地运用了这个方法，但是仅就其解释能力和研究前景说，还是有很大前景的。

道德现象学或儒学现象学研究是当代中国儒学研究的一个热点，也是一个重点，其中包括倪梁康教授、已故的张祥龙教授、张庆熊教授等以西学起家又会通中西的学者，以及后起的张伟（张任之）教授等等，这个学术进路上的学者进行了广泛的中西比较研究，舍勒现象学是这个学术脉络中的主要学理基础（倪梁康教授则以胡塞尔为主，同时延伸到舍勒等），卢盈华教授也大体在这个方向上着力。就新近研究来说，儒学的伦理学研究还是以与舍勒现象学的比较为主，因为，舍勒现象学的特征就是现象学的价值伦理学，他强调人类的伦理价值的先验性与经验性的统一，同时强调存在"纯粹经验"，同时反对康德纯粹的形式主义的偏向，仅就这一点我们就能直观地感受到舍勒现象学与儒学尤其是以心性学为主的这个向度的儒学之间的内在联系，因此这种比较研究方兴未艾，虽然在本文集中展现并不多。我们这里只是选取了卢盈华教授关于"敬"的一篇论文作为代表。因为，笔者在选编该论文集的时候，其实

① 卢盈华：《道德情感现象学——透过儒家哲学的阐明》，江苏人民出版社 2021 年版，第 8 页。
② 同上，第 9 页。
③ 同上，第 16 页。就该问题说，笔者也曾在讨论牟宗三的论文中提及黄进兴和李明辉的争论，该文是笔者投稿于 2018 年孔学堂现代新儒学大会的会议论文，探讨牟宗三的"理性心"的观念，其中涉及到相关内容，但是由于该文后期修改延宕，直到近期或可能刊发，故此处便不再赘述文中内容。

在开始并没有一个规范性的设定或标准，只是凭借一个感觉在知网上下载相关论文。直到去年卢盈华教授惠赐他的大作，我才看到在他的著作中可能有其他论文也可以选取。但是我个人还是基于普遍选自于期刊的原则，没有增加或更替，因为这篇论文同样非常典型地代表着相关研究的成果。

如果要从本文集的选编篇幅看，情感主义伦理学和道德心理学的研究几乎成为主流，而且是以西方哲学和心理学或神经科学的新近研究成果为基础的，并作了认真的中西会通式研究。这里面包括了当代流行的美国情感主义伦理学家斯洛特的成果的引入，并就此与儒学伦理学尤其是孟子伦理学中的恻隐等观念以及引申出来的同情、移情等等哲学和心理学问题展开了比较深入的探讨，这些论文的特点是直接面对儒家尤其是孟子思想的恻隐等观念本身，把移情说与同情说、感通说等等进行了比较思考，也对斯洛特思想本身进行了比较细致的分析。而本文集作者中的心理学家们则对当代心理学和神经科学的最新成果作了介绍，乃至于将宗教学中的"精神性"（sipirituality）和心理学中身心健康、心理咨询以及更加重要的是儒家思想中显性的和潜能性的价值进行了疏通，试图对此在学理乃至于身心实践方面提供一些思想和实践方案，显然这是有大功于学界和社会层面的事业。因为儒学本身并不仅仅是书斋中的研究工作，从其本身的历史起源来说，它就是对个体和人类生存样式、发展方式等思考，与其他信仰性的价值体系有其相近之处。凡此上述种种，只是试图概括性地就本文集选编的宗旨或主题作一简要说明。下文则会就每一篇论文都作一介绍，以试图为读者通读文集提供一个思想引领，但是这只是一个导读，是阅读思考的开始而不是阅读和思考的终结，因为下面的介绍只是笔者个人的阅读经验，而且是十分肤浅的。下面就按照本选集的几个结构性顺序做一介绍。

一 情理界定与原始儒家相关思想的起源讨论

本书第一辑部分主要是初步论述儒家情感与理性的统一性问题，包括"情理"观念的大体界定及其形成，① 包括原始儒家相关的论述。

徐嘉的《儒家伦理的"情理"逻辑》，开篇即指出：

> 可以说，儒家伦理在起源阶段具有明显的美德伦理的特征，即美德的形成以人性为基础，而人性以"情感"为本质特征。其所遵循的是"情理"逻辑，这也成为儒家伦理的一种"基因"，一直影响到宋、明时期的理学与心学。此言"情理"，指的是"情感理性"，即以情感为出发点与价值标准的理性思维形式，在伦理学研究中，是指具有道德意味的情感的理性化，也就是将主观性、个体性的情感经由人的理智的加工，而成为具有普遍性、合理性的伦理原则。具体而言，儒家伦理以"共通的情感"（"共情"）为基础，确定人皆有"移情（empathy）"的能力，并以概念化、逻辑化的方式确立了善恶标准与道德行为方式。这种"情感理性"不同于康德的理性主义伦理学（"纯粹实践理性"以先验的普遍必然性为前提，无关乎情感），而与休谟、斯洛特（Michael Slote）的情感主义伦理学相似。②

他和本书很多学者同样准确地指出："梁漱溟先生是最早意识到儒家伦理这个特点的学者。"③ "自孔子开创儒学一脉，儒家伦理就以'仁'为核心，并将'仁'奠基于血缘亲情之上，朴素、自然而直接，既尊重人之常情，视其为基本价值，又超越血缘情感，走向'爱人'。不仅如此，孔子认为，合乎自然的情感都是美好的，情感的熏陶是达到'仁'的重要方式。"④ "李泽厚先生在反思理性主义的缺憾时认为，人之情感应该成为哲学最根本的基石，并将情感提高到'情本体'的高度。他说：'所谓本体即是不能问其存在意义的最后实在，它是对经验因果的超

---

① 就本书而言，"情理"的内涵并不特别严谨，学术界的相关论述根据侧重点不同，也存在比较多元化的看法，因此关于"情理"还没有形成一个十分严格的定义，但是不妨碍在日常交流中使用它，然而还无法就此以"情理"直接界定儒家关于人性本质与展开、良知本性、良知发用等等方面的属性，只是作为该问题讨论的重要出发点之一。

② 徐嘉：《儒家伦理的"情理"逻辑》，载《哲学动态》2021年第7期，第104页。

③ 同上，第105页。

④ 同上。

越.'情感本身即是'人生的真谛、存在的真实、最后的意义'。要全面把握'人'就要从情本体入手,而这恰恰是儒家哲学、儒家伦理的根基。"① 徐嘉在这里从孔子之仁直接通到了李泽厚的"情本体论",因此,他在某种意义上亦是以情或仁情言性,因此,他又指出,"孔子强调内心的仁始于亲情;孟子言性善源于'不忍人之心',并以情言性,以'共情'为基础作为人的'善之萌芽',使得伦理的根基更具普遍性;而道德行为的最终价值目标,在孔子看来是实现'仁',在孟子看来是'求放心',亦是以人的情感为根据。"② 儒家的思想特质"情理"其实自身存在一些紧张,即情即理,但是情如果是理,那么情感是千差万别的,都能确认为理吗?心学的良知在阳明那里是理,但是是要回到其本体上才能有所保证,如果仅仅是良知端绪的发用,这是否是理又是一个有争议的问题了。

徐嘉看到了这个问题,他说:"'致良知'是一种情感体验式的认识,不思不能自觉其存在,而把握良知在某种程度上要靠'觉','随他多少邪思枉念,这里一觉,都自消融'(《传习录》下)。这是良知的自我觉悟,但人之觉悟各不相同,其与主观性思维相关,因而是不确定的。这是王阳明'致良知'的真正问题,也是心学体系内无法克服的难题。"③ 徐嘉在这里肯定阳明对朱子外在性天理的超越,回到情性自身,但是由于徐嘉将良知之情本身视作理,尤其是没有看到情理本身的先验基础性,即他肯定了李泽厚的"情本体"则一定程度上忽略了儒家关于"性"的思考与生命体验,这样对情理问题的处理,则失去了宋明儒家在超越层面上的"平衡",即情或情理出于先验的非情非理的转折,其实他对此也有所认识,即阳明强调的"无过无不及"等。如果我们说儒家的思想特质是"情理"的时候,不仅仅是以情为理(当然该文以及其他论文对此都有清晰的认识,这个情不是常规意义上的"情感"之情),而是一种"性情"(当然不是日常所谓"真性情",日常的"真性情"是真情,儒家的"性情"是由性展开的

---

① 徐嘉:《儒家伦理的"情理"逻辑》,载《哲学动态》2021年第7期,第106页。
② 同上,第109页。
③ 同上,第111页。

情），所以，徐嘉关于儒家"情理"逻辑的探讨揭示了一些重要的问题，但是也遗留了一些困难有待澄清。

赵法生《情理、心性和理性——论先秦儒家道德理性的形成与特色》，强调从孔子仁学开始，经历思孟之间的历史过渡，到孟子才最终完成其总体的逻辑构造，该文的标题即充分彰显一种规范性的界定之意：

> 因此，如果我们用"理性化"来表达儒家道德思想的特征，那么理性化的实现正是通过从性情论到心性论的转变而完成的，儒家的理性其实是"心性"，孟子的心性论是儒家道德思想理性化的完成形态。当然，这里理性的含义不同于康德的实践理性。正如叔本华指出的，康德的实践理性从本质上讲依然是理论理性，是对道德法则的理性分析，意在把握道德法则的形而上本质，至于道德行为的现实发生路径，并非它关注的重点。就此而言，康德的实践理性依然是知识论，仍然不是实践的。相比而言，儒家的道德理性由于通过心性论有机整合了心、性、情三者，实现了情理合一、心性合一、性情合一，它就不仅是理性的，而且是实践的，这种心性论必然导向工夫论，以工夫论为归宿。①

从笔者思考角度看，赵法生该段论述基本抓住了儒家作为生命实践"哲学"的本质，同时也点出了儒家"道德理性"不同于康德"实践理性"的特质，即实践或践履与纯粹的理论思维之间的基本区别。

李洪卫《孔子论"直"与儒家心性思想的发端——也从"父子互隐"谈起》，主要是从孔子就一种"情感"的论述展开，即冯友兰特别强调的作为"仁"之基础和底色的"直"的特征与属性，借此展开孔子本人思想的特性之一，即孔子的仁学论述是从人性之情感展开出发的，他没有直接设定人性的本质，也没有像宋明理学家那样就人性之仁心充分展开而讨论与天地感通的属性，而是从生命的基本元素出发的，依赖这些元素同时辅之以生活修行中的锻造成就个体。此文指出，孔子的道德价值目标是"仁"，"直"是它的素朴的底色和基础，冯友兰曾经于此

---

① 赵法生：《情理、心性和理性——论先秦儒家道德理性的形成与特色》，载《道德与文明》2020年第1期，第46页。

有深入的论述。李洪卫由上述进一步展开，"'直'是'仁'的内在心理
基础、底色，它可能合于中道，也可能有时失于偏激。但由此不难看出，
'诚'如果表征个人心理状态的一种完善状况，那么，'直'则是它的初
级或原始状态，二者之间是相通的。故刘宝楠训'直'为'诚'：盖直
者，诚也。诚者内不以自欺，外不以欺人。《中庸》云：'天地之道可一
言而尽也。其为物不贰，则其生物不测。'不贰者诚也，即直也。故系辞
传言乾之大静专动直，专直皆诚也，不诚则无物，故诚为生物之本。"①
"在孔子看来，只有仁者才能够真正喜欢一个人，或厌恶一个人。可能在
一般人看来，这里有些奇怪，'好人'、'恶人'成了一种能力，一般人
的好恶未必是真的，而这正是孔子的高迈之处。"② "直与礼是矛盾的统
一体，'直'具有先赋性，而'礼'则是后天学习的结果，没有前者，
后者即失去了赋有的基础和条件。荀子谈化性起伪，但人如果没有善根，
则'伪'就彻底成了伪装，与其内心就成了两张皮，人就成了披着道德
枷锁的奴隶。所以，孔子又说：'义以为质，礼以行之。'（《论语·卫灵
公》）"③

从作者这里的论述可以看出，儒家是以人性中素朴的本性为基础并
加以道德锻造的，即"天生德于予"与"性相近，习相远"二者之间的
辩证统一。同时，又须看到，在人性之中先天也有"恶"的元素（如果
通过修养工夫溯其本源、回复到本体，则"恶"的元素消解）也需要双
重规范才能实现对它的遏制，即道德和法律的双重制约，道德约束一般
是以道德习俗和个人自律相结合的形式出现，同时必须看到的是，道德
的约束就共同体而言最终是要建立在法律普遍性的基础之上的，同时，
道德习俗不仅能抑恶还能扬善，否则人类所有宗教和道德习俗的意义就
消失了。

李瑞全在《儒家道德规范之情理一源论——孟子不忍人之心之解

---

① 李洪卫：《孔子论"直"与儒家心性思想的发端——也从"父子互隐"谈起》，载《河北学
　　刊》2010 年第 2 期，第 230 页。
② 同上，第 229 页。
③ 同上，第 230 页。

读》中强调：

> 在此我们所要强调的是孟子以仁义礼智皆出于心，皆以心为道德之善的根源所在：仁义礼智都是基本的道德原则，都是理，此即表示"不忍人之心"显然不只是一感情而已，它同时即是一理性的存有（rational being）之主体性。理性的特色就是具有普遍性，普遍的意义。但此理性存有的心同时具有另一重要的特色就是能思（think or reflect）。孟子在其后即谓：我们常判定别人之"不能"实行仁义，或能够"知皆扩而充之"等，都说明孟子之"不忍人之心"具有认知和反省的能力。孟子更在另外的一些文献中特别指出"心之官则思，思则得之，不思则不得也"（《孟子·告子》上6A：15）等说法，强调心之思的能力。这说明了孟子之"怵惕恻隐之心"同时具备了思考反省的能力，不纯然只是一感性或感官机能。而孟子之"思"或"知皆扩而充之"所指的固然可包含各种事物之思考或反思，更重要的是对于道德的认知与反思。换言之，不忍人之心不但是道德感情的发源地，也同时是道德理性或道德原则的根据地。因此，不忍人之心既是情，亦是理。此即初步表示孟子所说的不忍人之心在怵惕恻隐的道德经验中，情与理实为一体，并未分家，不是两组机能结合，亦非如西方哲学家常是以情、理为对反而不可共容于道德的根源之说。孔孟或儒家在此毋宁是以道德经验所含的正是合情合理而不可无端分割的整体的经验实在。西方哲学的知、情、意三分毋宁是经分解之后的说明，而非道德经验之本真情状。[1]

李瑞全在此处同上述赵法生所言，他特别强调了儒家的实践性本质特征，同时也具体展开了这种实践性本质的修养工夫论特质，当然，说此工夫论即意味着其中的"能动性"特征，而不是理性本身纯粹的"认知"属性，他说："工夫论之成立有两个先行的条件，一是有一理想人格的目标，二是有一能实现此人格之能力。工夫则是由发挥此能力，而

---

[1] 李瑞全：《儒家道德规范之情理一源论——孟子不忍人之心之解读》，载《国学学刊》2014年第3期，第11页。

成就理想人格实现的历程。因此，工夫论即说明成就理想人格的能力之不断升进之历程，而且此能力之累积对于行动主体成功理想人格的表现是有所增益的。"① 这种对于实践工夫论的重视，其实可以展示儒学的特殊性，即其非宗教非哲学，亦宗教亦哲学之特殊品格，这是值得我们继续深入研究的。

赵法生《从性情论到性善论——论孟子性善论的历史形成》一文则尝试将他前面所说的性情与心性合一的儒学特质通过对孟子思想的研究展现出来并确证之：

> 性善论与性情论一脉相承之处在于以情论性，但是，作为四端之情与孟子之前的性情之情也有显著差异，包含着孟子性善论对传统的以情论性的重要发展，主要表现在以下方面：首先，孟子的四端已经是纯粹的道德感情。如前所述，《性自命出》中的情虽然具有道德指向性，但并不完全是道德情感；《中庸》之"喜怒哀乐"与此相似，因而才有发而中节与不中节的问题。楚简《五行》主要从道德心理机制的角度考察与仁义礼相对应的情感反应，许多情感被说成是道德的基础。到孟子，则明确将道德的情感基础限定为四端，即恻隐之心、羞恶之心、恭敬之心、是非之心，并且将这四种情感说成是"天之予我"者，其他消极性的自然感情均被排除在外。其次，性善论是性情论的完成形态。性情论以情论性，确立了从人的情感中寻找道德依据的基本路向。孟子之前，尽管可以说是性情一本，情与性在内涵上相通，层次上相同，但是，性具于人而源于天，比情离天命更近一层，所以孔孟之间的儒家文献资料论性情，必先言天言命，再言性，然后由性说到情。可是，在孟子的性善论中，对性与情的言说方式发生了重要变化。②

他在对孟子思想的阐释中推及到了气的层面，也由此就牟宗三单纯

---

① 李瑞全：《儒家道德规范之情理一源论——孟子不忍人之心之解读》，载《国学学刊》2014年第3期，第14页。

② 赵法生：《从性情论到性善论——论孟子性善论的历史形成》，载《南京大学学报（哲学·人文科学·社会科学）》2020年第4期，第29页。

强调道德之性提出了一定的批评：

> 然而，人何以有此道德感情，道德感情形成的内在机制是什么？楚简《五行》对仁义礼智圣五行"形于内"之说已经触及这一问题，而孟子很可能是受此启发，并根据"心之官则思"的思想，进一步提出了"恻隐之心、羞恶之心、恭敬之心、是非之心"的四端，并形成了良心和本心的概念，说这是"天之与我者"，而良心或本心正是道德感情的感受主体，所以四心的说法，实现了情的官能化和主体化，从而在心性论的意义上确证了人之道德主体性，由此迈出了性善论最重要的一步。但是，正如前面已经说过的，孟子所说的心，是感受性的心，心之内容包括情，孟子从未脱离人的道德情感说心。这样，孟子以心论性，从不离开人之心说性；然而孟子又是以情论心，从不脱离人的感情说心，而不论是道德感情还是自然感情，都属于气，所以以心论性的确是孟子的新说，但此新说其实是对于以情论性和以气论性的总结与提升，孟子完成了一大综合，将原始儒家心、性与情这三个核心概念统一起来并赋予了新的含义，《性自命出》中的性情一本演变为心、性、情一本，原始儒家的人性论也从性情论转变为性善论，性善论成了性情论的完成形态，但无论是以情论性和以心论性，都与气论存在着某种历史渊源。①

> 牟先生说情才"其所指之实即是心性"，本无不可，关键在于他对于心与性的理解，心与性是本体与实体，必然与气无干，而情与才既然只是表达心性而无独立意义，也必然与气无关，他于是建立了另一个"洁净空阔"的世界，它不叫"理"而称"心"，但在隔绝本体与现象方面，与理具有异曲同工之妙。所以，其心性尽管获得了绝对性和超越性，却面临着与朱子说的理相同的困境：它究竟如何与形下世界贯通？解决此困境，或者再走朱子"理能生气"的路子，说本心虽非气，却能生气，但这将重新陷于二本，非孟子

---

① 赵法生：《从性情论到性善论——论孟子性善论的历史形成》，载《南京大学学报（哲学·人文科学·社会科学）》2020年第4期，第33页。

义；或者说不取此说，只是认定本心的发用可以直通生活世界，可是，由于本心与气无关，体用殊绝，且心本身丧失活动义，心性本体向生活世界的跨越便无法得到切实有效说明而只能是个假设，而孟子学中居于重要地位的"践形"工夫，也就丧失了实践基础。①

赵法生此处提出的关键问题是，牟宗三的心性论或心学论述在思想深处又回到了他视之为"歧出"的理学，这其实也是笔者在思考牟宗三某些思想内涵时的困惑之处。由此，我们又可以知道，儒学所以在宋明理学中形成理学和心学的分野在理论和实践层面都有其深刻的背景和发展可能性，这方面的研究虽然很多，但是如何在理、心二元性对立的思维中跳出来，则是我们今天需要面对的课题。

二 中西哲学比较视域中的儒家道德情感思想及其超越性与西方情感主义伦理学

第二辑内容重点讨论对宋明理学道德情感相关思想的论证和该阶段思想对原始儒学的演进，尤其是在本体论证明方面的推进，同时涉及到该阶段哲学家与斯洛特等人的比较问题，即所谓情感主义伦理学与儒家思想的对话。

黄勇试图通过对宋明儒家的思考，为儒家思想特性寻找一个坚实的理论基础，但是这个基础是超越所谓理性主义和情感主义二元论的，他个人倾向于美德伦理学的论证。他在《程颢的美德伦理学：超越理性主义与情感主义之争》中认为："如果如牟宗三所说，理本身也是一个变化之物，那么它跟同样作为变化之物的万物有什么根本的不同呢？它跟万物的关系是什么呢？它的变化跟万物的变化的关系是什么呢？这些牟宗三的解释必然会面临的问题都是理论上无法回答的问题，而程颢的理的概念本身根本不会面临这样的问题。"② 其实这里可以辨析的是，牟宗

① 赵法生：《从性情论到性善论——论孟子性善论的历史形成》，载《南京大学学报（哲学·人文科学·社会科学）》2020 年第 4 期，第 37 页。
② 黄勇：《程颢的美德伦理学：超越理性主义与情感主义之争》，载《东南大学学报（哲学社会科学版）》2020 年第 5 期，第 7 页。

三之理有两个维度，第一，它是宇宙变化之道，第二，它是人心中之理，二者在一定意义上又存在统一性，这是他的即存有即活动的真义。但是黄勇在这里将牟宗三之所谓理理解为和程颐同样的外在之理则似乎是不太相应的，程颢和程颐的关系与此相类似，因为程颢的理并不是一个设定，也不是法定的规则，而是生命状态的中和。黄勇与其他学者稍有不同的是，他在此特别强调了明道对"生"的二元性阐释，即生是万物的特性，因此不能就以此作为界定为人的本质，故他（明道）进一步强调仁义礼智信的人的特质属性，这才是仁性和人性，二者之整合构成儒家的本体论证明。但是揆诸牟宗三学说，仅仅从这一点来说与黄勇的观点不仅不冲突还是一致的。① 黄勇在论述儒家尤其是宋明儒家之仁体即"一体之仁"中则确切把握了明道思想宗旨：

> 但我们如果知道他人身上有痛痒，我们则往往没有帮助他们去除这样的痛痒的自然倾向，特别是如果这样的帮助行为与去除我们自身的痛痒或追求我们自身的快乐发生冲突的时候。在这种情况下，我们还是有可能决定去帮助他人解除他们的痛痒，我们需要确立坚强的意志去克服我们想解除自身的痛痒或追求自身的快乐的自然倾向，然后才能去做这件我们没有欲望去做的帮助行为。在这样的帮助行为中我们就不会有乐趣。为什么会这样呢？程颢说，这是因为"人只为自私，将自家躯壳上头起意，故看得道理小了佗底"（《遗书》卷二上，33）。换言之，这是因为我们还不是仁者，我们还不能感知他人的痛痒，我们还不能以需要帮助的他者为一体，将需要帮助的他者视为自己的一部分。相反，如果能以万物为一体，将他者的痛痒感知为自身的痛痒，我们帮助他者解除痛痒的行为就会与我们解除自身的痛痒的行为一样自然，也就是说，我们也跟解除自己的痛痒一样乐于去做解除他者的痛痒的事情，因为这里的他者已

---

① 在收录于本书中笔者关于牟宗三超越性论述中尤其是对于明道相关思想有比较多的展开，可以参阅。

经成了我自身的一部分。①

当然，这里涉及的问题是，如何"能够"实现以他人痛痒为自身的"痛痒"，这是一个实践或践履的问题，从儒家自身来说，这是个体变化气质的问题，由此实现"同感"。黄勇在论文中尤其解释了"同感"的六个特征，其中与同情差异的分析结论十分精彩：

> 在这个意义上，具有同感的人过的生活比具有同情的人过的生活更加令人羡慕。这是从帮助者的角度看。我们也可以从被帮助的人的角度来看具有同感的人的帮助行为和具有同情的人的帮助行为之间的差别。假如我是一个被帮助者，知道帮助我的人并没有帮助我的自然倾向，甚至是在克服了其相反的自然倾向后才帮助我，我的感受不一定会好，如果不是一定不会好的话。这也许就是有时我们听到或自己会说"我不需要你的同情"的话。相反，如果我们知道帮助我的人很乐意帮助我，他的帮助行为非常轻松和自然，我们的感受会更好一些。从这个意义上，来自同感的帮助行为较之来自同情的帮助行为，即使对于被帮助者，也有更高的价值。②

黄勇设定明道思想为美德伦理学，同时又认为，他的美德伦理学不同于单纯的情感主义或理性主义，而是二者的统一，可以避免在当代西方美德伦理学复兴运动中理性主义和情感主义的非此即彼。明道的超越性在于"关键是他独特的关于仁这种美德的概念。由于他将仁理解为对他人的痛痒的知觉及其伴随的想解除他人所感知的这种痛痒的动机，他所理解的儒家的仁实际上就是当代心理学讨论的同感概念，而这个概念乃是当代情感主义美德伦理学的核心"。③ 但是，当代情感主义伦理学的"同感"充其极是情感的心理学或情感激发分析，但是它的论述中并没有呈现儒家通过变化气质实现身心万物的一体感，也可以说，这类似于与康德哲学之间的比较，仍然是实践与理论之间的差异。

---

① 黄勇：《程颢的美德伦理学：超越理性主义与情感主义之争》，载《东南大学学报（哲学社会科学版）》2020年第5期，第10页。
② 同上，第13页。
③ 同上，第19页。

　　蔡祥元在《从内在超越到感通——从牟宗三"内在超越"说起》中，对牟宗三的"内在超越"说进行了一定的辩护，这个辩护有一定的力量与价值。如果说"内在超越"是现代新儒学研究中最富争议的课题实不为过，而且以批判性的声音为主，牟宗三弟子包括李明辉等在内对此都有一些辩护，包括强调牟宗三对康德的诠释不是一个哲学史叙述性描述，而是哲学家的创造性诠释即对康德思想的自我理解基础上的发挥等等。① "内在超越"这个问题的理解和诠释难度较大，但是蔡祥元的解释中包含不少有价值的值得注意的内涵。他认为：

　　　　牟宗三的内在超越说是相对于西方哲学与宗教的外在超越说而言的。牟宗三本人也已经意识到这一概念可能包含理解上的矛盾，他指出"内在"与"超越"是相反的（"Immanent"与"Transcendent"是相反字）。牟宗三为什么要把这两个矛盾的词合在一起使用呢？这是为了标识中西方文化传统对超越者理解上的区别。西方哲学宗教传统中的超越者，无论是上帝还是实体，整体上言，都具有一种超出自然界或现实世界的存在方式。中国古代哲学传统中的天或天道同样也具有这个维度。但是，与西方传统不同，中国古代哲人，无论儒家还是道家，都在寻求如何把此外在的天跟人心打通。"内在超越"标识的就是这一哲理特征。②

　　蔡祥元在这里明确指出，牟宗三并非没有意识到中西哲学对"超越"的不同认识，而是他继承了中国哲学传统中的人心与天或天道沟通的特征，这是"内在超越"说提出的主要目的。"当他着眼于中国哲学来反思此超越的本体界时，他改变了康德那里的超出经验、隔离于经验之外的意思，相反，此超越界是可以为'人心'所通达的。'内在超越'说的就是此种通达的可能性。"③ 他引用牟宗三所采用的张载"廓之"试图说明牟宗三是如何论证心的涵盖与超越之语义的："张载用了'心知

---

① 这个理解不限于智的直觉、内在超越等问题，几乎囊括牟宗三对康德哲学的整个理解过程和结果。

② 蔡祥元：《从内在超越到感通——从牟宗三"内在超越"说起》，载《中国哲学史》2021 年第 5 期，第 122 页。

③ 同上，第 123 页。

廓之'来描述它。牟宗三指出，这里的'廓之'表明'心知'把握天道的方式不是把它作为认知对象（如果那样，会陷入对象化的巢窟，产生先验幻象），而是'廓之'，即以开阔其心以达到与天道的如如相应，并以此获得对天道的体知。因此心知是通过'廓之'来让天道得以'形著'的。"①

由此，蔡祥元进而论证牟宗三的内在超越与感通的关联性甚至内在一体性，并进而说明牟宗三内在超越思想的巨大空间，因此他在该文中还随机辨析了牟宗三借用发挥康德物自身概念的特殊性，即在直接对比层面是错位的，但是从中国哲学（譬如"自得"等概念）理解的维度又有相当的合理性，② 同时又明确指出，牟宗三所使用的"仁体"的创生义与西方哲学传统的明显区别。他试图通过这些辨析使包括张汝伦、黄玉顺以及杨泽波等批评限定在一定范围内，至少是对牟宗三内在超越基础性理解或同情理解的基础上，他的另一层想法则是试图阐明牟宗三的感通的相对终极的价值。他在该文最后提及到，"牟宗三有关'感应'的分析可以视作其感通论的一部分。他区分了两种不同的感应。一种是'物感物应'，也即经验层面外物感动人心的方式，此种接物的方式把握物的'现象'。另一种是'神感神应'，这就是本心仁体的觉物方式，它把握到的是'无相'的物自体。"③ 牟宗三关于"智的直觉"的讨论试图超越康德，带来了巨大的争议，其论证结果究竟如何，还需要个体身心涵养工夫的实践层面做深入探究才行。蔡祥元此文试图由此批评单纯外在超越的建构会走向与内在的对立，现象学的研究则是一种对此思考实现深化的进路。他认为："外部世界的超越性问题只能通过深化认识论的方式来重构，而不是通过回归人类文明早期的那种外在超越者来获得；也不同于内部批评者，感通现象学可以视作对内在超越如何可能的一个

---

① 蔡祥元：《从内在超越到感通——从牟宗三"内在超越"说起》，载《中国哲学史》2021年第5期，第125页。
② 同上，第126页。
③ 同上，第128页。

现象学展示，它不是去'终结'内在超越论，而是对它的深化或拓展。"① 蔡祥元上述讨论是有一定见地的，"感通"涉及到儒学和宋明儒学以及现代新儒家的基本思考和论证，同时又关涉到中西哲学之间的差异和会通的契机等方面，而内在超越的讨论则直接触及到该问题的核心部分，感通论主要是心性学的理路，但是根本上说还是"工夫论"的问题，所以李洪卫对牟宗三的相关讨论便诉诸了阳明个人的一些身心经验。

李洪卫在《心之感通与於穆不已之天道的合一——论现代新儒家"道德形上学"建构的根基》中开篇也和蔡祥元一样指出对内在超越的三位批评者，即张汝伦、黄玉顺和杨泽波，他详述了三人的主要观点，但是没有像蔡祥元那样将他们区分为外在批评和内在批评。② 李洪卫就坊间批判牟宗三为人文主义的看法进行了辩护，引用了牟宗三的原文："儒家所肯定之人伦（伦常），虽是定然的，不是一主义或理论，然徒此现实生活中之人伦并不足以成宗教。必其不舍离人伦而即经由人伦以印证并肯定一真善美之'神性之实'或'价值之源'，即一普遍的道德实体，而后可以成为宗教。"③ "一般人常说基督教以神为本，儒家以人为本，这是不中肯的。儒家并不以现实有限的人为本，而隔绝了天。他是重如何通过人的觉悟而体现天道。"④

---

① 蔡祥元：《从内在超越到感通——从牟宗三"内在超越"说起》，载《中国哲学史》2021年第5期，第128页。

② 关于牟宗三"内在超越"的讨论学术界已经十分丰富，参见赵法生、李洪卫主编《天道与超越性：当代儒学前沿问题丛书I》之一种《究天人之际——儒家超越性问题探研》。李洪卫该文是其《心性之主客观的统一与超越存有论之建立——论牟宗三"内在超越"的本质特性兼及大陆儒学的相关论述》（赵法生编《究天人之际——儒家超越性问题探研》，河北人民出版社2022年版，第358-397页）的节略版，原文3.5万字，综述中还讨论了任剑涛的相关观点，即实际是四种批评观点的综合整理，而原文最后结论部分还讨论了持一定肯定看法的黄勇《内向超越与多元文化》中的论述，限于期刊篇幅，这些内容在这篇论文删节了。

③ 牟宗三：《生命的学问》，三民书局1984年版，第73页。参见李洪卫：《心之感通与於穆不已之天道的合一——论现代新儒家"道德形上学"建构的根基》，载《中国社会科学院大学学报》2023年第8期，第45页。

④ 牟宗三：《中国哲学的特质》，吉林出版集团有限责任公司2010年版，第107页。参见李洪卫：《心之感通与於穆不已之天道的合一——论现代新儒家"道德形上学"建构的根基》，载《中国社会科学院大学学报》2023年第8期，第45页。

　　李洪卫为了论证王阳明"一体之仁"的贯通性，借以说明牟宗三论证的有效性，引用了其专著《王阳明身心哲学研究——基于身心整体的生命养成》中的片段：

　　　　能证得万物皆备于我者大体有三类共同的体认——第一，万物一体，这个一体的进一步解释是用象山语，即"宇宙不曾限隔人，人自限隔宇宙"或"宇宙即是吾心，吾心即是宇宙"，有一气流通的"通感"才有真确一体的身心状态，即身心敞开的状态和一气流通的状态，这一条是体证的基础和表现，是基础和根本。第二，心即理。无论是象山还是阳明都持此论，因为都是基于第一点而来。第三，理气不能截然对立分开。在这一点上，象山所言不多，但是明道与阳明所论多有。因为宇宙的"心"是吾心，而吾体之气是宇宙之气，所以是贯通的。这是天地万物贯通的根据。①

　　王阳明强调的是人心之本体是一个"天渊"，他所讨论的"物"当然也包括世界之"事"都是"心体之物"，这就不是批评者所说的"以心代天"了，即心是心体，而不是我们平常所说的各种层面或意义上的"心"，而由此也才能理解与把握孟子所谓"尽心知性知天"的真实意蕴：

　　　　宋明儒家所说的"万物一体""体物不遗""大心""合内外之道""宇宙便是吾心"等，也就是象山所言的"宇宙不曾限隔人，人自限隔宇宙"，是在体悟的境界层面个体与外部世界打破界限、实现贯通的生命状态，根据是气机的贯穿性。也就是说，我们每一个人本来是从存在境界与外部世界贯通的，至少是心体流行层面的贯通，没有经过道德修养和气机工夫修养的人则明显感受到个体与外部世界之间的对立，而在心学的涵养者那里则能实现这种贯通，至少是在生命体悟的层面上有此感受，甚至于实现身心的贯通并构成

---

① 李洪卫：《王阳明身心哲学研究——基于身心整体的生命养成》，上海三联书店2021年版，第377页。

道德行为上的知行合一。①

从王阳明的视角出发，感通来自于通感，通感来自于个人通过身心修养实现的生命境界的转化，用宋儒的话即"变化气质"，是变化气质之后的"自得之境"，但是牟宗三就儒家仁心和仁体统一的论述与此也是相合的：

> 牟宗三综合了觉与生生之意，将其概括为"觉润与创生"。牟宗三认为，自孔子以下的儒家，他们从仁（仁心）的觉性入手，既展示了主体的主观的情感属性，即仁心的情感性和超情感性，也即感通性和觉性，也进而以此展开了其中的万物生存成长的内在含义，谓之"觉润与创生"，"由不安、不忍、愤悱、不容已说，是感通之无隔，是觉润之无方。虽亲亲、仁民、爱物，差等不容泯灭，然其为不安、不忍则一也。不安、不忍、愤悱、不容已，即直接涵着健行不息、纯亦不已。故吾常说仁有二特性：一曰觉，二曰健"，"故吾亦说仁以感通为性，以润物为用。横说是觉润，竖说是创生"。牟宗三由此展开了仁道与仁心的统一性论述，即天道仁心之同一性论说。②

牟宗三之所以提出内在超越，并不是仅仅像大家所认为是心的超越，这是一般性认识，最好的说法是心之内在理性超越现实情感或欲望的向上一机，即超越现实生命存在的现象层面的"因果必然性"而达成一种"自由"，其实牟宗三是在体会体认宋明儒家"仁"的涵摄性、遍润性、感通性层面上加以论证的。当然，他个人缺乏宋明儒家的身心体证，这个论证还是偏于解悟层面的疏解，但是已经大体有所说明，即心与心体的界限其实已经分开，并由此试图形成一个主客观世界沟通的一体性的本体论证明："心体充其极，性体亦充其极。心即是体，故曰心体。自其为'形而上的心'（Metaphysical mind），与'於穆不已'之体合一而为一，则心也而性矣。自其为道德的心而言，则性因此始有真实的道德创

---

① 李洪卫：《心之感通与於穆不已之天道的合一——论现代新儒家"道德形上学"建构的根基》，载《中国社会科学院大学学报》2023 年第 8 期，第 51-52 页。
② 同上，第 48 页。

造（道德行为之纯亦不已）之可言，是则性也而心矣。"① 牟宗三并不是简单的陆王心学派，而是广义的心学派，他最赞叹认同的恰恰是他自己又细化分疏的濂溪明道等所谓主客观两面饱满论者。"他认为从濂溪、明道和横渠到五峰是主观与客观两方面都饱满圆润之'圆教模型'，'以心著性'以明心性为一本的最终关切，成就一本圆教（心与性非二而实则为一，也就是天道外在与德性内在的统一与同一）之实。"②

牟宗三并没有特别将理性与道德情感的二分与统一作为一个专门的课题加以充分论述，但是在他的思想展开的过程中是有相对丰富的观点的，李洪卫在该文中指出，按照康德所言，道德情感是不能普遍化而为道德法则的，因此牟宗三强调这个道德心或道德情感可以上下其讲，"下讲，则落实于实然层面，自不能由之建立道德法则，但亦可以上提而至超越的层面，使之成为道德法则、道德理性之表现上最为本质的一环。"③ 牟宗三显然试图将人们通常所理解的道德情感的本体层面展开，以此实现二者的统一性，但是这个统一性并不是在认识层面即能实现的，因为认识层面是基于个体生命的现实状态之下，在这个维度上，个体没有实现气质变化，则无法实现心体的呈露，也无法实现真实的感通。我们自然在自身存有恻隐悱恻之心，这是仁体的作用，但是这是心体的作用性发挥，而不是心体本身，所谓情感的展示与情感的超越性上升不是一回事，这是需要特别注意的。

三　儒学的道德情感思维与西方情感主义伦理学的对话

单虹泽在《论王阳明道德哲学的情感之维》中讨论了一个历久弥新的话题，即从宋代儒学理气观、性理论到阳明良知学到"自然主义"的

① 牟宗三：《心体与性体》（上），上海古籍出版社 1999 年版，第 36 页。参见李洪卫：《心之感通与於穆不已之天道的合一——论现代新儒家"道德形上学"建构的根基》，载《中国社会科学院大学学报》2023 年第 8 期，第 54 页。

② 李洪卫：《心之感通与於穆不已之天道的合一——论现代新儒家"道德形上学"建构的根基》，载《中国社会科学院大学学报》2023 年第 8 期，第 55 页。

③ 牟宗三：《心体与性体》（上），上海古籍出版社 1999 年版，第 108 页。参见李洪卫：《心之感通与於穆不已之天道的合一——论现代新儒家"道德形上学"建构的根基》，载《中国社会科学院大学学报》2023 年第 8 期，第 58 页。

转进问题："具体地讲，性情二元论向一元论的转变暗含了心学对宋代以来的理气观、身心观的调整，最终导致良知说成为一种自然主义和情感主义。首先，在理学那里，理与气分别被规定为形而上者和形而下者，七情与四端则分别被认为是气之发与理之发，二者之间存在着显著的张力。到了阳明这里，气不再被当作形下之物，反而得到了更为积极的对待。"① 他指出，良知既是一种道德情感，又是一种自然情感，二者圆融地统一于良知的本体论内涵之中。单虹泽分析阳明后学中出现自然主义情感倾向的原因时认为，"前者蕴含了伦理的向度，而后者纯是自然知觉之发用。在陆王那里，虽然接受'作用是性'的命题，但他们所讲的'作用'应兼含上述两个向度，且伦理层面的'着实用功'应在这种关系中为主导。而对王门后学而言，则在高度标榜自然情感的同时，使'自然用功'掩盖了'着实用功'，以知觉发用纯为良知之流行。"② 他和部分学者同样认为，儒学的本质是情感儒学，"我们认为，中国的传统伦理本质上就是一种情感伦理。情感构成了宋明儒学心性论的重要内核。在王阳明的道德哲学中，情感的维度得到了前所未有的提升，甚至达到了本体论意义上的形上地位。"③ 当然，他也认为，后期的弊端及其问题也与此有关，那么与黄勇的思考相比，他忽略了宋明儒家思想中理性主义的一面，如果我们说阳明后学有可能的问题的话，应该与对阳明思想的理解与把握水平有关，而不是理论本身的问题，这就涉及到情感与理性在儒家道德心理学中的真实定位了。

姚新中和张燕的《两种情感主义的"心学"理论——斯洛特与王阳明比较研究》指出，美国道德情感主义哲学家所强调的认知德性或恰当地认识他人观点的过程本质上是一个情感机制，其结果也属于一种由移情而来的同感，此同感源于原来信念所内含的情感，又借助移情得以传递到具有认知德性的人的信念中。本身包含情感，信念是以支持的态度

---

① 单虹泽：《论王阳明道德哲学的情感之维》，载《孔子研究》2018 年第 6 期，第 104 页。
② 同上，第 108 页。
③ 同上。

看待事物的方式，而支持一个信念包含着一种喜欢的情感。① "在斯洛特那里，所有的心灵状态包括信念都成为情感状态，如果说欲望与信念之间存在差异，那也只是程度上的而非质上的，前者更接近纯粹的情感，后者则包含更多认知因素。"② 斯洛特和王阳明的差异是"斯洛特虽然也突出情感的重要性，但不曾赋予人心作为宇宙根基的重要地位"。③ 姚新中和张燕认为，斯洛特的理论中没有纯粹道德和"真我"的概念，对于王阳明而言，一方面，心灵的统一有本体论的依据和可能性；另一方面，个体还需要通过主观努力才能发挥良心的功用，实现心灵层面的情理融合。而在斯洛特那里，心灵中的信念（甚至是错误的信念）总包含支持性、喜爱的情感，他并不曾将信念包含情感的状态或者心灵整合的状态称为一种应然状态和道德状态。"斯洛特虽然承认道德判断的驱动力，但一般不以道德判断之知为行为动机的产生来源。与之不同，王阳明的知善与行善一体则旨在说明道德判断（规范之'知'）在实践中的驱动力，由此得以突出良知的是非判断能力。"④ 道德判断的动机使王阳明的思想偏离了单纯的自然情感的范围：

> 王阳明的心的整合获得了心宇宙论的支持，斯洛特则难以提供这样的理论根基；王阳明区分纯粹情感与经验情感，斯洛特则未曾作出这样的区分；王阳明试图以纯粹的道德情感（理）统摄经验情感（情），而知行合一就是前者统摄后者的理想状态，这似乎说明理与情在现实中分离的可能性，而斯洛特则不承认存在情感与理智分离的情况；虽然良知是知情意的统一体，但王阳明尤其突出良知在判断是非上的认知能力，甚至可能因此减弱恻隐之心的情感属性，如此也与斯洛特将认知均还原为情感而忽视认知的做法有很大区别。⑤

① 姚新中、张燕：《两种情感主义的"心学"理论——斯洛特与王阳明比较研究》，载《中国人民大学学报》2019 年第 6 期，第 45 页。
② 同上，第 46 页。
③ 同上，第 49 页。
④ 同上，第 50 页。
⑤ 同上。

由此一个重要的结论是，"在王阳明那里，心灵的统一性与世界的统一性相互支撑，世界是一个'天人合一'的整体性的世界，万物都因良知而存在且有意义，皆与心灵相关联。因此，王阳明不是通过把外物纳入情感范围来肯定心中不同功能的融合、人与世界的连接，而是认为人与世界万物本为一体，不存在心与物的二元论，不需要弥合心灵中认知因素与非认知因素之间的鸿沟。"① 姚新中和张燕从本体论层面将王阳明心学与斯洛特情感主义伦理学作了严格的区分，同时将"仁"这个"情感"赋予"理性"色彩，即构筑亲亲之情的表象与万物一体超越性的二元一体性关系。"王阳明的'仁'这一纯粹的情感，它感通万物，但并不是基于相似性或某种心理机制。'仁'在经验世界里体现为亲亲之情，有远近亲疏之别，但'仁'同时是超越个体差异的万物一体感，这种先验情感作为经验之心的本体根基和终极目标，统摄经验性的道德情感来保证心的整体性。"② 这个视角的确可以将体用区分开来，将王阳明与斯洛特鉴别开来，当然，"纯粹的道德情感"是否还是可经验的？又如何经验之？这都需要理论和实践（尤其是工夫论实践）的进一步展开才行。

孔文清在《道德情感主义与儒家德性论的区别——从自闭症患者案例的挑战看》指出，斯洛特强调感同身受是道德的基础，没有感同身受就没有道德。斯洛特的感同身受作为一种心理传递机制，所起的作用就是将他人的情感传递到我们自己内心。斯洛特用休谟常用的词汇，诸如传染、灌输等来形容这种传递机制。③ "很明显，斯洛特并没有如儒家那样对人生而具有的某种情感有所言说，也并没有将这种人内在固有的情感作为道德的基础。在斯洛特那里，德性既然是经由感同身受这一心理传递机制形成的，德性的形成也就有赖于感同身受这一能力的发展。没有外在情感和影响，道德动机与德性也就无从谈起。就此意义而言，斯

① 姚新中、张燕：《两种情感主义的"心学"理论——斯洛特与王阳明比较研究》，载《中国人民大学学报》2019年第6期，第51页。

② 同上。

③ 孔文清：《道德情感主义与儒家德性论的区别——从自闭症患者案例的挑战看》，载《道德与文明》2015年第3期，第129页。

洛特的德性可以说是外铄的。"① "正是通过这一情感的传递机制，他人的情感、感受被我们所感受到，并由此产生了对他人痛苦快乐的关心，进而产生了帮助他人的情感动机。因此，道德动机与德性——关怀（caring）——并非是本来就存在于我们内心或本性之中的，它们都是通过感同身受的心理机制而产生的。这一产生的过程依赖于外在的情感的传入，然后再在我们内心形成相应的情感与德性。在此意义上说，斯洛特的德性是外铄而非人内在固有的。"② 孔文清指出，斯洛特道德情感主义是一种"外铄"说，即斯洛特认为，德性是通过感同身受的影响塑造而形成，但这是否就是"外铄"，还需要进一步思考。"感同身受"作为一种心理能力，应该同时也是一种德性能力，既然是一种德性能力，就不仅仅是"外铄"之得了，它应该是基于一种内在机制形成的，但是斯洛特与孟子最大的思想差异即后者思想中所不具备的是孟子所强调的"扩充"说，这正是孟子基于个体内在的良知本质而言的。

蔡祥元在《感通与同情——对恻隐本质的现象学再审视》中指出，李泽厚强调的是一种经验主义的情感，而蒙培元更为强调情感中的"超越之维"，他明确区分了道德情感与心理情感，并指出作为仁爱之根本乃是前者。③ 蔡祥元也是从舍勒现象学的分析出发的，重点辨析爱与同情的分别，分析恻隐与同情的差异性，论证核心在于界定恻隐究竟是同情还是爱，因为爱在舍勒那里是本源性的、自发性的、非目的性的，而同情则不是。"根据舍勒的分析，对他人苦难的同情包含一种'异心'，即把这种苦难视作他人的苦难来对待的心理。换言之，这种苦难是无关自己的，我们与被同情者的苦难之间保持着某种'距离感'，甚至在对他人的苦难抱以同情的同时还可能因为自己没有遭受类似苦难而拥有一种'优越感'。恻隐则不同，它恰恰是要超出和克服这种内在于同情现象

---

① 孔文清：《道德情感主义与儒家德性论的区别——从自闭症患者案例的挑战看》，载《道德与文明》2015 年第 3 期，第 129 页。
② 同上。
③ 蔡祥元：《感通与同情——对恻隐本质的现象学再审视》，载《哲学动态》2020 年第 4 期，第 61 页。

的、包含人己之别的'距离感'以及由之而来的'优越感'。"① 蔡祥元根据舍勒爱与同情的区分，则判断恻隐既不是爱，也不是同情，"朱子把恻隐这种人心的最初萌动解读为'随感而应'。笔者试图把恻隐或不忍人之心背后的发生机制描述为感通，希望以此凸显它是一种先行开辟通道、建立关联的行为。"② 他的结论也是强调恻隐的感通属性，是仁的属性的展现，而不是情感主义传统中的"同情"，"孟子用来彰显人心之'仁'的恻隐不是情感主义传统中的同情。情感主义传统中的同情是反思型的，以对他人感受状态的把握为前提；而恻隐彰显的则是人与人以及人与万物之间具有一种前反思的生存论、存在论关联。感通视角正是对此生存论关联何以可能的进一步追问。相关讨论表明，恻隐现象的本质是感通，可以说，感通乃是人心之'仁'的内在本质或发生机制。"③蔡祥元此文虽然没有展开仁尤其是恻隐感通的内在机理分析，但是却明确了舍勒现象学关于爱与同情的关系，进而指出恻隐在儒家伦理学中的特殊含义乃至于本质，这是十分有意义的。

卢盈华在《敬之现象学——基于儒家、康德与舍勒的考察》一文中有两个指向，其一，是指出儒家或儒家思想现象学层面的"敬"的内涵，以此对此进行现象学的哲学分析；其二，以从康德到舍勒的哲学思想辨析儒学之"敬"与康德尤其是现象学视域中的"敬"的相似性以及差异，其最后的目标应该还是关于对儒家"仁"的境界的考察，以确定儒家各种礼敬现象以及各种类似于礼或礼仪规范之于"仁"的关联，但是仍然是现象学的考察，同时兼容了与西方哲学尤其是现象学之间的比较。卢盈华研究的特点或优长在于对各种精神现象所展开的个案性的逐步研究，在整体思想背景考察（这里主要是舍勒现象学的依据）和儒学精神现象的比较之中得出哲学和宗教分析的结论。他这篇论文对上述问题或主要问题都有比较系统的分析，譬如儒家之敬的种种含义，康德和

---

① 蔡祥元：《感通与同情——对恻隐本质的现象学再审视》，载《哲学动态》2020 年第 4 期，第 64 页。
② 同上，第 65 页。
③ 同上，第 70 页。

舍勒的哲学思考，我这里不拟就此做出细致的重述，以集中于他的结论性思考，他说：

> 一些人仅仅将儒家思想理解为世俗的伦理学，缺乏对超越者与无限者的信仰。这一观点是站不住脚的。首先，天所具有的形而上含义是无可置疑的。在陈荣捷为他的《中庸》翻译所写的导言中，他写道："天道超越时间、空间、实体和运动，同时是不间断的、永恒的和清楚明白的。"其次，即便承认天的形而上特征，主张儒家并无宗教信仰者仍然可以争辩说儒家的天并不具有人格性，有形而上学不等于有宗教信仰。批判者倾向于从启示宗教的一神论视角来衡量信仰的存在。我们自然可以回应说无限者不能简单地等同于完全人格化的无限。①

卢盈华试图从"无限者"本身的视角考察儒家思想中"敬"的思想根源及其指向，探究其中可能的宗教性属性，显然这是一直存在争议但是又有重要思想和学术价值的问题，他由此展开对儒家敬的类宗教性考察。

> 简而言之，对天的敬畏与谦卑是儒家传统中主要的宗教体验。儒家的尊敬和谦卑同时具备宗教和道德意义。不同于基督教所清晰展示的，宗教的尊敬是道德的尊敬的根基，儒家中宗教之敬与道德之敬的奠基关系更为模糊，即便一些人认可这些感受的源头在于天。儒家的道德之敬是建立在对人格之天的宗教崇敬上，还是建立在对天道、天理、天德、天命等非人格的原则、价值、德性、使命的超越敬畏上，仍是悬而未决的。两种感受形态或可并行不悖。②

儒学的道德现象学分析及道德心理学分析都会触及"外在超越"与"内在超越"的各自存在之可能性问题。敬本身可以从多维视角展开考察，譬如对外在神圣存在的敬畏或内心自身中先天存有的畏、惧、敬等心理现象的根源等等，对该问题的研究还有很大空间，值得继续开发和

---

① 卢盈华：《敬之现象学——基于儒家、康德与舍勒的考察》，《中国现象学与哲学评论》第二十二辑，上海译文出版社 2018 年版，第 99 页。
② 同上，第 103 页。

探索。

四　恻隐、移情与同情：儒学与现代西方道德心理学的异同观照

孔文清在《恻隐之心、万物皆备于我与感同身受——论孟子是否谈论过感同身受》中指出，斯洛特是从感受到他人的情感从而两人同时感受到相同或相似的情感、感受，由此出现合二为一的体验这一点上来指认感同身受这一现象的：

斯洛特在这里所谈论的合一，也就是我们前面所说到的经由感同身受的心理机制，观察者有了与被观察者相同或相似的情感、感受。在这时，观察者所感受到的是他人的情感或感受，二人的感受合一于观察者。斯洛特为什么这么重视合一呢？其原因在于，这种与他人合一而又非与他人为一的状态，正是利他的道德动机产生的根源。为什么我们要利他，要帮助他人、关心他人？正是由于别人的痛苦被我感受到了，我感受到了这种痛苦，又知道这痛苦的源头是他人的感受，因此，要消除这种痛苦，我们就需要帮助他人，使他们脱离困境，不再感到痛苦，这样，我内心中的痛苦才能随之消失。①

熟悉孟子思想的人都知道，"万物皆备于我"其本意是说天人本一，亦即自然界中的万事万物和人一样，都具有相同的本性。有了这个相同的本性，我们才有了推己及人，为他人着想的基础。孟子的天人本一是本体论意义上的，而感同身受毫无疑问是心理学层面的。在认为万物皆备于我的时候，孟子根本没有提到天人本一是由感同身受的心理机制所引起的。而且，从逻辑上讲，感同身受的心理机制发生作用在先，在这一心理机制的作用下，才产生了与他人合一的情感体验。然而，我们并不能从与他人合一反向推导出感同身受的心理机制的必然存在。因为合一也可能是由其他原因所引

---

① 孔文清：《恻隐之心、万物皆备于我与感同身受——论孟子是否谈论过感同身受》，载《道德与文明》2017 年第 2 期，第 105 页。

起的。①

但是，孔文清的研究结论指向是，孟子"万物皆备于我"与王阳明的"万物一体"目的都是"推己及人"，由此才可以将中国哲学家的思考与斯洛特的感同身受区分开来，也才能把握中国哲学家尤其是心学家思想的实质：

> 我们都不希望自己受到伤害，这种共同的人性预设让我们对孺子将入井这一情形产生了怵惕恻隐之心。相应地，在推己及人的过程中，我们也不需要分清到底是通过情感的传递还是通过认知的方式而产生恻隐之心的。我们既可以是感受到了他们的痛苦，也可以是对他们所处的处境有清楚的认识，这些都无关紧要，重要的是我们知道了他人所处的处境，以及在这种处境中我们会作何感想，然后推己及人，做出自己的判断并付诸行动。同样道理，用推己及人去解释霍夫曼和斯洛特的癌症病人的案例也要顺畅得多。②

> 经过以上分析，我们能得出的结论是，斯洛特、黄勇所认为的孟子、王阳明所谈论感同身受的地方并非真的在谈论感同身受。而孺子将入井的案例也并不是在谈论感同身受。概而言之，孟子并没有谈论过感同身受。将这一结论推而广之，王阳明也没有谈论过感同身受。③

孔文清在这里认为，孟子与阳明没有说过"感同身受"，应该是不准确的，或者说他是在特定意义上这样说孟子和阳明的。他首先把"感同身受"当作一个心理学术语和心理认知机制来看待，在此基础上考察这个机制和儒学心学之间的关联，因此这里的感同身受只是一种心理状态和经验性的心理机制，而不是身心合一、天人合一概念基础上的"感同身受"，但是就孟子和阳明来说，他们既有心理机制层面的思考，也有超越纯粹的经验反应，而同时又有先天本体层面的考察，也就是说，他

---

① 孔文清：《恻隐之心、万物皆备于我与感同身受——论孟子是否谈论过感同身受》，载《道德与文明》2017 年第 2 期，第 105 页。

② 同上，第 106 页。

③ 同上，第 107 页。

们对这两个维度都作了相应的研究，即具有层次性、二维性和体用双向的思考。

孔文清论文还考察了一个有意义的问题，即儒学"推己及人"的消极性：

> 儒家的推己及人缺少了一个由人及己的维度，而这一维度的缺乏使得家长作风成为一种隐患。而在中国文化中，家长作风可谓是常见现象。要避免这一危险似乎只能寄希望于推己及人者的修养与见识。如果引入感同身受，将它与推己及人融合起来，以一种双向的推及与感染来打通人我的界限，似乎能够让这一过程更为丰满合理，也能更有效地避免家长作风。①

就这个思考维度来说，我们过去在整个 20 世纪反思儒家思想的时候，谈论较多，但是真正将其纳入不同学科的学术思考还很有欠缺，因此，无论"推己及人"的积极维度还是消极现象都还有很多具体的研究工作等待去展开。

蔡蓁和赵研妍在《从当代道德心理学的视角看孟子的恻隐之心》中侧重于从当代道德心理学的思想观念讨论孟子恻隐之心中的移情和同情关系，这几乎是本书中甚至学术界讨论该问题中公共议题，她们试图论证，"恻隐之心作为人性中最首要的善之端，既包括对他人痛苦感到移情式的不安（empathic distress），也包括对他人的福祉（well-being）怀有同情式的关切（sympathetic concern）。"② 这个结论几乎也是本书中所选论文大致相似的结论。蔡蓁和赵研妍的不同之处在于其论证方法和入手模型。她们在论文中提到了多种道德心理学的模式，并以灵长类动物学家和心理学家弗朗茨·德·瓦尔（Frans de Waal）提出的理论模型作为基本出发点展开："德·瓦尔试图延续达尔文的设想，进一步阐释道德得以演化的某些心理机制。基于对灵长类动物的社会生活长达几十年的观

---

① 孔文清：《恻隐之心、万物皆备于我与感同身受——论孟子是否谈论过感同身受》，载《道德与文明》2017 年第 2 期，第 108 页。

② 蔡蓁、赵研妍：《从当代道德心理学的视角看孟子的恻隐之心》，载《社会科学》2016 年第 12 期，第 122 页。

察，德·瓦尔识别出某些灵长类动物，尤其是那些在基因谱系上与人类最为接近的黑猩猩与波诺波猿，表现出与人类非常接近的利他行为，而且更重要的是，在这些行为背后，它们还拥有同情和互助的能力。他由此论证这些灵长类动物所拥有的心理能力和人类的道德心理要素很有可能是同源物（homologue），并进一步得出结论说，在人类道德和灵长类动物的社会性之间存在演化上的连续性。"① 但是她们首先强调，孟子的同情与德·瓦尔移情论是不同的，"他建构了一个俄罗斯套娃模型来解释移情的不同层面。就移情的核心机制而言，是一种简单的感知——行动机制（perception-action mechanism，PAM），它产生出情感的传染（emotional contagion），即直接而自动地捕捉到来自于对象的感受或情感状态。"②

但是，蔡蓁和赵研妍认为，他们的共性是在于说明人类情感具有内在性、自然性和自发性，甚至是一种生物机能性属性，但是德·瓦尔并没有区分移情和同情，因此，他把"怵惕"作为条件反射来看待，同时也是一种传染传递。蔡蓁和赵研妍指出，问题是假设孩子是在井边是高高兴兴玩耍而不是痛苦不堪，这时候的突然入井作为一种意外，孩子还没有来得及展现惊恐与痛苦，那么施救者的"同情"就不是由被施救者的痛苦而来的，就此，她们正确地指出："就孟子认为我们天生就对他人的痛苦表示敏感并倾向于做出回应而言，德·瓦尔的研究的确可以给予孟子以经验上的支持。但是，对于孟子来说，只是分享他人的情感是远远不够的，也不足以成为道德的萌芽，而必须辅之以对他人福祉的关怀。"③ 在此分析基础上，蔡蓁和赵研妍又分析了多种当代心理学家和哲学家对相关问题的思考范式，他们分享了南希·艾森伯格（Nancy Eisenberg）对同情的经典定义，"她如此表明同情和移情之间的差别：'我把同情定义为一种情感反应，它包含着对处于痛苦或危难中的他人感到难

---

① 蔡蓁、赵研妍：《从当代道德心理学的视角看孟子的恻隐之心》，载《社会科学》2016 年第12 期，第 122 页。
② 同上。
③ 同上，第124 页。

过或者表达关切（而不是与他人感受到同样的情感）。同情被认为是涉及到指向他人的、利他的动机。'与此对照，移情则在于借助于拟态（mimicry）、模拟（simulation）、想象等方式分享他人的心理状态。"① 这导致的是德·瓦尔思想和孟子思想之间的共性与根本差异，共性是先天本性之连续性，差异是前者认为这是基础，而孟子则强调了人与动物之间属性的本质性差别，这显然是一个很有意思的话题。

蔡蓁和赵研妍还分析了普林茨的观点，即对移情作为道德发展培养机制和道德行动的观点提出的批评，即移情对于道德能力缺陷者来说解释力是比较低的，"面对这种批评，要从孟子的立场上做出回应的话，我们可以说，即便普林茨的确证明了移情式的不安并非是道德能力得以培养的必要前提，但这并不意味着这种能力在道德发展中是不重要的，培养对他人痛苦的敏感性无疑可以有助于道德规则的理解和应用。此外，这个论证也并没有表明对他人福祉的关切对道德发展是否是必要的"②。她们就相关问题的基本结论是：当代哲学家和心理学家甚至生物学家、古人类学家的研究既对孟子思想提出了理论支持，也同样提出了若干挑战，这些支持和挑战都是深化研究孟子思想的重要契机，她们认为：

> 这些批评的确对以同情为基础的道德理论，包括孟子的道德理论提出了合理的质疑，也有助于我们思考恻隐之心的有限性。而我们能从孟子的角度做出的回应就是，孟子的确注意到同情心的限度以及将天生的恻隐之心扩展到更广泛的情形所具有的困难，也正是出于这个原因，孟子认为只有少数人才能充分发展和培养恻隐之心，成为真正的君子。不过，他并没有对如何培养并扩展这种同情心给出具体的说明，而这也正是我们需要借助于对孟子的理论进行系统化发展的宋明理学来进一步探讨的问题。③

这里可以思考的是，第一，我们如何认识个体身体和心灵的先天缺

---

① 蔡蓁、赵研妍：《从当代道德心理学的视角看孟子的恻隐之心》，载《社会科学》2016 年第 12 期，第 124 页。
② 同上，第 126 页。
③ 同上，第 127 页。

陷与道德的内在之间复杂性关系；第二，同情与关心同情与关心他人福祉是同一的还是具有层次性？这个层次的关联性又是什么？诸如此类的问题都值得我们继续思考。

王嘉在《神经科学与西方道德心理学视野下的移情、同情以及共同感》中也同样是试图剖析移情与同情之间的区别，同时指出共同感的意义，他运用的方法是通过阐述神经科学中"镜像理论"说明移情、同情和共同感在人类生物机理方面的属性。他首先解析的是移情与镜像理论的关联或后者对移情的科学解释："相较于同情，移情通常被视为更为'科学'的概念，因为它的发生、作用机制在神经—生物学层面上得到了诸种自然科学理论的证实。需要指出的是，在这些自然科学理论中同情与移情并不像在社会科学中这样得到严格而细致地区分，有些被标识以'同情'且关于大脑（心理）活动的研究，实际上属于社会科学中移情的范畴。"① 王嘉介绍了 21 世纪以来神经科学和心理学对人类情感的最新研究，尤其是移情和同情的生理—物理基础，他在文中指出：

> 杰迪斯（Karen E. Gerdes，2011）等人对 20 世纪 90 年代末以来，尤其是进入 21 世纪以来神经科学（neuroscientific）在移情作用上的研究进行了总结："当我们看到他人的行为，我们的身体会自然而然地、无意识地作出反应，就好像我们是'行为者'，而不仅仅是一个观察者。这一现象被称为镜像，负责此反应的大脑回路被称为镜像神经元系统（Mirror Neuron System）。"从神经科学的角度来看，"当我们听到人们说话或看到他们的姿势、手势以及面部表情的时候，我们脑中的神经网络就被一种'共享表征'（shared representation）所刺激。其结果就是一种对我们所观察的对象的体验产生内在的反映或模拟。"②

王嘉还介绍了基斯林（Lynne Kiesling，2012）的最新研究，主要是神经科学中由人类镜像理论形成的关于亚当·斯密的同情论：在两个相

---

① 王嘉：《神经科学与西方道德心理学视野下的移情、同情以及共同感》，载《云南社会科学》2014 年第 1 期，第 51 页。

② 同上。

似而独立的当事人之间作为刺激物或联系物而存在的其中一个当事人的处境，对他人行为的一种外部视角，一种能够让观察者以身处当事人之处境的方式将自己想象为当事人的先天想象能力。这一同情过程以及镜像神经系统都使得个体更易于对他人之情感及行为的表达产生协调。①但是他引用基斯林的观点又指出："尽管移情作用可以在人的镜像神经系统中找到根据，但是就算这种作用再充分、再彻底，它也只是一种对他人意识、感觉进行复制和再现的意识活动，而非'原始性'的意识活动。"②特别值得一提的是，王嘉的论文引用基斯林的观点强调神经科学的镜像理论研究在某种程度上支持斯密式的人类同情感的发生：

> 基斯林还进一步指出："在斯密的模式中，这一分散式的协调（即现代意义上的斯密式的移情作用——译者注）导致了社会秩序的出现，并在基于同情过程的正式和非正式制度的出现和演化中得到支持和强化。基于这种同情过程的社会秩序，有赖于一种相互连通感（a sense of interconnectedness）以及行为的意义共享，而镜像神经系统则使人类更倾向于这种相互连通。"从基斯林的研究中可以看出，在斯密理论中具有现代移情概念特征的所谓同情作用，乃是人类社会秩序、社会制度之产生及演化的核心道德心理基础。而现代神经科学所研究的镜像神经系统则揭示出这一道德心理基础的生理依据。③

与上篇蔡蓁和赵研妍的论文相近的是，王嘉也介绍了德·瓦尔（Frans de Waal）（王嘉文译为"沃尔"）的移情论点，也同样强调该理论中关于同情感染等当代心理研究的观点，此不赘述。他在阐述相关理论时候，特别重要的是同时介绍了一些经济学家的观点，如宾默尔（Ken Binmore）和萨金（Robert Sugden）等。萨金的不同之处在于他对受难者同情的心理活动不认为是可以用同情或移情来做解释，而是一种

---

① 参见王嘉：《神经科学与西方道德心理学视野下的移情、同情以及共同感》，载《云南社会科学》2014年第1期，第51页。

② 同上。

③ 同上。

自身意识的共同感的作用，这是一种本能反应，是个体意识中的先天的情感属性，这种心理状态"应被理解为一个人关于他人的某些情感状态的活生生的意识（lively consciousness），在此意识中，意识自身具有类似的情感品质——如果他人的状态是令人快乐的，那么此意识就是令人快乐的，如果是痛苦的那么此意识就是痛苦的"①。这些情感产生的根源在于人类自身生物系统中先天存在的"镜像"体系，他引用奥尔森（Gary Olson, 2013）的研究："镜像神经元在相同的情感性大脑回路中被自动激发去感受他人的痛苦，此种神经回路几乎是瞬间激发的，它是对他人的不幸产生反应的移情式行为的基础。我们总是比喻说'我能体会到别人的痛苦'，但是现在我们知道真正能体会到你的痛苦的是我的镜像神经元。"②

王嘉借助于当代神经科学研究成果指出，移情并不必然导致同情，但是移情的确存在一个自然生物性的基础，他认为："从道德理论研究的角度讲，要从移情出发来理解和研究人类的同情心、恻隐之心乃至亲社会行为，镜像神经系统为我们提供了一条重要的路径，并且有可能改写整个伦理学体系。"③ 他这里试图指出的是，人类情感尤其是同情伦理学的研究不应该仅仅是在哲学的轨道上阔步前进，而是应该也已经越来越走向自然科学或实验科学的探究，诸如移情、同情和共感等的道德情感的研究越来越受到伦理学的重视，或成为重要的研究方向。④

五 行动理由、精神性价值的特征属性与儒家教化的潜能

李义天在《理由、原因、动机或意图——对道德心理学基本分析框架的梳理与建构》中试图对道德心理学的历史架构作一个梳理，从而形成一个相对稳定的看待人类行为尤其是道德行动形成的动因性的观念框架。他首先对伦理生活与伦理学作出了明确的区分，借以说明伦理学的

---

① 参见王嘉：《神经科学与西方道德心理学视野下的移情、同情以及共同感》，载《云南社会科学》2014 年第 1 期，第 53 页。
② 同上。
③ 同上，第 54 页。
④ 同上。

真实的存在意义是什么，同时说明社会生活的动因不是伦理学（ethics）而是伦理生活（ethos），也就是说，实际支配人的行动不是哪种具体的观念体系，而是人的行动动机发挥决定作用。"伦理学的使命不是考虑提出怎样的道德要求，而是要考虑如何论证道德要求背后的道德理由。"①伦理学在于对现实世界中人的多元行动的特殊行动和相似行动的相近性给出理由式的解释和说明，对于不同的道德学说来说，"道德要求或有重叠之处，但其道德理由却各自不同。道德理由的差异而不是道德要求的差异：康德主义：你应当采取行动 A，因为行动 A 可以成为一条可普遍化的行动法则。功利主义：你应当采取行动 A，因为行动 A 可以实现最大多数人的最大快乐。亚里士多德主义：你应当采取行动 A，因为行动 A 可以有助你获得幸福或实现繁荣。休谟主义：你应当采取行动 A，因为行动 A 是可以实现你的欲望的途径。"②

李义天依次解释了理由、原因动机和意图对人类行动策动的特殊性，或者说从主观角度看，它们各自的差异何在，重点试图说明"理由"作为解释人类行动尤其是道德行动的多侧面性。理由是一种判断，但不是所有判断都构成理由，理由是构成行动合理性的判断。"与一般的理由不同，道德理由不仅需要将道德要求所包含的那个应该采取的行动'解释为'合理的行动，而且还需要将这个行动'论证为'正当的行动。"③理由和动机不同，一般解释是内在理由构成动机，这是从哲学家的分析视角来看这个问题的，外在理由和内在理由其实只是作为行动解释的内外划分，所谓内在理由即直接的行为动机。但是作为理由来说，是对一个行动做出解释的时候的说明方式。李义天甚至于认为，康德主义者的理性法则并不是外在理由，而是更强的内在主义者，因此行动理由的划分不是一般理性原则和欲望感性动力之间的区分，二者都会参与人的行动动力之中，"其一，如前所述，任何理由都是行为者的内心判断；当事实

---

① 李义天：《理由、原因、动机或意图——对道德心理学基本分析框架的梳理与建构》，载《哲学研究》2015 年第 12 期，第 65 页。

② 同上。

③ 同上。

成为理由时，它已经是行为者观念的一部分，而且是经过行为者认知、理解、承认等一系列心理过程塑造而成的观念的一部分。其二，只要行为者相信这些事实及其观念的规范性，那么他就生成动机；作为动机内容而呈现出来的事实（观念的事实）当然成为行为者的一项内在理由。"① 李义天这种理解在我们看来是可以成立的，譬如我们举出宗教信徒的例证来说明人的行动动机，无论他的行动在常规道德判断是善还是恶，他的动机既是外在的，又是内在的，因为他受到了内在双重规制，但是行动又是由他发出的，因此，这是一个很值得思考的问题。②

李义天就理由和原因关系作出解释的时候指出，物理事件和心理事件都能构成行动的原因，"理由并不能直接成为引发行动的原因；只有当理由成为内在理由时，只有当理由实际构成动机时，它才引发行动（如果理由停留于外在理由层面，则根本不会构成动机，更不会引发行动）。所以，更准确的说法应该是'行动的理由是行动的间接原因，而行动的动机是行动的直接原因'。"③ 从可以被表达、可以被传递的角度看，人的理性动因、感性欲望或情感动因都是可以呈现为一种直接表达、表现或被分析说明的理由，但是诸如直觉、冲动的概念心理过程则比较难以被分析和表达或推理还原等等，但是，这不等于说直觉或冲动的行动本身"缺乏动机"。④ 从意图角度分析行动理由，有理由不等于有意图，无理由也不等于无意图，"因此不妨说，意图就是动机的另一种表述；它们都是对作为行为者原因的同一种心理事件的刻画。两者的差异在于，'意图'侧重于揭示上述心理过程的指向性及其所指向的内容，而'动机'则更强调这种心理过程所表现的一种被激发的动态状况及其作用于相关

① 李义天：《理由、原因、动机或意图——对道德心理学基本分析框架的梳理与建构》，载《哲学研究》2015 年第 12 期，第 66 页。
② 因此，我们在后面选编了一些作者从"精神性"信仰考察人类行动的心理学分析，则是有它的规范理据和经验事实根据的。
③ 李义天：《理由、原因、动机或意图——对道德心理学基本分析框架的梳理与建构》，载《哲学研究》2015 年第 12 期，第 68 页。
④ 同上。

对象的实践功能。"①

李义天该文的主要目的在于分析理由、原因、动机和意图的不同蕴涵和相互交叉点，借以说明作为道德心理学解释行动原因的概念其侧重点及其分析理据，最根本的在于将伦理学分析与伦理生活既作出严格区分，又要基于现实伦理生活本身的特征看到其共同作用的根源，进而实现在学理上对相关问题进行深层次的研究。从本书编辑视角说，这篇文章的选入似乎与其他论文论旨相去较远，但是它是对道德心理学的哲学维度即行动哲学的一个确认，从而为以后的道德心理学研究的展开提示出一些理论概念性的思考，它和牟宗三"内在超越"问题一样，虽然是一个哲学甚至偏重形上学的思考，但是真实根据在现实生活或个体生命自身，从作为为其他学科提供概念支持或体证支撑的角度说，这也是本书题中之义。

郭斯萍和柳林在《试论儒家伦理的精神性内涵及其心理健康价值》中重点研究人类精神性特质与普通伦理道德价值之间的差异，尤其是"精神性"的"宗教意蕴"，它具备宗教性价值的内在属性，但是并不必然依附于宗教的外壳，在此理论基础上分析儒家伦理中可能具有的相关品质。他们重新梳理了"精神性"（spirituality）的西方词源根据："精神性"一词来自拉丁语，意为"呼吸、勇气、活力、灵魂"等，主要指"内部自我"的活动。②"最初'精神性'在希伯来语的旧约和希腊的新约全书中使用较广泛，后逐渐被引用为宗教用语。因此，对'精神性'的研究最早较多的集中在宗教背景下。"③仅仅从西方哲学、西方宗教学和心理学等维度看，"精神性"早期集中于宗教研究的视野中，该文列举了相关哲学家、心理学家多人和书籍多种，包括詹姆士、弗洛伊德、

---

① 李义天：《理由、原因、动机或意图——对道德心理学基本分析框架的梳理与建构》，载《哲学研究》2015 年第 12 期，第 70-71 页。

② F. David, *Psychology, Religion and Spirituality*, British Psychology Society and Blackwell Publishing LTD, 2003, p. 11-13. 参见郭斯萍、柳林：《试论儒家伦理的精神性内涵及其心理健康价值》，《宗教心理学》第四辑，社会科学文献出版社 2018 年版，第 34 页。

③ 郭斯萍、柳林：《试论儒家伦理的精神性内涵及其心理健康价值》，《宗教心理学》第四辑，社会科学文献出版社 2018 年版，第 34 页。

荣格、弗洛姆、冯特等等。郭斯萍和柳林随即指出，20 世纪以后，人们越来越发现宗教和精神性之间的差异，并将之加以区分，认为精神性是人类普遍存在的心理现象，它可以存在于宗教组织中，也可以在宗教组织之外，它是人们日常经验中渗透着的神圣。① 两位作者首先分析了精神性和宗教之间的联系，第一，宗教通过和神圣相连，确立永恒信念；第二，宗教满足人们的情感需要，促进精神性的情感联通；第三，宗教寻求自我超越的境界。但是，20 世纪以降，人们逐渐意识到宗教性精神性的人类心灵品格，"精神性是个人对理解生活终极问题答案的追求，如关于意义、关于与神圣或卓越事物的关系等，但这不一定会导致对宗教仪式的追求或团体的发展。"②

郭斯萍和柳林后面集中分析了精神性的内涵及其与心理健康之间的关系。这其中涉及到个体与超级存在之间的关系，个体寻找终极实在的过程中内在情感、思想和精神体验，包括作为信仰体系与他人关系、与自然世界关系等等各个方面，是价值系统，也是认知系统。③ 该文集中论述了"精神性"在生活积极层面的意义，譬如与个体幸福感的关系，如何应对生活压力的功能性，"精神性"与心理治疗的关联，根据中外文献，"大多数研究证明精神性/宗教信仰的卷入水平越高，抑郁、物质滥用以及自杀等心理疾病的预后越好，尤其在抑郁症、药物成瘾、癌症、慢性病等方面的治疗有很大的帮助。"④ 心理咨询中同时大量运用了宗教或一般人类精神性体验或修证过程中运用的一些方法，如祈祷、冥想、静坐等等。作者认为，儒学虽然源于人类家族家庭文化的根基，但是它的向内用力、克己省察的工夫、变化气质的要求以及君子、圣贤的标准

---

① K. I. Pargament, *The Bitter and the Sweet：An Evaluation of the Costs and Benefits of Religiousness*, Psychological Inquiry, 2002, 13, p. 168-181. 参见郭斯萍、柳林：《试论儒家伦理的精神性内涵及其心理健康价值》,《宗教心理学》第四辑，社会科学文献出版社 2018 年版，第 34 页。

② H. G. Koenig, M. McCullough & D. B. Larson, *Handbook of Religion and Health*, Oxford University Press：New York, 2000. 参见郭斯萍、柳林：《试论儒家伦理的精神性内涵及其心理健康价值》,《宗教心理学》第四辑，社会科学文献出版社 2018 年版，第 37 页。

③ 参见郭斯萍、柳林：《试论儒家伦理的精神性内涵及其心理健康价值》,《宗教心理学》第四辑，社会科学文献出版社 2018 年版，第 39-41 页。

④ 同上，第 41 页。

和规范等等，体现了追求人性完美的价值目标。作者概括了三种儒家伦理超越性的特征："伦理天理化"决定了传统中国人伦理认知的信念化、"民胞物与"的情怀体现了儒家伦理的情感联通、"圣人之道"开辟了中国人伦理自我超越的途径等几个方面，二位作者进而认为：

> 儒家伦理的超越特色是，一方面在超越的主体上希望人们在有限的心灵中寻找一种不灭的灵魂，它认为个体的生命是有限的，群体的生命（家、国、天下）是无限的、永恒存在的，舍弃"小我"投身于更具有神圣价值的"大我"之中，才能安身立命；另一方面，在超越的目标上，"天"是超越性的存在，它不仅具有神圣的性质，更是伦理之天、道德之天，它还是人类道德生活的终极价值，是人类社会道德生活的超越性根据，"天人合一"是自我不断超越的永恒动力。儒家伦理文化影响下的传统中国人，都希望自己成为一个"好公民"，扮演好自己的伦理角色，承担好自己的社会责任，从而获得生命的意义和内在的力量，它更强调的是充塞于天地间的一种"浩然之气"的伦理精神。[1]

该文所注意到的儒家伦理与个人精神健康之间的关联性，这应该是今天重新考察儒家伦理特性尤其是其精神性特性的重要意义之一，儒家伦理在历史上有积极意义，也曾产生过消极影响，开发儒家伦理内核的"精神性"是真正探究儒家伦理真谛、解放其核心价值的重要方法，也是该文的研究价值之一。

李明和宋晔在《神圣性德育的内核、机制与途径》中，采取了与郭斯萍和柳林研究进路相似的方法，即首先区分宗教性和精神性，这是基于20世纪科学主义洗礼之后的新的科学观的形成，实证主义的哲学逻辑有其积极意义，但是对形而上学的彻底否定也是存在严重争议的，即哲学界认为它本身构成了"最后的"形而上学。但是，依据现代科学思维方法对宗教性的外在建制与内在精神的分离是对宗教和人类精神研究的提升，这一点是毫无疑问的。但是，20世纪实证主义哲学的推动并没有

---

[1] 郭斯萍、柳林：《试论儒家伦理的精神性内涵及其心理健康价值》，《宗教心理学》第四辑，社会科学文献出版社2018年版，第46页。

清除人类对精神内在的神圣性的思考，道德心理学的研究趋向恰恰是表征着一种回归性倾向：

> 总体上说，西方道德心理学的发展，先后形成了三条研究路线，其人性假设，决定了各自对道德神圣性的认识，但其主旋律则是神圣性主题的回归。第一条路线是皮亚杰发起的道德认知研究，但因假设"人是机器"，总体上对神圣性主题关注不多。第二条路线是道德新综合研究，假设"人是动物"，认为道德判断非常类似于审美判断，是一种快速的直觉加工。第三条路线来自冯特和詹姆斯对宗教心理的论述，后又受中国传统文化启发。马斯洛、罗杰斯、荣格等人曾大量涉及神圣性主题，海特最近又倡导：道德心理学要进一步发展，还需要宗教或信仰视角。在积极心理学及其实践领域，精神性（spirituality，或译"灵性"）神圣性主题已经非常火热，甚至教育的灵性研究也认为，提升人的灵性应该作为教育的本体性功能。此时对人的信仰的神圣性的理解已经将精神性从其宗教形式之中剥离出来。①

李明和宋晔的研究同时指出了神圣性价值追求的两面性，一面是它的积极意义，即其实能够构成个人道德品质和道德行为的重要影响因素，构成个人道德行动持久性的支撑，同时，"其对道德的影响存在'双刃剑'效应。比如有实验研究发现，宗教启动导致了内群体偏好，甚至增强了明显的种族偏见"②。这种二重性还体现在很多方面，譬如在实证性调查中发现一些自我悖谬的情况，宗教家庭中的孩子同情心、公正性或比较强、比较敏感，但是利他行为还不如非宗教家庭子女等等，说明宗教与道德的联结关系比较复杂，不是简单的线性关系。另外一个值得关注的现象是，宗教性活动逐渐流于形式。繁荣的状态不代表人心精神性的同步成长，尤其是在志愿服务、公共服务的动机考察中，核心的驱动

---

① 李明、宋晔：《神圣性德育的内核、机制与途径》，载《河南师范大学学报（哲学社会科学版）》2018年第5期，第143页。
② 同上，第144页。

力是超越性价值观（即人的精神性内核），① 因此，宗教性和精神性的区分就成为一个现实的话题。

该文还关注了儒家伦理道德价值中的精神性和积极心理学的关联：

> 在积极心理学中，精神性的内涵极为丰富，比如既个人化又强调与万物联系，既情感化又经过认真思考，是用来表达意义寻求、强调身心灵整合的、超越性的人类潜能。这些内涵主要来自东方传统文化，比如儒家经典《中庸》有云："故君子尊德性而道问学，致广大而尽精微，极高明而道中庸。"其中的"德性"就是一种道德性的、超越性的、人生境界性的终极追求。这种精神性也有不同表达，如"天道、天性、良知"等等，类似于佛道两家的神佛信仰，但相比之下，儒家不太强调宗教形式，因而更彰显了对精神性内核的追求，同时又通过人伦日用而外化，以"知行合一"达致"致良知"甚至"内圣外王""天人合一"的至高境界。②

在对不同信仰价值进行综合比较研究之后，该文作者精心提炼了几种他们认为比较重要的通向神圣性德育的内在机制，首先是通向道德智慧的基础性观念：因果观，包括在儒家伦理道德价值中同样存在着各种确认人类行为因果关系的阐述和观点，譬如"积善之家必有余庆，积恶之家必有余殃""德不孤，必有邻""多行不义必自毙"等等。其次是道德成长的内在动力：敬畏感。作者认为，敬畏感是对浩大、宏阔、神秘、庄严、神圣以及与神圣性一体化的感觉，虽然会使人有个体渺小的感觉，但是又是一种积极性情感伴随，这是比较微妙的情感现象。③ 再次是自制自律的起点：监视感。"被监视感的直接道德效应就是自制（Self-Control）和自律（Self-Regulation）。这里的自制是指对自身欲望的把控，主要表现为能抵抗诱惑；自律指对自己行为的把控，主要表现为不做坏

---

① 参见李明、宋晔：《神圣性德育的内核、机制与途径》，载《河南师范大学学报（哲学社会科学版）》2018 年第 5 期，第 144 页。
② 同上，第 145 页。
③ 同上，第 146 页。

事。"① 作者认为，被监视感（精神性的体现）的激活是个体行动自律实现的条件，它是宗教—道德关系中的重要中介变量，但是这种监视感的内涵和应用范围比较微妙，各种宗教各有侧重，也不适宜外推运用，但是它是"精神性"属性中的一种。② 儒家伦理在天、天道、天命等层面的设置具有独到性，而到明代王阳明那里则变成了内求的"心学"。"这种心体、意动、良知、格物的分析与综合，将道德本源、道德观念、道德判断和道德行为紧密相连，基本展现了近代道德心理学的雏形。冯友兰先生曾指出：'阳明知行合一之说，在心理学上实有根据。'"③ 作者在积极心理学和儒家的"天人合一"、心学的"心外无物"都作了引人注目的联结，以及长期修养中的"事上磨炼"等，作者认为，王阳明的心学实际就是中国文化中的道德心理学。④

该文作者的总体观点是，道德教育失效，源于神圣性的丧失；道德教育的前途，在于神圣性的回归，尤其是复兴民族传统文化中的精神性内核，而非仅仅保留其宗教性表面，中国自古以来的传统信仰禀赋了神圣性，彰显了精神性，也蕴含着丰富的神圣性德育内涵，这些内容都是值得在今天高度重视的。⑤ 该文作者从比较宗教学与道德心理学的关联性维度提出了很多重要的有启发性的观点，尤其是关于宗教形式与其精神性内涵的二元化、神圣性道德价值的三个重要涵养指标等等，这些内容与儒家伦理既有一致性，也可能存在某些差异，但是就精神性而言，在儒家伦理价值关切中的确是存在的，尤其是孔子的"天"，孟子"美大圣神"和"尽心知性知天"等论述，以及宋明儒家的"万物一体之仁"都有其不容忽视的精神性内涵，是需要高度重视和择其精要予以发扬的。

邓旭阳在《试论先秦儒家仁爱道德情感培养机制》中提出了先秦儒

① 李明、宋晔：《神圣性德育的内核、机制与途径》，载《河南师范大学学报（哲学社会科学版）》2018 年第 5 期，第 147 页。
② 同上。
③ 同上，第 148 页。
④ 同上，第 149 页。
⑤ 同上。

家道德培养机制的三层次、六环节路径。他认为，在先秦儒家那里，"仁者爱人"之情感发挥是第一位的，这个机制包含情感表达和情感培养两个方面，他特别强调了孔孟对真情实感的认同与表达的要求，其中心在于对人的价值的尊重。① 他也运用了前述几篇论文中提到的同情和移情观念，但是他把同情看作是移情的必要环节，而不是像前述几位学者刻意要将二者区分开来："所谓同理（empathy），也称同情或同感，是对他人内心情绪、情感活动感同身受的情感体验，是移情表达过程的必备环节；通常人们会产生直觉的情绪反应和唤起与他人相似的情绪体验，但不一定会产生积极意义上的同情、同感或同理心，或许会被过度关注自我、理智化克制等某些因素所遮蔽而无法表达出来。"②

邓旭阳对先秦儒家情感的分析如上所述，特别重视"真情实感"。"情感具有两极性特征，比如'悲'与'喜'、'急躁'与'淡定'等。先秦儒家道德情感培养中充分体现了情感的两极性，以坦诚的态度直接表达内心真实情感。"③ 他特别指出孔子的爱憎分明的情感表达特征，同时又有升华性的人与自然和谐的内在性，此其一；他后面又特别指出了另外两种需要关注的先秦儒家的情感诉求，一个是宽容，一个是培养积极的愉悦心情，二者都是积极情感和积极心理所要求的："要做到情感宽容需要经历对情感的理解和接纳过程，情感接纳与宽容是积极情感发展的重要环节和情感表达的基础，没有对他人的情感理解、接纳和宽容，要达到移情传递、情感推恩是有困难的。"④ 宽容的重要性在于能够促进积极心态和积极人格的形成，而孔子在《论语》中所时时处处表现出来的"乐"也是儒家价值理念十分值得重视的内容，以形成良好的心境和情感状态。在邓旭阳看来，情感升华则需要理智感和审美感的培养，"理智感可以帮助我们更好地选择把握道德学习、认知发展的方向和平衡，获得理性认知的升华的。审美感可以促进道德美感的发展，使道德感得

① 邓旭阳：《试论先秦儒家仁爱道德情感培养机制》，载《东南大学学报（哲学社会科学版）》2013 年第 2 期，第 39 页。
② 同上，第 40 页。
③ 同上。
④ 同上，第 41 页。

到升华，通过艺术审美而更易被深刻体验"①。理智感貌似与审美价值不是直接的对应关系，但是在儒家思想观念中二者又是具有统一性的，是个体先天朴素情感升华的途径之一，即道德仁艺四元的一体呈现。②

邓旭阳的结论是："先秦儒家道德情感的培养是一个逐渐养成的过程。仁爱情感是道德情感的核心和基础，仁爱情感的移情表达是通过同理推恩来实现对更多人的仁爱关怀表达。在同理推恩过程中，觉察并允许自己真实的爱憎分明的情感反应，并注重培养情感的接纳与包容；在各种生活情境中保持积极愉悦的心境，并将生活中朴素的情感升华为理智感、审美感，最终促进仁爱道德情感的整体发展。"③ 显然，道德养成或君子圣贤的人格养成是儒家的最终价值目标，当然更是实践与行动的目标，但是这个过程需要理性、理智、高尚的情感以及审美能力的参与其间。以此文作为本文集的终篇，大致也可以体现笔者选编本文集的初心和归宿吧。

总而言之，本文集的选编经历了一个相对较长的时间，大约持续两三年的样子，但是有几个限制因素制约了笔者的编选工作，首先是个人的思想视野，这是最大的局限性，它直接限制了我的阅读范围。譬如，我是在对文集所选论文的阅读中才发现还有一些自己没有看到的内容，譬如陈立胜教授的一个选编文集，与本文集内容有相当的相关度，但是过去未曾注意到。其次是选编的筛选能力，就目前的综合研究主要依赖于网络而言，笔者这方面的能力始终处于初级水平，我仅仅是从知网上几度查阅筛选相关主题论文，搜索范围和搜索的辨识度等等都是初级水平的。再次是工作时间的限制。近几年，自己的最大烦恼或困扰是读书和研究时间极度压缩，困限于日常杂务太多，论文选编以后长期搁置未能迅速处理。在去年 7 月，我们研究所引入的中国哲学博士马庆到岗以后，我才委请他帮助进行了文字转换工作并作了校对，形成了 word 文

---

① 邓旭阳：《试论先秦儒家仁爱道德情感培养机制》，载《东南大学学报（哲学社会科学版）》2013 年第 2 期，第 42 页。

② 同上，第 43 页。

③ 同上。

本，这是我必须要向他表达真诚谢意的！但是我在后期整理中发现，随后的各种校对、复核等等工作仍然十分艰巨繁重，同时这个导言我也只能是在日常工作之余断断续续写了半个多月的时间。需要说明的是，本文集收录论文原文中的少数英文，除个别照录原作者的引文注释外，都是引用的本文集作者而不是该文作者所引原作者的英文，少数引用原文则是顾及到一些生疏概念的理解，或完全不涉及论文作者本人的意思则直接引用原英文，但是这样的情况相对较少。另外，对于一些原文中的讹误作了迳改，譬如"休漠"改为"休谟"等等，还对注释体例作了尽可能的统一，包括中英文注释，因为原文取自不同类型期刊，标注方式差异较大，尽可能作了统一工作，特此说明。

　　总之，这本文集的选编有两个应用目的，第一是给自己的研究提供一个初步的选本，以了解学界这个研究的最新成就；第二，是试图为学界提供一个相关研究的参考。但是正如上面所说，由于自己能力方面的限制，这是一个严重的挂一漏万的工作。① 从未来的研究来看，我个人相信这方面的研究工作还会有更多更好的成果大量出现，这个选集只是相关工作的一个开始。上述任何的解释都不是借口，谨借此向可能读到这个选本的学界朋友表示诚挚的谢意和歉意，所有可能的错误都由我负责。

2024 年 3 月于石家庄

---

① 这里可能需要说明的另一点是，从蒙培元先生到黄玉顺教授，他们创立了一门大陆儒学的学派，即生活儒学或情感儒学流派，不仅仅是他们二人，而且黄玉顺教授的学生们也开始展开相关研究，取得了一系列成果。本书没有编选这些论文，一是我自己对此后知后觉，只是到编选工作后期才意识到这个问题，二是尽管主题有很多相近之处，但是情感儒学的主旨与本书的编选主旨还有一些距离。而且，笔者认为，就当代"情感儒学"的研究成果可能需要一次集中的专题性的整合和研究分析才能完成，故此处不再就此作专门的论列。

儒家伦理的"情理"逻辑

徐　嘉

【摘要】儒家伦理具有"情感理性"（"情理"）的特征。它将主观性、个体性的情感经由人的理智加工，以概念化、逻辑化的方式确立了善恶标准与伦理原则。在起源阶段，儒家伦理就以"仁"为核心，以朴素的孝、悌为"仁"的起点，以"心安"为价值依据，以"泛爱众"为终极目标，确立了儒家伦理的框架；其后，孟子以更基础、更普遍的同情心作为"共情"的基础，克服了血缘情感的不确定性，增强了仁爱的普遍有效性；至宋明时期，在本体论的思维模式下，儒家伦理形成了理学的"理—性—情"与心学的"心—性—情"两种不同的理论形态。可以看出，儒家伦理始终将仁爱视为人性的特征，以"共通的情感"和"同理心"为依据，将仁爱原则推广到人类、一切生命乃至天地万物。作为"情理"之学，儒家伦理给予人以丰富的道德选择性：对仁爱的"觉解"程度决定了精神境界的不同，行为不是只有道德与非道德之分，而是还有道德价值的高低之别。

一般认为，儒家伦理思想体系是一种在"天""人"框架内展开的道德学说，"天"一直是其价值的源头、人性的本原和人伦之道的依据。但是，这一理论模式的意义与深刻之处，并不在于伦理的形而上层面，而是隐藏在"天"与人性背后的对人的情感的尊重之中，也就是将人的情感作为个体生命的本质特征，并基于人的情感而言天理、天道、人心和人性。可以说，儒家伦理在起源阶段具有明显的美德伦理的特征，即美德的形成以人性为基础，而人性以"情感"为本质特征。其所遵循的是"情理"逻辑，这也成为儒家伦理的一种"基因"，一直影响到宋、明时期的理学与心学。此言"情理"，指的是"情感理性"①，即以情感为出发点与价值标准的理性思维形式，在伦理学研究中，是指具有道德意味的情感的理性化，也就是将主观性、个体性的情感经由人的理智的加工，而成为具有普遍性、合理性的伦理原则。具体而言，儒家伦理以"共通的情感"（"共情"）为基础，确定人皆有"移情（empathy）"的能力，并以概念化、逻辑化的方式确立了善恶标准与道德行为方式。这种"情感理性"不同于康德的理性主义伦理学（"纯粹实践理性"以先验的普遍必然性为前提，无关乎情感），而与休谟、斯洛特（Michael Slote）的情感主义伦理学相似。梁漱溟先生是最早意识到儒家伦理这个特点的学者，他指出："周孔教化自亦不出于理智，而以感情为其根本，但却不远于理智——此即所谓理性。理性不外乎人情。"② 在梁先生的语境中，理性是对情感进行理智的思考，而"开出了无所私的感情（impersonal feeling）"③，这即是本文所讨论的"情感理性"或"情理"。他认为，"无所私的感情"塑造了中国伦理"因情而有义"的特点，"伦理关系，即是情谊关系。……伦理之'理'，盖即于此情与义上见之"④。梁先生此论十分精辟，惜于没有深入地阐发这一主题。21世纪以来，李泽厚先生提出了"情本论"，在对理性主义的反思中将情感提升到"本体"的高度，并指出儒家伦理的特征是"理性渗入情感中，情感以理性为原则"⑤，不经意间凸显了儒家伦理的思维特征。近年来，蒙培元、郭齐勇等学者系统而深入地研究了"情感儒学"问题，同时，国内学界对于西方伦理学中休谟、舍勒、斯洛特的道德情感主义、情感伦理学的讨论也日益增多，并在不同程度上与儒家伦理相互发明，使我们看到了儒

---

① 蒙培元先生明确提出和论证了"情感理性"这一概念。参见蒙培元：《中国哲学中的情感理性》，载《哲学动态》2008年第3期，第19-24页；《情感与理性》，中国人民大学出版社2009年版，第55-61页。
② 梁漱溟：《中国文化要义》，《梁漱溟全集》第3卷，山东人民出版社2005年版，第290页。
③ 同上，第125页。
④ 同上，第82页。
⑤ 李泽厚：《论语今读》，生活·读书·新知三联书店2004年版，第404页。

家伦理基于人的情感的理性思考与价值追求的当代意义。

一 "情理"的奠基

自孔子开创儒学一脉，儒家伦理就以"仁"为核心，并将"仁"奠基于血缘亲情之上，朴素、自然而直接，既尊重人之常情，视其为基本价值，又超越血缘情感，走向"爱人"。不仅如此，孔子认为，合乎自然的情感都是美好的，情感的熏陶是达到"仁"的重要方式。

一般认为，孔子的伦理思想围绕"礼"与"仁"的关系而展开。"礼"，是西周以来所建立的一套建构国家体制的原则、维持社会秩序的规范与指导民众行为的礼仪，从伦理的维度来说，"礼"是系统化的伦理规范与道德要求，贯穿于"丧、祭、射、御、冠、昏、朝、聘"，即社会生活的方方面面；"仁"，在一般的意义上是人内心的"爱人"之情，《论语·颜渊》曰："樊迟问仁。子曰：'爱人。'"孔子伦理思想的进步性，不是对"礼"的坚守，而是以"仁"作为"礼"的合理性依据①。孔子认为，只有以"仁"为基础，才能有"礼"的规范②，所以孔子说："人而不仁，如礼何？人而不仁，如乐何？"（《论语·八佾》）人没有内心之仁，伦理秩序（礼乐）就失去了依据。

具体而言，"仁"或"仁爱"的第一步是血缘之爱，"爱"之情感是孔子言"仁"时的原初含义。《论语·学而》中说："君子务本，本立而道生。孝弟也者，其为仁之本与！""本"，"基也"，故杨伯峻先生将"本"解释为"基础"而不是"根本"，这一点非常重要。"孝"是"善事父母者"，"弟（悌）"是"善兄弟也"。人在世间首先面对的伦理关

① "礼"的合理性在西周时期是无需论证的，《礼记·礼运》中说："夫礼，必本于天，殽于地，列于鬼神。"神的本义是天神，鬼的本义是逝去的祖先，鬼神是超验的力量，此言"礼"是由天地所决定、鬼神所认可的必然秩序。但是，春秋时期礼崩乐坏，在"礼"祛魅之后，孔子以内心的"仁"作为礼的合理性根据，力图寻找到一个人们共同承认的终极价值依据和心理本原，这本身即是一种理性的态度。

② 《论语·八佾》："子夏问曰：'巧笑倩兮，美目盼兮，素以为绚兮。'何谓也？子曰：'绘事后素。'曰：'礼后乎？'子曰：'起予者商也！始可与言《诗》已矣。'"孔子认同学生子夏的看法，先有"仁"为基础，才能建立"礼"的规定。参见杨伯峻：《论语译注》，中华书局 2006 年版，第 27 页。

系即是如何对待血缘亲人，处理好这一伦理关系是一切道德行为的起点。以孝、悌为"仁"的基础，意味着这是道德行为的开始；若言孝、悌是"仁"的根本，则意味着最高目标的完成。显然，孝、悌只能是道德实践的起点。对此，宋明儒学解释得很清楚。程颢说："行仁自孝弟始，盖孝弟是仁之一事，谓之行仁之本则可，谓之是仁之本则不可。"（《二程遗书》卷十八）"行仁之本"是走向"仁"的第一步，"仁之本"则是达到了仁的根本要求，已超越了孝、悌。王阳明也说："父子兄弟之爱，便是人心生意发端处，如木之抽芽。自此而仁民，而爱物，便是发干、生枝、生叶。……孝弟为仁之本，却是仁理从里面发生出来。"（《传习录》上）所谓"发端处"，即是生长之根基，从孝、悌开端，爱的心意扩展开来，可以达到爱民众、爱万物的境界。孔子以血缘之爱为仁爱的起点，除《论语》外，《中庸》中也载有孔子对仁的看法："仁者，人也，亲亲为大。"《国语·晋语》亦曰："为仁者，爱亲之谓仁。"因此，孔子以爱亲为仁的基石是十分确定的。

那么，为什么子对父必是孝，弟对兄必是悌？为什么血缘之情如此重要，有着不言自明的价值？因为这是人自然而然的、本能的情感。对此，孔子虽然没有讲什么玄远、高深的道理，但质朴的理由，至今读来依然能打动人心。

> 宰我问："三年之丧，期已久矣。君子三年不为礼，礼必坏；三年不为乐，乐必崩。旧谷既没，新谷既升，钻燧改火，期可已矣。"子曰："食夫稻，衣夫锦，于女安乎？"曰："安。""女安，则为之！夫君子之居丧，食旨不甘，闻乐不乐，居处不安，故不为也。今女安，则为之！"宰我出。子曰："予之不仁也！子生三年，然后免于父母之怀。夫三年之丧，天下之通丧也，予也有三年之爱于其父母乎！"（《论语·阳货》）

宰我是孔子的学生，他从"实用"的意义上说，三年之丧足以使礼崩乐坏。孔子则认为，礼乐的合理性不在于圣人所制，而在于礼和乐符合人情。这是原始儒家非常重要的一种价值认定，不是"理性"分析之后的结论，而是直接诉诸人的内心情感。父母的养育之情，报之以子女的感恩之心，这种与生俱来的本真之爱、天然之情没有理由，也不需要理由，唯有这样心才能"安"。当然，我们还可以继续追问为什么"心安"如此重要，但这已是孔子给出的终极原因，是对生命的理解与感悟后的价值认定。李泽厚先生在反思理性主义的缺憾时认为，人之情感应该成为哲学最根本的基石，并将情感提高到"情本体"的高度。他说："所谓本体即是不能问其存在意义的最后实在，它是对经验因果的超越。"① 情感本身即是"人生的真谛、存在的真实、最后的意义。"② 要全面把握"人"，就要从情本体入手，而这恰恰是儒家哲学、儒家伦理的根基。

此外，孔子不只是看重血缘亲情，还尊重和肯定了人之常情、自然之情，这一点可从他对待《诗经》的态度中体会出来。他认为："《诗》三百，一言以蔽之，曰：思无邪。"（《论语·为政》）杨伯峻先生的《论语译注》将"思无邪"译为"思想纯正"，朴实却失之模糊。李泽厚先生的《论语今读》译为"不虚假"，亦是空泛之言而未落到实处。对此，朱熹《四书集注》认为，"思无邪"是指《诗经》可以"感发"人心，"其用归于使人得其情性之正"。清代郑浩的《论语集注述要》说："（《诗》三百）皆出于至情流溢，直写衷曲，毫无伪托虚徐之意。"这些解释抓住了《诗经》的特点——民歌的本来意义即是直抒胸臆、表达心声，而孔子看重的正是这一点。因此，所谓"思无邪"是指情感的自然流露和抒发，率性而纯真。比如《论语·八佾》："子曰：'《关雎》乐而不淫，哀而不伤。'"在孔子看来，《关雎》咏唱的青年男女之间的绵绵之情、相思之意是发自内心的爱，快乐而不放荡，哀伤而不痛苦，这样的情感是美好的。

孔子尊重人的自然情感，对儒家伦理来说意义深远。首先，孔子以血缘亲情为伦理的出发点，是儒家伦理的第一块基石，以后的儒家伦理思想无论如何发展，皆不离这一根基；其次，孔子强调仁爱，肯定先天的情感，为后世儒家"以情论性"定下了基调——情感是人性的内容，人性是情感的本质；再次，孔子看到了情感熏陶对于"成德""成人"

---

① 李泽厚：《实用理性与乐感文化》，生活·读书·新知三联书店 2008 年版，第 235 页。

② 李泽厚：《该中国哲学登场了》，上海译文出版社 2011 年版，第 75 页。

的重要意义。《论语·泰伯》："子曰：'兴于《诗》，立于礼，成于乐。'"此言成德、成人之修养，不但需要礼的约束，还需要情感的熏陶，即"诗"与"乐"的作用。对此，朱熹《四书集注》解释说，"兴，起也。……而吟咏之间，抑扬反复，其感人又易入。故学者之初，所以兴起其好善恶恶之心"，"（乐）可以养人之性情，而荡涤其邪秽"，即反复吟咏《诗经》不但能感动人心，还能激发好善恶恶之心，并陶冶性情而完成一种精神的升华。《论语·宪问》里，子路问孔子如何"成人"，孔子认为，除了智、廉、勇、艺之外，"文之以礼乐，亦可以为成人矣"。也就是说，乐对于人之情感的感染、陶冶是成为人格完善的君子所必不可少的。

对于孔子将儒家伦理奠基于"仁爱"，朱熹说："仁者，爱之理，心之德也。"[1] 从本质上说，"仁"是普遍意义的"爱"，心中固有的情。这种"仁爱"之义在不同语境中展现为多层次的内涵：仁是人性（心）的特征。并非人性即是仁，但仁是人心或人性的主要特征；仁作为不证自明的道德价值，是判断行为善恶的标准；仁爱之道的践行，则有了"仁之道""仁之方"以及"仁之成"等意义。可以说，孔子使儒家伦理具有了"情理"特征。

二 "共情"的基础

儒家伦理从诞生之初就以血缘亲情作为伦理、道德的起点与基石，但爱亲之情是具体的、主观的，很难有"共同的情感"，如何能够在此基础上建立普遍有效的伦理原则呢？在笔者看来，正是因为儒家伦理找到了人之为人的"基础性情感"，并以此作为"共通的情感"（"共情"）唤起了人们内心的共鸣与同理心，才产生了伦理共识，而这就是"情理"的逻辑。

孔子讲孝、悌是"仁"之本，可以成为伦理的起点，这是经验的总结，因为这种情感可以培养诸多德性。《论语·学而》曰："其为人也孝

---

① 朱熹：《四书集注》，凤凰出版社 2008 年版，第 46 页。

弟，而好犯上者，鲜矣；不好犯上，而好作乱者，未之有也。"其理由与内在的逻辑是，孝、悌是子对父母、弟对兄长的态度，而表现出来的是"顺"之德。朱熹引程子的解释说："孝弟，顺德也，故不好犯上，岂复有逆理乱常之事？"① 在不同的伦理关系中，子对父言孝、弟对兄言恭、妇对夫言从、臣对君言忠，本质上都是带有主从性质的"顺"，孝、悌做得好，可以自然扩展到其他行为，因为这种情感可以培养习惯性道德行为和稳定的德性。这不是认知意义上的判断与推理，而是实践意义上本质相同的行为的不断延伸。虽然在现实生活中，这也许是一种合乎常理的现象，但是，这种经验性的推理有很大的局限性。特别是孔子从"入则孝，出则弟"到"泛爱众"的构想，试图通过"爱亲"的推己及人达到"爱人"，无论在理论上还是在现实中都有一定难度。

这里涉及一个情感的"普遍有效性"问题。孔子将孝、悌作为伦理的基础，但这种情感既是经验的、具体的，又是心理的、直觉的，带有很强的主观性，从而使得伦理和道德难以形成绝对的、必然的道德律令。这造成了两个问题：一是对具体的情感是否认同以及认同程度的问题。孔子的学生宰予对三年之丧不满，觉得一年即可，他也只能无奈地说，你心若能够"安"，那么你就不用守丧三年了。在伦理道德的源头上如果没有达成共识，其后的观念更易出现分歧。二是以孝、悌这种血缘情感作为伦理道德的基石，亦有一种风险，因为"爱亲"与"爱人"中间有一条巨大的鸿沟，过于强调"爱亲"会淡化"爱人"。实际上，在传统中国这样一个宗法家族社会里，更易使人的情感局限于家族之内，"吾弟则爱之，秦人之弟则不爱也"（《孟子·告子上》）。但如果为了克服血缘伦理的狭隘性而强调"爱人"，则如墨家的"兼爱"一样，会成为一种超出人之常情的不切实际的要求。因此，什么样的情感既是人皆认同，又能超越血缘情感的狭隘性而成为伦理更可靠的基石呢？孟子提出了"不忍人之心"，"人皆有所不忍，达之于其所忍，仁也"（《孟子·尽心下》）。这种"不忍人之心"是同情、悲悯以及不可言喻的本能之爱，

① 朱熹：《四书集注》，凤凰出版社2008年版，第46页。

以这种情感作为"仁"的心理基础，大大增强了情感的普遍有效性。而将"不忍人之心"进一步具体化，即是经典的"四心"说："恻隐之心，人皆有之；羞恶之心，人皆有之；恭敬之心，人皆有之；是非之心，人皆有之。……仁义礼智，非由外铄我也，我固有之也。"（《孟子·告子上》）恻隐心、羞恶心、恭敬心即是同情、羞耻、恭敬等具有道德意味的情感；是非心既是道德判断能力，带有理性的特征，又是一种由好恶之情（道德情感）影响的道德判断。孟子把孔子的"不安"代之以人人皆有的"不忍人之心"，再扩展为仁、义、礼、智"四心"，以此作为人类共同的心理基础，从而把儒家伦理奠基在"恻隐之心""羞恶之心"等普遍的道德情感之上，克服了孝、悌血缘情感的局限性，把个人的爱转换成人所共具的情，从而使伦理的基础更具普遍意义和理性特征。

不仅如此，孟子还对这一普遍的道德情感进行了证明。一方面，从天人关系的角度，孟子认同"天命之谓性"的传统思路，认为人之性善是因为"此天之所与我者"（《孟子·告子上》），故人有"不学而能""不虑而知"的先天的良知、良能。另一方面，孟子将"不忍人之心"作为所有道德情感的起点，《孟子·公孙丑上》："所以谓'人皆有不忍人之心'者，今人乍见孺子将入于井，皆有怵惕恻隐之心……"，"怵惕"是惊动貌，"恻隐"是伤之切、痛之深，是见人遭遇不幸而心有所不忍与怜悯，即同情。① 在"四心"中，恻隐之心的地位最为重要，它与"不忍人之心"一样，是人心中最为基础的情感。虽然它们都不能精确地指向某种具体情感，"同情"或"怜悯"只是一种勉强的解释，但孟子的用意非常清晰，就是启发人们从自己的生活经验中发现人皆有此心，从而感悟到心底的同情与怜悯之情。人之为人，或者说任何一个心智健全的人都会有这样的情感，我们固然难以完全证明"无恻隐之心，非人也"，却更难以否认这种近乎本能的情感。孟子的这一论证极有说服

---

① 美国当代美德伦理学的代表人物斯洛特认为，一切道德行为均可以用人类的移情机制进行解释，人类天生拥有"共同的移情能力"，能够感受他人的悲痛情感并触发利他的道德行为。（参见 Michael Slote, *Moral Sentimentalism*, Oxford University Press, 2010, p. 15-18）孟子的"见孺子将入于井"以及"不忍人之心""恻隐之心"等所说明的正是这种移情能力。

力：如果把道德情感作为人性的特征，那么越是复杂、高级的情感越难以达成共识，比如"老安少怀""孔颜之乐""民胞物与"等，都是见仁见智的，只有把复杂的情感分解为最简单、最基础的情感，比如"不忍""恻隐"等，才可能成为"共情"的基石。据此，孟子认为，人有一种根源意义上的善的根性或本性，保证了人人皆有"不忍人之心""恻隐之心""羞恶之心"等先天的善端，"乃若其情，则可以为善矣，乃所谓善矣也"（《孟子·告子上》）。正因为人先天的质性（人性）可以表现为具体的善行，所以称之为"性善"。由此而言，孟子完成了一个巨大的理论跨越：因为人有先天的情（善端），故有先验的善性。也可以说，情依托于心，以心而言性，最后以情见性。因而，善性是人的普遍本性。

值得注意的是，1993年出土的郭店楚墓竹简正好反映了"孔孟之间"儒家伦理的进展情况。其中，《性自命出》篇集中展现了战国中期儒家对于"情理"的思考，其曰："凡人情为可悦也。苟以其情，虽过不恶；不以其情，虽难不贵。苟有其情，虽未之为，斯人信之矣。未言而信，有美情者也。"凡真实情感就是令人愉悦的，以真情行事，有过错不是恶；不以真情行事，做了难事亦不可贵。有真情的人，有些事未做也值得信任，不言而获信任者是有美好情感的人。这一思想不但延续了孔子以情为贵的态度，而且在理论上也有重要发展。《性自命出》说："性自命出，命自天降。道始于情，情生于性。"人伦之道始于情感，情感发自人性，人性由"命"所赋予，"命"来源于天，代表着天的必然性与目的性，体现了天的意志。简单说，这里的逻辑顺序是"天—命—性—情—道"，其中人通过努力可以有所作为的，只有控制情感。故《性自命出》中说："凡人虽有性，心无定志，待物而后作，待悦而后行，待习而后定。"心是精神活动，志是主观意志，性、情是内在的固有的东西，心、志则多受情绪和外部环境的影响，要靠后天的习惯培养。所以，"始者近情，终者近义。知情（者能）出之，知义者能入之"，行为始于情感的驱动，而最后接近礼义的要求。通达人情可以发挥人的情感，掌握礼义者能控制人的情感。可以说，《性自命出》保持了原始儒家对待情感的态度，并且偏重于情感的积极意义，也是孔子与孟子之间合乎逻辑发展的一种理论形态。

总之，就先秦儒家来说，情感不但是伦理、道德的源头，而且是伦理、道德的目的。就理论框架而言，虽然在天人关系层面，《中庸》讲"天命之谓性，率性之谓道"，《孟子》讲"尽心、知性、知天"，但伦理的真正源头在人的情感。孔子强调内心的仁始于亲情；孟子言性善源于"不忍人之心"，并以情言性，以"共情"为基础作为人的"善之萌芽"，使得伦理的根基更具普遍性；而道德行为的最终价值目标，在孔子看来是实现"仁"，在孟子看来是"求放心"，亦是以人的情感为根据。

三 从"理—性—情"到"心—性—情"

儒家伦理发展到宋、明时期，已达到儒家理性主义的高峰，"情理"的特征又表现为新的样态。这一时期，理学、心学的思维都达到了本体论的高度。此言"本体"，即无论是理学的"理""天理"还是心学的"心""良知"，都是先验的、"与物无对"的精神性的本体，天地万物、人伦道德皆是这一本体的"体现"与"显现"。虽然理学与心学皆重视人的情感，但由于"性即理""心即理"的理论异趣，情感在理学与心学思想体系中的地位大不相同：于理学是"理—性—情"的结构，于心学则是"心（良知）—性—情"的结构。

宋明理学的情感理论主要围绕心性与情感的关系而展开。先秦文献《中庸》就十分关注性与情的关系，如"天命之谓性"，"喜怒哀乐之未发谓之中，发而皆中节谓之和。中也者，天下之大本也；和也者，天下之达道也"，已酝酿着情与性的合一。这一构想在宋代理学受到特别重视，其理论以"理"规定人性，以人性决定情感，从而成为"性理"。以朱熹的思想为例，在其思想体系中，最高的本体是"理"或"天理"，理是"发育万物"的根源，理与宇宙万物的关系是"理一分殊"："天得之而为天，地得之而为地，而凡生于天地之间者，又各得之以为性。"（《朱子文集》卷七十）因此，天之性、地之性、人之性皆与"理"同一性质，人性即是天理，此即理学经典命题"性即理"的意义。那么，在这一体系中，性与情的关系如何？朱熹说：性不可言。所以言性善者，只看他恻隐、辞逊四端之善则可见其性之善。如见水流之清，则知源头必清矣。四端，情也，性则理也。发者，情也，其本则性也。（《朱子语类》卷五）性者情之理，性感物而动则生情。如理在人为"仁"性，存之于心而不可见，因感应于事而有情之起，"如赤子入井之事感"，"仁"之理便感应，恻隐之心于是乎形。"过庙过朝之事感"，则"礼"之理便感应，而恭敬之心于是乎形。① 性是体，情是用，"性"发之为用而呈现为恻隐、羞恶、辞让、是非情之"四端"。那么，"四端"与喜、怒、哀、乐、爱、恶、惧七情是什么关系呢？"四端是理之发，七情是气之发"（《朱子语类》卷五十三），两者的差别在于，"理之发"为仁义礼智是良善的情感，故皆为善；"气之发"受物的气禀之偏的影响，会失去心（理性）的控制，更近于情绪，故易偏颇、冲动，使得所发之情有"当"与"不当"。举例来说，"如爱其人之善，若爱之过，则不知其恶，便是因其所重而陷于所偏"（《朱子语类》卷十六）。所以说，"性所以立乎水之静，情所以行乎水之动，欲则水之流而至于滥也"（《朱子语类》卷五）。可见，情感本身不是恶，控制情感才是重要之事，而这是"心"的功能。因此，朱熹亦讲"心统性情"。对于个体生命而言，这是性与情的落脚处。

但是，从理学"最究竟者"而言，理、性高于心、情，超越的理和性主宰与管辖着人的心、情。在根本上，理"其张之为三纲，其纪之为五常"（《朱子文集》卷七十），是社会的客观伦理规范，而情则有正有偏、当与不当，这样一来，以朱熹为代表的"性理"之学，一改先秦儒家由情而性的"情—性"逻辑，变为"理—性—情"逻辑，主要强调伦理规范的绝对性，情感的积极意义则大大弱化，不再是人性的合理内容，而变为要控制的对象。因此，"性即理"就思维高度来说贯通天人，但过于强化了外在的规范之后，失去了先秦儒家伦理中质朴与情感的内容。就效果来说，对情感经验、自然欲求的控制，在一定程度上确实造成了

---

① 参见朱熹：《朱子全书》第 23 册，上海古籍出版社、安徽教育出版社 2002 年版，第 2778-2779 页。

理学"存天理，灭人欲""以理杀人"等缺陷。

理学的这一弊端在心学体系特别是王阳明的学说中得到了某种程度的纠正。心学的基本命题是"心即理"，王阳明在继承这一命题的基础上，又提出了"致良知"理论。"心"与"良知"的相同之处在于，"心之体，性也。性即理也"（《传习录》上），良知即是性、心之体，即是理、天理。差异之处在于，良知既是是非知觉，又是道德情感，是两者的统一。就知觉而言，"良知是天理之昭明灵觉处"（《传习录》中），"昭明灵觉"不是一般意义的知觉，而是从知觉中呈现出的至善之性，是人的心灵的特征。就道德情感而言，"良知只是个是非之心，是非只是个好恶。只好恶就尽了是非，只是非就尽了万事万变"（《传习录》下）。良知不过是道德认知和是非判断的心，是由喜好和厌恶之情决定的。王阳明说：

> 盖良知只是一个天理，自然明觉发见处，只是一个真诚恻怛，便是他本体。故致此良知之真诚恻怛，以事亲便是孝；致此良知之真诚恻怛，以从兄便是弟；致此良知之真诚恻怛，以事君便是忠。（《传习录》中）

简言之，良知与情感的关系分为三个层面：其一，良知的基础是"见父自然知孝，见兄自然知弟"这种具体而直接的血缘情感。其二，良知之体是"真诚恻怛"，即普遍化、理性化的情感，这是基础性的、抽象的爱人之情，以"真诚恻怛"事亲、从兄、事君，即为孝、悌、忠诸种德性。其三，良知之用是具体的情感。王阳明说："七情顺其自然之流行，皆是良知之用，不可分别善恶，但不可有所着。七情有着，俱谓之欲，俱为良知之蔽。"（《传习录》下）不执着时，喜、怒、哀、乐、爱、恶、惧犹如花开花落，又如行云流水，是一种生命存在的自然状态。而执着时，情就成为一种固执的情绪，王阳明称之为私欲，会遮蔽良知。这与朱熹的说法有殊途同归之处：人的七情与生俱来，无情即无性。朱熹格物以穷理，以礼"得性情之正"；阳明重性情之真，追求"返朴还淳"。一句话，情感抒发要适度，过度则为私欲，如乌云掩日而遮蔽良知。而不同之处在于，朱熹的人性源于天理，以理制约情感；王阳明的心即是性、即是道德情感，心、性、情一体无间。这在一定程度上克服了理学在天理与人欲方面的对立。因为良知内在于个体生命，更注重"心"的能动意义，即强调从至善之理到个体知觉的当下贯注。人人都有良知，良知是个体的心、"自家底准则"。因此，良知天然就具有个体性、主动性、当下性。所以与"天理"相比，"致良知"更能够激励人们相信自己的道德情感，依靠良知的自觉性，并且在情感体验中不断成长——因为良知是"天植灵根，自生生不息"（《传习录》下），既是先天所具，又是一种潜能，需要自觉地去"扩而充之"。

但是，良知说亦有其自身的问题。一是个体的心如何能成为公共的良知。个体随顺情感如何保证统一的是非观？王阳明说："良知之在人心，无间于圣愚，天下古今之所同也。"（《传习录》中）所以，王阳明并不是价值相对主义者，良知有"天下古今"统一的、绝对的内容——就"致良知"产生的背景来说，理学已风行三百余年，良知对于是非、善恶的标准其实是不言自明的"张之为三纲，纪之为五常"的"天理"，天理保证了公共良知的内容。二是良知不是完全客观的，"致良知"是一种情感体验式的认识，不思不能自觉其存在，而把握良知在某种程度上要靠"觉"，"随他多少邪思枉念，这里一觉，都自消融"（《传习录》下）。这是良知的自我觉悟，但人之觉悟各不相同，其与主观性思维相关，因而是不确定的。这是王阳明"致良知"的真正问题，也是心学体系内无法克服的难题。

总之，天理的内涵是社会伦理规范，其通过诉诸天理的威严，实现对人的情感和欲望的控制，这对于稳定伦理秩序有着不可或缺的作用。相比之下，良知唤起的是道德情感和道德自由，更多地依靠内心的道德命令。其在理论上固然更完美，但对于人的要求也更高：要求主观向善的动力、更高的觉悟能力以及道德情感的体验与扩充等。"天理"发展到极端会约束人的情感、欲望，桎梏人心。"致良知"尽管给予人的精神以一定的自由，但个体情感发展到一定程度，则会超出社会伦理的范围。所以，当良知思想发展到阳明后学的王畿龙溪之学时，情感伴随着欲望终于超出了纲常的桎梏，"遂复非名教之所能羁络矣"（《明儒学案·泰州学案》卷三十二）。这在晚明固然具有个性解放的启蒙意义，但也说明，给予个体良知无限的自主性，会导致情感与欲望的过度张扬，对于社会伦理是一种挑战。

四 从"共情"到"移情"的逻辑

儒家伦理除了道德形而上学的建构之外，还提供了一种"合乎情理"的推理方法和过程，来解决在道德生活中出现的各种问题。简言之，儒家以仁爱为出发点，不断突破血缘的界限，展现出一种人文主义学说的超越性。这里涉及儒家伦理两个内容，一是道德情感的层次性及其特点，二是"仁爱"的推广或仁爱原则的贯彻方式，这两点都彰显了儒家伦理"情理"逻辑的实践意义。

就仁爱的层次性来说，孔子从爱亲之"入则孝、出则弟"出发，推至爱他人、"泛爱众"，而最高的爱是关爱一切生命。孔子极少许人以"仁"，却在批评管仲"不知礼""不忠"的同时，罕见地赞扬他有"仁"德。《论语·宪问》曰："桓公九合诸侯，不以兵车，管仲之力也。如其仁，如其仁。"管仲辅佐齐桓公多次以诸侯盟会的形式避免了战争，拯救了无数人的生命，"民到于今受其赐"，在孔子看来，管仲使人民免于战争的伤害是"爱人"的极致。此外，孔子虽未说过仁爱是否要超出人类的范围，但是，《论语·述而》说："子钓而不纲，弋不射宿。"这就如同商汤"网开三面"一样，已从内心深处透露出了对生命的爱惜之心与悲悯之情。同样，孟子从"仁之实，事亲是也"（《孟子·离娄上》）出发，主张"老吾老以及人之老，幼吾幼以及人之幼"，乃至达到"仁民、爱物"。这一仁爱的推广方式，在儒家伦理中是贯彻始终的，到宋明理学已成为相当自觉的意识。张载《西铭》："故天地之塞，吾其体；天地之帅，吾其性。民吾同胞，物吾与也。"仁者爱人类，同时也爱自然万物，这即是著名的"民胞物与"。至王阳明，同情、恻隐之心的延伸、扩展已是自然而然，心意所至，仁心遍及天地万物，其《大学问》云：

> 是故见孺子之入井，而必有怵惕恻隐之心焉，是其仁之与孺子

而为一体也；孺子犹同类者也，见鸟兽之哀鸣觳觫，而必有不忍之心焉；是其仁之与鸟兽而为一体也。鸟兽犹有知觉者也，见草木之摧折，而必有悯恤之心焉，是其仁之与草木而为一体也；草木犹有生意者也，见瓦石之毁坏，而必有顾惜之心焉，是其仁之与瓦石而为一体也。

这即是"万物一体之仁"。仁心为体，怵惕恻隐之心、不忍之心、悯恤之心、顾惜之心为用，皆是仁爱之心的表现。可以说，自孔子到王阳明的两千年里，从朴素的经验认识到本体论的思维模式，儒家伦理的内在价值取向始终如一，从"仁民"到"爱物"，仁爱的内在逻辑不断延伸。这种仁爱之心的特点在于区分了人的本分的情感与崇高的情感。本分的情感如孝、悌、忠、信等，不具备这样的品德就很难说是严格意义上的人，这也是孟子所说的"人之所以异于禽兽者几希"（《孟子·离娄下》）的东西。崇高的情感表征着伦理价值的超越性，不断超越血缘、亲朋好友、邻里乡亲这些特殊的情感，推广至一切人、一切生命乃至世间万物。我们无法说这两种情感所要求的道德义务何者更重要，只是说爱的顺序理应如此，做人就要从爱亲做起，但最崇高的爱在于爱一切人。《论语·雍也》："子贡曰：'如有博施于民而能济众，何如？可谓仁乎？'子曰：'何事于仁！必也圣乎！尧舜其犹病诸！'""仁"是爱人的一般道理，而将此理践行到极处即为圣。仁爱之道有本有源，按顺序展开，愈远愈难，"苟以吾治已足，则便不是圣人"（朱熹《四书集注》引程子语）。仁爱遍及一切人是一个不断超越的过程，一个无尽的事业。

就仁爱之心的推广或仁爱原则的贯彻来说，乃是忠恕之道："己所不欲，勿施于人"（《论语·颜渊）》，"夫仁者，己欲立而立人，己欲达而达人。能近取譬，可谓仁之方也已"（《论语·雍也》）。这是儒家推己及人的具体方式。"尽己之谓忠，推己之谓恕"（《朱子语类》卷二十七），即以自己的好恶之情揣度他人，朱熹《四书集注》解释说，这是"近取诸身，以己所欲譬之他人，知其所欲亦犹是也"。因此，这不是以普遍的义理来说行为规范，而是从自我情感出发的将心比心，是"人同此心，心同此理"的"同理心"，并以"共通的情感"（"共情"）为前提，因情感的共鸣而"移情"于他人的行为逻辑。以孟子的话讲，人是有良知、良能的，"共情"是基于良知的"心之所同然者"（《孟子·告子上》）。

那么，"共情"或"同理心"可以成为仁爱原则的贯彻方式吗？单从形式逻辑来看，推己及人的方式有明显的缺陷，"己所不欲""己欲立""己欲达"等都带有很强的主观性，"己所不欲"如果是"人之所欲"怎么办？"己欲立"若非"人欲立"又当如何？这确实是个问题，尤其在不同民族、不同文化之间，伦理观念有着巨大差异。按照康德的看法，良知只能适合具体的个体。在他看来，良知从某种意义上说是一种"信仰"，更确切地说，只是一种"合理的信仰"①。因为儒家伦理的"情理"特征，所以良知不可能成为康德哲学所论证的无条件的绝对命令。但是，"己所不欲，勿施于人""己欲立而立人"是从人之常情出发的，是善意的、以他人为目的的，本身不会过度违背他人意愿而强加于人。因此，纯粹逻辑的考量夸大了忠恕之道的不合理，而在实践过程中，这恰恰是儒家伦理合乎理性的地方。

其实，忠恕之道最大的困难在于"情理"的不确定性：一是情感能力不足。只有内心足够仁、足够敏，才能有恰当的"共情"和同理心。"心之所同然者"乃是情感的沟通与共鸣，虽是将心比心，但心亦有别，不是心性之善的差别，而是人生阅历、情感体悟、心性修养的差异。二是如何权衡情与理的轻重缓急。普遍的义理与情感的要求如何权衡？这是仁者见仁、智者见智的问题。孔子言《诗》三百是"思无邪"，乃是自然真情的抒发，朱熹却说："《桑中》《溱洧》之诗，果无邪耶？"（《朱子语类》卷二十三）小事如民歌之情感是正是邪尚难统一，更何况"亲亲相隐""窃负而逃"这些至今聚讼不已的"情理"难题。以上两者都使仁爱原则的贯彻难以有确定的、统一的标准与尺度。但是，在两千多年儒家伦理仁爱原则的实践中，其也有非常可贵的地方。

其一，仁爱之道推广的价值序列符合人之常情。孟子说"尧舜之仁

---

① ［德］康德：《任何一种能够作为科学出现的未来形而上学导论》，庞景仁译，商务印书馆2009年版，第167页。

不遍爱人"（《孟子·尽心上》），仁爱之道不是一视同仁的无差别之爱，王阳明解释得极清楚：

> 禽兽与草木同是爱的，把草木去养禽兽，又忍得。人与禽兽同是爱的，宰禽兽以养亲与供祭祀，燕宾客，心又忍得。至亲与路人同是爱的，如箪食豆羹，得则生，不得则死，不能两全，宁救至亲，不救路人，心又忍得。这是道理合该如此。（《传习录》下）

血缘亲情具有价值优先性，先爱至亲，次爱路人，最后推及禽兽、草木，直至瓦砾土石，这是一个向外辐射、延伸的无限过程。在这里，王阳明用了一个与孟子"不忍人之心"相似的、情感意味极重的"忍得"来形容仁爱。仁者无所不爱，仁心固然遍及至亲路人、草木禽兽、天地万物，但"道理自有厚薄"，砍伐草木以养禽兽，宰杀禽兽以养至亲，宁救至亲而舍路人，心有不忍但还是要"忍得"，这才是王阳明"天地万物一体之仁"（《传习录》中）的真义所在。这种仁爱之道是自然的、本真的情感，本身就具有让人信服的理由。贺麟先生说："爱有差等，乃是普通的心理事实，也就是很自然的正常的情绪。……说人应履行等差之爱，无非是说，我们爱他人，要爱得近人情，让自己的爱的情绪顺着自然发泄罢了。"[1]

其二，以"合情合理"作为道德生活的指南更具实践意义。杨国荣教授在谈及中国哲学中的"理性"时说："如果说，普遍的规范、原则（义）主要从形式的层面体现了理性的价值取向，那么，情感则从实质的方面展现了具体的价值意识。"[2] 以此谈论儒家伦理亦十分恰当。儒家伦理所说的合理性包含两个方面：一方面，仁是一种抽象的原则，是一般意义上人对人、人对万物的情感要求，并以礼、义、理等普遍的形式确立了人的行为规范。另一方面，情感是具体而真切的，是展现于生活之中的。前者是"合理"的价值原则，后者是"合情"的情感考量，"合理""合情"从不同方面赋予了行为以正当性，而这种正当性即是价值意义上的合理性。康德的道德哲学认为，良知、道德情感属于普通理

---

[1] 贺麟：《文化与人生》，商务印书馆 1988 年版，第 54-55 页。
[2] 杨国荣：《中国哲学中的理性观念》，载《文史哲》2014 年第 2 期，第 34 页。

智，即具体认识和使用规则的能力，当谈到概念和原则时，只能是"思辨理性"或"纯粹理性"，而不能有任何的经验。[①] 康德此言的深刻之处无须多言，但人作为一种有情感的生命，其行为的正当性、合理性理应具有多维度的考量，普遍的、绝对的应然之则固然重要，但伦理、道德若无人的情感为内容，会造成"原子式"的社会、没有温度的共同体。就此而言，儒家伦理以普遍的理、共通的情相结合的"情理"逻辑来衡量行为的正当性，更具实践价值。

其三，"情理"提供了丰富的道德选择，引导人不断超越自我而走向更高的精神境界。精神境界抽象、神秘而难以言说，而儒家伦理从情感的角度，却能够提供一种切实的实践路径。同是一种仁爱之情，可以展现为孝悌为本、由家及国，乃至天下一家、万物一体。也就是说，面对同样的情境，可以有诸多合乎"情理"的行为方式，不同的情感高度决定了人的道德境界。具体而言，境界的尺度是"觉解"——自觉与了解。了解是根据概念的理解，自觉是知道自己行为的意义，是一种心理状态。[②] 对于儒家伦理的觉解，即是了解、理解"伦理的仁爱本性"，并知道这种行为的意义。可以说，"觉解"是情感体验后的理解，理解后的情感升华，升华后的伦理认同。因此，从"见孺子落井"而生恻隐之心是良知良能的觉解，"谁言寸草心，报得三春晖"是感受母爱后的觉解，"安得广厦千万间，大庇天下寒士俱欢颜"是颠沛流离后的觉解，"先天下之忧而忧，后天下之乐而乐"是感悟到无我之大爱后的觉解，等等。总之，内心觉解的程度和性质决定了情感的丰富性和广阔性。因此，从对情感的觉解而体现的精神境界来说，不是行为只有道德与非道德之分，而是关键在于何种行为具有更高的道德价值——情之所至而可以成为常人、君子，也可以成为贤人、仁人乃至圣人。这是儒家伦理独树一帜的宝贵思想。

总之，纯粹理性与情感理性是面对伦理问题时的两种不同思考方式。

[①] 参见 [德] 康德：《任何一种能够作为科学出现的未来形而上学导论》，庞景仁译，商务印书馆 2009 年版，第 165-166 页。

[②] 参见冯友兰：《新原人》，生活·读书·新知三联书店 2007 年版，第 11-12 页。

现代道德哲学依据纯粹理性，把带有生命特征的道德情感、"盖然性的良知"排除在外，确实规避了因情感的不确定性而导致的道德标准的复杂性，能够建立和证明具有普遍性、绝对性的伦理原则，但没有情感和温情的伦理并不符合人的社会性本质和生命本身的需要。相对而言，"情理"表现了儒家伦理的精神气质。在儒家看来，理性化的情感是伦理的依据，没有情感的道德生活是不可想象的。因此，人对伦理共同体的皈依与共识，既是理性的认同，亦是对人的共同情感的皈依。儒家伦理的价值在于，其所提出的抽象的伦理原则，都是基于情感的对家、民族、国家、天下这些伦理实体的思考，家国情怀、仁民爱物、民胞物与、万物一体之仁等，追求的是人的情感的不断扩展与延伸。不能否认，儒家伦理的这种思维有其天然的局限性，即涉及情感的伦理原则是不能完全通过逻辑进行论证的，情感总是带有主观性和不确定性。基于"情理"建立的伦理原则，在面对不同的伦理实体时其行为选择是不同的，如在面对"亲亲相隐""忠孝两全"这样的千古难题时，儒家伦理就要求一种深刻的伦理认知和精神境界，亦即要求一种"实践智慧"，这在具体的实践中无疑会造成很大的困难。当然，儒家伦理的价值是独特的，传承两千余年来，其基于情感的理性思考影响了一代又一代中国人。就目前的理论研究而言，无视儒家伦理的"情理"特征，纯粹思辨的、形式逻辑的解读与诠释、解构与重构，无疑抛弃了儒家伦理最宝贵的价值；就现实的道德生活而言，今天的道德教育过于重视外在的规范，而缺失了对人的道德情感的启迪与培养，使得有道德知识而无道德意愿成为一大痼疾。"发乎情，止乎礼""兴于诗，立于礼，成于乐"，这些平凡而朴素的道理其实蕴含着对人的道德情感的深刻洞察。因此，尽管儒家伦理体系博大繁复，"情感理性"只是其特征之一，但若言儒家伦理的现代意义与未来之路，挖掘与弘扬其"情理"之学应该值得期待。

（《哲学动态》2021 年第 7 期）

（作者单位：东南大学人文学院）

情理、心性和理性

——论先秦儒家道德理性的形成与特色

赵法生

【摘要】 现代新儒家牟宗三以康德作为会通儒家与西方思想的桥梁，但是越来越多的人认识到，由于康德的实践理性思想完全否定情感在道德基础中的地位，相对而言，在道德哲学的基础方面，儒家道德思想与康德实践理性的共同点反而不及与休谟经验论和海德格尔的存在论的共同点多，彼此沟通的难度也更大。实际上，原始儒家道德思想的建构有其独特的路径，就是情理合一，其成熟形态则是孟子的心性论。从《性自命出》的"道始于情"而"终于义"，经过《五行》篇"形于内"的探索，原始儒家道德思想发展为孟子的以四端说四德，性、心、情、理合一，以心性论完成了情、理合一，成为儒家道德理性的典型形态，进而为工夫论奠定了内在基础。

在西方道德思想史上，感情与理性的冲突可谓一以贯之，构成了西方不同道德思想流派演进的主要历史线索。在宋明理学家那里，情与理的紧张关系清晰可见。可是，在孟子以前的原始儒家那里，情与理的关系却没有形成对立紧张的局面。实际上，原始儒家构建了一种独特的情理观，不但化解了情与理可能的对立，而且形成了原始儒家不同于宋明理学以及康德道德哲学的特殊的道德理性，这在孟子的心性论那里获得了典型体现。

一　康德的实践理性与情感

如果说先秦儒家道德哲学突出的是情性和心性，西洋道德哲学则素来以理性主义著称。西方理性主义道德哲学的重要代表人物是康德，所以，康德被港台新儒家选取作为中西哲学会通的主要桥梁之一。康德认为，实践理性体现了人的自由意志，作为一种普遍有效的道德法则，它不能基于任何感性质料，因为质料不具备普遍必然性。所以，康德如此定义实践理性的基本法则："要这样行动，使得你的意志的准则任何时候都能同时被看作一个普遍立法的原则。"①

根据康德的观点，既然情感属于质料，而实践理性法则是纯粹的形式，情感便在实践理性法则中难有立足之地。他说："因为我们把这个至上的实践原理认证为这样一条原理，每个自然的人类理性都会认为它作为完全先天的、不依赖于任何感性材料的原理是人的意志的至上法则。"② 在康德看来，实践理性法则的作用表现在它君临于各种质料性的欲望之上并调控它们，为了完成此一使命，它必须保持自身对于质料的超越性。因此，他说："一切有可能作为意志的规定根据混入我们的准则中来的经验性的东西通过它在激发起欲望时必须附着在意志之上的快乐和痛苦的感情马上就成为可辨认的，但那个纯粹实践理性却完全拒绝把这种情感作为条件接收到自己的原则中来。"③

为了维护实践理性法则的纯洁性和绝对性，康德斩断了它与经验、质料和感性世界的关联，因为后者无法为道德提供一个稳定、必然和有效的基础。他断言唯有如此方能超越自然王国而步入自由王国的殿堂。可是，任何道德行为都需要必要的意志动力，那么，在康德那里，人是如何由理性法则步入实践领域的呢？如果人只是理性存在物，康德的道德哲学将是自洽和圆满的。但是，人不仅仅是理性存在物，同时还是一个感性的存在物、质料的存在物。他不仅有理性，还有感情，既然道德哲学必然以人的道德实践为根基，那么，我们就有理由问，在现实的人身上，绝对和纯粹的实践理性法则是如何发挥作用的？人究竟是如何跨

---

① ［德］康德：《实践理性批判·中译者序》，邓晓芒译，杨祖陶校，人民出版社 2003 年版，中译者序第 3 页。
② 同上，第 125 页。
③ 同上。

越自身感性和理性的矛盾而步入自由王国的?

　　康德认为，实践理性只有可能接纳一种情感，就是对于纯粹形式的道德法则本身的敬重，这种敬重和任何与快乐及痛苦相类似的经验性情感无关，否则，就违背了实践理性纯粹形式的特征。康德认为，任何经验性的偏好都不会引起心灵的敬重："对于一般而言的偏好来说，无论它是我的偏好还是另一个人的偏好，我也不可能敬重。我顶多可能在第一种场合认可它，在第二种场合有时可能甚至喜欢它，也就是说，把它看作是有益于我的利益的。唯有仅仅作为根据、但绝不作为结果而与我的意志相联结的东西，不为我的偏好服务而是胜过它、至少在选择时把它完全排除在估量之外的东西，因而纯然的法则本身，才能是敬重的对象，从而成为一条诚命。如今，一个出自义务的行为应当完全排除偏好的影响，连带地排除意志的任何对象。因此，在客观上除了法则，在主观上除了对这种实践法则的纯粹敬重，从而就是即便损害我的一切偏好也要遵从这样一种法则的准则之外，对于意志来说就不剩下任何东西能够决定它了。"① 康德强调，经验性的偏好只与我们的利害相关，它只能引起认可或者喜欢，绝不会引发敬重，只有纯粹形式性的法则才会成为敬重的对象。这样一来，他就将作为意志的偏好及其对象都从实践理性中祛除了，剩下的只有纯粹理性法则以及主体对它的敬重。康德甚至认为，那些质料性的偏好对于实践理性的实施是一种破坏性力量。因为任何偏好、需求都是经验性的，都以某种外在的对象为欲求目的，受制于因果关系的约束而无法自我立法和自我规定，因而只能归结到功利论或者幸福论之下，因此，它们与普遍性和必然性的理性道德法则具有质的不同，并试图抗拒道德法则的实现。

　　对于道德实践的动力何在这一问题，康德的回答是人对于纯粹形式的理性法则的敬重，他认为任何经验性的偏好都注定无法引发敬重。可是，这一解说恰恰是需要反思的。一个理性的研究者完全可能出于对理性法则的敬重而行善，但是，在人类历史上，更大量存在的是那些没有

---

① ［德］康德：《道德形而上学的奠基》，李秋零主编：《康德著作全集》第 4 卷，中国人民大学出版社 2013 年版，第 407 页。

受过哲学思维训练的普通人，他们不懂哲学理论，不会通过哲学范畴反思人生与道德，对抽象的道德理性法则更是一无所知，自然也就谈不上对理性法则的敬重，但是他们又确确实实是道德实践者，他们的道德行为更代表了哲学家之外的普罗大众的道德实践，那么，他们的善行是如何可能的，是如何产生的？康德对此并未说明。显然，在康德纯粹形式的道德理性法则和现实的道德实践之间，还存在着另一条必须跨越的鸿沟，这便涉及关于道德的知识和道德实践之间的不同。

康德的伦理学是形式主义伦理学的典范，在排斥情感对于道德法则的影响方面最为彻底，这与原始儒家对于情的重视恰成对照。原始儒家将道德形成的根源追溯到人的情感，孔子以爱人说仁，《礼记·坊记》说礼是"因人之情而为之节文"，孟子以四端作为性善的证明，都是如此。休谟主张道德感主要发源于人的同情心，海德格尔认为人的存在首先是一种情的存在，就对于情的重视而言，二者与儒家道德思想的共同点要远多于康德。20世纪儒家思想发生了一次影响深远的哲学转向，转向的目的是要证明儒家思想也是哲学系统，作为理性主义集大成者的康德哲学被选取作为沟通中西哲学的桥梁，有其历史的必然性。但从道德思想的义理形态看，康德与儒家道德思想的差异是巨大的。叶秀山先生指出："我们过去研究中国儒家传统的伦理观和康德相当接近，都有一个超乎个人的'至善'为其核心，然而我们也感到，我国儒家传统并不具有康德那种'纯形式'的'绝对'和'自由'的观念，遂使二者在精神实质上不容易沟通。"① 深契于先秦孔孟儒家思想的梁漱溟先生曾比较说：康德"以道德为我们义务而不应当有所为……他以为要是有所为，不论是出于感情是出于欲望，不论是为己为人，便都不得谓之道德，而且正相反的；要无所为的直接由理性来的命令才算道德……所以照他这意思便是由恻隐之心而为恤人之举，也都非道德了"②。按照康德关于道德本质的看法，出于同情心的善举反而是不道德的这样一种矛盾，叔本华也指出过，正表明了形式主义伦理学完全排斥情感导致的困局。有趣

---

① 叶秀山：《叶秀山文集》，上海辞书出版社2005年版，第513页。

② 梁漱溟：《梁漱溟全集》第1卷，山东人民出版社2005年版，第484页。

的是，尽管梁漱溟对于康德的实践理性思想提出了质疑，但他却认为孔孟思想的核心正在于"理性"二字①，甚至认为中国历史上就是理性之国。然而，他说的"理性"迥异于康德的"理性"，前者是情理，可以视为儒家思想所开出的另一种"理性"，这当然与儒家对于情和理的关系的看法密切相关，下面进行分析。

二　先秦儒家的道德理性即"情理"

原始儒家重视情，并十分清楚地把情与欲区分开来，《性自命出》主张"道始于情"，讨论了众多类的情而不及欲，《五行》《中庸》谈的也是情。孟子则有大体、小体之分，以生理性的身体感官为小体，以心为大体，心的主要内涵则是四端之情。《礼记·礼运》有"以喜、怒、哀、惧、爱、恶、欲"为七情说，将欲作为七情之一。总起来看，在孟子前的儒家人性论中，情居于核心地位，而欲则处于边缘地位，到了孟子的心性论中，欲便被逐出了人性的范畴之外。所谓欲望，主要是用来满足身体的生理性需求的，它是顺着躯壳起念，其主要特点是个体性与排他性，因欲望的满足无法与他者共享，它因此是自私的，欲望的特征是局与隔，即它必然是个体性的，与他人隔绝不通的，它属于人的本能，与动物的本能并无质的不同。但情感却不同，哪怕是最基本的自然感情喜怒哀乐，也可以通于人我，可以与他人共享，所以情的特点不是局与隔，而是大与通，古人所谓大其心体天下之物，所谓仁通天下，说的就是情的感通作用。如果说欲体现了人性与动物性的共性，情则彰显了人性的特色与高贵。所以，原始儒家伊始就将人性的内涵定位在情上，所谓"喜怒爱悲之气，性也"，而大体、小体的分离则表明了原始儒家人性论的自觉。以欲论性还是以情论性，也构成了儒学人性论的基本分野，荀子与思孟学派人性论的分歧就在于此，宋学将欲与情不加区分地一并归入气质之性，由此而走向了与原始儒家不同的人性论路径。

人的情感本身具有社会性，因为它们是在社会交往中形成的，其中

---

① 梁漱溟：《中国文化要义》，学林出版社 1987 年版，第 132—133 页。

包含着文明价值在内，不同民族的喜怒哀乐好恶具有显著差异。因此，情感不仅是感通的，而且是社会的。情具有超越人类个体自然本能的属性，如果仔细分析起来，人类的情感也可以分为两类，即从属于本能的低端之情和突破了本能限制的高端之情，前者可被称为情绪，后者堪称情感。人类自然本能的实现往往也伴随着强烈的情绪，比如争权夺利时伴随的嫉妒与愤怒，阴谋成败时所具有的狂喜或绝望，这些情绪不管如何强烈，都依然没有摆脱本能的控制。相比之下，动物看上去似乎也有类似于人类情感的东西，但这些东西其实只是一些低端的情绪，这些情绪同样并未超越动物本能之外，比如狮子们会彼此交颈相摩，相互舔舐，似乎一往情深的样子，但一块肉扔过来后立即撕咬成一团。对于动物而言，丢下年老体衰的父母活活任由它们饿死，这并非不合理。因为它们那低级朦胧的情绪无力突破欲望的藩篱，情无法从欲望中获得独立意义，无法成为一种独立的精神生命。自然生命的维系和传承永远是动物世界的最高原则，也永远将它们的生命禁锢在幽暗冷酷的世界之中。人类情感的高贵之处，正在于它具有突破本能欲望之藩篱的力量，为人心人性开辟了无限向上的生机与空间，突破了欲望本能的情感体现了人道价值，本身具有合理性，可以说是合理的情感，这便将情与理联系起来了。回到原始儒家的语境，我们会发现儒家对于"理"在伊始之初就有自己独特的理解。

理在先秦哲学中本来是文理、条理之意。《周易》坤卦文言曰："君子黄中通理，正位居体。"《周易尚氏学》曰："《玉》篇'理，文也'；坤为文，故曰理。黄中通理者，由中发外，有文理可见也。"[1] 《系辞》说："仰以观于天文，俯以察于地理，是故知幽明之故。"孔颖达《周易正义》解释说："天有悬象而成文章，故称文也。地有山川原隰，各有条理，故称理也。"[2] 《庄子·养生主》曰："依乎天理，批大郤，导大窾，因其固然"，疏曰："依天然之腠理，终不横截以伤牛。"[3] 《荀子·

---

① 黄寿祺、张善文：《周易译注》上卷，上海古籍出版社 2007 年版，第 24 页。
② 孔颖达：《周易正义》，北京大学出版社 1999 年版，第 266 页。
③ 郭庆藩：《庄子集释》第 1 卷，中华书局 1961 年版，第 120 页。

正名》说"形体色理以目异",这里的理也是文理。以上之理,意为文理、条理,正是先秦理字之古意。按此释义,理必定是某物之文理或者条理,理是依附于物的,宋明理学中以理为宇宙本体的思想在先秦思想谱系中尚不存在,在孟子的说法中,仁、义、礼、智四端皆情,但四者又是儒家基本的道德法则,故可以说是四端皆理,《性自命出》说"道始于情,情生于性。始者近情,终者近义";又说"礼作于情,或兴之也,当事因方而制之,其先后之序则宜道也。又序为之节,则文也。致容貌以文,节也。君子美其情,贵其义"。这两段话都是对于成德过程的说明,前者概括而后者具体,道德建构正是从情开始,诗书礼乐都根植于人之情,所以成德过程被视为情的发展和完善过程。情之表达贵在先后次序以及适宜的节度,这使得情得以"文"化,即合理化了,这种合理化的情就表现了义。所以义与情不是对立的两方,义在情中,情以达义,所谓义不过是情之表达的适宜状态,故曰"义者,宜也"。情与义的关系正是情与理的关系,而情与义的关系则通过情与礼的关系来显现,《大戴礼记·礼三本》要求"情文俱尽",所谓"情文俱尽"的表现形式即是礼,礼表达了情,又合于礼,故《管子·心术上》曰:"礼者,因人之情,缘义之理,而为之节文者也";《礼记·仲尼燕居》曰:"礼也者,理也";《礼记·乐记》曰:"礼也者,理之不可易者也。"儒家是将理作为情之节文来看待的,就如同天自有天文、自有地理一样,人的情感也自有其文理,揭示情之内在文理,正是先秦儒家道德观的核心所在。戴震以为"理也者,情之不爽失也;未有情不得而理得也"[①];梁漱溟先生认为"所谓理性,要无外父慈子孝的伦理情谊,和好善改过的人生向上"[②],都是对于儒家情与理之内在关系的揭示。情与理的关系近于孔子所言质与文之关系,情是主体和基础,而理指向和表达了情的理想状态。情是理的内涵,理是情的节度;理是情之理,无情则无理;情是有理之情,无理则情无节无文,这就是情理二字的含义。情理,梁漱溟又称为

---

① 戴震:《孟子字义疏证》,中华书局 1961 年版,第 1 页。

② 梁漱溟:《梁漱溟全集》第 3 卷,山东人民出版社 1991 年版,第 603 页。

情义①，合宜的情就是义，也就是理，其情益亲，其义益重，充分表现了情与理的内在合一性。由此构成了儒家思想的一个重要特征：合情理。张岱年先生曾经将中国哲学最重要的三个特征总结为：一天人、合知行、同真善。儒家思想除了同时具备这三者外，合情理同样重要，它对于儒家的道德观、人性论和工夫论均有重要影响。

原始儒家主张合情理，使其情与理的关系不仅不同于宋明理学，也不同于西洋理性主义或经验主义。其实，以上三者都对感情与理性采取二分法，康德和理学自不必说，即使重视情感在道德形成中的作用的休谟，也将理性与激情的二元对立作为人性的基本结构。他认为道德不是理性的对象，而是激情和情感的对象；道德区分只能导源于感情，不能导源于理性②。由于理性是不活动的、充满惰性的，因此，"第一，理性单独绝不能成为任何意志活动的动机，第二，理性在指导意志方面并不能反对感情"③，休谟由此断言："理性是并且也应该是情感的奴隶，除了服务和服从情感之外，再不能有任何其他的职务。"④ 休谟承认理性可以影响人的选择，但行为的冲动不是起于理性而只能起于情感，因此，情感与理性的关系是纯粹外在的。然而，在原始儒家的情理中，情与理的关系却是内在的，梁漱溟先生称之为理性。罗素对于人类心灵持本能、理智和灵性三分法，认为灵性是一种无私的感情。受罗素此说的影响，梁漱溟先生以理性取代其中的灵性，并将理性作为中国精神的特征，他所说的理性即指"情理"："恰好我们的理性就是情理。"⑤ 他认为："本能是最不静，理智非静不可，所以冲突。而理性是很平和很坦然的，往

---

① 方用：《20 世纪中国哲学建构中的"情"问题研究》，上海世纪出版集团 2011 年版，第 32 页。梁漱溟以理性概括中国哲学的特征，主要是就儒家道德合情理的特征而言。当然，儒家哲学中的理性，不同于西洋哲学。后者主要是知识论的，更强调理性作为普遍法则与情感的差异；后者以人格养成为首务，特别关注情操，故强调理与情的内在关联。因此，西方的理性主义道德哲学突出的是理与情之分别和差异，儒家道德哲学突出的却是情与理之关联和谐。此东西方理性主义之显著差异之所在。

② ［英］休谟：《人性论》，关文运译，商务印书馆 1980 年版，第 495、510 页。

③ 同上，第 451 页。

④ 同上，第 453 页。

⑤ 梁漱溟：《梁漱溟全集》第 7 卷，山东人民出版社 1991 年版，第 1036 页。

高里说就是清明在躬志气如神，完全可以把二者统得起来。"① 用理性来指称儒家的情理，似乎有格义之嫌，但梁先生所指出的中国特有的理性即情理，同时具有静和动的特征，却是十分到位的。儒家的情理是顺着人情的根基发展而来的，而纳理性于其间，使得情与理这两种在西方哲学那里好像水火不容的东西合二为一，的确是儒家道德思想的显著特色。

儒家合情理的典型范畴是仁。仁是儒家思想的本源性范畴，儒家思想突破性的标志就是仁学的创立。何谓仁？"孝悌也者，其为仁之本与"（《论语·学而》），"樊迟问仁，子曰：'爱人'"（《论语·颜渊》）等说法，表明仁首先是情感，无情则无仁。但仁又不仅仅是情感，也不仅限于个体性的伦理亲情。孔子说"克己复礼为仁"（《论语·颜渊》），又说"忠恕为仁之方"（《论语·雍也》），《大学》强调絜矩之道，说明仁本身具有理性成分。"克己复礼为仁"表明了仁与行为规范密不可分，忠恕之方则表明仁包含着自我对他者比较体谅的理性考量，这并非功利算计的理性，而是以心度心、以情絜情的情感理性。"情理"的含义之一是，情本身有其理（或说"文""文理"），这体现在仁德的养成具有内在的理序。有子以孝悌为仁之本（《论语·学而》），指明了仁的生长点是伦理亲情。孟子以孝亲敬兄为人之良知良能，仁政的实现不过是将亲亲之情推至天下的过程，这里的天下不只是人，也包括物，故孟子又说"亲亲而仁民，仁民而爱物"（《孟子·尽心上》），这是"与物无对"的天地境界。张载的民胞物与、王阳明的"仁者以天下万物为一体"，都在申说此种境界。如果说亲亲是仁的发端，与天地万物为一体就是仁的完成，这既是情的生发次序，也是道德理性的形成次序，它内在于人性本身。也就是说，情感不但是理性的，而且是有序的。

朱熹曾经从理学角度对仁之合情理的特征进行深入阐发，他解仁为"心之德，爱之理"（《孟子集注·梁惠王上》）；关于心之德，《仁说》指出，"故人之为心，其德亦有四，曰仁义礼智，而仁无不包。其发用焉，则为爱恭别宜之情，而恻隐之心无所不贯"（《朱文公文集·卷六十

---

① 梁漱溟：《梁漱溟全集》第 7 卷，山东人民出版社 1991 年版，第 1037 页。

"此心何心也？在天地则块然生物之心，在人则温然爱人利物之心，包四德而贯四端者也"，则心之德正从人之"温然爱人利物之心"上见，从爱人之情上见。朱熹借鉴程颐"仁性爱情"之说，认为"不可以爱为仁"，故提出了"仁是爱之理"的命题，但同时反对"诵程子之言而不求其意，遂至于判然离爱而言仁"（《仁说》），而是认为"盖所谓性情者，虽其分域之不同，然其脉络之通各有攸属者，则曷尝判然离绝而不相关哉"（《仁说》），也就是说，性情本为一体而无法完全分离，如此一来，既不能专以爱言仁，又不能离爱专以理言仁，必须合情理以言仁，表明仁本身正是合情理的概念。

三 孟子心性论与儒家道德理性典范形态之建构

因此，儒家道德思想之"合情理"的特征正是由孔子的仁学所开辟的。但是对此给予人性论的证明，将合情理的道德原则心性化，却经历了一个历史过程。《性自命出》以情论性，主张"道始于情"而"终于义"，而"道四术"即诗书礼乐，情须经过诗书礼乐的熏陶教化然后方可"生德于中焉"，则情为道德之基础，但不能等同于道德法则本身，作为道德法则的"义"是教化过程的结果，所以义应该是后来形成的。《性自命出》又说"仁，性之方也，性或生之"，这里虽然用了一个"或"字，并不完全肯定，但大致倾向于认为仁是人性生而具有的，是内在的，但义却是外在的，这与孟子书中告子的仁内义外说相近。另外，郭店楚简《语丛一》说："人之道也，或由中出，或由外入。由中出者，仁、忠、信……仁生于人，义生于道。或生于内，或生于外"；楚简《尊德义》《六德》及《管子·戒篇》《墨子·经下》都有仁内义外说，可见它不仅是孟子之前儒家流行的说法。

但是，如果义不是内在的，说明道德并非人性本有的，也就无法证明儒家道德的合理性。这正是战国中期儒学面临的严峻挑战。《庄子》外篇《天道》中老子难孔子曰："请问，仁义，人之性邪？"并指责孔子"夫子乱人之性也"，认为仁义不但不合于人性，反而败坏人性。《庄子》还主张人应当"无情"，所谓"有人之形，无人之情"（《庄子·德充符》），庄子在与惠施争论人到底是有情还是无情时说："吾所谓无情者，言人之不以好恶内伤其身，常因自然而不益生也。"（《庄子·德充符》）《庄子》外篇之《刻意》说："悲乐者德之邪，喜怒者道之过，好恶者德之失。"道家显然是将感情看作伤生害性的东西而加以否定，由郭店楚简、《礼记》和《孟子》中有关性与情的论述可以见出，如果道家的无情说得以成立，儒家道德的基础也将发生动摇。正是在此时代背景下，孟子辟杨墨，倡性善，以图为儒家的道德建立新的人性论基础。他论证性善的路径正是在此前儒家以情论性的基础上，将道德的发生归本于人内在的道德情感，将仁义礼智内在化，从而证明儒家的道德内在于人性本身。

孟子说："仁，人心也；义，人路也。"（《孟子·告子上》）那么仁到底是一种怎样的人心呢？孟子又说："恻隐之心，仁也。"（《孟子·告子上》）可见，仁就是人之恻隐之心。许慎《说文解字》曰："恻，痛也"，赵岐注："隐，痛也"。可见恻隐之心就是对他人的同情心，这一说法将道德规范、道德情感以及拥有此情感的人心紧密联系在一起，实现了情、理和心的合一，这在儒家心性论思想史上具有划时代的意义。此种恻隐之心，他又称之为"不忍人之心"，并以孺子将入于井的故事说明不忍人之心的先天普遍性（《孟子·公孙丑上》）。孟子认为，不忍人之心是人内在的和本具的，将此不忍人之心推己及人就实现了仁。他以梁惠王为例评论道："不仁哉梁惠王也！仁者以其所爱及其所不爱，不仁者以其所不爱及其所爱。"（《孟子·尽心下》）

关于义，孟子经常将它和仁比照连用："仁，人心也；义，人路也。"（《孟子·告子上》）又说："仁，人之安宅也；义，人之正路也。"（《孟子·公孙丑上》）人心是内在的，人之路却是客观外在的，是人之行走之所必由。这说明孟子并不是不承认道义准则的客观性，但这并非孟子论义的特色与重点，《孟子·告子上》说："羞恶之心，义也"，《孟子·公孙丑上》则说："羞恶之心，义之端也"。如同以恻隐之心说仁一样，这是以心说义，以羞恶这种道德情感之心说义，将义的根基追溯到人内心的道德情感。另外，孟子又将义说成是"心之所同然"：

"口之于味也，有同耆焉；耳之于声也，有同听焉；目之于色也，有同美焉。至于心，独无所同然乎？心之所同然者何也？谓理也，义也。圣人先得我心之所同然耳。故理义之悦我心，犹刍豢之悦我口。"（《孟子·告子上》）也就是说，理义是普遍有效的，以人心的共同认可为前提，所以人违背了义的准则时会感到羞恶的所在。因此，孟子认为是"由仁义行，非行仁义"（《孟子·离娄下》），道德实践的本质不是被动地遵循某种外在的道德法则，而是一种内在道德感情的不容已的生发实现。不仅如此，他也通过"恭敬之心，礼也"和"是非之心，智也"（《孟子·告子上》），将礼与智的根基追溯到人的道德情感之心，并由此断言"仁义礼智，非由外铄我也，我固有之也"（《孟子·告子上》），从而完成了四德的内在化论证。

因此，孟子的四端说乃是对孔子仁学的历史展开。孔子的仁兼容情理，它肇端于情，蕴含着爱，又是最高的道德法则。孔子尚未从心性论的角度阐发仁的意义，虽然他已经通过"为仁由己"和"我欲仁斯仁至矣"对仁的心性化作了至为重要的提示。《性自命出》以情论性，但义仍然是外在的，心也还不是道德本心。孟子延续了《性自命出》中的性情论和《五行》篇"形于内"的讨论，以四端说四德，则将仁义礼智统统归根于人心中的道德感情，将作为道德根基的情与生发情之心直接联系起来，将道德情感植入人的内心，将道德准则建立在道德感情的基础之上，完成了道德情感与道德理性的整合。在此基础上，孟子进而直接断定四端就是四德，将道德能与所统一起来，将能恻隐、能羞恶、懂辞让、知是非的本心定义为人性，心、情与理合一，这就将道德情感、道德法则和道德本心合一了，从而完成了儒家道德的心性化。经过心性化提升，情本身就是理，因为四端都是道德感情，情与理又统一于道德性本心。孟子以四端说四德，将仁义礼智说成是情理合一的道德法则，完全合乎孔子之仁情理合一的特性，但突出心的作用，将情与理本心化，又将本心定义为人性，说成是人之区别于动物的"几希"，合情理，一心性，却是孟子对儒家思想的重大发展。就此而言，陆象山说孟子："夫子以仁发明斯道，其言浑无罅缝。孟子十字打开，更无隐遁"①，正是对孟子学的精辟概括。孟子进而将心性追溯到儒家价值的源头即天，认为"尽其心者，知其性也。知其性，则知天矣"（《孟子·尽心上》），贯通天命与心、性、情，从而成为儒家心性论的典范形态。此后，任何学派对于儒学的发展都不能不以孟子心性论为原型，进行创造性诠释，所以理学、心学和港台现代新儒家都是如此。

因此，如果我们用"理性化"来表达儒家道德思想的特征，那么理性化的实现正是通过从性情论到心性论的转变而完成的，儒家的理性其实是"心性"，孟子的心性论是儒家道德思想理性化的完成形态。当然，这里理性的含义不同于康德的实践理性。正如叔本华指出的，康德的实践理性从本质上讲依然是理论理性，是对道德法则的理性分析，意在把握道德法则的形而上本质，至于道德行为的现实发生路径，并非它关注的重点。就此而言，康德的实践理性依然是知识论，仍然不是实践的。相比而言，儒家的道德理性由于通过心性论有机整合了心、性、情三者，实现了情理合一、心性合一、性情合一，它就不仅是理性的，而且是实践的，这种心性论必然导向工夫论，以工夫论为归宿。因为它是理，同时又是情，情与理同时具于心。四端之情是气，是动态的，它们必然布乎四体，形乎动静，具有不容已的动能，这就是孟子说的践形工夫："君子所性，仁义礼智根于心，其生色也睟然，见于面，盎于背，施于四体，四体不言而喻。"（《孟子·尽心上》）心性必将身体化、行为化，并在扩充工夫中存神过化，达到"上下与天地同流"（《孟子·尽心上》）的天人合一境界。所以心性论本身必然是工夫论，心性只有在工夫中才能证成自身并显示其意义，这就使它与康德的实践理性明显区别开来。

（《道德与文明》2020 年第 1 期）

（作者单位：中国社会科学院世界宗教研究所　山东大学哲学与社会发展学院）

---

① 陆九渊：《陆九渊集》，中华书局 1980 年版，第 398 页。

孔子论"直"与儒家心性思想的发端

——也从"父子互隐"谈起

李洪卫

【摘要】 孔子的"直"有主、客观两层蕴涵，其在客观视角上有公正、无私或正当之意；主观视角则关涉个人的私德，意为正直、坦直。从内在心理动机和情感层面看，"直"既有正直坦率且公平的品格，也包含个体在实践活动中的情感反应内容，其胜处在于它的非功利性或非工具目的性之转折思量。"直"作为真纯素朴的人格构成"仁"的基础性要素，而所谓的"礼"之"质"也在于此。在儒家的心性修养层面，"直"作为真情实感而成为"诚"，同时，"直"以其直下心源，呈现出其先验性的品格，构成了生命修养以达天道的前提。孔子之"直"以其特殊视角开启了儒家心性论的先河，同时，"直"中包含着良知公义冲动和个人情感冲动之间的张力，这需要进一步厘析，或在生命修养中提升及在社会规制下协调、完善。

近年来，原始儒家的一些重要思想引起了学术界的关注，刘清平《美德还是腐败——析〈孟子〉中有关舜的两个案例》① 与郭齐勇《也谈"子为父隐"与孟子论舜——兼与刘清平先生商榷》② 探讨了儒家人际关系架构（父子关系）与普遍的法律实施之间的矛盾，这涉及儒家某些思

---

① 刘清平：《美德还是腐败——析〈孟子〉中有关舜的两个案例》，载《哲学研究》2002 年第 2 期。
② 郭齐勇：《也谈"子为父隐"与孟子论舜——兼与刘清平先生商榷》，载《哲学研究》2002 年第 10 期。

想的真实的历史蕴涵及其普遍有效性问题，不可谓不重要。刘清平的论述侧重于这种人际模式所蕴涵的私性（非普遍性、血亲纠结）及其可能的历史效果；郭齐勇则侧重于人际架构模式的目的论（淳化风俗）和历史语境论，认为亲情伦理是一种自然常态，对它向某个方向的人为诱导会导致亲情扭曲，甚或导致社会价值的扭曲及人性的乖张，另外，道德价值具有历史进化的特征，我们应回溯古人语境，而不是苛求之。郭齐勇的上述论点可以说部分地回答了刘清平关于美德还是腐败的诘问，从自然人性角度肯定了儒家观念的普遍性，并提示我们今天看待古人应有历史眼光，这无疑是极有意义的。但也应看到，这种回答同时也标志了儒家思想的某些历史性或特殊主义征候。刘清平认为，儒家道德源于其"始终坚持的'血亲情理'精神之中"，将血缘亲情"置于其他一切行为准则之上和道德规范之上，甚至要求人们在出现冲突的情况下，不惜放弃普遍性的准则规范以求维系特殊性的慈孝友悌，从而将血缘亲情视为人们的一切行为都必须遵循的最高原理"①。应该说，这种观点也不是没有依据的。那么，这里要追问的是，孔、孟的道德原则究竟为何，他们又是依据什么作其归结的，其中需要进一步申述的是什么？依笔者愚见，孔子在"父为子隐，子为父隐。直在其中矣"（《子路》）中的道德判断"直"，在《论语》中有数见，其内涵颇丰富；孟子既有"四端"之情，又有"不忍"之慨，后者又是前提，亲情关系与社会关系的认知都发端于此。这两种价值是他们整个思想论述和个人身心修养的起源，其中的历史蕴涵十分繁复，既有发端于自然血缘的情感冲动，又有直觉的理性和良知的冲动；有主体认知的特殊性，又有其超越性乃至于形式化的诉求存焉。故不能予以简单的肯定或否定。本文拟对此作一辨析，力图使问题进一步敞开，限于篇幅，将仅就孔子的相关思想论列之。

一 "直"的含义及其简要区分

笼统地说，《论语》中的"直"都可解为正直或正直的人，但如果

---

① 刘清平：《美德还是腐败——析〈孟子〉中有关舜的两个案例》，载《哲学研究》2002 年第2 期。

作稍细致的分疏，就会发现，其中一些含义表达了公正、正当之意，而公正、正当既可以表达一种理性要求，同时又可表征个人的品行与行为，而这些行为又是从主体发出的，能够反映出个人的动机与意图。这既说明了"直"具有两重属性，又说明一些客观的价值判断原是对一些主体行为或气质的归类与描述，从而也说明儒家关于人的心性修养的理论是有其道理的。我们一般将儒家心性思想上溯至思、孟，对孔子语焉不详。但如果从"直"的论说看，孔子应是重要的发端。孔子关于"直"的论述，概括起来有偏重主观属性与偏重客观属性两个层面，彼此之间有联系，又有内在的张力。

1. 客观性征的"直"。它应有一些业已形成的标准，其意在公正、正当、无私，具有理性的特征，涉及公德。"哀公问曰：'何为则民服？'孔子对曰：'举直错诸枉，则民服；举枉错诸直，则民不服。'"（《论语·为政》）。"子曰：'举直错诸枉，能使枉者直。'"（《论语·颜渊》）。"或曰：'以德报怨，何如？'子曰：'何以报德？以直报怨，而德报德。'"（《论语·宪问》）"子曰：'吾之于人也，谁毁谁誉？如有所誉者，其有所试矣。斯民者，三代之所以直道而行也。'"（《论语·卫灵公》）。这几段引文中的"直"都有公正、无私或正当之意，与曲、枉相对，这里的曲、枉主要不是个人主观意图的曲折、迂回，而是对公共价值标准的歪曲。孔子在对"以德报怨"的回答中，提出"以德报德"和"以直报怨"，而没有说"以怨报怨"这样血亲复仇的话，这里的"直"就是一个可以公共度量的标准，即依据"应其所是"而作出的回应，这个"直"有"应当"之意，同时这里也不排除当事者的自然、即下的反应，有时其反应就是合乎"直"的。

2. 主观性征的"直"。它既有为社会所认可的价值属性，同时又发端于主体内心的直下反应，关涉个人的私德，其意为正直、坦直。"子曰：'孰谓微生高直？或乞醯焉，乞诸其邻而与之。'"（《论语·公冶长》）"子曰：'狂而不直，侗而不愿，悾悾而不信，吾不知之矣。'"（《论语·泰伯》）"叶公语孔子曰：'吾党有直躬者，其父攘羊，而子证之。'孔子曰：'吾党之直者异于是。父为子隐，子为父隐。直在其中矣。'"（《论语·子路》）"子曰：'直哉史鱼！邦有道，如矢；邦无道，如矢。'"（《论语·卫灵公》）"孔子曰：'益者三友：友直，友谅，友多闻，益矣。'"（《论语·季氏》）"子曰：'古之愚也直，今之愚也诈而已矣。'"（《论语·阳货》）"赐也亦有恶乎？""恶徼以为知者，恶不孙以为勇者，恶讦以为直者。"（《论语·阳货》）（这一句中的"直"是子贡的话。）这几段话都是讨论人的品行、气质的，具有属人的特征。当然，作为一种道德价值，它也具有公共属性，即道德价值具有共性的标准，作为公正的直，没有分歧，不存在美德还是腐败的问题，而作为"正直"的直或"坦直"的直，由于涉及主体的主观动机与效果，则莫衷一是。孔子的判断依据是什么，这是需要我们进一步省察的。

二 "直"的判断

从上文所列孔子的话语中，可以得出一个基本的意思："直"是指思想、感情上的直来直去，不弯曲、不伪装、不掩饰自己的真实意图和情绪。

1. 直来直去，不拐弯，如"直哉史鱼！邦有道，如矢；邦无道，如矢"。《诗·小雅·大东》曰"其直如矢"，像箭矢一样笔直地射出去，中途不会拐弯，含义简洁明了，是"直"所有引申含义的基础和出发点。

2. 直下的情感反应，如"父为子隐，子为父隐，直在其中矣"。这个问题稍微复杂一点儿。在公众场合，儿子指证父亲与儿子替父亲掩饰，哪一个是第一冲动、第一反应？应该说在这种情况下，一个人大约有以下几种可能的情绪状态：指证、默认、回避、否认，这几种内在的反应都有可能发生（我们这里暂且不论其价值评价）。面对偷窃这一事实，从公众或准确地说从法律角度，指证是达到事实真相的最积极状态，从默认到回避到否认则是程度不同的消极反应，从人的道德本能看，指证揭发的可能性也是存在的，但从人的情感反应角度而言，后几种情况更容易发生。比较意味深长的是，孔子在这里没有直接说这是"直"，而是说"直在其中矣"。那么，是什么在其中呢？是一种情感冲动在其中，这种情感冲动是"直"，而不是说隐瞒事实是"直"。同时，孔子从他的角度否定了儿子指证父亲是"直"，但是他也没有把话说死，而是用了一个婉转的说法即"吾党"，但是，孔子对他论断的确信又是不言而喻的。那么，这里似乎产生了较严重的冲突，孔子在公共场合倡导公正无私，一涉及个人是否就产生了内在的背谬呢？孔子的个人生活是否如此呢？在这里，可以举一个似乎间接但也不无关联的例子。《论语·季氏》中有这样一段："陈亢问于伯鱼曰：'子亦有异闻乎？'对曰：'未也。'尝独立，鲤趋而过庭。曰：'学诗乎？'对曰：'未也。''不学诗，无以言。'鲤退而学诗。他日，又独立，鲤趋而过庭。曰：'学礼乎？'对曰：'未也。''不学礼，无以立。'鲤退而学礼。闻斯二者，陈亢退而喜曰：'问一得三，闻诗，闻礼，又闻君子远其子也。'"陈亢一问而有三项收获，当然最重要的是他知道了孔子对其儿子并没有偏私、另外的关照，两人碰面，才指点一二，而孔子的其他弟子不仅可以得到同样的对待，甚至可能比伯鱼得到的更多，因为他们本身就是以学生身份随侍左右，这就是孔子与其弟子所说的，我天天和你们在一起，我没有什么可隐藏的。看来，孔子待人是一视同仁的，在这一点上，其可担当正直一词。那么，如果孔子碰到自己的亲属遭到指控时，又该如何呢？虽然没有这种情况的记载，但从孔子那句话看，他认为父子互隐是一种情感的本能反应。那么这种情感反应是否会导致人无视理性与正义呢？当然不应是这样一种推理。因为孔子讲仁讲礼，首先就是要教化风俗，倡扬德行，遵守纲纪。在"父子互隐"背后，还有各种不同行为趋向的抉择：一种是有人袒护，而无视法则，这当然是孔子所反对的；一种是亲人犯罪或犯错而陷亲情于尴尬境地，为了避免这种情况发生，人就要约束自己的行为，看重人在公众面前的尊严（这不是面子或过度的虚荣），而维护一个人的尊严首先是从家庭开始的，其前提是个人必须知书达礼。这时候，亲情的维护可以起到预防、约束的作用，家庭关系的纽带成为一道道德的防护墙，同时，还能促使个人时时保持道德的自律与警觉，这是亲情维护的积极的一面。那么，这种情况有没有可能因泛滥而走向反面呢？事实上这种可能性也是存在的，不过它的前提往往是，亲情借助于权力来实现其目的，这发生在权力不能受到监督的情况下，而在权力受到监督和法律实施得到保障的情况下，这种"父子互隐"所现出的"直"，也许能起到更多正面的积极的作用。

3. 不伪装、不转念。"子曰：孰谓微生高直？或乞醯焉，乞诸其邻而与之。"（《论语·公冶长》）。据说，微生高在当时是有直的名声的，但孔子却提出了质疑，有人向微生高借醋，他去向第三者借了给初借者。朱熹引前人注："范氏曰：'是曰是，非曰非，有谓有，无谓无，曰直。'"① 引前人注："程子曰：'微生高所枉事小，害直为大。'"微生高这件事不大，但却违背了"直"的精神，这正是孔子所强调的。孔子在议论父子互隐与微生高时，都没有把"直"作为一个价值判断提出来赋予那一个人，而是在追问：什么是直？显然，在他那里，第一情感冲动或第一念，不打曲折、埋伏、不转念，才是直。微生高在这里的问题是，如果他说没有，然后去帮那人去借，这个问题就不存在了。显然，他隐瞒了事实，不说自己没有，而私下去借了他人之物予人。《论语》下面紧接的一段话是："子曰：'巧言、令色、足恭，左丘明耻之，丘亦耻之。匿怨而友其人，左丘明耻之，丘亦耻之。'"花言巧语、扮出姿态、作过分的恭顺状，孔子对此很反感，因为这不是出自人的真实内心的第一情感，是压抑、伪装，不是从自己出发，而是为了迎合别人。匿怨同样如此，这里的问题是"匿"，要么放弃怨，要么以直报怨，而匿怨却是藏起来，不表露，实际上这种人不但不放弃，而且是怀恨在心，伺机报复，但表面上却曲意逢迎，这简直是危险甚至是阴险了。刘宝楠引吴嘉宾语："以直者不匿怨而已。""吾心不能忘怨，报之直也，既报则可忘矣。苟能忘怨而不报，亦直也，虽不报，固非有所匿矣。"② 这里是说隐瞒、隐藏不可取，另外就是要持当下的念头，直来直去，不转念。程树德《论语集释》引顾梦麟《四书说约》语："古来只为周旋世故之念，坏尽人品，如微生乞醯一事，何等委曲方便，却只是第二念，非当

---

① 朱熹：《四书章句集注》，中华书局1983年版，第82页。
② 刘宝楠：《论语正义》，中华书局1990年版，第591页。

下本念，夫子有感而叹之，不在讥微生，指点要人不向转念去也。"① 隐匿或受其他因素影响而转念都不是直。如果我们把父子相隐与微生高这两段话相比较，似乎在孔子那里有了矛盾，一方面他讨厌人不据实相告，另一方面他在父亲攘羊的问题上又有掩护之意。实际上，如果回到主体就会发现，两者是统一的，统一在人要直面自己的内心，一是一，二是二，是即是，非即非，不受其他任何因素的干扰。这是一个基本的初始的原则，否则便进入功利性的思考度量，不是儒家所推崇、倡扬的人之本性善端的直发。而只有在这个最本原的前提下，才能进一步讨论人的品性的全面发展问题，如果连这一点也做不到，其他的也就无从谈起。

三　直与仁

孔子的道德价值目标是"仁"，"直"是它的素朴的基础。冯友兰对此有深入的论述，他认为孔子所说的"直"就是个人的真情实感。故"真情实感是什么，就是什么，这是他认为'直'的标准。也是'仁'的基础。"② 为什么说"直"是"仁"的基础和基本素质？他指出："刚毅木讷近仁"（《论语·子路》），"巧言令色，鲜矣仁"（《论语·学而》），根据这两句话，前者是凭自己的真性情，老老实实说话做事的人，后者是专事讨巧以别人为主的人，即不是凭依个人的内心和真情实感，孔子认为一个是近仁了，另一个则是很少能成仁的。③ 在这里，再举一例支持上述观点。人们一般"刚、直"并举，两字可以互释。子曰："'吾未见刚者。'或对曰：'申枨。'子曰：'枨也欲，焉得刚？'"（《论语·公冶长》）。孔子说，我没有见过真正刚毅的人，有人说，申枨是吧。孔子说，申枨欲望很多，他能刚毅不屈吗？显然，在孔子看来，人要刚直，须得无欲，为欲念所蔽、所诱，人就得屈己，就不能直抒胸臆、坦坦荡荡地表达自己的真情实感，所以孔子又说："唯仁者能好人，能恶人。"（《论语·里仁》）在孔子看来，只有仁者才能够真正喜欢一

① 程树德：《论语集释》，中华书局 2013 年版，第 402 页。
② 冯友兰：《中国哲学史新编》第 1 册，人民出版社 1982 年版，第 132 页。
③ 参见上书，第 131 页。

个人，或厌恶一个人。可能在一般人看来，这里有些奇怪，"好人""恶人"成了一种能力，一般人的好恶未必是真的，而这正是孔子的高迈之处。在孔子看来，只有仁者才能够发自内心地喜欢或厌恶一个人，他的情感是实实在在的、真真切切的，不受个人欲望或外在利益的影响，他能够"直"，即凭自己的第一念，而一般人的好恶也许就没有这么简单了，他可能会受各种人际关系、社会因素的影响，可能巧言令色，也可能匿怨，这就都不是真的好恶了，因而可以说他们不能"好人"也不能"恶人"，因为他们不直。由此可以看到，"直"是达"仁"的条件。在冯友兰看，"直"是"仁"的必要条件，还不是充足条件，没有"直"，"仁"是绝对谈不上的，但是有了"直"也还不够，还需要对这块未经打磨的璞玉进行雕琢，才能逐渐达至仁境。"仁"是孔子所追求的完全的人格，而"直"是"仁"的基石，如果要使它完善，还必须施以"礼"。仁、礼并修，或准确地说，在直的基础上学礼，则可以达到完全人格的表现形态："文质彬彬，然后君子矣。"（《论语·雍也》）

直与礼是一对矛盾的统一体，"直"具有先赋性，而"礼"则是后天学习的结果，没有前者，后者即失去了赋有的基础和条件。荀子谈化性起伪，但人如果没有善根，则"伪"就彻底成了伪装，与其内心就成了两张皮，人就成了披着道德枷锁的奴隶。所以孔子又说："义以为质，礼以行之。"（《论语·卫灵公》）"人而不仁，如礼何；人而不仁，如乐何。"（《论语·八佾》）在仁与礼之间，仁是基础、前提，礼是由仁发出的，是仁成熟的表现形态，而仁的基础则是人的"直"德。人先天持有"直"德，因此，人是一个自然人，同时又是一个道德人，这就引到了儒家性善的立场上。当然，儒家在讨论人的先天道德能力时，也包含着情感冲动的内容，这二者之间又有一定的张力。对此，上文已有所论及。

四 直与心性修养

从《论语》中关于微生高的讨论看，"直"在当时已是一个重要的道德观念，同时人们对他的认识也不一致。在孔子的讨论中，"直"既有公正、正当之公共价值属性，同时又表征个体的某种心理状态：直来直去、当下的即时的反应、不转念、不受外在因素的干扰。由此已可看出后来儒家尤其是心学一系各种思想的端倪。

1. 直与诚。"诚"的思想及修养路径在儒家心性论中占有重要的位置，自《中庸》《大学》《孟子》到宋明儒家都极为看重，一般被视作个人心灵修养状态的一个核心层面。"诚者，天之道也；诚之者，人之道也。""自诚明，谓之性。自明诚，谓之教。诚则明矣，明则诚矣。""唯天下至诚，为能尽其性；能尽其性，则能尽人之性；能尽人之性，则能尽物之性；能尽物之性，则可以赞天地之化育；可以赞天地之化育，则可以与天地参矣。"（《中庸》）"物格而后知至，知至而后意诚，意诚而后心正，心正而后身修，身修而后家齐，家齐而后国治，国治而后天下平。"（《大学》）以上所引，足见"诚"在人性修养中的重要位置，由明诚而至诚明，实现人格修养的完善与回归，达至诚而达宇宙同流之境，宋明儒家于此都下了绝大的工夫，"修辞立其诚"在今天仍然是我们个人在复杂社会环境中立身的不二法门。《大学》对诚意的解释是："所谓诚其意者，毋自欺也，如恶恶臭，如好好色。"《中庸》之诠释诚者"不勉而中，不思而得，从容中道，圣人也"。"毋自欺也"，"不勉而中，不思而得"，这使我们想起孔子所说的"直"，"直"正是"毋自欺也"，也是天然发自内心，不力勉，不假思虑，当然它还不能说是"中"或"中道"。如前所述，"直"是"仁"的内在心理基础、底色，它可能合于中道，也可能有时失于偏激，但我们由此也不难看出，"诚"如果表征个人心理状态的一种完善状况，那么，"直"则是它的初级或原始状态，这二者之间是相通的。故刘宝楠训直为诚："盖直者，诚也。诚者内不以自欺，外不以欺人。《中庸》云：'天地之道可一言而尽也。其为物不贰，则其生物不测。'不贰者诚也，即直也。故《系辞传》言乾之大静专动直，专直皆诚也，不诚则无物，故诚为生物之本。"[①] 冯友兰也说："孔丘讲'仁'，注重人的真情实感。后来的儒家，如孟轲、《中庸》

---

① 刘宝楠：《论语正义》，中华书局1990年版，第234—235页。

的作者，以及宋明道学家都着重'诚'。他们所讲的'诚'，比之于孔丘所讲的真情实感，不免有夸大的地方，但是其基本的内容就是'真'，他们说'诚'是'无妄'，无妄'就是没有虚伪。"① 可见"直"与"诚"的相依性与贯通性。

2. 当下即是与先赋性。"直"所表征的心理状态是心念的初始本真状态，同时这种心念是善性的，至少是中性的情感状态，"正直"是人的一种天然的能力，如果假以各种功利的计较、思量、算计，那就不是直。宋明儒家从个人体验出发，尤其注重心念的当下直觉和即时的判断。《陆九渊集》中有两段记载，陆之弟子詹阜民曾侍坐陆九渊侧，"某方侍坐，先生遽起，某亦起。先生曰：'还用安排否？'"② 陆九渊起詹阜民也即起，不假思索，自然反应，不待事先安排、策划或提醒、告示，发乎其心，直乎其心。陆九渊又一弟子杨简曾咨问本心，陆九渊答之"四端"。杨简不解，凡数问，陆不改其说，杨简不省。"偶有鬻扇者讼至于庭，敬仲断其曲直迄，又问如初。先生曰：'闻适来断扇讼，是者知其是，非者知其非，此即敬仲本心。'敬仲忽大觉，始北面纳弟子礼。"③ 杨简断案，遇讼而即判，即时应对。陆九渊认为此即发乎本心，直截了当，不假外求，即初念，亦即善念、直念。周敦颐有"静虚动直"说，王阳明有"知行合一"说，皆发乎人之直心。邵雍说："为学养心患在不直道，去利欲，由直道，任至诚，则无所不通。天地之道直而已，当以直求之。若用智数由径以求之，是屈天地而徇人欲也，不亦难乎？"④慧能说："一行三昧者，于一切时中，行、住、坐、卧，常行直心是。《净名经》云：'直心是道场'，'直心是净土'。莫心行谄曲，口说法直。口说一行三昧，不行直心，非佛弟子。但行直心，于一切法，无有执著，名一行三昧。"⑤ 行直心而入三昧，这大概是儒、释可相沟通之处。当然，孔子之直与慧能的"莫心行谄曲"是一样的，但与"无有执著"并

① 冯友兰：《中国哲学史新编》第 1 册，人民出版社 1982 年版，第 134 页。
② 陆九渊：《陆九渊集》，中华书局 1980 年版，第 470 页。
③ 同上，第 487-488 页。
④ 邵雍：《观物外篇·下》。
⑤ 慧能：《坛经校释》，郭朋校释，中华书局 1983 年版，第 27-28 页。

不相类，但值得关注的是对"直心"的共同看重。邵雍更是把"直"提升到"天地之道"，与"诚"并举，其议论颇值得深思。

儒家心性思想从思、孟以至于其后，都注重人心与天道的沟通，孔子于此并没有较多的阐述，但是，从其思想看，他是肯定人的道德的先验性的。"人之生也直，罔之生也幸而免。"（《论语·雍也》）"天生德于予，桓魋其如予何？"（《论语·述而》）"仁远乎哉？我欲仁，斯仁至矣。"（《论语·述而》）孔子有何德呢？他的公正、正直、亲亲、爱人、心忧天下等等不一而足，"直"德是其中之一，而礼的学习与修为对他而言则是"绘事后素"，使其道德的发挥更得体、完善罢了。从以上所述足见，孔子从对"直"的阐发已提出了儒家心性思想方面的许多重要内容，由此可使孔、孟一气贯通，而免以往多从臆断或联结牵强之论。孔子的修养方法就是言行一致、心意一致，正道直行，要刚毅木讷，不要巧言令色，君子要"先行其言而后从之"（《论语·为政》），等等。

3. 内在的张力。从前面的论述中可以看出，孔子"直"的论述，有直觉的理性（以直报怨）、良知意志的冲动（直哉史鱼，如矢），也有情感的本能（子为父隐），这里需要重复强调的是，"隐"不是孔子所说的"直"，他说"直在其中"，是情感的冲动在其中，它是"直"，但是，这三者之间尤其是末者与前二者之间含有一定的张力。其实，不管是什么样的民族或种族，包括强调形式化的理性认知与超越的上帝信仰在内的人群，都不可能自外于人的"情感"格局，只有佛、道等出世人群可以免受此"情累"。王阳明后期，自觉大多事体能够释怀，亲情仍不免挂于心，无有此情，不为人也。这是儒家的根本着眼点，由此道德原点，而有孝、忠等伦理教化。在现代社会，人汲汲于功名利禄，如能珍视此一原点，其放大则可使其他道德规范都顺理成章地建构和遵循，因为人由此而立道德之基，但这并不等于说，人们可以置私情于公理之上。西方社会的"现代性"并不在于它已取代了这种血缘的"传统性"，而在于它能制衡其不受约束的泛滥，这种"传统性"本身又有一种自我规约的向度，即其劝善的能力，正因如此，传统社会才有法律对亲情相隐的宽宥。我们应正视人的这种情感的本能，扬其善，约其私，尤其是要在社会透明、法律完备和权力监督方面下功夫，这种"传统性"或可融入现代社会之中，构筑一个人情与法律相谐调的社会。

（《河北学刊》2011 年第 2 期）

（作者单位：河北省社会科学院哲学研究所）

儒家道德规范之情理一源论

——孟子不忍人之心之解读

李瑞全

【摘要】从孟子之论述见出，在我们的道德经验中，不忍人之心所表现的同情共感或感通，实是知、情、意原本合一的道德主体的表现，并无西方哲学家之三分的说法。孟子之说明更符合我们在一般道德经验中的真实感受。本文不但明确否决了以理性主义来诠释儒家之义理，亦否决了以道德情操论、关怀伦理学、德行伦理学或社群主义等学理来理解儒家的伦理学。因为，这些理论都不免在西方哲学传统之下，分割了人类心灵或道德本心之一体性，而强为知、情、意三分之支解，不免与道德之丰富而全面的意义有隔。

一　引言：孔子言仁之义

在西方哲学史上，希腊哲学自苏格拉底与柏拉图开始，即严格分别理（知性）、情（感性）、意（意志）三分。而通过柏拉图与亚里士多德之精微分析，"理"被视为代表普遍性、客观性、公平性；"情"是个特的、主观的、偏好的，自然也是非理性的；"意"则是行动的枢纽，但可受理性或情感所影响或指引，而表现为各种理性或非理性，客观或主观的目的，公平或不公平的行动。道德基本上以理性为基础，虽然16、17世纪有英国的道德情操主义（sentimentalism），且有休谟之支持以情感为道德之根源，但其后康德又回到以实践理性为主的理性主义的说法。纯粹理性或知性担负知识方面的建构，实践理性则是道德方面的立法和行动的枢纽，情感被视为感性之属且常有关系厚薄远近之偏差。因此，情感不但不能成就道德的普遍性，更常被认为是产生不公义或不理性的不道德行为的祸根。虽然在 20 世纪出现关怀伦理学（care ethics），但主流仍然是以理性为主的康德的义务论与效益论（utilitarianism）。① 这一情况到 21 世纪才有更大的回到休谟和以情感为核心的道德的讨论。但是，西方伦理学仍然主张知、情、意三分，在严格和更深入的分析之中，保持各不相属，伦理行为或道德决定常只选其一项作为依据，与其他二种元素互相隔绝。但这种三分实只是西方哲学分解的结果，不是道德的真实和具体情况。② 我们由儒家的论述即知道道德的经验中实同时具有情感、理性与决意的活动在其中。③ 以下主要以孟子之说详细展示，但先以孔子之说点明儒家之基本方向。

"仁"是孔子哲学的核心，而在《论语》中，此词不但出现次数最多，显示它是孔子所最关怀，所创发的观念，也是意义最丰富的概念。如果从不太同情的角度来说，孔子及儒者这种一词多义的用法也可以说是含混不清，且常夹杂了主观的或形上学的论述在内。但我们先分析孔子如何说明"仁"的意义，以引论儒家的基本义理形态。《论语》中最完整表现孔子的伦理取向的是以下一段对话：

> 宰我问："三年之丧，期已久矣。君子三年不为礼，礼必坏，三年不为乐，乐必崩；旧谷既没，新谷既升，钻燧改火，期可已矣。"子曰："食夫稻，衣夫锦，于女安乎？"曰："安。""女安则为之。夫君子之居丧，食旨不甘，闻乐不乐，居处不安，故不为也。今女安则为之。"宰我出。子曰："予之不仁也！子生三年，然后免于父

---

① 西方在 20 世纪 60 年代之后，虽然都反对康德义务论与效益论之以理性的道德原则（principle）来论述道德，诸如德行论（virtue- based）、社群论（community-based）、性别论（gender-based）等，但这些理论基本上仍然是以理性为主轴的理论，这种理性取向可包括其他诸如罗尔斯（John Rawls）之"建构主义"（constructionism）、权利论（right-based）等，关怀伦理学实只是一个极少数的异议分子，并没有多大的影响力。

② 犹如一个杯子的立体经验不是由各种颜色的感觉或印象等的平面片段所组成的。

③ 我在《儒家道德规范根源论》（台湾鹅湖出版社 2013 年版）中曾详尽论述西方各种伦理学都含有此一假设。至于以下所论儒家的伦理学不作此种假定而有的伦理理论，亦请参见该书论孔、孟、荀和当代新儒家之论述。在此不能备述。

母之怀。夫三年之丧，天下之通丧也。予也有三年之爱于其父母
乎！"（《论语·阳货》）

孔子此处明显点出三年之丧礼的根据在于我们对于父母死亡所具有
的仁心之安不安。"安""不安"自是指内心的一种感受，且是对于父母
之死亡而来的伤痛的表现。此种不安并不是只知道父母已死，而是感到
非常的悲痛。此种悲痛与死者之死亡的痛苦相感通，故难以掩抑，也因
此而不能如平常的方式去处理日常的事。由于古人父母子女之间的情感
与一体之感是如此的强烈，需要相当长的时间才可以稍为平伏下来，回
到日常的工作上去。孔子以为对父母之死的哀伤是三年之丧的根源。孔
子以仁心之安不安是对其他生命受到伤害的感通，或同情共感，是日常
生活随时出现的感应，只是在对父母或子女有更强烈的生命感通表现。
所以，当宰我在孔子反诘时仍坚持在父母死的时候，自己可以安于美食
锦衣之乐，孔子即斥之为"不仁"。由于在家庭中长期共同生活的高度
亲密以至不可分割的关系，是最典型的一体生活的例子，因此，我们不
可能对父母或子女之死亡毫无感觉。故在中国古代，对父母之死的哀伤
而来的丧礼常是最长时间的悼念，被视为"通丧"，不是孔子或儒家所
特别强加的。因此，孔子根据这种"不安"的缺乏，而批评宰我之为
"不仁"，是一种合情合理的客观的道德的判断。由此即可以见出孔子之
"仁"含有情感和判断在内，并非单是理或情或知而已。对于仁心之道
德的感通的表现，孟子提出不忍人之心与不忍人之政，十字打开，作出
更进一步的开展，对孔子内圣外王之学实有很明确的继承和重要的发扬。

二 孟子论不忍人之心的意旨

在《论语》中，直接对人性的论述不多，对"性"一词只提了两
次，且有一次不是孔子所述，对于"心"之直接说法也很少，孔子常只
就心之表现而说，如就心之表现为忠、恕、信、孝等，或如上引文之
"安""不安"等立言，很少直接提出"心"之名。孟子曾引孔子言心之
说云："孔子曰：'操则存，舍则亡；出入无时，莫知其乡。'惟心之谓
与？"（《孟子·告子上》），可能是孔子言心的一个涵义。此或是由于心

性论在孔子的时代，尚未成为争议的主题。① 但到孟子时代，讲人性的论点已很多（《孟子·告子上》），孟子以为都不能掌握心性之要义，更不及孔门的义理，因而不得不起而争辩，以确立孔子的传统和儒学的地位。② 孟子所主张的人性明显与告子，以及后之荀子等都不同，但在用词之中，仍然保持此词的一个共同的，我称之为"形式意义"的用法，即，"性"一词所指的是人所生而有的，素朴的，不用加工的，也不可改变的特质。此义实共通于各种不同的心性论的说法。而不同的人性论的分别是其"内容意义"，如主张人性是善、是恶、无善无恶、有善有恶、或善或恶等等（《孟子·告子上》）。③ 换言之，孟子所说之"性"也是人所生而有的，所谓"天之所与我者"（《孟子·告子上》）④，而且诸家都承认再进一步落实到不同的物种时，如人之性、牛之性、犬之性，则有进一步的区分，故孟子认为由告子之"生之谓性"推论出告子之说不能区分人之性与牛之性、犬之性的后果时，告子似乎一时也不能回答，似乎接受了这是他的人性论的缺点（《孟子·告子上》）。⑤

孟子论述心性最著名的一段当是以下的文献：

孟子曰："人皆有不忍人之心。先王有不忍人之心，斯有不忍人之政矣。以不忍人之心，行不忍人之政，治天下可运诸掌上。所以谓人皆有不忍人之心者，今人乍见孺子将入于井，皆有怵惕恻隐之

---

① 或是由于孔子盛讲"仁"之义理，而仁兼内外，自然引出仁之为心为性的讨论，由是而带出后世之心性论的进一步发展。

② 如果由孟子之后，荀子仍发出"性恶"之说，《中庸》则往性与天道之发展，且《孟子》一书长期都未被重视，两汉之《礼记》与公羊学之流行，实多重"礼"为主，荀子的影响历历，显见孟子在当时之儒者之间，也是一种创新的论述，未成为主流。故孟子之好辩，实在内在外都不得已也。

③ 有关此先秦论人性之形式意义与内容意义之区分，详述参见李瑞全的《荀子论性与论人之为人》一文，收入《当代新儒学之哲学开拓》，文津出版社1993年版，第180-205页。

④ 对于孟子用此词所含之"生而有"的说法，后世似乎讳于孟子与告子之辩，特别激烈反对以生而有的食色言人之性，因而不敢多及，唯程明道最喜欢加以发挥，而有"生之谓性"的"一本论"的开创。参见《二程遗书》第一卷，详论参阅牟宗三先生之《心体与性体》第二册，第一章《程明道之一本论》，台湾中正书局1968年版，第135-169页。有趣的是荀子之反对孟子之性善说的一个论据正是批评孟子之说违反了这一"生而有"的意义。详论参见何淑静之《荀子对"性善说"的看法》一文，此文收著《荀子再探》第一章，台湾学生书局2014年版，第1-28页。

⑤ 至于孟子与告子之辩的详细分析，请参见《儒家道德规范根源论》，第198-204页。

心，非所以内交于孺子之父母也，非所以要誉于乡党朋友也，非恶其声而然也。由是观之，无恻隐之心，非人也，无羞恶之心，非人也，无辞让之心，非人也，无是非之心，非人也。恻隐之心，仁之端也；羞恶之心，义之端也；辞让之心，礼之端也；是非之心，智之端也。人之有是四端也，犹其有四体也。有是四端而自谓不能者，自贼者也；谓其君不能者，贼其君者也。凡有四端于我者，知皆扩而充之矣，若火之始燃，泉之始达。苟能充之，足以保四海，苟不充之，不足以事父母。"（《孟子·公孙丑》）

孟子在此所指的"不忍人之心"乃是在我们面对一无辜生命即将要受到严重的伤害，而作出行动之前的内心的一种"怵惕恻隐"的感动。此种感动乃是第一时间生起的，自然无所谓因为其他原因，如为名、为利或为生理肌体之愉悦等而有的一种心理反应。[①] 由于这种内在的感动，有如我们感受到针刺之痛等能力，都是荀子所谓"不可学，不可事"的能力，自然都是生而有的。孟子认为我们有不忍人之心或四端之心实与我们拥有四肢一样自然，同样是生而有的禀赋，没有什么神秘难解之处。如果仁义礼智四端之心是生而有，不是后天学习而来的能力或技能，即表示人人皆生而有，故孟子认为"人皆有之"。如果说自己或某人没有这四端之心，实无疑是对自己或他人的伤害，即等于骂人为不是人，可说是一种非常严重的人格的伤害或侮辱。这也是下文孟子之所以认为如果一个人不具有如此之恻隐之心即不足以称为人，因为，这是人人所生而有的能力，而且是人类所特有的实践道德的能力，是人与牛、犬等在"性"方面，在"生而有"的内容特点上最主要不同的方面，因此，没有如此之道德能力的人好像只余下生物或动物性的禀赋，实不足以称

---

① 至于孟子此段文献之论证人人皆有不忍人之心，即人性善之分析和以心说性之义，详论请参见笔者《儒家道德规范根源论》第五章，第191-212页。

为人。①

在此段文献中，更重要的是孟子对这种感动所具有的内容之描述。孟子首先指出它是一种"怵惕恻隐"的内心的隐痛。它是一种感受或感动，是我们平常所谓"感情"的、"感性"的东西。它不是一种反思所产生的后果，它本身也并非一般所谓"思想"的或思考的东西，更不是经过思考而产生的东西。这在我们一般常常感受到的内心的状况，对于一些诸如不公不义的行为所具有的"义愤"，它是一种情绪（passion）的波动。而且，此一情感波动具有推动力。如果我们对该行为或事件感受得愈深，我们感觉到它的推动力愈强。所谓不计危险而"见义勇为"，即这种动力的一种表现。在这个典型的例子中，它指向解救小孩即将遭受的严重的伤害，它是一种救人的要求，它自身即在推动我们去救人，因此，这是一种道德的推动力，有如康德所说的"道德情感"（moral feeling）。然而，康德把这种道德情感归置于与理性不同的感性机能之中，与道德的根源无关。但孟子在此显然在指出"怵惕恻隐"是不忍人之心所发的情感和动力。而孟子在此所表现的儒家的本义与康德最不同的地方是此"不忍人之心"同时即是道德的根源所在。孟子下文即明说："恻隐之心，仁之端也。""仁"即显现在恻隐之心的这种动力之中，在此亦可先松泛地说"仁即内在于心"。此即显示，作为行动主体的心乃是"仁"之出处。孟子在下文即点明"义""礼""智"等都同样是出于此不忍人之心。这四者自是代表儒家最重视的四项基本的道德原理或德性，但孟子亦不必只限于这四个原理，此如"信""忠""恕"等都可说是由不忍人之心所衍生出来的不同面相的道德原理的表现，犹如孔子之"仁"也常是总德之名，可以涵摄各种德性或德行在内。

至于何谓"端"，依朱子之解："端，绪也。因其情之发，而性之本然可得而见，犹有物在中而绪见于外也。"（《四书章句集注》）换言之，

---

① 有谓孟子此说似乎不完整，没有把人之作为物种之意义涵盖在内。孟子此种论断并非独有，此如庄子也引用类似的说法，"有人之形而无情，安可谓之人"，云云。孟子在此犹如称完全没有情欲要求的人为"非人"，他或是"神"、或没有感受意识的生物。此或可区分人之为"生物意义之人"与"人之为人的价值"来作进一步的补充说明，但无碍孟子的论据与判断之成立。

此所谓"端"即是一物之见于外或显露于外的一个开端或开始点。此端绪即是全体的一个部分,并非是一物的外部的符号或象征。它也不是所谓潜能,如亚里士多德的有待实现的东西。① 它是全体的一个部分的呈现,与全体是一连续的整体;全体的呈现当然还有待进一步的工夫。工夫的讨论见下文,现在仍回到所谓"端"之分析。在朱子来说,此"仁之端"即是性之理,这即是性体的呈现。以儒者共认的"性即理"来说,此"怵惕恻隐之心"整体即是理的表现。严格来说,争议孟子在此所说的"四端之心"是否即是仁义礼智实无意义,因为孟子在另文即明确表明"恻隐之心,仁也"如下:

> 恻隐之心,仁也;羞恶之心,义也;恭敬之心,礼也;是非之心,智也。仁义礼智非由外铄我也,我固有之也,弗思耳矣。(《孟子·告子上》)

所以,孟子所谓"仁之端"无疑即是"仁","恻隐之心"的呈现即是仁的呈现。其他义、礼、智皆如是。此一端的表现,即是道德的表现。在道德价值上与任何道德行为都无差别。此如阳明所谓都是"金子",不可以说圣人与常人在此有异。每个人的实践成就多少只是金子的分量轻重而已。② 而就此种种道德之原理皆出于不忍人之心,以孟子即心言性之义,则此道德根源即出自性,就人类此种道德表现而言人之天性,则人性善乃是必有之义。人心人性本自是善,也有一种动力促使人为善,但一个人仍然有可以做不善之各种因素,也得要发展此心性之善端才可成为真实的道德行为和养成道德的美德,这自是一个过程,此即是工夫。下文将细论孟子之工夫论。但就心性本身,孔孟都直认为善,是善的根源所在,无所谓向善之说。③

在此我们所要强调的是孟子以仁义礼智皆出于心,皆以心为道德之

---

① 此中的重要性特别在儒家讲之工夫最为关键,孟子之说见下文。
② 金子之喻引自《传习录》卷上阳明以金之成色与分量论圣人之说而来,自是个人之解读。会中武汉博士院的肖雄先生以为不切于阳明本文之义,会后亦有往复讨论之处,此意值得参考。此中自有深层的诠释与解读问题,谨此注明,以表谢意。
③ 此如阳明所谓良知本心即是定盘针,即是善之根源所在,更无所谓另有所向的别的善的根源。

善的根源所在：仁义礼智都是基本的道德原则，都是理，此即表示"不忍人之心"显然不只是一感情而已，它同时即是一理性的存有（rational being）之主体性。理性的特色就是具有普遍性，普遍的意义。但此理性存有的心同时具有另一重要的特色就是能思（think or reflect）。孟子在其后即谓：我们常判定别人之"不能"实行仁义，或能够"知皆扩而充之"等，都说明孟子之"不忍人之心"具有认知和反省的能力。孟子更在另外的一些文献中特别指出"心之官则思，思则得之，不思则不得也"（《孟子·告子上》）等说法，强调心之思的能力。这说明了孟子之"怵惕恻隐之心"同时具备了思考反省的能力，不纯然只是一感性或感官机能。而孟子之"思"或"知皆扩而充之"所指的固然可包含各种事物之思考或反思，更重要的是对于道德的认知与反思。换言之，不忍人之心不但是道德感情的发源地，也同时是道德理性或道德原则的根据地。因此，不忍人之心既是情，亦是理。此即初步表示孟子所说的不忍人之心在怵惕恻隐的道德经验中，情与理实为一体，并未分家，不是两组机能结合，亦非如西方哲学家常是以情、理为对反而不可共容于道德的根源之说。孔孟或儒家在此毋宁是以道德经验所含的正是合情合理而不可无端分割的整体的经验实在。西方哲学的知、情、意三分毋宁是经分解之后的说明，而非道德经验之本真情状。①

进一步说，孟子之不忍人之心所具有的"思"的能力或特色，正是心之能作分辨与决定的能力所在。恻隐之心的呈现，即是作了一道德判断，即，作了要解救此即将受到严重伤害的小孩的判断。这发动的起点只是纯然对我们自己的要求，是一内在的自我要求的义务。而且，它也是无条件的，它并不等待我们去反省有些什么有利或不利的情况才作出要求。它是当下即是的，即先于一切条件思考而自发出来的自我命令，

---

① 此亦如古典经验主义在认知上之以一具体对象分解为各种观念（洛克）或印象（休谟）的组合，但难以把这些观念或印象重组回原来的经验中所经验到的具体的一物，如一个杯子。但如以分解后的印象或观念为首出，这样一来，不但杯子之具体经验，如作为一与别不同的一个杯子，即重组不起来。如依经验主义之理解，对象之经验反而被定位为只是诸多观念或印象之相续生起，只是想象力把它们结合在一起，成为一个对象，但这样无实法建立对象之客观性。此是经验主义无法说明之理论后果。

此命令即要求我们付诸行动。它自身既有感动，此感动即是它自身具备的行动的动力。这即表示，不忍人之心所要求的行动并不容许我们随意作出违反它的做法。如果我们没有更重要的道德理由而不去解救此小孩所面临的伤害，我们即自觉有道德上的亏欠，会产生内疚，内心自觉是有违道德的行为，自己也会自觉羞愧，纵使他人不知，我们自己内部也会急于自我辩解。因此，孟子所说的不忍人之心即是一作出义务要求和判断的机能。道德上的是非对错都由此不忍人之心作出最高和最后的仲裁。综言之，此不忍人之心是理性的，能反思的，也同时是决意和行动的主体。

在知、情、意三分的结构下，理性或知性被视为具有主动性的机能，是我们主动去进行认知或探究真理的机能。而情感或感性常被视为是被动的，是接受性的。但是，在孟子的理解中，心之官却不是被动的，它自具有思的能力。不但有思考和反思的能力和主动表现，更重要的是它是主动自发地提出道德的自我要求的发源地。当孺子将入于井之类的情景出现，触动了我们的不忍人之心的呈现，此怵惕恻隐不只是感到一无辜生命受伤害的道德情况，它更主动确立此为一道德事件，是我们在道德上必须有所回应的事件。没有不忍人之心则我们不会有道德的感应。此如孟子或先秦各家所预设的人与禽兽的分别即在于其他非人的物类不会有道德的反应的表现，因此，不忍人之心实是道德规范和道德领域之发源地。因为不忍人之心有所感，由此而有所应，此感应即为人类开创了一道德世界。[①] 道德世界乃人之不忍人之心在自然世界上所创立的价值世界，也由于此，自然世界也不是定然的，是可以由人类之实践而转化。此如康德所谓"上帝王国"之实现，在儒家则是天命之流行，是由人之参赞天地之化育而实现的道德王国。如上所说，不忍人之心具有动力，怵惕恻隐之心有感而动，即发出道德的命令和促使我们去行动，这是不忍人之心的不由自主的主动的回应，可说为感动：它有所感，但既感即动，即自我自觉地去行动。行动者如在此即能依不忍人之心而行，

---

① 牟宗三先生在《现象与物自身》（台湾学生书局 1975 年版）提出由知体明觉开道德界，即是此义。

成功一道德行动，即无疑是把实现世界往道德王国推进一步。如行动者有足够的道德工夫之修养，由此种感动而来的行动，有如自然而然的表现，如孟子所谓"尧舜性之也"或圣人之"大而化之"，或后儒所谓"才动即觉，才觉即化"，而发为纯粹的道德表现，此可说是圣人境界的体现。此自是要有一工夫的历程。就怵惕恻隐之为"仁之端"，此自是最初的起点，要成为个体之德行，尚需不断的工夫实践。此在后文再详论。由此两重主动的表现，可见孟子在此所说的不忍人之心是一具备动力的自立法则的行动主体，与一般说之感性之纯为被动性不同。

三　不忍人之心之知情意浑然一体与爱有差等之说

西方伦理学不但对情欲贬抑，对情感也常加以否定。西方伦理学的情感取向，要到 20 世纪 80 年代的关怀伦理学出来，才有所扭转。纵使如此，理性取向仍然是西方伦理学的主流。但儒家自孔孟开始，即无此种情与理、公义与私情、爱有差别等之对抗，此因孔子之仁心或孟子之不忍人之心实兼具情理而言，并无截然的分割。此或贻人以口实，即儒家之伦理学并未达到理性的普遍性，不能对事事物物有公正无私的表现，由此而常不能秉持公义。此涉及孟子对杨朱与墨家的批评。

孔孟在理论与实践上都关怀天下，特别是人民的苦难，因此都不辞艰苦，周游列国，希望能促成和辅助各国诸侯推行仁政王道。这是儒者仁心与不忍人之心所必然表现的不容已的自我的义务要求，绝不是为了诸侯之一己、一家之私利而已。孟子批评杨朱与墨家的重点，即是指两者或是只为自己或只谈兼爱而无区分。杨朱近乎西方所谓之"为己主义"（egoism），似乎完全不为他人而行动。而墨家则主张兼爱，一视同仁，因而对自己亲人也没有特别的情感或爱的表现。孟子对这两者都强烈批评，以为有违人道，所谓"无父无君"的失德缺点（《孟子·滕文公下》，《孟子·尽心上》）。然而孟子所说之仁道："仁者，人也。合而言之，道也"并无人我之分（《孟子·尽心下》）。孟子亦说："万物皆备于我矣，反身而诚，乐莫大焉。"（《孟子·尽心上》），由不忍人之心

而通于天地万物，更有天地万物为一体的意指①，此即表示孟子对天地
万物和人类都有一共通的基本的道德原则，都在不忍人之心的恻隐的涵
盖之下。此亦可说为在一普遍的仁道的原则之下，无有差异。但此不忍
人之心的具体表现，即为人性人情之自然而有的远近亲疏之别。孟子也
不能无视于在现实上我们有必要对各种人与物都要有所区别和施以不同
的对待方式。因此，在现实方面，仁爱的表现必有顺序上的差异。此在
人与物皆然。各物种也对各自的后代有特殊的爱护表现，爱护亲子，团
结亲密关系，是生物繁衍的原则。人之自觉要求则以仁爱为对待亲人与
天地万物的基本原则。此中如何依不忍人之心开展为对待其他物种的合
理方式，以及对待人人与自己亲人的方式，孟子作了如下的表示：

> 君子之于物也，爱之而弗仁；于民也，仁之而弗亲。亲亲而仁
> 民，仁民而爱物。（《孟子·尽心上》）

"亲亲而仁民，仁民而爱物"，是孟子表示对自己的亲人与对一般人
和其他非人类的生命，有一道德义务上的先后顺序的对待方式。所谓
"物"，朱子注为"禽兽草木"，即泛指一切非人的生物。孟子之对待方
式是基于亲爱，是为仁之开展而有的差别待遇。这是孟子在肯定对所有
生命在存有上和生命共存上有同等地位之外，在具体对待他者上的一个
差别对待原则。爱有差等表面上似是由于感情上的亲疏远近的关系，也
似是情感自然具有的特性，所以被认为是不可接受的。但是，古今中外
没有社会或伦理学家不赞同父母对自己的子女有多于对其他人的子女更
多的伦理责任，没有人会批评父母对自己子女多加以爱护扶助之利益，
对别人的子女则不用加以同样的爱护利益，有何不对。此即显示这种理
所当然的义务不能只是纯由情感决定，而是有理性上的合理性，是人伦
上的共性。孟子和儒家所支持的爱有差等不是纯然的感情作用，而是相
互间之义务承担上有程度上之差异。而此种差异来自每个人之各自不可
能免的个特的特殊性和有限性。简言之，由于一个新生命与父母兄姊分

---

① 此义之明确发挥自是在程明道之"仁者与天地万物为一体者也"（《二程遗书》"识仁篇"）
及王阳明之"大人者与天地万物为一体者也"（《阳明全集》"大学问"）等申论之上，但
其根源都可以说始于孟子此种感受天地万物之生生不息之理都在此心之内而来的发挥。

享共同而亲密的生活，通常是彼此无私的分享与分担。这种共同生活的无间的亲密性使家人无异于一整体，苦乐与共，彼此自然产生一种人格与身份的认同。这种人格同一性与自我认同之重迭特性，宛如一体，产生了彼此有更重于外人的相互的义务承担，是自然而应有之义。一个民族的共同体亦有相应的身份的认同感与亲切感，因而也有相应的互助合作的义务。此所以儒者虽然强调普遍的无私的仁爱，但爱必有差等，此亦是人之生存与生活上自然发展出的道德自觉表现。换言之，由人之具有同情共感的感通而来的道德要求：即涵有顺我们自然而有的生命感通之开展而有的不同程度的义务要求，因而有爱有差等之自然表现，是一贯地本于不忍人之心或仁而来的。反而墨家强求对一切人都给予同等的爱而无分别，是人为的强加，而实践上却仍必顺亲情而有厚薄的分别对待，因而被孟子批评为二本：

> 孟子曰："吾闻夷子墨者。墨之治丧也，以薄为其道也。夷子思以易天下，岂以为非是而不贵也？然而夷子葬其亲厚，则是以所贱事亲也。"徐子以告夷子。夷子曰："儒者之道，古之人'若保赤子'，此言何谓也？之则以为爱无差等，施由亲始。"徐子以告孟子。孟子曰："夫夷子，信以为人之亲其兄之子为若亲其邻之赤子乎？彼有取尔也。赤子匍匐将入井，非赤子之罪也。且天之生物也，使之一本，而夷子二本故也。盖上世尝有不葬其亲者。其亲死，则举之而委之于壑。他日过之，狐狸食之，蝇蚋姑嘬之。其颡有泚，睨而不视。夫泚也，非为人泚，中心达于面目。盖归反虆梩而掩之。掩之诚是也，则孝子仁人之掩其亲，亦必有道矣。"徐子以告夷子。夷子怃然为闲曰："命之矣。"（《孟子·滕文公上》）。

孟子所谓二本是指墨家之兼爱的说法，不能一贯于每个人对自己亲人所本有的差等之爱，而强为平等式的兼爱。如此，对自己亲人所自然而作的厚葬之事，却假借儒者爱人之情，认为"爱无差等，施由亲始"，故厚葬自己亲人只由于施行上的方便，并非爱有差等。但是，这实是不能面对每个人对自己亲人所自然有的亲爱的表现之厚于其他非亲人，因而是双重标准，实不一致。孟子更进而点明儒家之葬亲之道乃因于不忍亲人之遗体暴于荒野，为狐狸蝇虫所食，自己内心会感不安，故而掩葬之，此乃出于爱亲之孝道，纯为不能自安，并非出于方便而已。因而有葬礼，以尽孝思，而不是追求薄葬，如墨家之主张。夷子反思自己葬亲之本怀，不得不接受孟子之批评为有理。因此，孟子之一本乃是指由不忍之心所感受之义所当为之情，依此而施于行事，自然有亲疏远近之差等，因而相应地合理施行，方为一贯而没有自相矛盾之出现。①

孟子在发挥亲亲仁民的表现中，更具体地强调的是推恩的方式：

> 老吾老以及人之老，幼吾幼以及人之幼。天下可运于掌。诗云："刑于寡妻，至于兄弟，以御于家邦。"言举斯心加诸彼而已。故推恩足以保四海，不推恩无以保妻子。古之人所以大过人者无他焉，善推其所为而已矣。（《孟子·梁惠王上》）

孟子认为顺此亲亲而仁民的自然而有的不忍人之心而施政，以不忍人之心行不忍人之政，即可实现仁政王道，而使人民养生送死无憾。故爱有差等乃回应不忍人之心之实情，不但无碍于公义，更是实现真正天下一家、世界大同的基础。

四　工夫论之意义与特色：四端之心之实践成圣

中国哲学重视实践，基本上是以实践的进路发挥哲学，哲学的论述以成就人之最高价值为主要的目的，即成为圣人、真人、佛是儒释道三家哲学的目的，因此，三家均非常重视实践工夫的问题。② 工夫论之成

---

① 孟子此段引述孝子对于亲人暴尸荒野之感到彻骨的坐过，甚至出汗，纯然是一种自己彻骨的不安，是一种不是为己的自然表现，也不是为了他人的原因而有如此的表现，即不是为了利己而来的情感的表现，含有一种反对西方为己主义（egoism）所假设人的行动或出发点都不可避免地是只为自己的利益的说法。最近 Michael Slote 在一个会议上发表专文大力说明人类有许多情感的表现，其动机都不是为己或利己的。参见其 *Picturing Human Life*，该文宣读于山东大学尼山论坛委员会在 2014 年 5 月 21—24 日在山东大学主办的 "第三届尼山世界文明论坛会议"。虽然孟子批评杨朱的重点不在此，而在于其没有回应不忍人之心的对他人实有一种义务之自我要求，亦可参考该文。

② 有关中国哲学之实践进路之简要说明，请参考牟宗三先生之《中国哲学的特质》（台湾学生书局 1963 年初版，1974 年再版）。中国哲人所关心之核心问题是成就人之价值，故哲学不只是理论之论述，而是学以成教的教理，故三家均称为 "教"，此取《中庸》"修道之谓教" 义，其内容实已超过西方哲学所界定的范围。

立有两个先行的条件，一是有一理想人格的目标，二是有一能实现此人格之能力。工夫则是由发挥此能力，而成就理想人格实现的历程。因此，工夫论即说明成就理想人格的能力之不断升进之历程，而且此能力之累积对于行动主体成功理想人格的表现是有所增益的。在道德上，行动者通过工夫使其德行不断增长，成为有德之人。其间或有若干主要阶段之划分。此在儒家或略说为：士、君子、圣人等。工夫论最重要的是对能力与成果在主体的增益之说明，与最终极如何得以成功最理想的人格的实现。儒家以圣人为最高的理想人格的表现，而工夫则是日常的道德实践，乃是在人世间的日常生活中的具体表现上完成，并不寄托在来生或他界。凡此，孟子都有一完整的工夫论的说法。①

孟子在确认了我们真实地具有此不忍人之心，具有仁、义、礼、智四端之心，即有足够实现道德行动的能力之后，并不就此以为我们即有道德行动的实现，而是要求我们要进一步在实践上把它实现为行动，才具有真实的道德成就的价值。换言之，具有此不忍人之心之端绪，只表示我们实有此种道德的能力和表现，但还要确切依此不忍人之心的要求而行，才得以成就道德行为，也必须发挥到我们的日常的各方面去，包括对待自己、对家人、对国人，才真能建立自己的人格美德，成为有德之人，成就一个道德人文的世界。在此，孟子提出"扩充"的观念。这种不忍人之心的扩充在个人身上的表现即是工夫的实践。扩充具有把这原初似乎只是一点点之内心的感动发为行动，如做出抢救小孩免于受伤的行动。扩充更有把这种感动推展到其他日常活动中去，更敏锐地注意到其中可能含有的使人受到伤害的情况，以及我们可能已习焉而不觉得一些对其他生命产生伤害的行为。这即是提升我们的道德意识以及道德

---

① 西方伦理学中，由于重视理性的思辨功能，故强调理性之认知的意义为主。知识的扩充或理性的运用似乎也可以说是一种可以增加行动者能力的实践。亚里士多德也强调所谓"实践智慧"（practical wisdom），参见亚氏之 *Nicomachean Ethics*。但推理与理智的运用与人格或德行的累积难以等同。西方较明确有近于工夫论的是康德在《实践理性批判》的"方法论"提及如何使得客观的道德原则也成为主观的构想时，有朝向促进和保证行动主体能依于道德法则而行时，有近乎儒家的工夫论的论述。但就工夫论的理论来说，康德的"方法论"实很初步。我在《康德论意志》一文中有较详细的说明，此文收于我的《当代新儒学之哲学开拓》，第74—89页。

的自我意识。所谓使心灵保持一种"常惺惺"之意。因此，这种扩充即具有累积成为我们日常生活中更敏锐更宽广的道德意识。如上文所引，"推扩"另一用词是"推恩"。"推恩"就是把自己所感受到的不忍人之心因而自发地对他人生命的同情共感的感通和爱护，加以推广，使这种仁爱之情可以普及于一切人与物，可以打破我们常会因就自己的利益或方便，只关注与自己具有较密切关系或利益的对象或事物，而忽视对其他人或物可能产生的伤害。推恩使我们的仁爱推广到其他人和他物身上，以至普及于天地万物。当我们的仁爱真能达到无所不拂顾得到时，这即是圣王的功业，也就是儒家的道德理想人格的充分实现。

以上只是就工夫论的推广面而说，但工夫更重要的是如何能实现出真正的道德要求和成就真正的道德行动，即如何能把不忍人之心的道德命令见诸行动。据孟子所述，这可以有两种情况。第一种情况是：当不忍之心的感动发起时，我们的心灵即顺之而发为行为，如即时发为抢救快要掉到井里的小孩的行动，宛似毫无任何阻力，所谓"沛然莫之能御"的样子，此即孟子所谓"尧舜性之也"（《孟子·尽心下》）。这是儒者常用以称赞品禀特高的圣人的表现。平常的人虽也有同样的不忍人之心的表现，但却难免有或多或少的各种脾性、情欲或环境状况的窒碍而难以即时而行，甚至采取相反的行动。但我们的不忍人之心仍对自己的不忍有一自觉，警觉到自己的这一不忍人之感动，亦可即由此认取此感动而发为行动，孟子称此种逆反当下经验，认取不忍人之心的之命令为"汤武反之也"（《孟子·尽心下》）。此即牟宗三先生所谓"逆觉体证"之义。这是我们的能思的心之官的表现。心之思自能自觉其不忍人之要求和命令，即可以定住我们行动的方向，即足以完成一道德的行为。这种道德的自我警觉之反思而发为行动，更常是我们日常一般的道德行动的方式。此行动即促使我们的不忍人之心更自醒觉和醒觉的能力加强。再由此而一步步，一点点扩充为各个方向与面向的行动，日积月累即成为一有德之人。

综言之，是孟子工夫论的基本上是不忍人之心的自然的扩展累积，只是简单地从我们原初的一点端绪开始，一步步让它扩大而已。因此，孟子之工夫论不是从潜能变成现实，不是习惯式的反应，也不只是一种倾向的实现，而是让不忍人之心之仁、义、礼、智之感动不断发扬壮大，让此大体作为我们一切行动的主宰，而由此本心对一切事物的回应都是道德的。这种累积是在我们的心的能量不断扩大即可成功。此所谓简易的工夫。但我们也常受后天的各种习染和环境的影响，会受到情欲的引诱而违反不忍人之心的要求。此时孟子则强调我们要"先立其大者，则其小者不能夺也"（《孟子·告子上》）。此因心之官是能反思的，而耳目之欲则只是顺物欲之引诱而一气滚下去，当发生对立时，宛似大体与小体在互相较劲，也就是我们日常所感到所谓天理人欲在互相对抗，对我们的行动作出拉扯的状况。若心之官能立定，它所具有主宰能力即可以发挥，由是而使我们得以逆反本心之大体，依本心之要求而做出符应不忍人之命令而行。孟子更指出我们的本心另一更严重的陷溺的情况。若我们过于沉溺在欲欲的满足之中，不忍人之感动宛如完全不见，此是孟子所谓"失其本心"的情况，则我们要自觉去找回此宛似失去了的"放心"（《孟子·告子上》）。严格来说，孟子所说的本心或性善之性，本是生而有，不可学不可事之物，实不真是放失掉而不见了，只是在重重物欲之下，声音已微弱得使行动者完全自觉不到。但只要我们立心去追寻此已放失之心，它实即顿时出现，因为，自觉寻思此本心的心即是它自己。当它反思时，它即同时呈现，与重重情欲对抗，此即可望重回主宰的地位，发而为道德行动。此有如牟师宗三先生所谓：海底涌红轮，如《易经》复卦之象，一阳生于地下：复其见天地之心，不容自已。如能让它作主，常常发动而扩充它的影响力和动能，则可谓回复我们本心的本然情况，一步步实践以成为圣贤。道德实践工夫中有层层进境，孟子所示的阶段如下：

> 可欲之谓善，有诸己之谓信。充实之谓美，充实而有光辉之谓大，大而化之之谓圣，圣而不可知之之谓神。（《孟子·尽心下》）

此可谓孟子之道德实践阶段晋升的简略说明，以见孟子工夫论中的理想人格所实现境界。①

五　实践工夫之内圣外王之意涵

孟子的道德实践并不只是成就个体自己一身而已，必连同家国天下而为言。因此，道德实践必由个人而推扩，以成就家庭、社会、国家、天下，同进天命流行的世界。此即上引文首句所表示的"以不忍人之心，行不忍人之政，治天下可运诸掌上"之义。孟子在此引文中似乎以道德实践直接伸展即完成外王事业，过于乐观而理想化。此需要略加解说。就个人的道德实践成就为圣人，工夫是简易的，只要努力实践，即可成功。但要达成圣人的理想境界，却不可能一蹴即至，而是要历尽各种努力磨炼，经"信、美、大、圣、神"步步升进，方可望成功，而此中实有无穷的历程可言，因此，孟子自然知道成为圣人并不易。但成圣成贤也不外是本有的不忍人之心的扩充，人人皆有，故人人皆可以为尧舜。就一位统治者或领导人而言，如能依孟子之道德实践而行，则在他所管治的国度之中，采行不忍人之仁政王道之治，自然是使人民都得其仁爱的普照，不只是养生送死无憾，更是各得尽其性分，如此，他的实践成就必定普受人民的拥护爱戴，自愿全力保卫家国，不但敌国无法来侵袭，敌国人民在压迫之下，也都想来归附，天下归心，故孟子谓"仁者无敌"（《孟子·梁惠王上》）。

孟子并不是昧于世界复杂多变，权力争夺的事实，对于当时的世情和势力的分布，以及治理国家之各方面的问题，都有所反省论述和论辩。此所以孟子有三大重要的论辩，即"人禽之辩""王霸之辩""夷夏之辩"。"人禽之辩"是性善论与仁义内在之辩论，"王霸之辩"是仁政王道之外王政治之辩论，"夷夏之辩"是文化价值之辩论。这三辩自然都密切相关，也见出孟子义理的一贯。"王霸之辩"与本文最相关的是由实践不忍人之心而来的政治论述。孟子认为由不忍人之心所发出来的治理国家方面的政治体制与政策，都应是不忍人民百姓受伤害的制度。孟

---

① 笔者在《儒家道德规范根源论》第217—218页有简要的说明。

子实有进一步明确的表示。以下是一段最能展示孟子治国的基本理念：

> 不违农时，谷不可胜食也；数罟不入洿池，鱼鳖不可胜食也；斧斤以时入山林，材木不可胜用也。谷与鱼鳖不可胜食，材木不可胜用，是使民养生丧死无憾也。养生丧死无憾，王道之始也。五亩之宅，树之以桑，五十者可以衣帛矣；鸡豚狗彘之畜，无失其时，七十者可以食肉矣；百亩之田，勿夺其时，数口之家可以无饥矣；谨庠序之教，申之以孝悌之养，颁白者不负戴于道路矣。七十者衣帛食肉，黎民不饥不寒，然而不王者，未之有也。（《孟子·梁惠王上》）

孟子在此文分别说明王道之始与王天下之成功的治理方式。而主要的重点是依于不忍人之心使人民首先是能有足够的食用与安居之所，不致有饥寒夭折的痛苦与遗憾。此即是统治者之以不忍人之心推恩于人民应有的表现，是不忍人之心在政治上的实践。进一步则让人民有安居乐业，家庭富足无虞，社会风俗敦厚，人人受到教育，如此之人间世界，即是一人无废人，物无废物的各尽其性分的王道世界。此亦是体现不忍人之心的仁政。这样的国家，人民自然满足而不会有作奸犯科之行，人与人之间亦是以不忍人之心相对待，则残贼他人的不道德或不法的行为自然不存在，如此，在治理上实轻松容易，故可如意地运之掌上。人民自然爱护和拥护如此的一个能让自己与家人得以安身立命的社会，不容敌国来犯，则国家自然日益富强，而天下人民百姓来归，极成天下太平。孟子之言虽简，但治理国家之道，以道德统领政治治理的大要，实亦不外如此。

孟子由不忍人之心所建立之内圣外王之道，尚有与天或天道相通之重要涵义。此即：

> 孟子曰："尽其心者，知其性也。知其性，则知天矣。存其心，养其性，所以事天也。夭寿不贰，修身以俟之，所以立命也。"（《孟子·尽心上》）

"尽心"自是实践地尽不忍人之心所命令所要求之行事，由此而知性知天之知亦是实践地知。实践地知即是实践地呈现，实践地体现出来。

此时，主体性之心即呈现客观与绝对之性、天的全幅意义。由尽心而与天合德，与天地万物感通为一，此中自有超乎个体小我局限之大乐。此"反身而诚，乐莫大焉"乃是与天地万物合而为一的境界，即是孔子践仁知天，与天地万物为一体之境界。由此理解心性天之为一，则人之道德实践即在存心养性，修身俟命中，得到安身立命之道。凡此，皆由不忍人之心本自情理一源，人心通于天心而无私隔所致。

六 综论：孟子不忍人之心的情理一源之哲学意义

由上所论，我们从孟子之论述见出，在我们的道德经验中，不忍人之心所表现的同情共感或感通实是知、情、意原本合一的道德主体的表现，并无西方哲学家之三分的说法，也避免了西方伦理学之常纠缠于伦理或道德之主观与客观，公平与偏爱的争议。事实上孟子之说明更符合我们在一般道德经验中的真实感受。我们常感到真实的道德感受不是一纯然抽象的理解，但也不是我们可以随意曲解的事情，所谓是主观的价值或个人之偏好而已。道德的自我要求甚至可以是违反我们个人或自私的欲望的取向的。它常发生在我们的日常生活之中，迫使我们作出抉择。孟子的说法让我们切实感受到道德的感应既是情又是理，在特殊的情景中作出的决定即同时具有普遍的意义或价值。此是我们在道德经验所含有的既有普遍意义，又常是对具体对象所作的特殊的判断。孟子对此一复合的道德经验作出一具体的说明。此反映出道德常是在具体行事中所显发的普遍价值。

我们在道德经验之中固然有违反此种感通之道德命令要求的表现，即我们会有不道德的行为。此即表示我们也有一个有时比不忍人之心的要求更大的动力，使我们不遵从不忍人之心的要求而作出不同或相反的行动。此中的动力即来自孟子所谓的小体，即我们的情欲。环境的条件或限制，如丰年或凶年也是激发这种情欲的外部条件，如生活丰足，我们会安于懒逸，生活艰难则会争夺稀有的生活资源。这都是人类作为血肉之躯的生命在追求生存上的非道德的情欲动力所影响而致。由是有内心的冲突。当我们响应不忍人之心的感动而采取行动时，除了作出道德判断之外，我们的道德理性自然也希望能采取最可以适当完成道德要求的行动方式，此时我们的行动即具有一理智的成分。此理智是要帮助我们去完成道德的使命的。① 在此可以说是体现了实践理性或道德理性与工具理性的合作无间，但也显现了道德理性的优先性。由此实践理性的要求，使我们在无关道德迫切的当下要求的时候，暂时放开实践的要求，而作隔离的理性思考和研究，让理性或知性暂时脱离道德的领域，进行纯粹理性的知解活动，由此成就科学与科技，更有益于实现道德理性的要求。换言之，当我们回应实践要求而进行知识之研究和发展，可以说是出于人类回应不忍人之心所衍生的间接的义务要求。但我们不能反客为主，以工具的理性作为行动的目的，否则即衍生现代化中所谓"现代性的黑暗面"（dark side of modernity）。在意志的表现上，道德的行动主体自是不忍人之心之大体，而不是情欲之小体。孟子自是主张大体为主，但孟子亦不是所谓禁欲主义者——儒家从来不是禁欲主义者，对于小体或情欲的要求只是加以道理性之引导，并不禁绝，所以孟子也只说"养心莫善于寡欲"（《孟子·尽心下》）。如果小体的情欲要求没有违反大体之命令或不忍人之心的道德要求时，孟子亦不反对小体的性分要求。小体或情欲的要求并非本质上是反道德的，它之成为反道德的表现是因为它违背或抗拒大体的命令或不忍人之心的道德命令，才成为不道德的行为的根源。作为一自然生命而言，人类的情欲追求并非不合理，甚至这是人类以及一切自然生命所以能生长发展的原初的动力。这种自然生命要求表现在生长与繁衍之中，亦可以说是顺承自然生命的法则，不断生长发展，形成更丰富多姿的各种物和生命，由此而显现出宇宙中生命

---

① 经验主义者常把理性只限于推理的作用，因而对源自心灵之理性能力不能正视其创造性。此如休谟对情绪与理智的区分，以情绪决定我们的目的，理智只是情绪的奴隶，例如，如果一树上有果子，但我们没有吃果子的情绪或欲望，我们不会有任何行动。当我们想吃树上的果子时，理智则提供一如何去吃到树上的果子的方法，这是理智的工具性作用。理智所扮演的角色是要帮忙实现情绪的道德要求。休谟之缺失自是把理性限于工具式的理智作用，由是不但失落了理性更广大和重要的价值，诸如建立科学知识，以及康德所谓知性为自然立法的重要存有论的功能，更失落了理性它含在实践理性或道德理性所具有的为自由立法的重要价值。但休谟以道德根源之出于道德情感之道德情操论（sentimentalism），所论道德情感有优于康德而与儒家更相近之处。请参见我在《休谟》（台湾三民书局1993年版）最后的结论章。

之生生不息的价值，更反显出儒家所言之天地之大德曰生的意义。

至此可以作一简要的总结。本文不但明确否决了以理性主义来诠释儒家之义理，亦否决了以道德情操论、关怀伦理学、德行伦理学或社群主义等学理来理解儒家的伦理学，因为，这些理论都不免在西方哲学传统之下，分割了人类心灵或道德本心之一体性，而强为知、情、意三分之支解，不免与道德之丰富而全面的意义有隔。反之，儒家在道德本心之整全意识所含的洞见，却正可为各种伦理学对道德经验偏重某一面向之解释，提供一顺序和合理的说明，予以自然而圆融的贯通，成一道德世界与人之生命价值之真实反映。至于实践工夫之论述，则更是诸家所未曾多及，而是儒学所特具的哲学以成教的重要贡献所在。

（《国学学刊》2014 年第 3 期）

（作者单位：台湾"中央大学"哲学研究所）

从性情论到性善论

——论孟子性善论的历史形成

赵法生

【摘要】在先秦儒家思想史上，孟子的性善论作为告子以生论性的对立面而出现，这使得人们易于强调其创新而忽略其历史继承性。郭店楚简的出土，打开了先秦儒家人性论的历史维度，使我们认识到在先秦儒家人性论谱系中，除了以生论性和以心论性之外，还有一种重要的人性论即以情论性的性情论。心性论正是在性情论的基础上发展而来的，孟子以心论性的前提是以情论性，他把性情论中的自然感情提升为道德感情，把性情论中无定向的认知心发展为道德本心，确立了本心的先验性和普遍性，使得其性善论成为儒家心性论的典型形态。就其义理形态而言，孟子的性善论并非朱熹以理气二分为基础的性理论，也不同于牟宗三基于康德实践理性观念所诠释的那种道德形而上学，而是心、性、情、才一本论。

孟子性善论的特征在于以心论性，代表了儒家心性论的成熟形态。但溯本探源，孟子心性论其实是从七十子性情论发展而来的。孟子以四端论四德，将仁义礼智的根源收摄到人的内心，追寻到人的道德情感，如此则仁义内在，性由心出，将自然感情提升为道德感情，将无定向之心发展为道德本心，进而将性情论发展为性善论。

一 情的发展与以情论性：从"喜怒哀悲之气"到四端

孟子的性善论是在与其他人性论，尤其是告子人性论的激烈论辩中产生的，因此它一开始就是作为传统以生论性之人性论的对立面出现的，这使得人们易于强调其创新的一面而忽略其历史渊源。但是，郭店楚简的出土，为我们提供了孔孟之间儒家人性论发展的珍贵资料，也改变了长期以来形成的关于先秦儒家人性论的图谱，使我们认识到在以生论性和以心论性之外，还有一种重要的人性论，即以情论性的性情论。《性自命出》、简本《五行》《中庸》《礼记》等相关资料，勾勒出一幅性情论发展的历史图景，也使我们得以重新审视性善论形成的历史过程，进而发现性善论与以情论性之性情论的历史联系。在某种意义上，性善论是性情论发展到一定历史阶段的产物，如果不了解性情论，就不可能真正理解性善论。如前所述，以心论性从内涵上讲即是以情论性，因为四端皆情，那么四端之情与历史上的以情论性之情具有怎样的关系？

目前发现的最早以情论性的文献是《性自命出》，《性自命出》中的情，既不同于《礼记·礼运》篇中的七情，也不同于孟子所谓的四端，而是作为礼乐之基础的情，其内涵被看作是"喜怒哀悲之气"，情感的主要形式有喜、怒、哀、悲、乐、悦、忧、愠等，其中哀与乐两种感情又受到特别重视。这些内在的心理情感往往直接导致一种外在的行为，成为礼乐之本。康德将人的感情分为道德情感和自然情感，按照《性自命出》的思想，上述情应该是人的自然情感，因为它们出自人的天性，反映了人的存在中最为本真的一面，所谓"情生于性"。但是，显而易见的是，它们并不是人全部的自然情感，人的自然情感中的许多内容，尤其是那些消极性内容，如休谟所说的骄傲、野心、虚荣、恨、嫉妒、恶意等①，并没有进入作者的观察视野。它们也不是道德感情，其中的悲哀、愤怒、忧虑等并不具有道德性质，这与孟子说的四端相比就更加清楚。但是，《性自命出》正是在这些本身并不是道德情感的自然感情上面发现了道德的基础。因为这些感情来自人的天性，它们的存在与抒发都是人性的必然，只要它们是真诚的，不但是礼乐之所本，而且能感化人心，移风易俗，所谓"其入拨人之心也厚"，所以简文才说"凡人

---

① 参见［英］休谟:《人性论》，商务印书馆 2004 年版，第 310 页。

情为可悦也"。另外,《性自命出》还指出:"简,义之方也。义,敬之方也。敬,物之节也。笃,仁之方也。仁,性之方也,性或生之。忠,信之方也。信,情之方也,情出于性。"这段话论仁、义、性、信、情之方,以简为义之方,义为敬之方,敬为物之节,笃为仁之方,仁为性之方,忠为信之方,信为情之方。方,庞朴先生解为道、术①,也有学者解为依循的准则②。文中简、敬、笃、忠、信等皆是就人之情感或情绪而言,所以,《性自命出》中的许多情,不仅是礼乐之所本,且是仁义忠信之方,是仁义等道德规范赖以形成的方法与准则。因此,尽管《性自命出》中的情属于自然情感,却是礼乐之基础,是人道之始基,是道德建构之出发点,在道德的形成过程中显然具有积极的价值。简文反复强调情贵真诚,强调"凡人情为可悦也,苟以其情,虽过不恶",正是为此。可以说《性自命出》中的情,是一种具有道德指向性的自然情感。《性自命出》从人的情感内部寻求道德的起源与动因,对原始儒家人性论产生了重要影响,某种意义上也为性善论的产生做了预备。

楚简《五行》并没有直接论及情的问题,它主要研究仁义礼智圣五种德行及其相应的心理基础。但是,如果分析一下楚简《五行》的内容,便不难发现情在其中仍具有重要意义。《五行》重视的是仁义礼智圣之"形于内"的问题,它开篇即指出,仁义礼智圣五行"形于内"便是"德之行","不形于内"则只能"谓之行"。按庞朴先生的注释,其意是说仁义礼智圣只有经人领悟而成形于人心,才是"德之行";若未经领悟而未能成形于心,只体现于行动,则叫作"行"③。可见,能否经由心的领悟与自觉是区分单纯外在化的"行"与具有自觉道德意识的"德之行"的关键。因此,楚简《五行》的主要内容,是分析仁义礼智圣相对应的心理活动,而道德心理的主要内容,乃是一系列情志活动,对仁义礼三种德行尤为如此。与仁相对应的心理活动为"不变不悦,不

---

① 参见庞朴:《竹帛〈五行〉篇校注》,《庞朴文集》第2卷,山东大学出版社2005年版,第143页。

② 参见丁原植:《楚简儒家性情说研究》,万卷楼图书有限公司2002年版,第228页。

③ 参见庞朴:《竹帛〈五行〉篇校注》,《庞朴文集》第2卷,山东大学出版社2005年版,第118页。

悦不戚，不戚不爱，不爱不仁"，其中的"变"，庞朴先生释为思慕、温顺或眷念①，可见，变、悦、戚、爱这一系列导向仁的心理活动皆是情感。与义相对应的心理活动为"不直不肆，不肆不果，不果不简，不简不行，不行不义"，而直、肆、果、简、行大体都属于正直果敢的情志活动。与礼相对应的心理过程为"不远不敬，不敬不严，不严不尊，不尊不恭，不恭无礼"，远、敬、严、尊、恭同样都是人恭敬谦让的心理情感。综上可见，与仁义礼相对应的心理过程的基本内容均可归结为情感活动，所以《五行》经文在其结尾时将仁义礼德归结为"闻道而悦者，好仁者也。闻道而畏者，好义者也。闻道而恭者，好礼者也。闻道而乐者，好德者也"，以闻道后产生的悦、畏、恭、乐四种情感作为仁义礼与德四种德行的标志，表明了情感在五行道德观中的重要地位。值得注意的是，与《性自命出》的喜怒哀悲之气相比，《五行》篇中的上述情感比如变、悦、戚、爱、直、肆、果、简、远、敬、严、尊、恭等，其强烈程度要小得多，但其作用更为持久，类似于休谟所说的平静的情感。这些情感从内容上更接近于道德情感，是道德法则形于内之表现，其形于外即表现为仁义礼智等道德规范。如前所述，在原始儒家的人性论史上，《五行》篇标志着人性论的心学化转向，在这一转向中，道德心理活动成为研究的重点，而情感仍然是道德心理的主要内容。值得注意的是，《五行》中与圣与智相对应的心理活动主要表现为认知性心理活动而不是情感性心理活动，如"智"之思主要包括长、得、不忘、明、见贤人等环节，"圣"之思则主要表现为轻、形、不忘、听、闻等环节，均与情感无关。正是因为如此，在孟子的思想体系中，五行变成了四端，在《五行》中最重要的"圣"基本被排除在外，而"智"则被赋予了新的内涵，从《五行》中的一种认知活动变成了对亲亲之情的自觉，显示出孟子性善论对于五行学说的自觉吸收与改造。

《中庸》中的情，也是"喜怒哀乐之情"，基本内涵应与《性自命出》中的情相似，但由于《中庸》对本体论的关注，它进一步提出了喜

---

① 参见庞朴：《竹帛〈五行〉篇校注》，《庞朴文集》第2卷，山东大学出版社2005年版，第128页。

怒哀乐之未发与已发问题，认为"喜怒哀乐之未发，谓之中；发而中节，谓之和"。按郑玄的解释，"中庸，中和之为用也"，就此而言，中和比中庸更为根本，表明性情问题在《中庸》思想中的基础地位。《中庸》开篇即说"天命之谓性"，性与命的内在联系比《性自命出》更为紧密，其中的性即是"喜怒哀乐之未发"的"中"，是情未发时的状态，因为其无有偏失，代表了人情的一种理想状态，具有明显的价值判断色彩，离孟子的性善论更近了一步。

孟子的性善论，应当是以情论性的继承与发展，是对先秦儒家性情论的进一步提升。如前所述，四端皆情，孟子的性善论同样是以情论性，就此而言，孟子的人性论是接续了从《性自命出》、楚简《五行》到《中庸》性情论的基本传统。过去由于史料的制约，人们对孟子性善论的研究多重于其与孔子之仁的联系，而对其与性情论的联系不够注重。但是，从思想史的角度看，如果没有性情论的历史线索，孟子性善论的形成就很难得到合理的诠释。郭店楚简的问世，不但向我们展示了孔孟之间儒家道德的思想演进图景，而且提供了孟子性善论所直接借鉴的思想资料，使我们能重新发现那湮没已久的性情论与性善论的历史联系。

性善论与性情论一脉相承之处在于以情论性，但是，作为四端之情与孟子之前的性情之情也有显著差异，包含着孟子性善论对传统的以情论性的重要发展，主要表现在以下方面：首先，孟子的四端已经是纯粹的道德感情。如前所述，《性自命出》中的情虽然具有道德指向性，但并不完全是道德情感；《中庸》之"喜怒哀乐"与此相似，因而才有发而中节与不中节的问题。楚简《五行》主要从道德心理机制的角度考察与仁义礼相对应的情感反应，许多情感被说成是道德的基础。到孟子，则明确将道德的情感基础限定为四端，即恻隐之心、羞恶之心、恭敬之心、是非之心，并且将这四种情感说成是"天之予我"者，其他消极性的自然感情均被排除在外。其次，性善论是性情论的完成形态。性情论以情论性，确立了从人的情感中寻找道德依据的基本路向。孟子之前，尽管可以说是性情一本，情与性在内涵上相通，层次上相同，但是，性具于人而源于天，比情离天命更近一层，所以孔孟之间的儒家文献资料论性情，必先言天言命，再言性，然后由性说到情。可是，在孟子的性善论中，对性与情的言说方式发生了重要变化。前面引述的两段孟子论证人性善的文字中，不管是《公孙丑上》还是《告子上》，孟子一改对于人性的传统言说方式，不是由天命说起，而是直接从四端说起，在后一种情况下，更是直接将四端与四德等同起来，并说"仁义礼智，非由外铄我也，我固有之也，弗思耳矣"（《孟子·告子上》）。孟子还说："尽其心者，知其性也。知其性则知天"（《孟子·尽心上》），这里也是先说心，又说性，再推出天。叙述次序的颠倒并不仅仅具有形式的意义，它反映了儒家人性论和天人观的深刻变革。在孟子思想中，天依然是不可或缺的价值的源头，但是，与传统的人性论比较，人的道德情感及其自觉被放到了更突出的位置，践履工夫的重点也被放到人对于其本具的善心善情的省思，故说"思则得之，不思则不得"（《孟子·告子上》）。程子曾说"只心便是天"，是对于这种天人观更明确的表达。在孟子这种对于人性新的言说方式中，性、情、心与天实现了直接同一，四端即情，即心，即性，即天。这在原始儒家学的人性论史上具有重大意义。性情论的主要特征在于从人的感情世界中寻找道德的发端与动力，这一特征在孟子的性善论中被发挥到极致，就此而言，性善论可以说是性情论的完成形态。

二　心的发展与以心论性：性善论对性情论的创造性发展

我们说性善论是性情论的完成形态，并不否认性善论在原始儒家人性论史上的独创性，这种独创性主要表现在以心论性上。心是中国思想史上的一个古老范畴，先秦典籍中的心具有多种多样的内涵，大体有情感之心、认知之心、主宰之心等不同种类。在性情论发展史上，心自始至终是一个重要概念，并与性、情、天、命等范畴具有不可分割的联系。

《性自命出》中的心具有多方面的含义与作用，但主要是感受性的情感之心，其他作用大多与此有关。比如简文说"凡至乐必悲，哭亦悲，皆至其情也。哀乐其性相近，故其心不远"，以哀乐之性相近证其心之不远；又说"凡其声出于情也信，然后其入拨人心也厚"，所说皆是感受性的情感之心。《性自命出》强调心的能动性，说"人之虽有性，心弗取不出"，即是说内在的性须通过心的作用才能呈现出来，而性又被说成是"喜怒哀悲之气"，故心取而性出之心自然与情感密切相关。同《五行》篇一样，简文中的心具有"思"的功能，但其中的思也主要是感受性的情思而非西方哲学意义上的逻辑学的思，所以简文说"凡忧思而后悲，凡乐思而后忻。凡思之用心为甚"，这里的思是"忧思"和"乐思"。另外，《性自命出》中的心具有一明显特征，即尽管它是能动的，却没有固定的方向，所谓"心无定志"，它完全可能因为外物的引诱而背离道德规范，所以简文重视"心术"之作用，认为"凡道，心术为主"。可见，心不但不是道德之心，反而是道德规范约束的对象。因此，《性自命出》中的心尽管与情有其内在的关联，却远不是孟子的善良"本心"。

楚简《五行》篇中有两种心，一种是超越于感官之上并对感官起支配作用的心，另一种是感受性的情感之心。"耳目口鼻手足六者，心之役也。心曰唯，莫敢不唯；诺，莫敢不诺；进，莫敢不进；后，莫敢不后；深，莫敢不深；浅，莫敢不浅。和则同，同则善"①，这是对五官起支配作用的心，五官唯心之命而从，如同心的仆役一般，它更近于荀子所说的认知性的心而与孟子说的四端之心不同。《五行》更加重视且着力论述的，是感受性的情感之心。简文重视五行之"形于内"，将其作为行与德之行区分之关键，而形于内之具体内容，主要表现为人心中的一系列情感活动，这正是全篇分析的重点所在，《经》二章说"君子无中心之忧则无中心之智，无中心之智则无中心之悦，无中心之悦则不安，不安则不乐，不乐则亡德"，其中的忧、智、悦、安、乐等相互关联的心理情感活动成了德的前提条件。经文还对仁义礼三种德行之形于内的心理情感过程做了细致分析：

> 颜色容貌温，变也。以其中心与人交，悦也。中心悦焉，迁于兄弟，戚也。戚而信之，亲也。亲而笃之，爱也。爱父，其继爱人，

---

① 李零：《郭店楚简校读记》（增订本），中国人民大学出版社 2007 年版，第 103 页。

仁也。(《经·第十九章》)

中心辩然而正行之，直也。直而遂之，肆也。肆而不畏强御，果也。不以小道害大道，简也。有大罪而大诛之，行也。贵贵，其等尊贤，义也。(《经·第二十章》)

以其外心与人交，远也。远而庄之，敬也。敬而不懈，严也。严而畏之，尊也。尊而不骄，恭也。恭而博交，礼也。(《经·第二十一章》)

前面我们已经指出，这里虽有中心与外心之区分，但主要是就心之作用的不同特征而言，并不是指两种不同的心。经文明确将与仁义礼相应的各种内在情感归结为心的作用，这是《性自命出》所没有的。按《五行》的思想，德之行的根本特征是道德意识之自觉（形于内），这种自觉表现为一系列情感性的心理活动，这些情感活动又源于心之作用。这样一来，德行、情感与心之间便建立直接的联系，这正是从以情论性到以心论性的关键环节。经文第十九章到二十一章以中心与外心作为仁义礼之源，第二章又提到"中心之智"，这应该是孟子四端说较为直接的思想资源。《五行》篇强调"形于内"，强调道德意识自觉对道德规范的意义，突出心的作用，这与孟子人性论的致思方向是一致的，从思孟学派发展史的角度看，很可能是《五行》影响了孟子。孟子以前的思孟学派文献中，直接将仁义礼与心的作用联系在一起的，就是前面所引用《五行》中的一段话，而论孟子的四端说，应该是在《五行》篇相关论述的基础上发展而来，其中产生与仁相关的悦、戚、亲、爱等一系列心理情感的"中心"，在性善论中被归结为"恻隐之心"；产生与义相关的直、肆、果、简等一系列相应的情感心理活动的"中心"，在性善论中被归纳为"羞恶之心"；产生与礼相关的远、敬、严、尊、恭等一系列心理情感活动的"外心"，在性善论中被说成是"恭敬之心"或"辞让之心"。

《孟子》一书中的"心"字显著增多，心字凡一百一十七见，心的重要性也得到了前所未有的强调。从思孟学派发展角度看，孟子性善论对性情论的创造性发展，主要表现在其将以往性情论中有关情与心的内容进行融会贯通，提出了"良心"这一在儒学史上具有重大影响的概念：

> 虽存乎人者，岂无仁义之心哉：其所以放其良心者，亦犹斧斤
> 之于木也，旦旦而伐之，可以为美乎？（《孟子·告子上》）

这段话表明，"良心"也就是"仁义之心"，孟子也称之为"不忍人之心"。具体来讲，良心包括"恻隐之心、羞恶之心、恭敬之心、是非之心"。在孟子看来，人之良心是人天生具有的，是人的良知良能，是人与动物区别之所在。与以前思孟学派文献中的心相比，孟子说的心有其显著的特征：

第一，良心是道德性的情感之心，是心与情的统一。孟子说的心不同于荀子说的心，荀子所说的心主要是认识之心，而孟子说的心是良心，是情感之心，恻隐之心、羞恶之心、恭敬之心、是非之心都是情感之心。所以张岱年先生指出："恻隐，羞恶、恭敬、是非，孟子都认作是心之内涵；可见孟子所谓心，又包括后世所谓情。"① 但在孟子心性论中，心与情的关系已经不同于以往的性情论。在楚简《五行》中，悦、戚、亲、爱等内在情感被看作是"中心"作用的结果，这一系列情感最后导向仁。在这里，心与各种情感的差异是明显的，心是能动性的作用主体，悦、戚、亲、爱等则是中心"与人交"后的种种表现。在孟子的良心论中，悦、戚、亲、爱等不同的情感被归纳为"恻隐"这一代表性情感，并将它与作为主体的心直接结合在一起，形成了"恻隐之心"的概念，实现了情与心的直接统一。羞恶之心、恭敬之心和是非之心的形成也是如此。心与情的直接统一，一方面意味着对于作为道德基础之考察从情感内容本身深入到产生情感之来源，表现了道德探求在内涵上的深化；另一方面也是对于心之类型的有意识的选择与限定，心不是其他心，而是能恻隐、能羞恶、能恭敬、知是非的天然良心。我们在前面提到孟子于情是独存其善，是道德感情，与此直接相关的是，孟子对于心同样具有独存其善的价值趋向，是道德性的心，这是理解孟子的心性论不可不察的。

第二，良心是人之本心。孟子说："乡为身死而不受，今为宫室之美

---

① 张岱年：《中国哲学大纲》，中国社会科学出版社1982年版，第234页。

为之；乡为身死而不受，今为妻妾之奉为之；乡为身死而不受，今为所识穷乏者得我而为之。是亦不可以已乎？此之谓失其本心。"（《孟子·告子上》）在这段话中，孟子提出了"本心"的概念，并且告诉人们，人若坚持其本心，必能使自己的行为合乎道德要求；而人之背离道德，恰是人失其本心而逐于物欲的结果。孟子说的本心有多方面的含义，首先，人的良心本源于天，它是人先天具有的，所谓"此天之所与我者"（《孟子·告子上》）；其次，它是人心在未受到感官欲望包围裹挟时的本来面目，正如孟子在《告子上》论牛山之木时所说，人但见牛山光秃秃的样子，以为这便是牛山本来的样子，而不知道"牛山之木尝美矣"，人心也是如此，"其日夜之所息，平旦之气，其好恶与人相近也者几希，则其旦昼之所为，有梏亡之矣。梏之反覆，则其夜气不足以存，则其违禽兽不远矣"。这就是说如果人们不学注意存养夜气，而是不断地摧残它，就离禽兽不远了。可见，本心的提出，与孟子人禽之辨的人性考察维度有密切关系。以前的性情论考察道德之起源，均着眼于人的情感领域，强调种种生发道德行为的情感。孟子并没有满足于此，他继续提出了一个更深入的问题：是什么使人产生了这些道德情感？他的回答是良心，而良心是人天生就有，本来就有的，所以又称之为人的本心。如果说道德情感是用，本心便是体，本心与情感，是体用关系。但是，孟子思想中的本心与情感的关系，不是理学理气二分本体论架构下的体用为二的关系，而是即体即用、体用一如的关系，也就是前面所说的心与情的直接统一。

第三，良心有其定志。《性自命出》中的心之特点之一是"心无定志"，志者心之所之，因为心本身没有固定的方向，很容易受外物影响而无所适从，所以必须接受正确的心术的指导。可是，孟子说的心却有其定志，就是理义。孟子说："口之于味也，有同耆焉；耳之于声也，有同听焉；目之于色也，有同美焉。至于心，独无所同然乎？心之所同然者何也？谓理也，义也。圣人先得我心之所同然耳，故理义之悦我心，犹刍豢之悦我口。"（《孟子·告子上》）这就是说，人心是天生就喜欢理义的，就像口天生就喜欢刍豢之美味。所以孟子说的心不仅具有确定的指向，而且先天赋有一种自我实现的冲动与力量，也就是引文中说的

"悦"。因此，孟子说的心不是只存有不活动，而是既存有又活动的。道德修养的关键，就在于顺乎人之天然良心而不去压抑它："人皆有所不忍，达之于其所忍，仁也；人皆有所不为，达之于其所为，义也。人能充无欲害人之心，而仁不可胜用也。人能充无穿窬之心，而义不可胜用也。"（《孟子·告子下》）也就是说，人只要顺从良心的引导，就可以无往而不仁义。

第四，良心为人之大体。在论及耳目口鼻与心的关系时，孟子有大体小体之分：

> 公都子问曰："钧是人也，或为大人，或为小人，何也?"孟子曰："从其大体为大人，从其小体为小人。"曰："钧是人也，或从其大体，或从其小体，何也?"曰："耳目之官不思而蔽于物，物交物则引之而已矣。心之官则思，思则得之，不思则不得也。此天之所与我者，先立乎其大者，则其小者不能夺也，此为大人而已矣。"（《孟子·告子上》）

孟子将良心称为"大体"，这种称谓是耐人寻味的。中国古代医学认为心脏（而非大脑）是人体主思维的器官，孟子也说"心之官则思"，孟子对心的这种认识很可能受到当时医学思想的影响。大体与小体的说法显然肯定了作为大体的心比作为小体的感官更重要，因为只有心才能产生道德意识，使人的行为具有道德价值。但是，道德价值的来源被称为"大体"，表明它并不是外在于人，而是内在于人的，因为大体尽管重要，按照孟子的说法，要"贵"于小体，但毕竟是"体"，属于人体的一部分。如果说耳目口鼻之欲是人天生的本能，同情心也是人天生的本能，不过是更为珍贵的本能罢了。大体的说法既显示了孟子身心一如的身体观，更表明孟子的道德价值与人的形气之体并不矛盾，相反，道德价值正是从人的形气之体中开显出来的。因此，孟子说的心或性，绝不是那种外在于人的形而上的实体，不是黑格尔说的绝对精神，不是康德超验的实践理性原则，也不是理学中与气具有质的不同的理。孟子所谓性，就是人的良心，而孟子的良心，就是能恻隐、能羞恶、能恭敬、知是非的现实的情感之心，离开了情感，离开了人心，便无法把握孟子的性，就此而言，孟子说的心、情与性是一本而不是二本，对此，我们在下文将进一步分析。

综上所述，孟子的良心，是道德性的情感之心，是先天性的本心，又是活动性的有定向之志之心，它是孔孟之间重视心的思潮的哲学总结，也是性情论的完成形态，它实现了孔孟之间重心与重情两大思想潮流的汇合，并实现了从性情论到心性论的转变，因此，孟子的性善论可以说是春秋战国时期儒家人性论的集大成者。孟子吸取了性情论的发展成果而又加以创造性提升，将以情论性和以心论性有机结合为一体，从而产生出性善论这一重要的人性论形态，其内涵之深刻、义理之完整、规模之宏大，使之成为儒学史上影响最大的人性论，成为儒家道德学说的基础。李存山先生指出，"思孟学派（或子思、孟子的思想）如同战国前、中期儒家思想的一个枢纽，郭店儒家文献的思想似乎都向着这个枢纽'辐辏'"①，这是十分精辟的概括。

三 心、性、情、才一本论：性善论的内在理路

前文指出，作为孟子性善论基础的情在内涵上有其自身的规定，它已不是《性自命出》的自然情感，而是道德感情。正因为如此，《性自命出》和楚简《五行》中的心才变成了孟子说的"良心"；《性自命出》中的性才变成了性善论之性。在原始儒家人性论发展史上，对情的内涵的设定对于人性论的观念具有重要影响，而性、心之意义也随着情之内涵的变化而变化，郭店楚简中的性情论如此，孟子的性善论如此，甚至荀子的性恶论也是如此。当情主要被说成是自然感情时，人性从价值上具有中性的特征；当情被界定为道德感情时，人性便是善的；当情主要被视为自然欲望时，人性转而为恶。

然而，人何以有此道德感情，道德感情形成的内在机制是什么？楚简《五行》对仁义礼智圣五行"形于内"之说已经触及这一问题，而孟子很可能是受此启发，并根据"心之官则思"的思想，进一步提出了

① 李存山：《"郭店楚简与思孟学派"复议》，《儒家文化研究》第 1 辑，生活·读书·新知三联书店 2007 年版，第 56 页。

"恻隐之心、羞恶之心、恭敬之心、是非之心"的四端，并形成了良心和本心的概念，说这是"天之与我者"，而良心或本心正是道德感情的感受主体，所以四心的说法，实现了情的官能化和主体化，从而在心性论的意义上确证了人之道德主体性，由此迈出了性善论最重要的一步。但是，正如前面已经说过的，孟子所说的心，是感受性的心，心之内容包括情，孟子从未脱离人的道德情感说心。这样，孟子以心论性，从不离开人之心说性；然而孟子又是以情论心，从不脱离人的感情说心，而不论是道德感情还是自然感情，都属于气，所以以心论性的确是孟子的新说，但此新说其实是对于以情论性和以气论性的总结与提升，孟子完成了一大综合，将原始儒家心、性与情这三个核心概念统一起来并赋予了新的含义，《性自命出》中的性情一本演变为心、性、情一本，原始儒家的人性论也从性情论转变为性善论，性善论成了性情论的完成形态，但无论是以情论性和以心论性，都与气论存在着某种历史渊源。

唯其如此，我们方可以理解何以《孟子·告子上》谈论良心本具时突然提出了夜气概念，说"其日夜之所息，平旦之气，其好恶与人相近也者几希"，"梏之反覆，则其夜气不足以存；夜气不足以存，则其违禽兽不远矣"（《孟子·告子上》），夜气不足以存则人离禽兽不远，这与丧失本心的结果一样，因为本心是以夜气的形式存在。这里将本心与气的联系凸显出来，看似突兀，实际上有其思想史的线索，就是早期儒家的以情气论性，典型表达当然是《性自命出》中的"喜怒爱悲之气，性也"。尽管经过心性化的提升后，情与气已经从前台退居幕后，但情与气依然是性的内涵，赋予心为善的动能，此种隐含的规定对于心性本体地位的确立绝非可有可无。如果说孟子此处的说法仍然有些模糊，那么，孟子后学所作的《五行说》，进一步提出了德气说，使得此种联系进一步明晰起来："不变不悦"（《经·第十二章》），"变也者，勉也，仁气也"（《说·第十二章》）；"不直不肆"（《经·第十三章》），"直也者，直其中也，义气也"（《说·第十三章》）；"不远不敬"（《经·第十四章》），"远心也者，礼气也"（《说·第十四章》），仁、义、礼三德，终于被直接说成三种气，德与气似乎先经历过一个分离过程但最后又殊途同归，这并非偶然，因为夜气说提示着良心与气本来就是合一的，这是早期情气说的发展。孟子的大体小体之分，用词也颇值得寻味，大体小体皆为体，是人体的组成部分，不过功能有所分工而已，它们共同构成一气贯通的身体，大体小体的关系，不能等同于理学中性与气的关系。这并不意味着仁气、义气、礼气等德气与普通的气毫无二致，德气是一种特定的气，是精神性的精气，所以孟子用"平旦之气"和"夜气"形容之，它因不受日间欲望冲动的干扰而保持清明状态，而普通的气则是浑浊之气。故将四端说成是气，不但符合孟子本意，也并无一些学者担心的唯物化问题，因为气也有精神性和物质性的不同。虽然大体小体是不同的气，但它们依然本于气化过程，不外于气化流行，心、性、情皆一本于气化过程。

朱子在解释《孟子·公孙丑上》中的四端时说："恻隐、羞恶、辞让、是非，情也。仁、义、礼、智，性也。心，统性情者也。"其中的性，又是指理，故朱子在解释《孟子·告子上》中的四端时引程子的话说："性即理也，理则尧舜与涂人一也。"这样，性与情被分为异质的两层，以仁义礼智为性，性为形而上之理；以恻隐、羞恶、辞让、是非为情，情为形而下之气。对朱子的解释，刘蕺山曾有如下批评：

> 孟子曰："乃若其情，则可以为善矣。"何故避"性"字不言？只为性不可指言也。盖曰吾就性中之情蕴而言，分明见得是善。今即如此解，尚失孟子本色，况可云以情言性乎？何言乎情之善也？孟子言这个恻隐心就是仁，何善如之？仁义礼智，皆生而有之，所谓性也，乃所以为性也。指情言性，非因情见性也。即心言性，非离心言善也。后之解者曰"因发之情，而见所存之性；因以情之善，而见所性之善"。岂不毫厘而千里乎？①

刘蕺山又说："所云情，只是性之情，决不得情与性对。"② 刘蕺山批评朱子"因情见性"，因为这使得性与情分为形上形下两层；而他说

---

① 戴琏璋、吴光主编：《刘宗周全集》第 5 册，台湾"中央研究院"中国文哲研究所 1996 年版，第 481 页。
② 同上，第 549 页。

的"指情言性""决不得情与性对",则消弭了性与情在层次上的差异,将二者置于同一层次。性并不是抽象的理,而是具体的四端,是人实实在在的道德感情,人舍此别无性,如果说《性自命出》的"喜怒哀悲之气,性也"表明了性与情在内涵上的同质性,那么在孟子的性善论中同样如此。在孟子性善论中,所谓性即是四端之情,四端之外别无性。孟子在《告子上》中说:"人见其濯濯也,以为未尝有材焉,此岂山之性也哉?……人见其禽兽也,而以为未尝有才焉者,是岂人之情也哉?"这段话中,孟子显然是将性与情互用,说明在孟子心目中,二者实质上是一回事。如果没有四端之情,性就会变成一抽象的存在,因而会完全丧失其道德实践功能,因为人们无法证明一种抽象的原则如何能够产生具体的道德行为。对此,休谟在批评唯理论的道德观时曾有过深入的分析,他指出:"理性单独绝不能成为任何意志活动的动机","理性在指导意志方面并不能反对情感"。① 在休谟看来,只有感情才能成为道德行为的现实动因,理性可以借助于观念间的抽象关系建立逻辑的真理,也可以依据经验在对象和事件之间建立因果关系,但这些并不足以产生出一个感情冲动,因而也不可能成为道德行为的充足理由。② 牟宗三先生批评朱子说的理只存有不活动③,也表达了相近的意思。

在论人性本善时,孟子又经常说到"才":

> 乃若其情,则可以为善矣,乃所谓善也。若夫为不善,非才之罪也。恻隐之心,人皆有之。羞恶之心,人皆有之。恭敬之心,人皆有之。是非之心,人皆有之。恻隐之心,仁也。羞恶之心,义也。恭敬之心,礼也。是非之心,智也。仁义礼智,非由外铄我也,我固有之也,弗思耳矣。故曰:求则得之,舍则失之。或相倍蓰而无算者,不能尽其才者也。(《孟子·告子上》)

在这段话中,孟子认为人之情是本可以为善的,人之不善,并不是"才"的过错。那么"才"是什么?从孟子接下来的话看,就是人人皆

---

① 参见 [英] 休谟:《人性论》(下),商务印书馆 2004 年版,第 451 页。
② 参见 [美] 罗尔斯:《道德哲学史讲义》,上海三联书店 2003 年版,第 38-39 页。
③ 参见牟宗三:《心体与性体》(下),上海古籍出版社 1999 年版,第 434 页。

有的恻隐之心、羞恶之心、恭敬之心和是非之心。孟子进一步重申，人之不善是由于不能"尽其才"，所谓"尽其才"，也就是尽其本心，故孟子又有"尽心"性之说。孟子还说，"富岁子弟多赖，凶岁子弟多暴，非天之降才尔殊也，其所以陷溺其心者然也"（《孟子·告子上》），可见被陷溺的心也就是天之所降的才。既然人之心就是人之才，为什么还要以才称之呢？这是二者所言之角度不同，朱子曾解释说"能为之谓才"，"孟子说才，皆是指其资质可以为善处"，① 《孟子集注》又说："才犹材质，人之能也"，"恻隐羞恶是心也，能恻隐羞恶者才也"。② 上述说法客观揭示了孟子所说"才"的内涵。但是朱子认为孟子论才有其不足处，"伊川所谓'才禀于气，气清则才清，气浊则才浊'，此与孟子说才小异，而语意犹密，不可不考"③；"孟子之说自是与程子小异。孟子只见得性善，便把才都是善"④；"若孟子专于性善，则有些是论性不论气"⑤。朱子认为孟子论才的主要问题在于论性不论气，其实，如上分析，孟子以心论性本身就具有以气论性的内涵，朱子此说，是基于理气二本，心不是性，这种评说恰恰违背了孟子一本之旨。孟子重视才，恰恰说明他是就人的材质以言性，他所谓的性乃就人之实然状态而言，他说的心、情，也是如此，它们处于同一层次，且具有相通的内涵。"乃若其情，则可以为善矣……若夫为不善，非才之罪也"（《孟子·告子上》），这是就情以言才；"非天之降才尔殊也，其所以陷溺其心者然也"（《孟子·告子上》），是就心以言才；"人见其濯濯也，以为未尝有材焉，此岂山之性也哉"（《孟子·告子上》），是就性以言才（材）；"夜气不足以存，则其违禽兽不远矣；人见其禽兽也，而以为未尝有才焉者"（《孟子·告子上》），是就气以言才。

"气"同样是孟子性善论中不能忽视的范畴。朱子以为孟子论性不论气，其实孟子也论气，而且他所说的气与性有密切关系，只不过孟子

① 黎靖德编：《朱子语类》，岳麓书社1997年版，第1235页。
② 同上，第1237页。
③ 同上，第1236页。
④ 同上，第1238页。
⑤ 同上，第1239页。

所谓的气并非朱子理气二分架构下的气。孟子说：

> 其日夜之所息，平旦之气，其好恶与人相近也者几希，则其旦昼之所为，有梏亡之矣。梏之反覆，则其夜气不足以存；夜气不足以存，则其违禽兽不远矣。人见其禽兽也，而以为未尝有才焉者，是岂人之情也哉？故苟得其养，无物不长；苟失其养，无物不消。孔子曰："操则存，舍则亡，出入无时，莫知其乡，惟心之谓与？"（《孟子·告子上》）

在孟子看来，人的天然良心是一种气，他称之为夜气或平旦之气，朱子解释说，"平旦之气，谓未与物接之时清明之气也"。平旦之时，人之夜气未受外物影响而保持清明，自然良心发现，所以好恶与人相近，"得人心之所同然"①。然而人白天所为种种不善，使其夜气梏亡殆尽，也使人离禽兽不远。人们见他如同禽兽，便以为他未尝有"才"，这里的才，就是人人具有的平旦之气，也就是人的天然良心。而天然良心同时又是人的"好恶与人相近"的道德感情，故曰"是岂人之情也哉"。因此，这段话中的气、情、才、心所指相同，都是指人性之所以为善的依据，只是所言之角度不同而称谓各异。既然良心是平旦之气，故孟子从工夫论上有养气之说，这种气是"集义而生"，须"直养而无害"，且要"配义与道"，以养成至大至刚的浩然之气（《孟子·公孙丑上》）。

在孟子性善论的体系中，性、心、情、气与才，从内涵上是相通的，它们的言说共同指向了具有超越意义的"性"字，而所言角度不同而已。从人天生具有的区别于动物的类性讲，曰"性"；从与身相对的人之自觉的道德意识而言，曰"心"②；就心之内涵而言，曰"情"；就其为人之材质与能力言，曰"才"；就其质料而言，曰"气"。性、情、心、才、气处于同一存有层次，并没有异层异质之分，人的本心善性，就体现在人实然的道德感情、天然良知和平旦之气中，而人的道德情感、良知和平旦之气，就是人之才，也就是人之性，除此以外别无所谓性。

---

① 朱熹：《四书章句集注》，中华书局 2011 年版，第 310 页。
② 王阳明曰："主于身也，谓之心。"见王阳明：《传习录》，江苏古籍出版社 2001 年版，第44 页。

相对来说，性概念更具有形式化的色彩，而心、情、才则更具有内涵意义，从不同角度去说明性的功能与意义。

我们说孟子性善论乃是就人实然的道德情感与良心而言，但不能说这一实然状态就是形而下，不具备超越义。其实，孟子说的心、性、情、才，既是实然，又是应然，是通过实然来体现的应然；既是形而下，又是形而上，是形而上贯穿于形而下之中，所以，心与性在孟子那里最终通向天："尽其心者，知其性也。知其性，则知天矣。存其心，养其性，所以事天也。夭寿不贰，修身以俟之，所以立命也"（《孟子·尽心上》），尽心知性的最终归趋是知天、事天和立命。孔子创立仁学，为儒家人格修养工夫提供典范，我们从孔子的视听言动中可以体会到天命的超越与庄严，但是，仁的内在基础尚未阐明，仁、心、性、天也尚未打通。《性自命出》主张"喜怒哀悲之气，性也"，将情锁定在情上，探寻道礼乐的现实基础，但仁与心性依然没有打通。孟子承接了以情论性和以气论性的传统，同时又通过大小体之辨使得本心概念挺立出来，这样一来，本心依然奠定在情与气的现实基础之上，但同时具有了超验意义，因为孟子通过性命之辨，"性也，有命焉，君子不谓性也"，"命也，有性焉，君子不谓命也"（《孟子·尽心下》），将传统意义上所谓的天命（仁、义、礼、智、圣）看作人性，重新诠释性与命，于是，人人内在地具有良心，人人天然具有四端之情，人人都具有为善之才，心性具有了超越性。所以，孟子并没有否定传统的以情论性和以气论性，而是将它们在心性论的视域下加以重新诠释整合，提升到形上境界，这也就是陆象山所谓"孟子十字打开，更无隐遁"的意义所在。这是一本的超越，朱子用理气二本的理念加以解释，的确有些方枘圆凿，但是，牟宗三先生新心学在批评朱子对于孟子心性论解读过程中，又似乎偏离到另一端。

牟宗三总结了朱熹解孟子心性论的主要观点后，从以下方面进行批评：

一是认为朱熹以仁义礼智为性，以恻隐羞恶恭敬是非之心等为情，性即理也，性发为情，导致性情异质异层，非孟本义。关于孟子所说"非才之罪"之才字，他不同意朱熹"才犹材质，人之能也"的解读，他认为才不是材质而是"质地"，又非静态质地义，而具有动态的"能"义，不是才能而是"性之能"，是人之良能，他认为"心性是实字，情与才是虚位字，性是形式地说的实位字，心是具体地说的实位字。性之实即心，性是指道德的创生的实体言，心是道德的具体的本心言。心性是一，情是实情之情，是虚位字，其所指之实即是心性。……故情字无独立的意义，亦非一独立的概念。孟子无此独立意义的情字"①，认为情是实情而非情感，实际指的是心性，孟子没有独立意义的作为情感的情字②。所以，他不同意朱熹"恻隐羞恶是心（情）也，能恻隐羞恶者是才也"之说，认为这种解释是把情与才都看成是"具有独立意义的独立概念"③，看成实位字了。

二是牟宗三认为朱熹说的理气二分、心性情三分非孟子本义，孟子说的心即性，心即理，心体是不容"自已"地自我呈现，是有道理的，即心论性的确是孟子的意思，心与性是一本非二本。但是，他将情和才作为虚位字的说法却值得讨论。他何以要对情与才做出这样的解释？关键在于心不能是气："心之能非可以气言，亦犹本心不可以气言，复亦犹诚体之神不可以气言。"④ 朱熹恰好认为才禀于气，情乃是心气所发，于是，情与才本身无法保证自己如理，只有通过格物穷理与主敬使之合理化，而孟子的情与才"并不以气言，故一定而普遍，而其道德性亦充沛而挺立"。显然，在对于情、才的理解上，他深受康德实践理性观念的影响，道德性的情、才要想成为普遍的，必须不同于一切质料，如果属于气，似乎就丧失了普遍性，在这一点上，康德与朱子又遵循着同样的原则。于是，情与情感无关，才与材质无关，因为情感与材质都属于质料，无法保证自身道德的必然性。所以，他抽取情与才的实际内容，隔绝它们与气的关联，将情与才抽空和虚化，说它们不过是心性的另一种说法，并无独立意义，并非独立意义的情和才。在孟子文本中，性是表达人禽

---

① 牟宗三：《心体与性体》（下），上海古籍出版社1999年版，第378-379页。
② 同上，第379页。
③ 同上。
④ 同上，第384页。

之辨的概念，它指向人的类特征，这一特征只有良心概念来说明。良心须以四端之情为内涵并通过其显现，如果没有四端之情，心即空洞无物，性则既无内涵也无动能，而才正是就人天然具有四端之情而言，这正是孟子除了心与性外还要反复强调情与才的原因所在，心性是即主宰即流行的，离开流行就无所谓主宰。由此来看，性是虚位概念，情与才则是实位字，牟宗三先生的诠释似乎颠倒了二者。

牟先生说情才"其所指之实即是心性"，本无不可，关键在于他对于心与性的理解，心与性是本体与实体，必然与气无干，而情与才既然只是表达心性而无独立意义，也必然与气无关，他于是建立了另一个"洁净空阔"的世界，它不叫"理"而称"心"，但在隔绝本体与现象方面，与理具有异曲同工之妙。所以，其心性尽管获得了绝对性和超越性，却面临着与朱子说的理相同的困境：它究竟如何与形下世界贯通？解决此困境，或者再走朱子"理能生气"的路子，说本心虽非气，却能生气，但这将重新陷于二本，非孟子义；或者说不取此说，只是认定本心的发用可以直通生活世界，可是，由于本心与气无关，体用殊绝，且心本身丧失活动义，心性本体向生活世界的跨越便无法得到切实有效说明而只能是个假设，而孟子学中居于重要地位的"践形"工夫，也就丧失了实践基础。所以，牟先生的新心学，尽管在重构儒学纯粹和超绝的形上本体方面取得了重要成就，但这种成就不是没有代价，它恰恰以失去"践形"工夫的活力基础为条件，其主要原因在于他把孟子的本心诠释为与气完全无关的抽象本质，从而有违于孟子心性论的本义与旨趣。相对而言，从程明道、陆象山、王阳明到黄宗羲的一本论，坚持了孟子以形下贯通形上的基本理路，并通过不断深化的诠释将心、性、情、才、气一本的内涵，逐步深入地显明出来。

（《南京大学学报（哲学·人文科学·社会科学）》2020 年第 4 期）

（作者单位：中国社会科学院世界宗教研究所　山东大学哲学与社会发展学院）

程颢的美德伦理学：超越理性主义
与情感主义之争

黄　勇

【摘要】在当代西方美德伦理学复兴运动的多元景观中，以亚里士多德为源泉的理性主义和以休谟为养分的情感主义是主流。情感主义认为美德是一种情感，而当代情感主义美德伦理学的最重要代表斯洛特（Michael Slote）认为，作为美德的最重要的情感或者情感产生机制是同感，即对他人痛苦的感同身受。在他看来，程颢讲的与万物为一体实际上就是同感，或者说同感就是程颢的万物一体感，因为与万物为一体也就是能感到万物的痛痒。在这个意义上，可以将程颢看作是情感主义美德伦理学家。但与当代西方的情感主义美德伦理学不对同感为什么是美德做进一步说明不同，程颢将万物一体感与儒家最重要的美德即仁相联系，认为只有仁者才能与万物为一体，而仁又属于将人与动物区分开来的人性。所以万物一体感之所以是美德，是因为它是人之为人或人之为健全的、没有缺陷的人的标志。在这一点上，又可以将程颢看作是个理性主义美德伦理学家。

一　导　言

当代西方美德伦理繁荣的表现之一就是它不再是单一地对亚里士多德主义的复兴，而是表现出形式的多样化。结果就是我们不仅看到美德伦理学与其他规范伦理学如道义论以及功用论之间的争论，而且还看到美德伦理学内部各流派之间的争论。其中最重要的就是在以亚里士多德为源泉的理性主义美德伦理学与以休谟为根源的情感主义美德伦理学之间的争论。本文考察程颢的美德伦理学的特质。由于他的伦理学围绕着作为儒家之首德、全德（包含其他德）的仁，帮助我们成为仁者，他的伦理学是一种美德伦理学。而他将仁理解为对他人的痛痒的知觉、理解为与万物为一体，这又使他的仁的概念与当代心理学和伦理学的热门概念同感（empathy）几乎重合，而同感概念又是当代情感主义美德伦理学的核心概念。在此意义上，程颢的美德伦理学至少具有情感主义成分。但同时，程颢又试图对儒家的仁这种美德从人性的角度甚至是宇宙的终极实在的角度做出本体论的说明，而这又使他的伦理学具有理性主义的成分。因此程颢的美德伦理学介于理性主义和情感主义之间，在某种意义上可以避免这两种美德伦理学各自存在的问题。

二 "天地之大德曰生"：对儒家美德的本体论说明

在汉语世界一般称为宋明理学的儒家传统在英语世界称为新儒学（Neo-Confucianism）。新儒学较之先秦儒学之新可以有不同的理解，而一个重要的方面就是为先秦儒家所讨论的儒家美德如仁义礼智等，提供一个本体论或形而上学的说明：为什么孔孟将它们视为美德，或者说将它们视为美德的根据是什么。而宋明理学，作为理学，用来做这样的说明的就是"理"这个概念。在这方面，程颢与其弟程颐可以被看作是理学的始祖。虽然与他们俩一起被称为北宋五子的周敦颐、邵雍和张载一般也被看作是理学家，但只是在二程的哲学里面，理才成为最根本的概念。程颢有一个著名的说法，"吾学虽有所受，天理二字却是自家体贴出来"①。当然，无论是天还是理，甚至天理连在一起，在程颢之前的哲学文献中已经存在，所以他说他自己体贴出来的实际上当然不是天理"二字"，而是天理这个概念。

值得注意的是，他这里说的天理并非是指与地的理或人的理不同的天的理，因为在他那里地的理和人的理也是天理。另外，它也并非指表

---

① 程颢、程颐：《二程集》，中华书局 2004 年第二版，第 424 页。

示崇高的、天一般的理，以与别的什么低俗的理相区分。把天和理合在一起，程颢想表达的就是，传统用来表示最高实在的天实际上就是理，"天者，理也"（《遗书》卷十一，132），天理就是天——理，因此天和理有不同的意义但却有相同的指称。事实上，在程颢那里，理不仅与天同，也与历史上不同的哲学家用来表达世界之终极实在的其他概念，如易、道、神、性、帝等，也是同一个概念。例如，在上面所引"天者，理也"之后，程颢紧接着说，"神者妙万物而为言者也。帝者以主宰事而名"（《遗书》卷十一，132），这里引进了神和帝这两个概念，他们跟理的指称也一样。在另一个地方，他又说，"盖上天之载，无声无臭，其体则谓之易，其理则谓之道，其用则谓之神，其命于人则谓之性，率性则谓之道，修道则谓之教"（《遗书》卷一，4），这里他又引进了易、道、神、性，所指与理也相同。他还把理分别与礼和心相联系，"礼者，理也"（《遗书》卷十一，125），"理与心一"（《遗书》卷五，76），说明礼和心与理所指也相同。

由此可见，程颢说的他自己体贴出来的"天理"二字实际上指的是世界的终极实在，这是一个先前的哲学家用天、道、神、帝、易、性甚至心等概念表达的终极实在。正是在这个意义上，理在程颢那里获得了所有这些概念本来所具有的本体论意义。所以他说："理则天下只是一个理，故推至四海而准，须是质诸天地，考诸三王不易之理。故敬则只是敬此者也，仁是仁此者也，信是信此者也。"（《遗书》卷二上，38）万物之所以存在、之所以是万物，都是由于其理，因此他先引《孟子》，"诗曰：'天生烝民，有物有则，民之秉彝，好是懿德。'故有物必有则，民之秉彝也，故好是懿德"，然后便说，"万物皆有理，顺之则易，逆之则难，各循其理，何劳于己力哉？"（《遗书》卷十一，123）由于理内在于物、内在于人，人循理就是按照人自己内在的自然倾向行事，因此是容易的事，而不循理则要跟自己的内在的自然倾向做斗争，因此反而是困难的事情。我们后面要详加考察的万物一体是程颢的一个重要思想，他认为这也是因为理："所以谓万物一体者，皆有此理，只为从那里来。"（《遗书》卷二上，33）

虽然理是万物的本体论基础，与柏拉图的形式或理念不同，但程颢坚持认为，它既不在时间上先于万物也不在空间上外于万物。关于这一点，我们可以从他关于两对有关概念的讨论看出。第一对概念是道与器。道与器这对概念来自程颢提到的《易经》的一个说法，"形而上者谓之道，形而下者谓之器"（《遗书》卷十一，118）。这里的器就是指物。就此程颢明确指出，"道之外无物，物之外无道"（《遗书》卷四，73）。紧接着他进一步说明，父子之道即亲就在父子，君臣之道即严或敬就在君臣，"以至为夫妇、为长幼、为朋友，无所为而非道，此道所以不可须臾离也"（《遗书》卷四，73-74）。这就是说，不仅所有的物/事都是有道的物/事，而且道也只能是物/事的道。第二对概念是理（道、性、神）与气的概念。理（道、性、神等）与气在程颢看来是不同的："有形总是气，无形只是道。"（《遗书》卷六，83）这跟他上面讲道为形而上者、器为形而下者是一致的，因为形而上者为无形，而形而下者为有形。但有形的气与无形的道之间的关系如何呢？一方面，他说，"性即气，气即性"（《遗书》卷一，10）。这里他说性即气、气即性，当然不是指性就是气、气就是性，毕竟性无形，为形而上者，而气有形、为形而下者，是很不相同的。这里的"即"指的是分不开的意思。另一方面，他说，"气外无神、神外无气"（《遗书》卷十一，121），同样说明理气不能分开。

那么程颢讲的形而上的、无声、无形、无嗅的理到底指何呢？可以确定的是，理不是作为万物共同本质（essence）的某个物化的实体，不是管理万物的普遍法则（law），不是为万物所遵循的原则（principle），不是万物所呈现出来的形式（pattern），虽然这是英语世界对理的几种常见翻译。这样的理解有一个共同的特征，即它们都把"理"理解为静态的东西，但程颢所理解的"理"不是静态的东西，而是动态的活动。例如他说，"冬寒夏暑，阴阳也，所以运动变化者，神也"（《遗书》卷十一，121）。由于神在程颢那里也是理的同义词，他实际上也是在说，"所以运动变化者，理也"。这个说法与其弟程颐的观点完全一致："'一阴一阳之谓道'，道非阴阳也，所以一阴一阳道也，如一阖一辟谓之变。"（《遗书》卷三，67）阴阳是气，所以道不是阴阳，但一阴一阳即阴阳之气的变化就是道。在我们上一段所引《遗书》卷四的那段话中，程颢说父子之道是亲、君臣之道是敬，这里的亲和敬也当作动词解。这样我们可以很好地理解程颢的理与万物的关系。万物都是运动变化中的万物，而万物之运动变化就是其理。万物有形、有声、有嗅，但万物之运动变化则无形、无声、无嗅。例如，我们可以看见运动中的汽车，但我们无法看见汽车的运动。

　　这里特别需要强调的是，程颢的理是活动，而不是活动者。在这一点上，我认为牟宗三的理解是错误的。虽然牟宗三赞赏程颢而不同意程颐，认为理在程颢那里是动态的，是即存有即活动，而在程颐那里是静态的，是只存有不活动。我在别的地方已经论证，牟宗三认为的二程之间的这个区别是不存在的，因为程颐同样从活动的角度去理解理①。但我要强调的是，即使就程颢的理而言，牟宗三的理解也是错误的。牟对程颢的理采取了一种物化的理解，即将它看作是一种物，这种物不仅存在而且活动。例如，他说："盖变易之相固是变动，即作为其体的生之真几亦不只是静态的理，而亦是活动之物也。"② 理是活动之物！这种解释是费解的。理作为形而上者怎么能活动呢？按照我对程颢（事实上也是程颐）之理的理解，世界上的万物都在运动变化，而这种运动变化就是理。在这里，理不是变化之物，而是物之变化。如果如牟宗三所说，理本身也是一个变化之物，那么它跟同样作为变化之物的万物有什么根本的不同呢？它跟万物的关系是什么呢？它的变化跟万物的变化的关系是什么呢？这些牟宗三的解释必然会面临的问题都是理论上无法回答的问题，而程颢的理的概念本身根本不会面临这样的问题。

　　但是，由于活动并不能自存而必须是某物的活动，在什么意义上作为活动的理可以看作是万物的本体论基础呢？在程颢看来，理是一种特殊的活动。为了说明这一点，程颢援引《易经》中"生生之谓易"的说

---

① Huang Yong, *Why Be Moral*: *Learning from the Neo-Confucian Cheng Brothers*, SUNY Press, 2014, p. 211-214.

② 牟宗三：《心体与性体》（二），台湾正中书局1968年版，第136页。

法，并指出"生者一时生，皆完此理"（《遗书》卷二上，33）。换言之，理就是万物的生的活动。正是在此意义上，程颢认为道和天就是理。例如他说："'生生之谓易'，是天之所以为道也。天只是以生为道，继此生理者，即是善也。"（《遗书》卷二上，29）所以虽然生这种活动始终是万物之生的活动，万物之所以存在并继续存在恰恰是因为其自身的生的活动。也正是在此意义上，虽然生的活动是万物的活动，但它在本体论上先于具有生这种活动的万物。这有点类似海德格尔的存在的本体论：虽然存在永远是存在者的存在，存在者之所以存在、之所以是存在者恰恰是因为它们的存在，因此存在在本体论上是先于具有存在的存在者的。这里值得注意的是，正如格兰姆（A. C. Graham）所指出的，程颢所讲的生，跟基督教的生或创造概念不同。后者具有甲创造乙的模式：乙是被动的、被在它自身之外的他者甲创造出来的，如一个陶工（甲）制造一个瓷器（乙）。而在程颢那里，生具有的模式是某物的自生，如一颗种子生成一棵树，而不是一个创造者用种子来制造一棵树。

由于程颢认为性不过是天理之命于人者，而理就是万物的生之活动，人性也就是生。正是在这个意义上，程颢赞成被孟子批评的告子的说法"生之谓性"，当然具体意涵与告子大异其趣。告子所谓的"生之谓性"指的是人生来具有的东西就是性。孟子当然也认为性是人生来就具有的，但他认为并非人生来具有的就是性。人的性是人生来具有的、将人与其他存在物区分开来的东西，而这些东西在孟子看来就是仁义礼智。虽然程颢赞成告子"生之谓性"的说法，但他并不因此而不同意孟子，这是因为他所理解的"生之谓性"指的生这种活动是人的性。关于这一点，我们在下面这段话中可以清楚地看出："'天地之大德曰生'，'天地絪缊，万物化醇'，'生之谓性'，告子此言是，而谓犬之性犹牛之性，牛之性犹人之性，则非也。万物之生意最可观，此元者善之长也，斯所谓仁也。人与天地一物也，而人特自小之，何耶?"（《遗书》卷十一，120）这里，他一开始就引《易经》中"天地之大德曰生"一句，这里的生很显然是指生的活动。然后在引了告子"生之谓性"的说法并稍加解释后，他又说"万物之生意最可观"，很显然也是指万物之生的活动而不是万物生来具有的东西，虽然万物的生的活动也是万物生来具有的。在这一点上，唐君毅的理解是完全正确的。他说程颢讲的"生之谓性""是即就人物之生，而谓之为性。然此又非自此生之所生出者上说，复非自此生之事上说，而是即此'生'之自身而谓之曰性"①。

但我们在上文中说，生是万物都有的活动，而不只是人所特有的活动。如果人的性是为人所特有者，那么我们就不能说人的性就是生。确实是这样，但程颢的观点不是否认人之性为生，而是指出人之性乃生在人身上的特殊体现。也就是说，人与别的存在物的差别不在于有没有生这种活动，而在于生这种活动的具体表现形式。在上文所引《遗书》卷二上的话在说了"天只是以生为道"后，程颢紧接着说"继此生理者，即是善也"，这里就是特指人。关于这一点，在上面一段引的《遗书》卷十一的类似的话中，程颢就讲得更清楚。在说了"万物之生意最可观"后，程颢紧接着就说"此元者善之长也，斯所谓仁也"。这里他把"仁"引进来了，认为"仁"就是继万物之生理者。而"仁"在程颢那里不只是儒家最根本的美德，而且是包含了所有其他美德的全德。在其著名的"识仁"篇的一开始，程颢就说"学者须先识仁。仁者，浑然与物同体。义、礼、知、信皆仁也"（《遗书》卷二上，16）。仁义礼智是儒家最基本的美德，这里程颢用它们来说明人之性善。因此在程颢看来，性与德不分。正是在此意义上，在讲性时，他会说"德性"，而在谈德时，他会说"德之性"："'德性'者，言性之可贵，与言性善，其实一也。'性之德'者，言性之所有；如卦之德，乃卦之韫也。"（《遗书》卷十一，125）

这样，程颢就完成了对先秦儒家的美德即仁义礼智（再加信）的本体论说明。为什么儒家认为它们是美德呢？因为它们是人性，是使人之为人的东西，是将人与别的存在物区分开来的东西。而人性又是作为天地万物之根本实在的理在人生上的特殊体现形式，因为理就是万物之生生不已的活动，而作为人性的首德、全德的仁就是人之继天之生理者。

---

① 唐君毅：《中国哲学原论·原性篇》，台湾学生书局1984年版，第339页。

三　仁者觉痛痒：认知与情感

要更好地理解仁作为人性、作为万物之生理在人身上的特殊体现，我们需要更进一步地说明程颢所讲的仁究竟何指。我们上面刚引程颢《遗书》卷二上的话"仁者与万物同体"。这是什么意思呢？程颢解释说："医书言手足痿痹为不仁，此言最善名状。仁者，以天地万物为一体，莫非己也。认得为己，何所不至？若不有诸己，自不与己相干。如手足不仁，气已不贯，皆不属己。故'博施众济'，乃圣之功用。仁至难言，故止曰'己欲立而立人，己欲达而达人，能近取譬，可谓仁之方也已。'欲令如是观仁，可以得仁之体。"（《遗书》卷二上，15）

这是程颢关于仁的重要说法，它讲了几层意思：

第一，作为生之活动的仁表现为有知觉。如果一个人的手足麻痹了，即不仁了，他就感觉不到手脚的痛痒。相反，一个人的手脚如有仁，即如没有麻痹，他就可以感觉到手脚的痛痒。这是医家讲的仁与不仁。儒家讲的仁与不仁与此类似。如果一个人面临一个痛苦的他者，却对这个他者的痛苦没有任何感觉，那么这个人也就麻木不仁了。相反，如果他人身上有痛痒，一个仁者也会感觉到他的痛痒。关于程颢的这个观点，唐君毅正确地指出："如知一身之手足之气不相贯，疾痛不相感，为不仁；则知己与人之气不相贯，疾痛不相感，亦为不仁。"① 在一个地方，程颢说医家讲的仁可以作为儒家讲的仁的譬喻："医家以不认痛痒谓之不仁，人以不知觉不认义理为不仁，譬最近。"（《遗书》卷二上，33）但更确切地说，这两种意义上的仁的关系比譬喻涉及的两者之间的关系更加紧密。儒家讲的道德之仁实际上就是医家讲的生理之仁的扩展：从对自身痛痒的感知扩展到对他人痛痒的感知。程颢的另外两个说法就对这种关系做了更好的说明。一个是在我们上引的那段话的一开头："医书言手足痿痹为不仁，此言最善名状。"这里他认为医书用手足萎痹为不仁最善名状。名什么状呢？就是明儒家讲的道德的仁之状。在另一个地方他

---

① 唐君毅：《中国哲学原论·原性篇》，台湾学生书局 1984 年版，第 139 页。

说，"医家言四体不仁，最能体仁之名也"（《遗书》卷十一，120）。这里体现其名的仁也就是儒家的道德的仁。

朱熹对这种以觉训仁的观点有两个重要批评，虽然这种批评针对程颢的弟子谢良佐，但其内容同样适合程颢。我们这里先谈他的第一个批评，而在下面讲程颢万物一体观的第二层意思时我们再讨论他的另一个批评。我们上面看到，程颢认为一个人自己身上的疾痛不相感，就是医家讲的身体的不仁，而知己与人之气不相贯，疾痛不相感，则是儒家讲的道德的不仁。所以儒家的仁就是要能感知他人的疾痛。但朱熹说："觉者，是要觉得个道理。须是分毫不差，方能全得此心之德，这便是仁。若但知得个痛痒，则凡人皆觉得，岂尽是仁者耶？"又说，"只知觉得那应事接物底，如何便唤做仁！须是知觉那理，方是"①。这里，朱熹一方面似乎将仁与对仁的认识（即程颢所说的识仁）混淆了。在程颢那里，仁就是能像感觉到自身的痛痒那样感觉到他人的痛痒，而朱熹说感觉到他人的痛痒还不是仁，而只有感觉到了那个道理才是仁。那这个道理是什么呢？这个道理就是心之德，就是仁。其结果就是仁是知觉到仁，显然不通。另一方面，朱熹似乎混淆了对自身痛痒的感觉和对他人痛痒的感觉，前者固然凡人都可以做到，但后者则只有仁者才能做到，而程颢讲的儒家之仁是指后者。有一种观点认为，朱熹的批评确实只适用于谢良佐，而不适用于程颢，其关键在于，在程颢那里，医家之仁只是用来说明儒家之仁，前者是觉自身之痛痒，而后者则是觉他人之痛痒，其中后者是前者的扩展。而谢良佐没有区分医家之仁与儒家之仁，或者至少没有明确区分两者②。例如，谢说："活者为仁，死者为不仁。今人身体麻痹，不知痛痒，谓之不仁"③；"仁是四肢不仁之仁，不仁是不识痛痒，仁是识痛痒"④。但即使在这里，正如张永俊所指出的，"上蔡先生所谓'痛痒'与'知觉'，不是生理层次、心理层次的感觉与知觉。那不过是

---

① 朱熹：《朱子语类》，中华书局 1986 年版，第 2562 页。
② 参见沈享民《朱熹批判'观过知仁'与'知觉为仁'之探讨——对比明道与谢上蔡的诠释进路》，载《"国立台湾大学"哲学论评》2013 年第 45 期，第 39-60 页。
③ 谢良佐：《上蔡先生语录》，中华书局 1985 年版，第 2 页。
④ 同上，第 19 页。

指点语，喻示形上层次的宇宙生机论，也是喻示一种先天道德情感，如孟子所谓的'恻隐之心'，王阳明所谓的'真诚恻怛'"①，对此朱熹不可能不觉察。更重要的是，在上引最后一段话后，谢良佐就说："不知礼无以立，使人人皆能有立，天下有治而无乱。"② 可见他前面所说的仁不是只知自身之痛痒。此外还有一段有关知觉为仁的话更明确地表明谢良佐的知觉之仁涉及他人。有人问"求仁如何下功夫"，谢回答说："如颜子视听言动上做亦得，如曾子颜色容貌辞气上做亦得。出辞犹佛所谓从此心中流出。今人唱一喏，不从心中出，便是不识痛痒。古人曰，'心不在焉，视而不见，听而不闻，食而不知其味'。不见、不闻、不知味，便是不仁。死汉，不识痛痒了。又如仲弓'出门如见大宾，使民如承大祭'，但存得如见大宾、如承大祭底心在，便是识痛痒。"③ 这里光看他说的"死汉，不识痛痒"确实只涉及自身，但他这里说的"不仁"却是与心有关，在前面仁与颜子、曾子相关，而在后面将识痛痒与"但存得如见大宾、如承大祭底心"相联系，很显然是与对他人之痛痒的知觉有关的。由此可见，朱熹对谢良佐的批评确实也旨在针对程颢的观点，但如我们上面指出的，这是一种不能成立的批评。

第二，现在我们回头讨论程颢万物一体观的第二层意思。如果我们的手脚没有麻木不仁，当我们感觉到了自己手脚的痛痒以后，我们不会就此止步，而会很自然地设法去除这种痛痒。同样地，如果我们的心没有麻木不仁，在我们感觉到他人的痛痒以后，我们同样也不会就此止步，而会很自然地去帮助他人解除这样的痛苦。关于这一点，程颢在另一段话中有明确的说明："刚毅木讷，质之近乎仁也；力行，学之近乎仁也。若夫至仁，则天地为一身，而天地之间，品物万形为四肢百体。夫人岂有视四肢百体而不爱者哉？圣人，仁之至也，独能体是心而已，易尝支离多端而求之自外乎？故'能近取譬'者，仲尼所以示子贡以为仁之方也。医书有以手足风顽谓之四体不仁，为其疾痛不以累其心故也。夫手

---

① 张永俊：《二程学管见》，台湾东大图书公司 1988 年版，第 233–234 页。
② 谢良佐：《上蔡先生语录》，中华书局 1985 年版，第 19 页。
③ 同上，第 14 页。

足在我，而疾痛不与知焉，非不仁而何？世之忍心无恩者，其自弃亦若是而已。"（《遗书》卷四，74）这里一开始讲的两种近乎仁的状态都已经不只是知而且是行的状态。而达到以天地万物为一身、品物万形为四肢百体的至仁状态的圣人更不是只知其身、其四肢百体，而同时是爱其身、其四肢百体。而到这段话的最后，程颢批评麻木不仁的人也不只是说他们认知上有缺陷即不知四肢百体的疾痛，而是说他们道德上有缺陷："忍心无恩"。所有这些都说明，理解为觉痛痒的仁不只是一个认识活动而且也是一个道德活动。在这个意义上，朱熹对这种以觉训仁的另一个批评就有失偏颇："《孟子》之'知''觉'二字，却恐与上蔡意旨不同。盖孟子之言知、觉，谓知此事、觉此理，乃学之至而知之尽也。上蔡之言知、觉，谓识痛痒、能酬酢者，乃心之用而知之端也。二者亦不同矣。然其大体皆智之事也。"[1] 虽然朱熹这里的批评针对的也是程颢的弟子谢良佐，但谢的"以觉训仁"思想来自程颢，因而也可以看作是对程颢的批评。但我们上面指出，觉痛痒不仅包括知痛痒而且还包括去除痛痒的趋向，很显然它不只是智之事，而且也是仁之事，确切地说，是包括智之事在内的仁之事。

第三，如果我们的手脚麻木不仁，我们感觉不到它们的痛痒，而如果我们感觉不到我们手脚的痛痒，我们的手脚就好像不是我们身体的一部分；相反，如果我们的手脚没有麻木不仁，如果我们能够感觉到我们手脚的痛痒并自然地要去除这种痛痒，我们的手脚就是我们身体的一部分。同样地，如果我们的心麻木不仁，当他人身上有痛痒时，我们却感觉不到他们的痛痒，在这种情况下，麻木不仁的我们是我们，而身有痛痒的他们则是他们，我们与他们没有关系；相反，如果我们的心没有麻木不仁，当他人身上有痛痒时，我们不仅能够感觉到他们身上的痛痒，而且会自然地设法帮助他们去除这样的痛痒，这就表明我们与他人一体了。所以程颢说"仁者与万物为一体"、"仁者浑然与物同体"、仁者以"天地为一身"、仁者"品物万形为四肢百体"。与此有关，由于我们能

---

[1] 朱熹：《朱子文集》卷十四二，《答胡广仲》书五，见《朱子全书》第二十二册，上海古籍出版社 2002 年版，第 1903 页。

与他人为一体，当我们帮助他人解痛除痒时，当我们博施济众时，我们实际上都是在为己，而"认得为己，何所不至"，这是因为在这个时候，天地万物"莫非己也"。当然这不是说仁者是利己主义者，只关心自己而不关心他人，因为在以万物为一体的仁者那里，虽然他的博施济众都是为了自己，但这只是因为世界万物都已经成了他自己的一部分，在他自己之外再也没有任何他者需要他去关心。如果在他自己之外还有他者，那只能说明他还没有以万物为一体，因而还不是真正的仁者。

第四，程颢的万物一体观涉及的第四层意思是仁者之乐。儒家的仁者之所以是仁者，在于其能关心他人的痛痒并帮助他人去除他人的痛痒。当我们在自身感到痛痒时，我们会很自然地去做能去除这种痛痒的事情。在这个过程中，我们不需要有坚强的意志去克服自己不想去除这种痛痒的自然倾向，因为我们没有这样的自然倾向，我们有的自然倾向恰恰是要去除这样的痛痒，因此我们可以说是乐于去除这样的痛痒。但我们如果知道他人身上有痛痒，我们则往往没有帮助他们去除这样的痛痒的自然倾向，特别是如果这样的帮助行为与去除我们自身的痛痒或追求我们自身的快乐发生冲突的时候。在这种情况下，我们还是有可能决定去帮助他人解除他们的痛痒，我们需要确立坚强的意志去克服我们想解除自身的痛痒或追求自身的快乐的自然倾向，然后才能去做这件我们没有欲望去做的帮助行为。在这样的帮助行为中我们就不会有乐趣。为什么会这样呢？程颢说，这是因为"人只为自私，将自家躯壳上头起意，故看得道理小了佗底"（《遗书》卷二上，33）。换言之，这是因为我们还不是仁者，我们还不能感知他人的痛痒，我们还不能以需要帮助的他者为一体，将需要帮助的他者视为自己的一部分。相反，如果能以万物为一体，将他者的痛痒感知为自身的痛痒，我们帮助他者解除痛痒的行为就会与我们解除自身的痛痒的行为一样自然，也就是说，我们也跟解除自己的痛痒一样乐于去做解除他者的痛痒的事情，因为这里的他者已经成了我们自身的一部分。关于仁者因能以万物为一体而感到的这样一种乐，程颢在其著名的《识仁篇》中解释得非常清楚："学者须先识仁。仁者，浑然与物同体。义、礼、知、信皆仁也。识得此理，以诚敬存之而已，不须防检，不须穷索。若心懈则有防，心苟不懈，何防之有？理有未得，故须穷索。存久自明，安待穷索？此道与物无对，大不足以名之，天地之用皆我之用。孟子言'万物皆备于我'，须反身而诚，乃为大乐。若反身未诚，则犹是二物有对，以己合彼，终未有之，又安得乐？订顽意思，乃备言此体。以此意存之，更有何事？'必有事焉而勿正，心勿忘，勿助长，'未尝致纤毫之力，此其存之之道。若存得，便合有得。盖良知良能元不丧失，以昔日习心未除，却须存习此心，久则可夺旧习。此理至约，惟患不能守。既能体之而乐，亦不患不能守也。"（《遗书》卷二上，16-17）这里程颢说仁者能够轻松自然，"不须防检，不须穷索""更有何事""未尝致纤毫之力"等，这就已经暗示仁者之乐。但程颢进一步加以说明，认为仁者之所以能这样做，是因为他"浑然与物同体"，即孟子所谓的"万物皆备于我"，不再"二物有对，以己合彼"，因此能有"大乐"、能体之而乐。

第五，程颢这里讲的仁者以万物为一体是境界论意义上的而非存在论意义上的。这不是说程颢那里没有本体论意义上的万物一体，而是说本体论意义上的万物一体概念没有什么特别重要的价值。例如当一个人的手脚麻木不仁的时候，从本体论的意义上，这个人的手脚还与他为一体。在本体论意义上，不仅所有的人，包括仁者和非仁者，无论是医家意义的仁还是儒家意义上的仁，都与万物为一体，而且所有的物也与所有别的物为一体。因此程颢说"'万物皆备于我'，不独人尔，物皆然"（《遗书》卷二上，34）。但是在境界论的意义上，不仅只有人才能以万物为一体，而且只有仁者，即其心没有麻木不仁的人，更确切地说，仅当一个人成为仁者，才能以万物为一体。所以他说："人则能推，物则气昏，推不得，不可道他物不与有也。人只为自私，将自家躯壳上头起意，故看得道理小了佗底"。（《遗书》卷二上，33）本体论意义上的万物一体与境界论意义上的万物一体的一个重要差别是，在前者一体的万物是对称的，而在后者一体的万物是不对称的。例如，在本体的意义上，如果甲以乙为一体，那么乙也一定以甲为一体，但在境界论的意义上，甲能以乙为一体并非表明乙也能以甲为一体。换句话说，甲能感觉到乙的痛痒，并不表示乙也能感觉到甲的痛痒，除非乙跟甲一样是个仁者。

第六，我们现在看与此相关的有关程颢的万物一体观的最后一点，可以回答本节一开头的问题，即在人身上具体体现为仁的生之活动，作为人之性，到底在何种意义上将人与其他存在物区分开来。我们前面看到，在程颢看来，万物都有理，因而都有生这种活动。但在人身上，体现生这种活动的仁不仅体现为自生，特别是能够感到并意图去除身上的痛痒，而且还表现为帮助他者生，特别是能够感到并帮助他者去除他者身上的痛痒。这里的他者不仅包括其他人，而且还包括其他存在物，如非人类的动物，而动物则没有感知他者（不管是其他动物还是人类）的痛痒的能力，没有帮助他者解除痛痒的动机。这也就是我们在上一段中提到的人与动物的差别："人则能推，物则气昏，推不得。"另外在上引的那段关于孟子的"万物皆备于我，不独人尔，物皆然"的话后，程颢也说"只是物不能推，人则能推之"（《遗书》卷二上，34）。推什么呢？就是推觉痛痒这种活动。动物能够知觉并试图去除自身（甚至小范围的他者）的痛痒，而人则能够将这种活动不断地向外扩展，一直到能知觉并帮助去除万物的痛痒，实现境界论意义上的以万物为一体。

四　程颢的美德伦理学的特质：在理性主义和情感主义之间

首先，值得指出的是，虽然如我们看到，程颢这种以觉训仁的立场为后来的朱熹所反对，在将仁解释为对他者的痛痒的感知能力并试图帮助他者解除其痛痒的动机并由此达到万物一体时，程颢实际上提出了在当代西方道德心理学和伦理学中得到广泛讨论和重视的同感（empathy）概念，而这个概念在西方最早是由休谟（1711—1776）提出的。这就是说，程颢比西方哲学中最早提出这个概念的哲学家还要早差不多七百多年。关于这一点，对同感概念在伦理学上做出最大贡献的哲学家斯洛特（Michael Slote）也明确承认[1]。为理解在何种意义上程颢将仁解释为觉痛痒、以万物为一体的概念事实上是一种同感概念，我们可以看一下在

---

[1]　参见 Michael Slote, *Moral Sentimentalism*, Oxford University Press, 2010, p. 6.

当代西方心理学和伦理学中讨论的同感概念的一些主要特征，而这样做的一种最好的方式是考察一下它与我们平常更熟悉的同情（sympathy）概念有哪些不同。首先，用斯洛特喜欢用的说法，我对一个有痛痒的他人有同感就是说我感到了这个他人的痛痒，就好像是我自己的痛痒；而如果我对有痛痒的他人有同情，我感到的不是他人的痛痒，而是因为他人有痛痒而产生的一种情感，如遗憾。

其次，与上述差别有关，如果我对他人有同感，我所感到的东西与他人的实际情况而不是我自己的实际情况一致，因为毕竟我感到的痛痒发生在他人身上，而不是在我自己身上。例如，如果我看到他人的手被割破，而且如果我是一个具有同感的人的话，我会有一种疼痛感，但与我这种疼痛感一致的不是我自己的身体状况，而是他人的身体状况，因为不是我的手被割破，而是他人的手被割破。这与同情的情况不一样，如果我因同情而为他人的痛痒感到遗憾，这种遗憾与我所处的状况而不是有痛痒的他人的处境一致，因为有痛痒的他人显然并不为自己的痛痒而感到遗憾。

再次，虽然无论是对他人的痛痒有同感还是同情，我都会有一种帮助他人解除痛痒的动机，而且这种动机如果没有受到阻碍，会导致实际的帮助行为，但同感和同情的动机来源不同。同感的人帮助他人解除痛苦的动机是直接的。当我感到自己的背上痒时，我会很自然地产生去抓痒的动机。同样，当我作为一个同感的人感知到他人的痛痒时，我也会自然地产生将他人的这种痛痒解除的动机。与此不同，同情的人的帮助他人解除痛苦的动机是间接的，因为虽然对他人的痛痒有同情的人知道他人有痛痒，并为此感到遗憾，但他自己没有感到他们的痛痒，因而没有直接产生帮助他人的动机。他之所以决定去帮助他人解除痛痒，是因为他觉得这是他作为一个有同情心的人应该做的事情。

最后，与此相关，在对他人的同感过程中，产生了具有同感的人（自我）和他的同感对象（他者）之间的融合（The self-other-merging）。心理学家发现，这种融合可以以四种不同的方式表现出来：（1）自我与他者的认同，即自我在谈到他者时不再用"他们"而是用"我们"来指称；（2）将自我扩张从而将他者包含在自己当中；（3）在他者中看到了自己的若干方面；（4）将自我和他者看作是双方共同认同的某个团体的可以互换的代表。如白森（Daniel Batson）所指出的，尽管这四种自我与他者之间的融合涉及的心理过程不同，但它们有一个共性，从而使它们都导致了同样的结论，即"自我和他者不再被看作是分别的个体，而是被看作是同一个个体，或者被看作是可以互换的等价物，至少就其需要和动机而言是如此。我们对他者的福利的关心也就是一种自我关心"①。而在同情现象中，这种自我（同情者）与他者（被同情者）的融合现象并没有发生，同情者清楚地知道自己是自己，他人是他人，是自己在帮助他人。

由于上述四点，同感者的帮助行为经常被批评是利己主义的，而同情者的帮助行为可以避免这样的批评。这是我要讲的在同感与同情之间的第五种区别。按照我们上面讲的第三个差别，如果我自己身上有痛痒，我之所以要去解除这种痛痒，是因为我感到不舒服，这种不舒服感只有通过将身上的痛痒解除以后才能解除，因此我解除自己身上的痛痒的行为显然是为了自己。现在假定我对他人的痛痒有同感，也就是说，我也感到了他人的痛痒。痛痒感是一种负面的感觉，是一种我一旦获得就想将其解除的感觉。虽然要解除的痛痒感在我自身，但这个痛痒感的源头则在他人，是我因对他人的痛痒有同感才产生的，因此为了解除自己的痛痒感，我就得帮助他人解除其痛痒感。这样看来，我之所以帮助他人是为了解除我自己的痛痒感，在这个意义上，我的帮助行为是自私的。与此形成对照，具有同情心的人由于没有感到他人的痛痒，他帮他人解除痛痒的行动不会对自己有什么好处，他完全是为了他人而帮助他人，因此他的行为是利他的。

但这种在利己的同感引起的帮助行为与利他的同情引起的帮助行为之间的区分现在被证明是不成立的。心理学家白森及其团队做了大量心理学实验，证明具有同感的人的帮助行为是利他的而不是利己的，也就

---

① Daniel Batson, *A Scientific Search for Altruism*: *Do We Only Care about Ourselves*?, Oxford University Press, 2018, p.155.

是说，这些具有同感的人之所以帮助他人不是为了消除自己因他人的痛苦而具有的痛苦感，因为在这些实验中，他们设计了一些可以使自己很容易避免或消除这种因他人的痛苦而产生的痛苦感的其他途径，但具有同感的人还是宁愿选择帮助人这个比较困难的途径，而不是那些比较容易的途径来解除或避免因他人的痛苦而具有的痛苦感。所以他们的结论是同感是一种利他的情感①。但这样一说，至少在这一点上，同感和同情是否就没有差异了呢，因为它们都是利他主义的。如果联系到我们上面讲到的在这两者之间的第四种差别，同感和同情在利己利他行为方面还是有差别的。由于具有同情心的人清楚地感到其同情对象是个他者，他帮助这个他者的行为完全是为了这个他者，因此说他的行为是利他主义的是恰当的。但具有同感的人与其同感对象融为一体，用程颢的话说，他以其同感对象为一体，这里就没有了自我和他者之间的区分。既然利己和利他都是以自我与他者之间的区分为前提的，而在同感现象中这种区分已经不存在，我们就既不能说这个人由同感引起的帮助行为是利己的，也不能说它是利他的。

我们在同感和同情之间还可以做第六个也是最后一个区分。一个人由同感引起的帮助行为往往是自然的、自发的、不需要经过内心挣扎的，而且一旦这个帮助行为得以成功，具有同感的人会感到快乐。这在一个人为去除自身的痛痒的行为上就非常明显。如果我背上痛痒，我会很自然地、自发地、不需要经过内心的挣扎去设法解除这个痛痒，而且一旦这个痛痒真的被解除，会感到愉快。由于一个具有同感的人对他人的痛痒的感受就好像他对自己的痛痒的感受一样，他帮助他人解除其痛苦的行动也就与他为自己解除痛苦的行为一样自然、自发、无须任何内心的挣扎，并为其行为真的解除了他人的痛苦而感到快乐。与此相反，因为对他人的痛痒有同情的人本身并不感到他人的痛痒，因此没有帮助他人解除痛苦的自然倾向和愿望。他之所以去帮助他人只是因为他觉得帮助

---

① 参见 Daniel Batson，*A Scientific Search for Altruism：Do We Only Care about Ourselves？*，Oxford University Press，2018，第十章。另见 C. Daniel Batson，*Altruism in Humans*，Oxford University Press，2011。

他人是他应该做的事情。因此他的帮助行为就往往不是自然的、自发的，而需要做出一定的努力，做他往往没有自然倾向去做的事情或者不做他有自然倾向要做的事情，因此他在做这样的事情时往往不会感到快乐，有时反而会感到痛苦。在这个意义上，具有同感的人过的生活比具有同情的人过的生活更加令人羡慕。这是从帮助者的角度看。我们也可以从被帮助的人的角度来看具有同感的人的帮助行为和具有同情的人的帮助行为之间的差别。假如我是一个被帮助者，知道帮助我的人并没有帮助我的自然倾向，甚至是在克服了其相反的自然倾向后才帮助我，我的感受不一定会好，如果不是一定不会好的话。这也许就是有时我们听到或自己会说"我不需要你的同情"的话。相反，如果我们知道帮助我的人很乐意帮助我，他的帮助行为非常轻松和自然，我们的感受会更好一些。从这个意义上，来自同感的帮助行为较之来自同情的帮助行为，即使对于被帮助者，也有更高的价值。

很显然，程颢讲的仁者以万物为一体的概念具有上述六个对比中同感的所有方面，所以我们可以比较确定地说，程颢讲的万物一体实际上就是当代心理学和伦理学里讨论的同感。因此，虽然斯洛特现在修正了他以前认为孟子的"万物皆备于我"的观念也是一种同感观念的看法①，他还是认为，程颢是我们迄今为止所知道的提出同感概念的最早的哲学家。不过，斯洛特同时又认为，当代有关同感的大量心理学的研究已经大大超出了包括程颢在内的历史上的所有哲学家关于同感的讨论。换言之，在他看来，程颢的儒家的同感思想只有历史的价值，而没有理论的价值——他的同感思想已经过时了。我不同意这个看法，我认为儒家的这种同感思想至少在若干方面可以避免当代关于同感的心理学的讨论，包括斯洛特本人关于同感的讨论。

① 例如在 2010 年的一篇文章中，他说，"中国哲学家对同感现象的关心比西方哲学家早了两千多年"（Michael Slote, *The Mandate of Empathy*, Dao 9, 304）。但在今年将出的一篇文章中他则认为孟子的万物皆备于我并不是一种同感观念（Michael slote, *Re- plies to Commentators*, Michael Slote Encountering Chinese Philosophy, edited by Yong Huang, Bloomsbury, 2020），尽管我们看到，程颢自己认为他的仁者以"万物为一体"的观念与孟子的"万物皆备于我"无异。

　　我在这里想强调的是，程颢的同感思想，作为其美德理论的核心部分，可以避免在当代西方美德伦理学复兴运动中理性主义和情感主义的非此即彼。在美德伦理学的这场复兴运动中，亚里士多德主义仍然是主流，而亚里士多德主义的美德伦理学一般被看作是理性主义的美德伦理学。之所以说它是一种理性主义，倒并不是因为它忽视情感。事实上，亚里士多德本人就认为美德不仅表现在行动上而且也表现在情感上，也就是说，不仅有美德的行动也有美德的情感。但在亚里士多德那里，美德本身既不是行动，也不是情感，而是一种性格特征，来自这样的性格特征的情感和行动才是美德的情感和行动。亚里士多德主义的美德伦理学之所以是一种理性主义的美德伦理学，主要也不是因为它最终诉诸理性。确实，在亚里士多德那里，理性是人的特有功能，而美德就是这种理性功能的卓越发挥。但是当代美德伦理学复兴运动中的最重要的新亚里士多德主义者霍斯特豪斯（Rosalind Hursthouse）认为，理性并不是说明美德的终极概念。在她看来，美德乃是有助于人的诸方面（包括理性）更好地服务于人的诸目的（特别是社会群体的顺利运作）的性格特征。亚里士多德主义美德伦理学之所以是一种理性主义美德伦理学，是因为它试图为美德提供一种理性的说明。也就是说，它试图说明为什么一种性格特征是美德，而另一种性格特征是恶德。而无论是在亚里士多德本人那里还是在当代的新亚里士多德主义者那里，这种说明最后诉诸的都是人所特有的繁荣（eudaimonia），因为美德是有助于人的繁荣的性格特征。

　　在美德伦理学的当代复兴运动中，虽然亚里士多德主义仍然是主流，但也有一系列非亚里士多德主义的美德伦理学，其中最重要的并且与亚里士多德主义的理性主义美德伦理学形成明确对照的是情感主义美德伦理学，而这种情感主义美德伦理学的最重要的代表就是上面提到的斯洛特。当代新亚里士多德主义美德伦理学的最重要代表霍斯特豪斯的最有影响的一本书的书名是《论美德伦理学》（On Virtue Ethics）。为了将其情感主义的美德伦理学与此形成对照或作为其替代，斯洛特写了一篇文章，特意将文章的题目也定为"论美德伦理学"，并在文章的一开头就解释说他这样做的目的是要批评霍斯特豪斯的理性主义①。就好像理性主义的美德伦理学的主要源泉是亚里士多德，情感主义美德伦理学的主要来源是休谟。情感主义美德伦理学作为伦理学，一方面，当然必须是美德伦理学，而在斯洛特看来，这就表明这种伦理学确定一个行动的对错的标准是其是否有美德的动机；另一方面，他必须是情感主义，也就是说，他用来评判行动之对错的美德的动机是一种情感②。所以，较之理性主义的美德伦理学，情感主义的美德伦理学有两个主要特征。首先，如我们上面所提到的，虽然理性主义美德伦理学也讲情感，但情感就好像行动，本身不是美德。美德是一种性格特征，只是在这种性格特征体现在特定的情感和行动上时，后者才可以说是美德的情感或行动。但在情感主义那里，美德就是情感，而且是情感而不是理性才是道德动机和道德评价的源泉③。在传统上，这样的作为美德的情感是仁慈（kindness）和怜悯（compassion），而在今天，斯洛特认为同感才是最能体现情感主义美德伦理学之基础的情感。其次，由于在情感主义美德伦理学中情感是首位的，因此他对为什么像仁慈和同感这样的情感是美德而别的情感不是美德甚至是恶德不做任何说明，因为一旦做了这样的说明，这种作为美德的情感就不再是首要的，而用来说明它的东西成了首要的，而如果这样，这种伦理学就不再是美德伦理学了，因为美德伦理学是美德在其中占主导地位的伦理学。如果有人问，那我们怎么能断定像仁爱和同感这样的情感就是美德呢？斯洛特的回答是，你在问这个问题时已经知道它们是美德，因此是在明知故问。有时为了避免人家问这样的问题，斯洛特建议我们不要说这样的情感是美德，而就说它们是令人羡慕的（admirable）情感，因为说它们是美德的情感，容易引起人家追问什么是美德，但说它们是令人羡慕的情感则不会引起人家问令人羡慕是什么意思。总的来说，他在这个问题上采取的是一种直觉主义的立场，即

① Michael Slote, *On Virtue Ethics*, Frontiers of Philosophy in China, 2013, 8（1），p. 22-30.

② Michael Slote, *Virtue Ethics and Moral Sentimentalism*, in Stan van Hooft, ed., The Handbook of Virtue Ethics, Durham：Acumen Publishing, 2013, p. 56.

③ 同上，p. 53.

一种情感是否是美德或者是否令人羡慕，要由我们的直觉确定。

　　由于在程颢伦理学中占核心地位的是仁（包含义礼智信）这种美德，而且他认为我们的道德修养的目的是成为仁者，因此我们可以确定程颢的伦理学是一种美德伦理学。同时，程颢以能感觉痛痒来解释仁，认为仁者以万物为一体，这就表明仁在程颢那里与情感紧密相连，而这里涉及的情感，如我们上面所表明的，就是在当代西方道德心理学和伦理学中讨论的同感所涉及的情感，在这个意义上，我们可以说，程颢的美德伦理学是一种情感主义的美德伦理学，而与亚里士多德主义的理性主义美德伦理学不同。关于这一点斯洛特本人也是明确认定的。但突出情感在其伦理学体系中的地位只是情感主义美德伦理学较之理性主义的美德伦理学的一个特征。情感主义的美德伦理学较之理性主义美德伦理学的另一个特征，如我们上面指出的，是对什么样的情感是美德不加说明。但程颢的伦理学中是有这样的说明的。为什么作为同感的仁是一种美德呢？为什么人应该有作为同感的仁这种美德呢？我们上面看到，根据程颢的看法，这是因为仁是人性，是人之为人的东西，是将人与其他存在物区分开来的东西。而对美德做出一种说明，特别是通过人性来说明美德，恰恰是理性主义的美德伦理学的特征。在这个意义上，程颢的美德伦理学又是一种理性主义的美德伦理学。因此，总体来说，程颢的美德伦理学是情感主义和理性主义的融合。当然，彻底的理性主义和彻底的情感主义，作为美德伦理学，是不能调和在一起的。我们看到理性主义美德伦理学和情感主义的美德伦理学的差别主要体现在两个方面，而程颢的美德伦理学在其中一个方面采取情感主义的立场（即主张同感是美德），而在其中的另一个方面则采取理性主义的立场（即为同感作为美德提供一种以人性为基础的理性说明）。在这个意义上，我们可以说，程颢的美德伦理学是一种情感主义的理性论或者是理性主义的情感论，是一种间于理性主义和情感主义的美德伦理学，从而在一定意义上超越了当代美德伦理学中理性主义与情感主义之间的争论①。

五　养气与持志：从麻木不仁到知觉痛痒

在程颢看来，仁是将人与其他存在物区分开来的东西，而仁者以万物为一体，而且这不只是本体论意义上的以万物为一体，也是境界论意义上的以万物为一体，也即人跟其他存在物的不同之处在于人能感知他人的痛痒，就好像人能感知自己手足的痛痒。可是，就好像人的手足可能会麻木而不认痛痒，人的内心可能也会麻木而不认他人的痛痒。程颢说，人之所以手足麻木不仁是因"气已不贯"，那么人心为什么会麻木不仁而不认他人的痛痒呢？跟其他宋明儒一样，程颢也用气来说明，认为仁为人性，因此人性皆善。但如我们上面指出的，性不能独存，而必须存在于气中。因此在上引的关于性与气不能分离即"性即气，气即性"这句话之后，程颢就说："人生气禀，理有善恶，然不是性中元有此两物相对而生也。有自幼而善，有自幼而恶。是气禀有然也。善固性也，然恶亦不可不谓之性也……凡人说性，只是说'继之者善'也，孟子言人性善是也。夫所谓'继之者善'也者，犹水流而就下也。皆水也。有流而至海，终无所污，此何烦人力之为也？有流而未远，固已渐浊；有出而甚远，方有所浊。有浊之多者，有浊之少者。清浊虽不同，然不可以浊者不为水也。"（《遗书》卷一，10-11）

关于这段话，首先需要说明的是（1）"理有善恶"和（2）"善固性也，然恶亦不可不谓之性也"这两个说法，因为这似乎表明程颢认为恶不仅与气有关而且与理和性有关，而我们的这个印象似乎为程颢在另外两个地方说的话所证实：（3）"天下善恶皆天理"（《遗书》卷二上，14）和"（4）事有善有恶，皆天理也"（《遗书》卷二上，17）。但如果

① 孟子的伦理学是否也是一种间于理性主义和情感主义的美德伦理学？这是一个值得注意的问题。万百安认为孟子的伦理学跟亚里士多德的理性论美德伦理学更紧近（Bryan Van Norden, *Virtue Ethics and Consequentialism in Early Chinese Philosophy*, Cambrideg University Press, 2007），而斯洛特则认为它与休谟主义的情感论美德伦理学更接近（Michael Slote, *Comments on Bryan Van Norden's Virtue Ethics and Consequentialism in Early Chinese Philosophy*, Dao 2009, 8, p. 289-295）。

对这些话从其紧接的上下文和程颢哲学的总体背景中来理解的话，我们就会发现上述的印象一定有问题。我们先来看（3）。在说了这句"天下善恶皆天理"之后，程颢紧接着就说，"谓之恶者非本恶，但或过或不及便如此，如杨、墨之类"（《遗书》卷二上，14）。这说明在程颢看来，恶不是像善一样实际存在的东西，恶只是善的缺失。这就好像黑暗并不是像光亮一样实际存在的东西，黑暗只是光亮的缺失。程颢指出，善的缺失可以表现为两个方面，即过或不及，并以杨墨为这两个方面的例子。我们已经看到，在程颢那里，仁作为人性是感知万物之痛痒并进而设法消除这种痛痒的能力或趋向，这样的能力或趋向是善的。那什么是恶呢？恶就是这种能力和倾向的过与不足。关于不足，我们可以以程颢所用的杨朱为例子。在杨朱那里，人只有感知并解除自身痛痒的能力和趋向，但没有感知和解除他人痛痒的能力和趋向，这是这种能力和趋向的不足，也就是我们所说的恶。这比较容易理解，但怎么过也是恶了呢？我们还是以程颢提到的墨子为例子。我们知道，墨子提倡没有差等的兼爱，这与程颢对仁的理解相冲突。仁是感知并帮助解除他人痛痒的能力和趋向，而且当程颢说仁者以万物为一体时，他认为仁者具有感知并帮助天下万物的痛痒的能力和趋向。但是仁者对不同的人、物之痛痒的感知并将其去除的能力和趋向则是不同的，这就是儒家爱有差等的思想，而且这个思想在当代心理学和伦理学的研究中得到了支持。我们在上一节已经指出，程颢这里讲的感知和解除他人痛痒的能力和趋向就是现代心理学和伦理学研究的同感现象，而同感的一个重要特征就是我们对亲近的人较之对陌生人更容易产生同感，而且我们对亲近的人产生的同感较之对陌生人产生的同感更强。例如，研究同感现象最有影响的当代心理学家霍夫曼（Martin Hoffman）就说："对于自己家庭和种族团体的成员，简言之，对自己所属的团体的成员，人们更可能有同感和帮助行为。而且如果我们考虑到自己所属团体的成员，包括自己，都比较相似，并分享亲近感、爱慕感，那么我们就会一点也不奇怪地发现，人们对朋友比对陌生人、对与他们类似的人比对与他们不同的人，更容易产生同感。"① 霍夫曼称这种现象为同感的偏倚性（partiality）。当然这只是说明同感现象的一个事实，即我们不能对所有人有同等的同感，但这是否说明同感因此而不应该作为道德修养的目标呢？这恰恰就是上面所说的霍夫曼采取的立场，他认为人的同感，由于具有这样的偏倚性，应该受到康德主义的普遍道德原则的制约，从而达到类似墨子的爱无差等的理想。我认为同感所具有的道德偏倚性不仅具有实然的意义而且也有应然的意义。

现在我们再来看（2），"然恶亦不可不谓之性也"。我认为理解这句话的一个背景还是程颢认为的"恶并非像善一样实际存在的东西，而不过是善的缺失"。关于这一点，程颢在同一段话的开头就说："然不是性中元有此两物相对而生也。"由于性中原来并无善恶这两物相对，性原来只有善这一物，虽然善这个性中原有的一物后来可能会缺失，而这种缺失就是我们所谓的恶，那么我们就可以说，善的性固是性（这是我们现在考察的这句话的前面一句话的意思："善固性也"），而缺失了善的性也还是性。这就好像说太阳有光芒，但缺失光芒的太阳还是太阳（什么东西缺失光芒呢？是太阳！）。事实上，程颢在这一段话中用的水的类比就是讲的这个意思。这里水是类比性。就好像水本身是清的，性本身是善的；但就好像必须有盛水的地方或让水流的地方，性必须存在于气中；就好像盛水的东西或水流经的地方可能让水原有的清缺失，气也可能让人性原有的善缺失；就好像我们不能说浑水即缺失了清这种属性的水不是水，我们也不能说缺失了善这种属性的性不是性；就好像水原有的清之所以缺失是泥沙使然，性原有的善之所以缺失"是气禀有然也"。

对（2）和（3）有了这样清楚的理解后，现在我们可以比较容易地理解意思相近的（1）和（4）了。（4）说"事有善有恶，皆天理也"。很显然，程颢不是说有善的天理也有恶的天理，而是说，（a）世界上存在着善的事情也存在着恶的事情这个事实本身是符合天理的，虽然这并不意味着（b）如果我们力图使恶的事情在这个世界上消失从而使这个

---

① Hoffman, Martin L. , *Empathy and Moral Development*: *Implications for Caring and Justice*, Cambridge University Press, 2000, p. 206.

世界上只有善的事情，我们就违背了天理。为什么这样说呢？我们先来解释（a）。根据我们对（3）和（2）的分析，程颐的观点是，性本身是善的，这种善之所以缺失是由于气。那么性是否可以避开气呢？不可以，因为就在（1）之前，程颢就说"性即气，气即性"，就是说性离不开气，气离不开性。那么如果性本身是善的，而性又不得不禀赋于气，那么性之善在气上都会消失吗？这要看性所即之气的性质。如我们后面要指出的，在程颢看来，气有清有浊。禀于清气，性之善得以保持；禀于浊气，性之善就缺失，而这就是所谓的恶。现在我们可以把这里的讨论综合起来：性本身是善的，但性不能独立存在，而必须存在于气，而气有清浊之分，并且气之清浊决定性原有之善能否保存，如果这样，那么理应当有善恶，而这也就是程颢说的"理有善恶"的意思。换言之，他不是说有善之理也有恶之理，而是说有善有恶是符合理的，或者说善恶的产生都是有原因的，而这也就是我们上面说的（4）所包含的意思。事实上，朱熹也持这种理解。在谈到程颢"人生气禀，理有善恶"的说法时，朱熹说，"此'理'字，不是说实理，犹云理当如此"；"'理'，只作'合'字看"①。

现在我们可以来说明（b）。理有善恶，说世上有善事有恶事是天理，这里我们讲的是实然的理，而不是应然的理，不是说我们就不应该让这个世界上的恶事越来越少，以至于消失，不是说如果我们这样做，或者如果我们实现了这样做的目标，就违背了天理，不管是在实然的意义上还是在应然的意义上。还是用程颢自己用的水的类比来说明这个问题。水本身是清的，但水必须流在河床上。有些河床泥沙比较多，有些

---

① 朱熹：《朱子语类》，中华书局 1986 年版，卷 95，第 2426 页。在这一点上，牟宗三也采朱熹的解释："气禀上'理有善恶'，言由气之结聚自然呈现出种种颜色之不齐。此'理'字是虚说，不得误解"，并指出程颢的"'天下善恶皆天理'，'事有善有恶，皆天理也'，此'天理'与此处之'理'字为同一语意，同是虚说之理。"［牟宗三：《心体与性体》（二），台湾正中书局 1968 年版，第 165 页］在这一点上，我认为唐君毅有误解。唐认为程颢这里确实是指理、性本身有善恶（而不是我认为的存在着善恶这个事实是符合理的），只是他认为程颢的理、性必须在动态的意义上来理解："此要在知明通此所谓善恶皆天理等言，皆非依于一静态的观善恶为二理二性而说，而正是意在动态的观此善恶二者之实原于一本。"（唐君毅：《中国哲学原论·原性篇》，台湾学生书局 1991 年版，第 345 页）

河床则没有泥沙，所以流经这些不同的河床上的水就理应当有清有浊（如果在这样的情况下只有清水或者只有浑水反倒是与理有悖了）。但这并非表示，如果能够的话，我们不应该将浑水变清，或者说，如果我们能够将浑水变清，我们将浑水变清的努力就违背天理了。先从实然的意义上讲现在这种情形下的"理"。如果我们将所有有泥沙的河床上的泥沙全部清除了，那么理当只有清水，换句话说，只有清水，才是天理。再从应然的意义上讲"理"。如果能够，我们该不该将浑水变清呢？回答是应该的，因为水的本然状态是清的，将浑水变清就是让水回到其本然状态，所以我们理（在应然的意义上）应当将水变清。我之所以花这么大的力气说明水这个类比，是因为我们一旦将水的清浊说清了，我们就很容易说明我们想用这个类比来说明的性的善恶了。有清气有浊气，所以必须存在于气中的性理应有善恶，或者说有善事有恶事皆是天理，这里的理是实然之理。但如果我们将浊气澄清，那么性理应只有善没有恶，或者只有善事没有恶事，才是天理，这里的理仍是实然之理。关键是我们该不该将浊气澄清，使得只有善事没有恶事呢？回答是肯定的，因为人之性本来是善的，具体来说，作为人之性的仁本来是有感知并帮助解除他人的痛痒的能力和趋向的，只是由于浊气的作用才使人的这种能力和趋向减弱以至消失，因此，如果能够，人理应当对浊气下澄治之功，使其被削弱甚至消失的这种能力和趋向恢复到原有的状态。这里的"理"是应然之理。

在上面，我们反复强调，如果能够的话，我们应该将浊气澄清，从而恢复作为人之性的仁所有的感知并帮助他人解除痛痒的能力和趋向。但"应该隐含着能够"（如果一个人没有能力做某件事，我们就不能说这个人应该做这件事），所以现在关键的问题是，在程颢那里，我们能不能即有没有能力将浊气澄清。正是在这里，我们似乎遇到了麻烦。程颢说"万物皆有性，此五常性也"（《遗书》卷五，105）。这里所谓的五常性就是仁义礼智信。就是说，在程颢看来，这五常性不只人有而且（至少）动物也有。如我们前面看到，人与动物之间的差别在于能否推："所以谓万物一体者，皆有此理，只为从那里来。'生生之谓易'，生则一时生，皆完此理。人则能推，物则气昏，推不得，不可道他物不与有也。人只为自私，将自家躯壳上头起意，故看得道理小了佗底。"（《遗书》卷二上，33-34）例如人不仅能够感知自己的手脚的痛痒，而且还能感知万物的痛痒，而大多数动物只能感知自己身上的痛痒，而不能将这种感知能力扩展到自身以外。程颢承认，有些动物不仅能够感知自身的痛痒，而且还能感知自身以外的小圈子内的他者的痛痒。例如，他说，仁义礼智的道理，"虽牛马血气之类亦然，都恁备具，只是流形不同，各随形气，后便昏了佗气。如其子爱其母，母爱其子，亦有木底气象，又岂无羞恶之心？如避害就利，别所爱恶，一一理完。更如猕猴尤似人，故于兽中最为智巧，童昏之人见解不及者多矣。然而唯人气最清，可以辅相裁成，'天地设位，圣人成能'，直行乎天地之中，所以为三才"（《遗书》卷二下，54）。那么人与动物之间这种能推和不能推的差别是由什么造成的呢？实际上就在这段话中，程颢就已经回答了——气。动物气昏而不能推，人之气最清而能推。除了这个清气与昏气的区分，程颢还做了正气和偏气之间的区分："天地之闲，非独人为至灵，自家心便是草木鸟兽之心也，但人受天地之中以生尔。人与物，但气有偏正耳。独阴不成，独阳不生。得阴阳之偏者为鸟兽草木夷狄，受正气者人也。"（《遗书》卷一，4）

那么我在上一段中说的我们遇到的麻烦在哪里呢？我们这里看到，程颢是用不同质量的气来区分人与物的，但我们在上面看到，程颢也是用不同质量的气来区分君子与小人即好人与恶人的。这里的麻烦主要不在于这种进路的一个可能结果是恶人与动物无异，因为程颢和其他一些儒者一样确实有时认为恶人与禽兽无异，如《遗书》卷二上就载有未标明哪一位程子的话："礼一失则为夷狄，再失则为禽兽。圣人初恐人入于禽兽也，故于春秋之法极谨严。"（《遗书》卷二上，43）真正的麻烦是，由于程颢认为，动物因其禀赋的气之昏暗、偏失和浑浊而不能扩展其感知并消除痛痒的能力和趋向，即不能变成人，那么既然与禽兽无异的恶人也因其气的质量低下而不能扩展感知并消除痛痒的能力和趋向，即不能成为善人，我们也就不能说它们应该成为善人，就好像我们不能说虎狼应该成为善人一样，这就是我们上面说的应该隐含着能够的意思，但儒家的几乎所有目标就是力图使小人变君子，使恶人变善人，使麻木不仁者成为仁者，从而能感万物之痛痒，以万物为一体。

但程颢似乎不仅意识到了这个问题，而且还试图解决这个问题，而这可能与他在主气与客气之间的区分有关："义理与客气常相胜，又看消长分数多少，为君子小人之别。义理所得渐多，则自然知得，客气消散得渐少，消尽者是大贤"（《遗书》卷一，4-5）。这里程颢认为君子与小人之间的区别是义理和客气之间的不同消长。义理长，客气消，则君子，而客气长，义理消，则小人。这里程颢提到了客气，与之相应的是主气或正气。主气是人性存在于其中的、构成人的形体者，而客气则是外来之气。为理解这两种气的关系，我们可以看一下程颐在内气与外气之间做出的类似的区分。程颐说："真元之气，气之所由生，不与外气相杂，但以外气涵养而已。若鱼在水，鱼之性命非是水为之，但必以水涵养，鱼乃得生尔。人居天地气中，与鱼在水无异。至于饮食之养，皆是外气涵养之道。出入之息者，阖辟之机而已。所出之息，非所入之气，但真元自能生气，所入之气，止当阖时，随之而入，非假此气以助真元也。"（《遗书》卷十五，165-166）

在程颐的这段话中提到了外气，外气一定是与内气相对的。虽然程颐自己没有用内气一词，就好像程颢没有用主气一词一样，但在上引这段话中，很清楚，程颐说的"真元之气"就应该是人的内气，也就是程颢那里与客气相应的主气。他这里用鱼和水的类比不仅很好地说明了内气和外气的意义，而且也很好地说明了这两种气之间的关系。真元之气构成了人的形体因而是人的内气，而人必须生活在一定的环境中，就好像鱼必须生活在水中，这种环境构成了人的外气。虽然人的内气与外气不杂，但由内气构成的人又需要在外气中得到养料，就好像鱼需要在水中得到养料。但如果外气不纯，则也会污染内气，就好像鱼生活在不卫生的水中也会受到伤害一样。

现在我们再回到程颢那里。如果我们上述的理解正确，那么程颢的观点是人本身由性和主气构成，这两者本来都是纯善的。由这种性和主气即程颐的内气构成的人则必须生活在客气即程颐的外气（即环境）中，从中获取养料。但客气有清纯和浑浊之别，而正是这种客气的差别导致了君子与小人、善人与恶人之别。生活于清纯之客气（环境）中的人为善人、为君子，而生活在混杂之气中的人成恶人、成小人，而他们之所以变成恶人、小人是因为浑浊的客气污染了其主气。人（包括小人、恶人）与动物的差别在于他们的主气或内气不同。人的主气、内气是正气、直气，而动物的主气则是邪气、偏气。作为人的主气的正气、直气可能由于浑浊的客气、外气的污染而也变得浑浊，从而出现小人、恶人。但是作为动物的主气的偏气、邪气无法变成正气、直气，而作为小人、恶人的主气，跟圣人的主气一样，是正气、直气，只是受客气或外气的影响而变得浑浊了，而浑浊之气则可以被澄清，就好像浑水可以被澄清一样。所以，程颢认为："人不可以不加澄治之功。故用力敏勇则疾清，用力缓怠则迟清，及其清也，则却只是元初水也。亦不是将清来换却浊，亦不是取出浊来置在一隅也。水之清，则性善之谓也。"（《遗书》卷一，11）

程颢对人之变恶的这样一种解释似乎把恶的产生完全归诸外在的因素，而完全排除了一个人主观的责任，而如果这样，这样的解释是有问题的。但事实上程颢也没有完全排除主观的因素。根据他上面的解释，很显然，如果外气、客气没有问题，一个人是不会变坏的（我们也许也会对此提出挑战，不过程颢认为这样的情况，即毫无瑕疵的客气，即使有，也稀少得可以忽略不计），但如果一个人的外气、客气有问题，是否一个人就一定会变坏呢？程颢的回答是否定的。在他看来，浑浊、偏斜和昏暗的客气之所以能够污染一个人的主气从而使人变恶，是因为一个人的内气之不养和志之不立，而这就是一个人变恶的主观原因。因此避免被这样的外气污染的办法就包括养气和持志。一方面，所谓的养气也就是养自己的主气，此即孟子所谓的浩然之气（见《遗书》卷十一，117）。程颢说："浩然之气，乃吾气也，养而不害，则塞乎天地；一为私心所蔽，则欿然而馁，却甚小也。"（《遗书》卷二上，20）他说浩然之气是吾气，就说明这不是客气，而是主气。主气养得如孟子所说的至大至刚，就能塞乎天地而不为客气所污染。而养气在程颢看来也不是一件神秘的事情，而应当落实到具体的事情："浩然之气又不待外至，是集义所生者。"（《遗书》卷二上，29）所谓集义，也就是积善、作善行、做符合道德的事情。因此在评论《孟子》中养浩然之气章时，程颢说，"浩然之气，天地之正气，大则无所不在，刚则无所屈，以直道顺理而养，则充塞于天地之间。'配义与道'，气皆主于义而无不在道，一置私意则馁矣。'是集义所生'，事事有理而在义也，非自外袭而取之也。"（《遗书》卷一，11）但在集义的时候，程颢认为，应如孟子所说，"心勿忘勿助"，即不要忘记作善行、积善德，但也不要做作，即要自然地去做，认为"养气之道当如此"（《遗书》卷十一，124），从而实现由仁义行，而非仅行仁义。另一方面，所谓的持志就是确立自己的意志并持之以恒，它与养气相辅相成。养气可以帮助人持志，但持志也可以帮助人养气。在谈到孟子关于这两者之间的关系的观点时，程颢说："一动气则动志，一动志则动气，为养气者而言也。"（《遗书》卷一，11）程颢认为，一个人一旦持志，他就不会被外面的客气污染，所以他说："持其志，便气不可乱，此大可验。"（《遗书》卷二下，53）

六 结 语

程颢的伦理学是一种美德伦理学。其核心概念是仁这种美德，它的关注点是人如何成为仁者。虽然它也关注人的行动，但它强调的是来自仁这种美德的行动，而不是只与仁这种美德一致的行动，即由仁义行，而非行仁义。尽管在当代西方，理性主义和情感主义是美德伦理学的两种主要形态，程颢的美德伦理学既不是纯粹理性主义的，也不是纯粹情感主义的，而既有理性主义的成分，也有情感主义的成分。本来情感主义和理性主义在美德伦理学上是不可调和的，而程颢的美德伦理学之所以能将这两方面结合起来，关键是他独特的关于仁这种美德的概念。由于他将仁理解为对他人的痛痒的知觉及其伴随的想解除他人所感知的这种痛痒的动机，他所理解的儒家的仁实际上就是当代心理学讨论的同感概念，而这个概念乃是当代情感主义美德伦理学的核心。但在情感主义美德伦理学那里，同感直接被理解为情感，而在程颢那里，同感是一种产生情感的活动：仁作为同感是对他人痛痒的感知活动，虽然这种感知活动的结果就是一种痛痒感，但这种痛痒感本身不是仁。这是因为在程颢那里，仁是作为世界的终极实在的理在人身上的独特表现形式。我们已经看到，理在程颢那里本身就是一种活动，是一种生的活动，而仁作为这种生的活动在人身上的特殊呈现形式就是对他人痛痒的感知及由此引起的帮助他人解除这种痛痒的活动。

（《东南大学学报（哲学社会科学版）》2020 年第 5 期）

（作者单位：香港中文大学哲学系）

从内在超越到感通

——从牟宗三"内在超越"说起

蔡祥元

【摘要】 对于牟宗三的内在超越说，当前学界有两个典型批评。一个是外部批评，它的着眼点是如何应对外部世界的超越性问题。一个是内部批评，其着眼点是道德主体性建构的合理性与合法性。外部批评的问题在于没有明确将内在超越与理性界限关联起来，学理上并未切中内在超越说的要害。内部批评虽然指出了牟宗三思想的内在困境，但没有看到牟宗三理路还可以有新的发展空间。通过进一步考察牟宗三对智的直觉如何可能的回答，我们发现内在超越说面临的责难，可以从感通的视角出发做进一步阐释。

内在超越是牟宗三重构儒家思想体系的核心概念。他借鉴康德批判哲学的思路，在熊十力体用说的基础上，对儒家义理进行了批判性改造。如何理解其改造的价值与力度，到今天也还充满挑战。有无超越问题，如何理解内在超越，不仅关乎对牟宗三本人的思想解读，也关乎当下儒学发展的思想方向。

笔者注意到，当前学界对于内在超越说有两大典型批评。一是张汝伦、黄玉顺等学者着眼于外部世界的超越性视野出发提出的批评①。另一个是杨泽波着眼于牟宗三与康德哲学的思想关系提出的批评②，他特

---

① 参见张汝伦：《论"内在超越"》，载《哲学研究》2018 年第 3 期；黄玉顺：《中国哲学"内在超越"的两个教条——关于人本主义的反思》，载《学术界》2020 年第 2 期。

② 参见杨泽波：《论牟宗三儒学思想方法的缺陷》，载《哲学研究》2015 年第 1 期。

别围绕智的直觉如何可能的问题，对内在超越说的思想特点与困境作了一系列解读与批评。这两个批评，可以说，分别从外部和内部去"终结"牟宗三的内在超越说，对我们理解、评估牟宗三乃至中国古代哲学的基本精神提出了两个重要挑战。牟宗三哲学体系建构的一个重要契机就是康德哲学的理性界限问题。他通过回应康德哲学的"直觉"观来跨越此界限，并以此来重新诠释宋明理学的基本精神。这在某种意义上完成了一次中国哲学的"世界化"或"现代化"转型，也即，在西方哲学的视域中重新提出中国哲学的基本问题，并展示中国传统哲学独特的哲理特征。本文通过追溯内在超越说的儒学背景和康德哲学背景，并重新考察智的直觉如何可能的问题，一方面回应外部批评，表明内在超越确实构成了中国哲学的一个基本特质，另一方面则表明，智的直觉虽有其内部困境，但牟宗三所展示出来的基本思路还可以有进一步的发展空间。这就是笔者最后尝试引出的感通视角，它将通过重新审视人心的认识能力或生存可能性，参考并对话西方哲学康德以降的认识论批判尤其是现象学传统，尝试以更为学理化的方式表明内在超越如何可以有进一步的发展空间。

一 对"内在超越"说的两种批评

我们先看张汝伦、黄玉顺的外部批评，主要涉及两个方面：第一个方面是对内在超越的消解及其思想后果的批评。张汝伦认为内在超越是矛盾的概念，自身难以圆融，并认为这个概念也不符合传统儒家的超越观。黄玉顺则认为西方哲学传统也有内在超越，因此它并不构成中国哲学特质。不仅如此，在他们看来，内在超越的思想模式与西方近代哲学的主体性转向具有某种平行关系，后者是造成现代价值危机的重要原因之一。另一方面是对外在超越的诉求。在指出内在超越的问题之后，他们都转向中国古代"天"的观念，表明其中蕴涵着外在超越的维度。

关于外在超越的视角我们后面再回应，这里先看一下他们对"内在超越"的批评是否切中牟氏哲学的要害。牟宗三的内在超越说是熊十力体用说的深化。他吸取了熊十力对中国古代哲学本体观的基本洞见，也即，此本体是可以当下体认、当下直接呈现的，不是理智通过推理活动来设定的。① 牟宗三内在超越说的思想建构，跟熊十力这里指点出的此种对待"本体"的态度有直接关系。正是这个态度触及到了中西哲学的一个重要分水岭。用康德的话说，就是对形上本体的直觉也即"智的直觉"是否可能？康德认为这是不可能的，这是上帝的能力。牟宗三则通过重构儒家哲学义理表明是可能的。因此，对内在超越义理的展示，需要结合牟宗三对理性界限问题的思考与回应。张汝伦与黄玉顺也都看到了康德与牟宗三的思想关联。他们都指出，在康德那里，上帝是一种理智的假设，不是理性直观的对象。黄玉顺为了证成西方近代哲学同样具有内在超越的维度，对此还做了进一步的解读。他指出，既然上帝是实践理性的公设，而实践理性乃是人的理性，这就表明"上帝"终究也是内在于人的理性之中的。张汝伦通过考察康德之后德国古典哲学的发展，表明康德那里不能被直观的"超越"者有一个内化的过程，并到黑格尔那里实现了超越的内在化，也即实现了"内在超越"。张汝伦还总结指出，此种"内在超越"不是超越者的主观化，而是一种纯粹思维王国中的"逻辑"。② 但是，我们由此也可以看到，虽然他们都注意了德国古典哲学中有个超越者的内在化维度，但都没有明确意识它与儒家传统中形上本体的"内在化"有关键不同。康德那里的上帝关涉的只是一种理性"设定"，因此是一种理性设定的"内在"，哪怕是黑格尔的绝对精神，其本质正如张汝伦所总结指出的是一种纯粹思维中的"逻辑"，可以说某种纯理性的东西。正是这种理性或理性的设定，在熊、牟看来是外在于生命的东西。儒家的形上本体与此不同，它是内在于人的生命—存在的，可以为我们所直接体认。"吾人与天地万物，从本体上说是同体，即是同此大生命。"③ 也因此，不仅仅康德，乃至整个德国古典哲学的主体性，在熊、牟看来，都可以视作为某种形式的"外在超越"，从而有别于儒家（乃至整个中国哲学传统中）那种可以在生命中获得直接体认的

① 参见熊十力：《十力语要》，岳麓书社 2011 年版，第 251 页。
② 参见张汝伦：《论"内在超越"》，载《哲学研究》2018 年第 3 期，第 85 页。
③ 熊十力：《新唯识论》，中国人民大学出版社 2006 年版，第 109 页。

"内在超越"。

在熊十力看来,不仅德国古典哲学中的思辨性特征与中国哲学的精神是有隔膜的,甚至叔本华、柏格森那种注重体验、注重直觉的生命哲学也不同于中国古代哲学的生命观。按熊十力这里的说法,我们可以说,西学传统中的生命体验没有超越的维度,它只从"习海"亦即从熟习的日常经验中去考虑生命,"不越习海之域",看不到人的固有生命相对日常经验的有一个"越出"的维度,而这正是内在超越的思想立足点。

再看杨泽波的内部批评。他清楚地看到并指出牟宗三传承了熊十力的有关良知呈现的观点,因此其基本思路跟整个宋明理学是一贯的,也就是都立足于儒家心学。但他同时指出,牟宗三的思维方式相比前人并无突破,只不过换种方式强调良知本心具有本源性地位,并未对其做进一步的理论透视。① 其缺陷的根源在于牟宗三的思想方法受限于感性理性的两分模式。在他看来,儒家的道德结构具有欲性、仁性和智性三个维度,感性与理性大致对应于第一种和第三种,从而忽视了最重要的中间维度。这个缺陷使得他对理学心学的判教失之偏颇。不仅如此,也正是这个缺陷,使得他对"智的直觉"的相关阐发偏离了康德问题的要义,充满了对后者的误解。所以在他看来,牟宗三的思想方法已经过时了,可以"终结"了。② 笔者很认同杨泽波对内在超越说困境的分析和批评,但是不赞同他对此困境根源的分析。牟宗三"智的直觉"的提出,就是要在感性和理性二分框架之外寻求一个"居间领域",可以说,"内在超越"说的要义正是在于对"仁性"的展示,而不是要将它纳入感性和理性的框架之中。"所以这是在第一序的存有——客观的或主观的——外,凌空开辟出的不着迹的'虚室生白吉祥止止'的居间领域,……"③

因此,内在超越可以构成理解儒家哲学特质的一个重要视角,但是,

① 参见杨泽波:《论牟宗三儒学思想方法的缺陷》,载《中国哲学年鉴》2016 年第 1 期,第 57 页。
② 同上,第 63 页。
③ 牟宗三:《心体与性体》(上),上海古籍出版社 1999 年版,第 188 页。

我们也不能把它作为"教条"简单接受下来，需要结合康德的视角进一步追问其可能性，如此才能更好把握其问题与洞见，看它有无进一步的发展空间。

二　内在超越与儒学的思想传统

我们先看内在超越的视角在儒学传统中是否存在，以及它跟早期儒学中"天"的外在超越义是何种关系。

牟宗三的内在超越说是相对于西方哲学与宗教的外在超越说而言的。牟宗三本人也已经意识到这一概念可能包含理解上的矛盾，他指出"内在"与"超越"是相反的（"Immanent"与"Transcendent 是相反字"）。牟宗三为什么要把这两个矛盾的词合在一起使用呢？这是为了标识中西方文化传统对超越者理解上的区别。西方哲学宗教传统中的超越者，无论是上帝还是实体，整体上言，都具有一种超出自然界或现实世界的存在方式。中国古代哲学传统中的天或天道同样也具有这个维度。但是，与西方传统不同，中国古代哲人，无论儒家还是道家，都在寻求如何把此外在的天跟人心打通。"内在超越"标识的就是这一哲理特征。

那么，这样一种思想特征是否存在呢？牟宗三对此就做了特别考察。他认为中国古代的"天"或"天命"与西方的上帝在超越维度方面是相似的，但是它与人的德性一开始就有某种关联，这是它与西方宗教意识中的上帝的区别所在。他根据《尚书》中的文字总结指出，周人的天命观有两层含义：一方面，它高高在上，决定人间吉凶，掌控人类的命运，这是古代人对超越者的通常领会，中西无异；另一方面，在如何对待天命方面，出现了以德配天的理路，通过敬德修德，来获得天命的庇佑。虽然如此，牟宗三依然指出，早期的"德"还没有达到与天命相贯通的意思，换言之，这里的天及天命仍以早期的（外在）超越义为主。[1] 这种（外在）超越的维度在孔子那里还保存着。

但是，孔子在实践仁的过程中，又发展出了另外一种"天"，一种

---

[1]　参见牟宗三：《中国哲学的特质》，吉林出版集团有限责任公司 2010 年版，第 16 页。

跟仁也即人的德性有内在关系的"天"或"天命"。比较典型的有如下几个地方：

> 子曰："大哉尧之为君也！巍巍乎！唯天为大，唯尧则之。荡荡乎！民无能名焉。巍巍乎！其有成功也，焕乎，其有文章。"（《论语·泰伯》）

> 子曰："吾十有五而志于学，三十而立，四十而不惑，五十而知天命，六十而耳顺，七十而从心所欲，不踰矩。"（《论语·卫灵公》）

> 子曰："不怨天，不尤人，下学而上达，知我者，其天乎！"（《论语·宪问》）

> 孔子曰："君子有三畏：畏天命，畏大人，畏圣人之言。小人不知天命而不畏也，狎大人，侮圣人之言。"（《论语·季氏》）

这几处的"天"与"天命"，如果单纯着眼于其（外在）超越义，义理上就不通透。一种外在超越的天，尧如何能效仿它，并以它为楷模？对于此种"天"或"天命"，根据孔子上面的自述，他到五十岁左右才有真切领会。牟宗三据此指出，孔子通过"下学而上达"达到了与天命的"遥契"，从而作出了"知我者，其天乎"的感叹。尽管如此，牟宗三依然指出，孔子对天命的遥契中包含着敬畏，因而还保留超越的维度。[1] 但是，如此一来，践仁以通天命的思想路子就打开了。孟子将孔子那里隐含着的"践仁知天"发展为"尽心知天"，这个维度就得到了进一步凸显。一个外在超越的天是不可能通过人自己的"尽心知性"就可以知道的。这种意义上的天，与超越的上帝或实体相比，它相对于人心而言，已经具有明显的"内在性"特征了。《中庸》直接将仁与天，进而将人德与天德关联起来，"肫肫其仁，渊渊其渊，浩浩其天。苟不固聪明圣智达天德者，其孰能知之？"（《中庸》）牟宗三认为到《中庸》这里，超越的遥契转变成了内在的遥契，消除了超越之天的宗教意味。[2]

我们知道，整个宋明理学的主要思想焦点就在于对此天道人道的贯

---

① 参见牟宗三：《中国哲学的特质》，吉林出版集团有限责任公司 2010 年版，第 33 页。

② 同上，第 34 页。

通上，既包括义理的辨析，也包括工夫的实践。牟宗三的内在超越正是接着孔孟以降宋明理学的基本思路而来的。这个内化或者说儒学的这个发展合不合理，能否经得起康德式的批判，这是可以讨论的。但是，否认儒学传统中存在这么一种思想特征，这就不成立了。

那么，内在与超越有没有可能实现相互贯通呢？张汝伦的真正担忧也在此。在他看来，天的超越性主要是指哲学层面的那种无限性、绝对性概念，而人心乃是有限之物，有限的东西自然不可能跟绝对无限之物相等同。天之为天，就是相对于人的有限性而言的。[1] 杨泽波对牟宗三的批评也与此相关。因此，我们需要结合康德哲学的视角，对内在超越说本身再作进一步审视。

三　内在超越与理性的界限

牟宗三有关"超越"一词的使用虽然义理上是着眼于康德哲学而来的，但与康德的相关界定并不完全一致，尤其跟现代比较流行的康德术语的翻译出入较大。他一方面用"超越"来翻译"transcendental"，而以"超绝"和"超离"来翻译"transcendent"。[2] 另一方面，牟宗三并不严格在康德界定的"transcendental"下使用"超越"一词，相反，而是在"transcendenta"层面使用该词。比如，在《中国哲学的特质》中，他在阐发内在超越时，明确使用的是"transcendental"来注释"超越"。[3] 因此，牟宗三有关"超越"一词的使用，虽然有康德哲学的渊源，但不能完全视作对康德相关语词的翻译。就其自身的思想体系而言，"超越"主要针对康德的"transcendental"而言。当他着眼于中国哲学来反思此超越的本体界时，他改变了康德那里的超出经验、隔离于经验之外的意思，相反，此超越界是可以为"人心"所通达的。"内在超越"说的就是此种通达的可能性。

牟宗三在《现象与物自身》一书的开端处指出，康德哲学的《纯粹

---

① 参见张汝伦：《论"内在超越"》，载《哲学研究》2018 年第 3 期，第 88 页。

② 参见牟宗三：《中西哲学会通十四讲》，上海古籍出版社 2007 年版，第 38、93 页。

③ 参见牟宗三：《中国哲学的特质》，吉林出版集团有限责任公司 2010 年版，第 20 页。

理性批判》及其整个哲学有两个预设：一个是现象与物自身的区分；一个是人的存在的有限性。这两个预设是有关联的，后一个预设更根本，它潜在地蕴含第一个预设。牟宗三对康德的批判性解读就是从第一个预设入手，通过对第二个预设也即人的有限性进行重新审视，来回应第一个预设留下的难题。

牟宗三认为，康德有关现象与物自身的区分是超越的，这个观点只是随文点到，并未给予明晰的说明，且包含内在的矛盾。从物自身来说，它只是一个人类知识永远无法企及的彼岸，在这个意义上，它只是一个逻辑设定，容易成为"空洞的概念"。① 另一方面，它又不能只是一个空洞的逻辑概念，因为没有它，现象呈现的多样性复杂性就不能得以说明，换言之，现象的多样性本身除了主体的先验感性形式以外，还需要物自身的内在支撑。因此，物自身应该是有真实内容的。所以康德又退一步指出，物自身可以是智的直觉对象。但是，这种直觉能力只为上帝所拥有，人类具有的只能是感性直觉，所直觉到的只能是现象。② 牟宗三认为，即便如此，物自身依然只有形式的意义。因为人不是上帝，也就不拥有智的直觉，因此，我们永远不能从正面了解物自身的积极内容是什么。这就进一步导致物自身及其与现象的区分都基于一个假定。③

为此，牟宗三接着康德的基本思路对它进行了改造。首先，他借助神学的基本理路，表明上帝的直觉，也即智的直觉，不只是单纯的认知，而同时也是一种创造。与神学或宗教中的造物不同，他所谓的这种哲学层面的上帝造物，说的并不是上帝创造出具体的有限存在物，而是物自身。在牟宗三看来，康德这个说明同样不充分，只是概念层面指点。因为，如果上帝创造的只是物自身，而我们对物自身又无直观，这就表明，对于"上帝造物"这件事，我们同样不可能有正面、积极的"知识"。④ 因此，这个困境也就不能从"上帝"侧予以化解，于是，牟宗三转向人

---

① 牟宗三：《现象与物自身》，吉林出版集团有限公司 2010 年版，第 9 页。

② 参见 ［德］康德：《纯粹理性批判》，邓晓芒译，人民出版社 2004 年版，第 306-307 页。

③ 参见牟宗三：《现象与物自身》，吉林出版集团有限责任公司 2010 年版，第 10 页。

④ 参见 ［德］康德：《现象与物自身》，吉林出版集团有限责任公司 2010 年版，第 10 页。

的主体侧。根据康德的思路，人只具有感性和知性这两种认知形式，从而我们的所知只能局限于现象。牟宗三把它称为有限心。相应地，能够进行智的直觉的就是无限心。这是康德的基本划分。牟宗三指出，康德只是作了这个区分，但并未给予明确理由表明，为何人只有感性和知性，为何必须以时间空间这样的形式去直观以及用这样的概念（知性范畴）去思考？这里同样隐含着一个理路的困境：如果我们只有感性和知性，我们只有有限心，我们的知就永远局限于现象界，那么，我们何以知道有"物自身"？何以知道我们所知的只是现象，而不是物自身？

对于这样一个困境，康德本人也明确指出过，他在《未来形而上学导论》中写道，"界限"一词在此具有比喻的意谓，本身是一个无法被证成的概念，因为对此界限的勘界需要知道界限的两侧，需要跨越界限，而对于物自体的那一侧，人类知性是无从进入的，对知性而言，"物自体"同时就意味着一个"空"的领域。[1] 这里我们可以接着康德的思路说，"物自体"本身也是一种理念。这一理念对认知而言没有实际的内涵。因此，上述困难不能在思辨理性内部得到解决，哪怕是主体对自我的反思，这种反思所直观到的依然是"现象"——诸种心理活动的体验与事实，而不是"本体"。

我们知道，康德由此转向实践领域。在牟宗三看来，康德这里依然有一个很大的"跨越"。因为自由这个概念充满道德、价值的意味，它作为主体现象背后的"物自身"问题不大，但是，它如何能够成为客观现象背后的"物自身"呢？

牟宗三认为，要跨越上述界限必须重新审视智的直觉。按康德，智的直觉是无限心，只有上帝才有，人类不可能具有，因此，对于客观现象背后的"自在之物"（或"物自身"）不可能有直觉，从而我们也就无从知晓其实情。这就反过来表明，只要证成人具有智的直觉，我们就可以同时获得对主观、客观两种现象背后的"自在之物"的直觉。换言之，只有赋予人以智的直觉，康德哲学的上述两难才能得到化解。而这

---

[1] ［德］康德：《未来形而上学导论》，李秋零译注，中国人民大学出版社 2013 年版，第 98 页。

一步，康德本人并未做到。

四 智的直觉如何可能

我们先看一下牟宗三如何在中国哲学语境下证成智的直觉，从而完成其对康德所划下的"界限"的超越，然后再考察他的证成是否合理。牟宗三接着康德的思路区分了两种直觉，一种是通常意义上的直觉，也即感官直觉，这是康德所许可的，也即人所具有的直觉能力；另一种就是智的直觉，它是对"自在之物"的直觉。此种直觉的独特性在于，它同时也是物的创生原则，直觉即创造，一般来说这是上帝所具有的能力。那么，这一作为存有论层面的创造性实现原则［Principle of ontological (creative) actulization］的直觉对人来说是否可能呢？

牟宗三以张载有关"识知"和"心知"（或"见闻之知"与"德性之知"）的区分表明，这种意义上的"直觉"对于儒家传统而言是可能的。按张载，识知或见闻之知是通过人的耳目来完成的，用来获得对通常事物的认知，心知或德性之知不同，它是用来把握天、太虚或天道的。这里的关键在于心知是如何把握天道的。张载用了"心知廓之"来描述它。牟宗三指出，这里的"廓之"表明"心知"把握天道的方式不是把它作为认知对象（如果那样，会陷入对象化的巢窟，产生先验幻象），而是"廓之"，即以开阔其心以达到与天道的如如相应，并以此获得对天道的体知。因此心知是通过"廓之"来让天道得以"形著"的。那"心知廓之"是如何可能的呢？牟宗三注意到张载用"合内外于耳目之外"来描述它：

> 人谓己有知，由耳目有受也；人之有受，由内外之合也。知合内外于耳目之外，则其知也过人远矣。（《正蒙·大心篇》）

牟宗三以此对张载的区分作了进一步辨析。在他看来，通常的识知或耳目之知，是通过内外相合而来的，因此它以内外或能所的区分为前提。心知不同，它是"合内外于耳目之外"，这就表明它不是简单的"合内外"。换言之，它不是在内外、能所已经现成存在的前提下去实现双方的相合——这是识知——而是本心仁体的自身朗现，在这种朗现中实现的内外之合。因此，心知的"合内外"跟识知的"合内外"是不同的。一个以能所、内外的区分为前提，一个则先于此种区分而发生。按牟宗三的说法，这种朗现才首先成就了主客、内外、能所的区分。在这个意义上，这种朗现就具有创生义。[①] 为此，牟宗三又把"心知"的呈现称为"圆照"。圆照不是静态地观照，此圆照同时还具创生义，其所照者即是其所创生者。在本心的圆照和遍润之中，万物不是以被认知的对象出现，而是以"自在之物"的姿态显示自身。这种意义上的圆照或德性之知，就既不同于对感性层面对事物的感知，也不是以范畴的方式对事物的认知。按牟宗三的说法，它只能是康德意义上的智的直觉。

在张载这里，与此心知相对应的表述还有"诚明之知""天德良知"等等，它们说的都是本心仁体的朗现，亦即一种对本体的直觉。由于此种直觉不是对物的外部直观，而是通过返身、反观自身而获得的对自身心性本体的洞察，所以，如此洞察到的本体也就可以称为心体、性体，由于它同时就是天道自身的朗现，此心性之体同时就是道体、诚体、神体。在牟宗三看来，此一思路不是为张载所独有，而是贯穿在《论语》《孟子》《中庸》《易传》之中，为濂溪、明道、象山、阳明等宋明儒者所共有。

以上还是概念的疏解，为了避免陷入单纯的概念思辨，牟宗三还以康德式的批判为视角，对智的直觉如何可能，作了进一步的诠释与辩护。辩护的关键在于回应康德的责难，也即，我们人类作为有限的存在，如何可能具有这种智的直觉。他从理论和实践两方面来证成这种直觉是如何可能的。

先看智的直觉在理论上是如何可能的。该问题的关键在于，作为道德行为之根源的本心仁体何以能够同时作为万物之根源的道体？对此牟宗三首先表明，儒家道德哲学中的心性之体不同于康德的自由意志。在康德那里，道德律令的发出者就出自人的自由意志本身，而在儒家哲学中，作为道德行为之根基的本心仁体内涵上要广得多。心性之体并不局

---

① 参见牟宗三：《智的直觉与中国哲学》，中国社会科学出版社 2008 年版，第 161–163 页。

限于人类的心性，它是绝对而普遍的，可以超出道德领域而涉入存在界，成为万物存在的根据。由于它涵盖天地万物，心性之体最终指向的就是一个纯粹的创造原则本身。那么，这种意义上的心性之体是否存在呢？牟宗三指出，儒家的本心或良知都是依从孔子的"仁"而来的，而仁心的发动与运作不会只限制于道德领域，推其极可以与天地万物共为一体。正因为如此，仁心可以挺立为仁体，也即通过仁心体物而成为万物之体，以此成就物之为物。这就是仁心本体的创生性或创造性原则。这是正面阐说仁心本体必然同时挺立自身为道体，以成就物之为物。从反面来说，如果心性之体只局限于道德领域，那么它就不足以成为无条件的道德律令的发出者。因为那样一来，自由意志就会受制于外物而沦为习心、成心，不足以成为无条件的命令发布者，不能成为绝对无待的主体。

牟宗三又接着表明，这种意义上的本心仁体不仅在概念上是合理的，它在事实上也是存在的，它就彰显于我们的实践活动之中。本心仁体在道德层面的呈现就是如儒家所说的，见父自然能孝，见兄自然能悌，当恻隐自然恻隐，当羞恶自然羞恶，这是本心自然的发动。这种本心仁体的发动并不局限于人与人之间。人的悱恻、不忍之感会自然波及万物，施与万物。可以说，本心仁体时时活跃在我们待人接物的过程中。在我们待人的过程中，仁心表现为道德规范的根源。在我们接物的过程中，它能够"润生"万物。因此，这样一种时时活跃着的本心仁体，并不是一种理智的假定，而是可以具体呈现于我们的生活之中。

以此，牟宗三从儒学的视角出发对康德智的直觉给予了新的解释，本心仁体的"自知自证"就是其感通润物而成人成物的过程，这也就是智的直觉之创生性的表现。牟宗三由此表明，中国儒学传统完全认可了智的直觉也即无限心的存在，并且是可以归之于人的，它就是人之为人的本心、大心。此大心、本心也就是一种本源性的创造原则，它不只是显现于道德行为之中，同时也具有存有论的含义。由此，牟宗三完成了对内在超越的双重辩护。可以说，牟宗三借助康德哲学的思路，完成了一种对儒学心性哲学的一次批判性改造与当代重建，里面涉及存在论、认识论的核心问题。

五 智的直觉面临的双重困难

牟宗三通过重新诠释张载的心知或德性之知，表明它就是智的直觉。智的直觉如何可能的问题，其关键在于表明一种道德层面的本心如何能够同时就是形上层面的道心。牟宗三用"明觉"来综括仁心如何同时兼具这两个维度。智的直觉就是本心仁体的"明觉"活动，既"自觉"，又"觉他"。但是，在这两方面，牟宗三的论述都有困难。

1. 外部困境：对康德"物自身"的改造

明觉的关键在于它不是对一个已经存在的对象的觉察，而是它在觉察的行为之中给出对象。如果这是可以证成的，那么，智的直觉也就是可能的。但是，明觉物，觉润物，跟创生物，有关键区别。觉润通常需要物已经存在，而创生意味着给出物的存在。牟宗三也意识到这里有理路上的困难。为此，他对"物之自在"作了重新诠释。他指出，在智的直觉中，万物得其自在（"在其自己"），如此直觉到的就不是现象，而是物自身或自在之物，也即"物之在其自己"。换言之，在本心仁体的觉润中，万物得其"自在"。

> 一切存在在智的直觉中，亦即在本心仁体之觉润中，都是为一"在其自己"之自在自得物，（万物静观皆自得），都不是一现象的对象，如康德所认知地规定者。①

这确是中国哲学的一个基本理路。但是，我们也不难发现，中国哲学语境中的物之"自在""自得"，与康德哲学中的"物自身"或"自在之物"，并不能简单等同。康德的"物自身"或"自在之物"是着眼于它跟现象的区分而来的。在康德这里，"自在之物"为现象奠基，现象是人的感性形式跟自在之物相融合的产物，由于我们总是透过这种先验的感性形式（也即时间与空间）去看物，因此，我们所直观到的东西总是时空之中的现象，而无法只直观到现象背后的"物自身"。中国哲学语境中的"自在""自得"说的是物不受人为干涉、任其自然而然。

---

① 牟宗三：《智的直觉与中国哲学》，中国社会科学出版社 2008 年版，第 173-174 页。

听任万物自然而然、得其自在，并不等同于把握该现象背后的"自在之物"。由此我们可以说，牟宗三这个对接在根子处是错位的。他并没有接着康德的视野，正面回答人类如何能够透过现象直觉到其背后的物自身。他回应康德问题的基本策略是修改了康德有关"物自身"的界定。当然，牟宗三自己也意识到了这里其实涉及到两种不同的"自在"或"物自身"，并指出，中国哲学语境下的自在、自得才是"物自身"的积极含义，言外之意就是康德的"物自身"是一个消极的概念。在这个意义上，我们也就不能说他误解了康德哲学的概念，而是对后者进行了有意地改造。通过重新"界定"物自身来化解矛盾，不失为一种方案，正如康德之后的费希特、谢林、黑格尔乃至叔本华等等，无不尝试着通过改造康德哲学的某些维度来打开新的哲学视野，以此来消解康德哲学的某种不彻底性。

2. 内部困境：创生义不明

牟宗三通过逆觉体证来说明本心仁体对自身的明觉是如何可能的。在儒家传统中，人心确实有一个"大心"的维度。问题是，这个维度是一种独断的形而上设定（一种"先验理念"），还是确有其思想实情可言？自觉是本心仁体对自身的明觉，它所自觉到的就是本心仁体，牟宗三又称之为逆觉体证。这种自觉或逆觉体证不能简单理解为对内心知觉活动的反思。反思活动仍是对象性的，它把握到的乃是经验性的内容与经验性的"我"。逆觉体证把握的是"大我""本我"。通常的知觉活动（无论外部知觉还是内部知觉）都是以能所的区分为出发点的，也即它总是"能觉者"对"所觉者"的知觉。逆觉体证不同，它没有这种能所的区分。本心仁体在逆觉体证中不是作为"对象"被把握，相反，它本身正是在"觉"的活动中作为"明"之体而朗现。因此，逆觉体证说的就是本心仁体自身的彰显。

那么，本心仁体如何彰显自身呢？它就彰显在我们的人伦日用之中。虽然人伦日用是经验性的，离不开感触界，但是，我们可以透过本心在感触界的活动而反观其本体，达到对自性的明觉。比如，见父能孝，见兄能悌，该恻隐自恻隐，该羞恶自羞恶。这些孝悌恻隐羞恶之情，都是经验性的，但是我们能够孝悌恻隐羞恶之心则不是经验性的，它是纯智的。在经验的目光中，我们看不到自己的本心。虽然人心总是活动在感触界，但是由此感触界的活动可以折射出"本体"。此"体"并不能离开它在经验界的活动而被直观，只能在其活动中以逆觉的方式领会其存在；并且，即便在逆觉中把握其存在，所把握到的存在也不是对象化的实体。如此明觉到的本心仁体就是创生性本身。对此，牟宗三还有多种不同的表述，比如，诚体、神体、寂感真几等等。如此，人心就不只是有限心，而同时具有一个无限心的维度，后者乃是人心之本。自觉的关键就在于，我们通过内部的直觉或逆觉体证，认识到自身的存在就是那个创生不已的"寂感真几"（或"诚体""神体"）。经验层面的自我，当然不具有这种能力。牟宗三把经验层面的"我"称为"逻辑的我、结构的形式的我"。它是"真我"（本心仁体）的某种"曲成"或"坎陷"。这样一来，就有两个不同层面的"我"，相应地，也就有两个不同层面的存在。世间的事物对"逻辑的我"而言，也即对"经验层面的我"而言，表现为与"我"相对的现象；对作为本心仁体的真我看来，它就表现为物自身，呈现的是"自在相"。①

以上是逆觉体证的基本思路。虽然已经极为精微与细致，但创生义并未得到明确展示。这里面涉及宋明理学的一个关键问题，也即觉跟生成的关系。我们知道，程（伊川）朱都反对以觉训仁。在他们看来，仁（对应的是"生""生生""生意"等）才是更为本源性，以觉训仁，会陷入禅的空幻困境。牟宗三也注意到了这个问题，他尝试通过区分两种"觉"的含义来化解它。"觉"除了程朱所担忧层面的知觉义以外，还有仁心本体的警觉义。"觉是'恻然有所觉'之觉，是不安不忍之觉，是道德真情之觉"② 这就是前面所讲的仁心本体的自觉。这个意义上的"觉"正是仁心本体自身的朗现。但是，这并没有解决问题。万物跟仁心本体的关系由此就成为一种单纯的显—隐模式之中：从识知的角度看，万物乃是现象，从心知的角度看待，万物就是仁心本体的朗现。但是，

---

① 牟宗三：《智的直觉与中国哲学》，中国社会科学出版社 2008 年版，第 175 页。
② 牟宗三：《心体与性体》（下），上海古籍出版社 1999 年版，第 229 页。

仁心本体的"生生"之意并未由此得到落实。天地"生"物,跟本体朗现,两者之间并不能简单画等号。

当然,这有可能通过重新诠释"生"来化解。牟宗三也确实这样做了。他明确指出,此"创生"不是指经验层面的创造,而是本源层面地"生生",对此,牟用"即存有即活动"进一步诠释它的特点。牟宗三对"生生"的这一重新刻画,也有意接取了西方哲学的存在论视角,但他并没有真正解决问题。存有与活动如何相"即",在这里更多是对本源层面的创生义做了某种概念疏解,并未展示其可能性,所以其关键处只能用"妙运""神化"来刻画它。但是,这就容易沦为思辨性的玄学。

六　从内在超越到感通

我们注意到,在论及人的精神生命如何能与天地万物共为一体的时候,牟宗三提及了感通。他说,成圣不只是限于提升个人道德,而必须同时能够"上通"天命与天道的。那么,如何实现这种上通呢?他用"感通"来说明人与天道的贯通:

> 换句话说:便是人生的幽明两面与宇宙的幽明两面互相感通而配合。[1]

> "知我其天"表示如果人能由践仁而喻解天道的时候,天反过来亦喻解人,此时天人的生命互相感通,而致产生相当程度的互相了解。[2]

为什么我们可以通过感通达到与天命天道的贯通呢?因为仁的本性就是感通。感通可以让我们的生命逐层扩大,超出"自己",达到与亲人、与他人进而与天地万物共为一体的生命状态。这个思路在《心体与性体》《中国哲学的特质》和《智的直觉与中国哲学》等著作中均有提及:

> 此正是开辟创造之源、德行之本者。故由其指点与启发而可总

---

[1]　牟宗三:《中国哲学的特质》,吉林出版集团有限责任公司 2010 年版,第 29 页。
[2]　同上,第 32 页。

谓此体之本质实性曰觉曰健，以感通为性，以润物为用。①

感通是生命（精神方面）的层层扩大，而且扩大的过程没有止境，所以感通必以与宇宙万物为一体为终极，也就是说，以"与天地合德、与日月合明、与四时合序、与鬼神合吉凶"为极点。②

何以能如此放大？须知儒者所讲的本心或良知，都是根据孔子所指点以明之的"仁"而说的。仁心底感通原则上是不能有封限的，因此，其极必与天地万物为一体。③

尤其是，牟宗三在论及智的直觉如何可能时，其关键处也是转向感通。他指出，无限心就是仁心之感通本性所在。可以说，感通是实现"合内外"的枢机。这种"合"不是认知层面能所相符的"合"，而是摄物归心的创生性的"合"，这就是仁心的"感通"："吾人今日可随康德名曰'智的直觉'之知。……这是'万物皆备于我'的合，这不是在关联方式中的合，因而严格讲，亦无所谓合，而只是由超越形限而来之仁心感通之不隔。"④ 上述意义上的感通或仁，才是人心的根本，是人的真实生命所在，也是其内在超越的最终依据。

但是，以上有关感通的论述，牟宗三只是随文提及，对感通的运作本身并无进一步展开。如果不对感通如何可能的问题做进一步剖析，那么感通同样会成为一个"大概念"，跟"妙用""神化"一样，容易成为玄学或神秘主义。牟宗三有关"感应"的分析可以视作其感通论的一部分。他区分了两种不同的感应。一种是"物感物应"，也即经验层面外物感动人心的方式，此种接物的方式把握物的"现象"。另一种是"神感神应"，这就是本心仁体的觉物方式，它把握到的是"无相"的物自体。

围绕感通何以可能，通过吸取并对话现象学视域中的本质直观、价值直观，来进一步阐发感通是如何运作的，这一视角可以称之为感通现

---

① 牟宗三：《心体与性体》（下），上海古籍出版社 1999 年版，第 228 页。

② 牟宗三：《中国哲学的特质》，吉林出版集团有限责任公司 2010 年版，第 30 页。

③ 牟宗三：《智的直觉与中国哲学》，中国社会科学出版社 2008 年版，第 166 页。

④ 同上，第 162 页。

象学。与内在超越论的外部批评者不同，笔者以为，外部世界的超越性问题只能通过深化认识论的方式来重构，而不是通过回归人类文明早期的那种外在超越者来获得；也不同于内部批评者，感通现象学可以视作对内在超越如何可能的一个现象学展示，它不是去"终结"内在超越论，而是对它的深化或拓展。

（《中国哲学史》2021 年第 5 期）

［作者单位：中山大学（珠海校区）］

心之感通与於穆不已之天道的合一

——论现代新儒家"道德形上学"建构的根基

李洪卫

【摘要】现代新儒家辨识的儒家特质是"人文教"或"成德之教",与纯粹的人文主义不同。牟宗三认为儒家成德之教的根基是个体生命道德,同时它的全幅展开即仁心本体又是先验的道德实体和宇宙化生的本原,因此构成内在与超越的统一关系,这种统一是由心体展开的生命体证加以验证的,是由心体之"天渊"的感通境界加以证实的。仁心既是道德属性在个体生命之上的展示,同时也呈现为气机流行与贯通个体身心和外部世界的一体性或有机性。心体本身既是仁心的全幅敞开,同时也是生命的性体,也是宇宙大道本身的流行义的显示,即"於穆不已"和"生意",这就是性体主观面与客观面的同时呈现与内在统一,并以此构成对存有的先验道德根基的肯定和道德形上学或超越存有论,此即内在超越的本质特性。当下"中道超越"论对此有一些新的看法。

当代儒学的讨论基于思想自身以及实践发展的要求进入了一个新的历史阶段,其中最显著的特性是将"超越性"作为一个显豁的思想问题提了出来,这不仅是学理推进的需要,而且基于不少学者探索儒学实践演进的内在视野。从研究主体来说,既有当代大陆儒学学者,也有中西哲学研究的学者。就大陆儒家学者来说,对牟宗三"内在超越"的批评成为重建儒学超越论的出发点;中西哲学研究的专家,有的对超越性概念作了深入研究和分疏,也有对牟宗三"内在超越"提出个人批评意见。有鉴于此,对牟宗三"内在超越"的本质特性做出新的阐发以回应相关的讨论就成为本学术探讨的现实要求，此为本文撰写的旨趣。

一　引　言

晚近以来对牟宗三"内在超越"的批评有几类，一种是延续先前的一般性批评，即认为用"内在超越"来概括中国传统思想难以成立，譬如张汝伦曾经撰文对牟宗三的"内在超越"提出严厉批评，他最核心的意见与此前长时段中部分学者①提出的问题近似，即天道如果"超越"又何以"内在"？如果"内在"又何以"超越"？他说："首先，我们可以问，当天道贯注于人身而为人之性时，如何又能说它'高高在上'？如何还有'超越的意义'？其次，按照牟氏，人之性是贯注于人身的天道，而人之性就是'创造性本身'，那么天道是否就是'创造性本身'？若是，那么说'性与天道'岂不就是说'性与性'？若不是，那么天道与人性不是一事，也就不可能既内在又超越。就像基督教承认人身上有神性，但不会说上帝既内在又超越一样。"② 他将牟宗三的"内在超越"界定为"超越的主观化"和"以心代天"，黄玉顺则直接称之为"僭天"③。

黄玉顺承认中国文化传统是"内在超越"，但是却认为"内在超越"是人本主义的偏向，是错误趋向，这是第二类批评。他说："'内在超越'并非中国哲学的独有特征，而是中西哲学共有的普遍特征；不论中西，'内在超越'并不是比'外在超越'更优越的思想进路，恰恰相反，它的人本主义背景存在着严重的问题。"④ 黄玉顺认为中西哲学都存在着内在超越或内向超越的问题，西方哲学的近代转型是一个内向化的转型，这个问题导致神圣性的沦丧和人本主义的狂飙、存在和价值双重源头的失落以及对抗现实权力的超越性的丧失。笔者对黄玉顺这番论证的目的

---

① 与诸如早期冯耀明等学者的问题相类似，只是冯耀明偏一点儿语义分析角度。
② 张汝伦：《论"内在超越"》，载《哲学研究》2018 年第 3 期，第 81 页。
③ 黄玉顺：《"事天"还是"僭天"——儒家超越观念的两种范式》，载《南京大学学报（哲学·人文科学·社会科学）》2021 年第 5 期，第 17 页。
④ 黄玉顺：《中国哲学"内在超越"的两个教条——关于人本主义的反思》，载《学术界》2020 年第 2 期，第 68 页。

是有部分赞同的，即他对当代科技发展诸如人工智能等狂飙突进的忧思，笔者对此也有同感。笔者不太赞同的是，他把以牟宗三为代表的现代新儒家看作是人本主义历史背景下的衍生品或本身就是人本主义的产物，这种看法与现代新儒家产生的历史背景及其思想主张都是不相吻合的。黄玉顺这里的推理依据是：西方哲学的转向是内在超越的转向，① 但是他仅仅从"内在超越"的概念就确认牟宗三等人提出的"内在超越"同样来源于人本主义根基，这是需要论证和澄清的。

第三种批评是杨泽波提出的，试图以更加接近于牟宗三思想内在理路而进行批评。杨泽波认为："儒家虽然重视超越之天，但这个天只能在假借的意义上创生道德心性，不能在真实的意义上创生道德存有，儒家并没有一个以天为主的超越存有论，只有一个以道德之心为基础的存有论。换言之，儒家只有超越的心性论，没有超越的存有论，儒家的道德存有论只能以道德为基，而不能从超越之天立论。否则，必须造成一系列的混淆，直至影响人们对于道德存有论的理解和接受——牟宗三超越存有论的最大失误可能就在这里。"② 杨泽波认为，牟宗三超越思想容易招致混乱，其原因在于他将天和仁心并列地说，而在杨泽波看来，天与仁心应该分层地说："所谓'分层地说'是将天与心分类开来，将天作为心的形上源头，再由心来说明天地万物之存在，排除以天直接说明天地万物之存有的可能。"③ 杨泽波之分层说的意思在于，天是天，但是是假借而非实在，仅提供一个形上的设定，仁心则赋予万物以意义和价值，故牟宗三所称道的明道的存有论是道德的存有论而非超越的存有论。④他同时认为，牟宗三依据孔子、子思和孟子和《易传》论证的先秦的

---

① 这个说法是否成立也还有待于论证，近代西方哲学的演进存在着人本主义的理论，但是我认为用"内在超越"来概括可能有些简单化和不准确。

② 杨泽波：《超越存有的困惑——牟宗三超越存有论的理论意义与内在缺陷》，载《复旦学报（社会科学版）》2005 年第 5 期，第 173-174 页。

③ 同上，第 173 页。

④ 参见杨泽波：《从纵贯系统看超越存有论的缺陷——以明道为中心》，载《东岳论丛》2005 年第 1 期，第 178-180 页。

"道德存有论"并不存在。① 总体来说，牟宗三试图建构的天道与心性贯通的内在超越架构，在杨泽波看来似乎是不成立的，这也是下文需要回答的问题。②

二 人文教与儒家仁心贯通万物的主观与客观属性

首先，我们需要讨论的是牟宗三所认识的儒家特质及其与"人文主义"的关联性，这是当代大陆儒家批评牟宗三的一个重要问题，即牟宗三所建构的"内在超越"的儒学是人文主义属性的儒学。那么牟宗三自己的看法是什么呢？他强调孔子之教是"成德之教"或"人文教"，"人文主义是人文主义，孔子人文教是人文教。两者不可混同"。③ 牟宗三在这里强调了两点：第一，儒家人文教是基于人类生活之常轨的生活之教，是人们的生活轨道，因此是必须遵循的道德法则；第二，这种生活常轨和道德内涵之中包含着"神性之实"或"价值之源"，具有超越性的品格，他说：

> 儒家所肯定之人伦（伦常），虽是定然的，不是一主义或理论，然徒此现实生活中之人伦并不足以成宗教。必其不舍离人伦而即经由人伦以印证并肯定一真善美之"神性之实"或"价值之源"，即一普遍的道德实体，而后可以成为宗教。此普遍的道德实体，吾人不说为"出世间法"，而只说为超越实体。然亦超越亦内在，并不隔离，亦内在亦外在，亦并不隔离。若谓中国文化生命，儒家所承继而发展者，只是俗世（世间）之伦常道德，而并无其超越一面，并无一超越的道德精神实体之肯定，神性之实，价值之源之肯定，则其不成其为文化生命，中华民族即不成一有文化生命之民族。④

上面一段牟宗三试图说明孔子人文教内蕴"神性价值"即普遍的道

① 参见杨泽波：《先秦儒家与道德存有——牟宗三道德存有论献疑》，载《云南大学学报（社会科学版）》第三卷第5期。
② 除上述几种意见之外，任剑涛也对牟宗三的超越论提出了自己的批评和讨论，鉴于不是直接针对超越性问题，限于篇幅要求，此处暂略去了。
③ 牟宗三：《生命的学问》，三民书局1984年版，第73页。
④ 同上，第76—77页。

德实体，牟宗三一直将此"道德实体"称作是"超越实体"。一方面在牟宗三看来它是宇宙本体，又是现实有限存在的个体的道德理想，因为它的本质即个体生命的本质；另一方面它还是"於穆不已"的天道庄严和流行。

牟宗三上文更多还是从有限个体的无限追求来看天道的超越性，但是也已经点出它存在于我们人伦日用之中，而在其他地方他则更多的是从生命证成的角度说明个体生命道德的展开如何即是天道，这也是下文要展开的内容。他在早期依据儒家成德之教的设置来说明儒学的本质在其天道的内在性，而以道德意识彰显，但是最终个体的"尽心"即宋明儒家的"万物一体"为成德之终结：

> 一般人常说基督教以神为本，儒家以人为本，这是不中肯的。儒家并不以现实有限的人为本，而隔绝了天。他是重如何通过人的觉悟而体现天道。人通过觉悟而体现天道，是尽人之性。此即孟子所说："尽其心者，知其性也，知其性，则知天矣。"这尽性知天的前程是无止境的。它是一直向那超越的天道之最高峰而趋。而同时尽性知天的过程即是成德的过程，要成就一切价值，人文价值世界得以全部被肯定（这不是普通所说的人文主义）。家国天下尽涵其中，其极为"仁者以天地万物为一体"。①

牟宗三的意思是，中国古代儒家思想并不是我们一般意义上所说的"人文主义"，而是尽心尽性成德的"人文主义"，甚至是试图通达天道的"人文主义"，如果将之称为"人文主义"的话。所谓人文价值得以肯定是指，现实世俗社会中的必要价值，即有限生命存在的生活诉求及其价值是儒家所肯定的，但是并不限定于此，而是与天道价值联系起来，构成一种"天道人文主义"，这是儒家尤其是心学一系的最终目标，仅仅用人文主义，或仅仅用天道神圣性都不足以涵括儒家尤其是心性儒学的价值诉求。它的成德价值不限于世俗价值中的格致诚正目标，或身家天下范围，这是我们必须注意到的。牟宗三特别强调孔子的"仁"、孟

① 牟宗三：《中国哲学的特质》，吉林出版集团有限责任公司 2010 年版，第 107 页。

子的"本心",而此二者之价值指向通达《易》《庸》等要求的客观性天道运行的大机理,即"维天之命,於穆不已",是德性的大流行,是仁的遍润,是宋明儒所强调的"仁体""诚体"以及"仁者以天地万物为一体"。

牟宗三认为,能够构成民族文化生命根基的基石不可能只是日常生活习俗,而是必须有其本原性的关于宇宙认识的理念,是对某种道德根基、本原的肯定和认识,有其"神性"的性质。这个"神性"自然不是宗教的神性性质,而这就是牟宗三哲学及其建构的实质:建筑一个具有类似神性属性的道德形上学的架构,这个架构是基于孔子的"仁"而来,以此构成一个彻上彻下的道德形上学,同时是个体生命乃至于宇宙存在的根源。在牟宗三看来,孔子或儒家之"仁"证实了人的内在本质的二重性——道德情感的经验性与道德理性的先验性的统一,即他所常说的"人虽有限而可无限"。由此出发,道德形上学则可以建立起来,其根据是个体生命之性体,这个性体也是宇宙秩序,由此而有道德与宗教的统一性:

> 宋明儒之将《论》《孟》《中庸》《易传》通而一之,其主要目的是在豁醒先秦儒家之"成德之教",是要说明吾人之自觉的道德实践所以可能之超越的根据。此超越根据直接地是吾人之性体。同时即通"於穆不已"之实体而为一,由之以开道德行为之纯亦不已,以洞彻宇宙生化之不息。性体无外,宇宙秩序即是道亦道德秩序,道德秩序即是宇宙秩序。故成德之极必是"与天地合其德,与日月合其明,与四时合其序,与鬼神合其吉凶,先天而天弗违,后天而奉天时",而以圣者仁心无外之"天地气象"以证实之。此是绝对圆满之教,此是宋明儒之主要课题。此中"性体"一观念居关键之地位,最为特出。西方无此观念,故一方道德与宗教不能一,一方道德与形上学亦不能一。①

牟宗三在这里特别强调两点:第一,性体无外;第二,圣者仁心无

---

① 牟宗三:《心体与性体》(上),上海古籍出版社1999年版,第32页。

外，从根本上说，这二者为一。就道德秩序的严整性和宇宙秩序的自在流行性而言，这不是人类现实生命状态的常态，性体虽然是人性的本原或本体，但是需要道德实践与工夫涵养才能充分展现出来，这个展示同时也是天道的展现，进而在境界上与天道为一。在此意义上，即在个体成圣的意义上，同时在天道流行的无限性以及个体道德根源性层面来说，它又是超越的。之所以内在，是因为道德意识及其本体即在个体生命之中；之所以超越，是因为它的展开同时是宇宙天道流行即生生不息的宇宙生命运动方式的展现，这一点在我们没有经过工夫修养和道德实践的磨炼之前是无法展现的，这是个体心、性、天之三元一体、直接贯通的，其证明即在儒学之心学一系之"仁心无外"的体证之中。

内在超越的直接根据在心、性、天之间的直接贯通。心、性、天之间贯通的直接论述，由孟子开其绪、宋明儒家接其踵，根据即孟子"万物皆备于我"（《孟子·尽心上》）和明道"仁者，以天地万物为一体，莫非己也。认得为己，何所不至？若不有诸己，自不与己相干。如手足不仁，气已不贯，皆不属己"① 以及明道对定无内外的阐释，他在《答横渠张子厚先生书》中说，"所谓定者，动亦定，静亦定，无将迎，无内外。苟以外物为外，牵己而从之，是以己性为有内外也。且以己性为随物于外，则当其在外时，何者为在内？是有意于绝外诱，而不知性之无内外也。既以内外为二本，则又乌可遽语定哉"。② 横渠又在《大心篇》对此作了相应的阐发："大其心则能体天下之物，物有未体，则心为有外。"③ 象山则谓"宇宙便是吾心，吾心即是宇宙"，"宇宙不曾限隔人，人自限隔宇宙"。④ 上述所有言说都在讨论一个问题，即个体身心敞开的境界，即由常人所通常感知的人我、物我的隔离走向感通的转变，以达致某种个体身心与外部世界的贯通状态。笔者在《王阳明身心哲学研究：基于身心整体的生命养成》中曾认为：能证得万物皆备于我者大

---

① 程颢、程颐：《二程集》第一册，中华书局 1981 年版，第 15 页。
② 程颢、程颐：《二程集》第二册，中华书局 1981 年版，第 460 页。
③ 张载：《张载集》，张锡琛点校，中华书局 1978 年版，第 24 页。
④ 陆九渊：《陆九渊集》，钟哲校点，中华书局 1980 年版，第 483 页。

体有三类共同的体认，第一，万物一体，这个一体的进一步解释是用象山语，即"宇宙不曾限隔人，人自限隔宇宙"或"宇宙便是吾心，吾心即是宇宙"，有一气流通的"通感"才有真确一体的身心状态，即身心敞开的状态和一气流通的状态，这一条是体证的基础和表现，也是根本；第二，心即理，无论是象山还是阳明都持此论，因为都是基于第一点而来；第三，理气不能截然对立分开，在这一点上，象山所言不多，但是明道与阳明所论多有。因为宇宙的"心"是吾心，而吾体之气是宇宙之气，所以是贯通的。这是天地万物贯通的根据。① 上述儒家贤者强调的"仁"或"大心"或"万物一体"都在说明另一个意识，即"感通"或儒家常说的"觉"，即与麻木不仁相对者。朱子虽然不能明了其中的"觉"②，但是他也在其中发现了万物的"生意"："心须兼广大流行底意看，又须兼生意看。且如程先生言：'仁者，天地生物之心。'只天地便广大，生物便流行，生生不穷。"③ 朱子其实在这里已经多少扭转了前人的论说，但是他对"仁"字给出的"生意"解释也是上述儒家讨论"仁"与万物一体的主要含义之一。牟宗三综合了觉与生生之意，将其概括为"觉润与创生"。牟宗三认为，自孔子以下的儒家从仁（仁心）的觉性入手，既展示了主体的主观的情感属性，即仁心的情感性和超情感性，也即感通性和觉性，也进而以此展开了其中的万物生存成长的内在含义，谓之"觉润与创生"，"由不安、不忍、愤悱、不容已说，是感通之无隔，是觉润之无方。虽亲亲、仁民、爱物，差等不容泯灭，然其为不安、不忍则一也。不安、不忍、愤悱、不容已，即直接涵着健行不息、纯亦不已。故吾常说仁有二特性：一曰觉，二曰健"，"故吾亦说仁以感通为性，以润物为用。横说是觉润，竖说是创生"。④ 牟宗三由此展开了仁道与仁心的统一性论述，即天道仁心之同一性论说：

综此觉润与创生两义，仁固是"仁道"，亦是"仁心"。此仁心

---

① 李洪卫：《王阳明身心哲学研究——基于身心整体的生命养成》，上海三联书店 2021 年版，第 377 页。

② 朱子明确批评了谢上蔡以觉训仁，因为他没有此体证。

③ 朱熹：《朱子语类》（一），黎靖德编，王星贤点校，中华书局 1986 年版，第 85 页。

④ 牟宗三：《心体与性体》（中），上海古籍出版社 1999 年版，第 183 页。

即是吾人不安、不忍、愤悱、不容已之本心，触之即动、动之即觉、活泼泼地之本心，亦即吾人之真实生命。此仁心是遍润遍摄一切，而与物无对，且有绝对普遍性之本体，亦是道德创造之真几，故亦曰"仁体"。言至此，仁心、仁体即与"维天之命，於穆不已"之天命流行之体合二为一。天命於穆不已是客观而超越地言之；仁心仁体则由当下不安、不忍、愤悱、不容已而启悟，是主观而内在地言之。主客观合一，是之谓"一本"。①

"天命於穆不已"是牟宗三就天道流行不已而言的，是确认天道之自然运转同时又赅备道德属性之二位一体，是从天道展开的客观面言之，而上文则将仁心的"主观性"与天道流行的客观性统一起来，这是否有其根据？我们看阳明一段话可以更进一步确认其中的含义：

> 黄以方问：先生格致之说，随时格物以致其知，则知只是一节之知，非全体之知也。何以到得溥博如天，渊泉如渊地位？先生曰：人心是天渊，心之本体无所不赅，原是一个天，只为私欲障碍，则天之本体失了。心之理无穷尽，原是一个渊，只为私欲窒塞，则渊之本体失了。如今念念致良知，将此障碍窒塞一齐去尽，则本体已复便是天渊了。②

"人心是天渊，心之本体无所不赅，原是一个天"，这与孟子"万物皆备于我"是同一个意思，不是说万物都在我身，而是说人心澄明之后，了无杂质，它就与天地万物一气流通无所隔阂，也就是孟子"上下与天地通流"之意。象山谓"宇宙不曾限隔人，人自限隔宇宙"，人与宇宙的隔膜是人的内心之中的意欲杂念所造成的，这就是人的心体的呈露，心体广大与万物合一，万物皆在心体上存在流行不滞，即在一气流通的层面上心与物无所间隔，可以说是无心物之分别了，这就是心体之物。③

---

① 牟宗三：《心体与性体》（中），上海古籍出版社 1999 年版，第 183 页。
② 王守仁：《传习录下》，见吴光等编校：《王阳明全集》，上海人民出版社 1992 年版，第 95-96 页。
③ 万物一体是阳明心学的核心问题之一，值得继续研讨，但是鉴于我已经就该问题做过相关论述，这里就不再展开，有关该问题的详细论述参见拙著：《良知与正义——正义的儒学道德基础初探》第二章，上海三联书店 2014 年版。

所以阳明就说："盖其心学纯明，而有以全其万物一体之仁，故其精神流贯，志气通达，而无有乎人己之分，物我之间。譬之一人之身，目视、耳听、手持、足行，以济一身之用。"① 这便是杜维明、黄俊杰以及陈来等所称阳明之有机性的宇宙观，② 这个有机指的是人的心身通达，人心溥博如天、渊泉如渊与万物通达，人也与万物一体了，而无间隔区分，所谓心体之物实际上是万物一体，泯除了心物的对峙和对待而融为一。阳明在这里所讨论的"物"已经是从心体之渊层面看外物，即心体之物，心与物、心与天泯同。③ 阳明上文所讲其实是心体，即心本体的展露，按照宋明儒家的观念及其体证，此心体也即性体，这就是个体心性主观维度与客观维度的统一，个体心性之仁心与天道的统一与同一。通常见解包括前面如张汝伦、黄玉顺等直接批评王阳明或牟宗三的"内在超越"是以心代天，其实不然，这里面的心是心体，不是常规意义上的"心"或个体意识或个体意志等等方面的表征，所以并不是所谓的"以心代天"，这个方面的内容需要深入的身心体验，是基于个体生命工夫基础上的体认，由此才能达成心体与性体的同一，也才能说明心学的本质内涵及孟子所谓"尽心知性知天"的具体含义，由此可知杨泽波对此的批评也是不甚合理的。

牟宗三在讨论从孔子到孟子心性思想的进展时认为，孔子是"践仁知天"，而孟子"则将存有问题之性提升至超越面而由道德的本心以言之，是即将存有问题摄于实践问题以解决之，亦即等于摄'存有'于'活动'（摄实体性的存有于本心之活动）。如是，则本心即性，心与性为一也"。④ 牟宗三认为，孔子是在生命实践中将自己人之为人的本质属性充分展开为"天道"，而孟子则是通过修养工夫和论证直接将世界的

---

① 王守仁：《答顾东桥书》，见吴光等编校：《王阳明全集》，上海人民出版社 1992 年版，第 55 页。
② 所谓儒家思想讨论宇宙之内在有机性更早为李约瑟、杜维明、黄俊杰等人倡导，参见拙著《良知与正义——正义的儒学道德基础初探》，上海三联书店 2014 年版，第 77 页注 1。
③ 参见李洪卫：《王阳明身心哲学研究——基于身心整体的生命养成》，上海三联书店 2021 年版，第 345 页。
④ 牟宗三：《心体与性体》（上），上海古籍出版社 1999 年版，第 22 页。

存有以道德的本心的敞开展现，如此天道的"性体"的属性则不再在外，而通过人心的本心充分敞开之后得以呈现并实现心性的合一。牟宗三在这里接着指出，如此，则中国哲学的存有论永远不会走上西方柏拉图开创的外在的、知解的形上学轨道，而其开创之功是孔子的"仁"的概念的提点，"即作为一切德之源之仁，亦即是吾人性体之实也"。① 牟宗三接着指出，孔子虽然指点了此处，但是并没有将之展开，是孟子将它落地："此即象山所谓夫子以仁发明斯道，其言浑然无罅缝，孟子十字打开，更无隐遁'之义也。"② 孟子的十字打开，就是两点，第一，在道德实践工夫层面与修养境界之双重维度讲"尽心知性知天"；第二，在修养境界上提出"万物皆备于我，反身而诚，乐莫大焉"。牟宗三认为这两点统一起来使得孟子将心的本性之无限性充分展示出来，构成"体物而不遗"的无限性与普遍性，③ 因此他认为，"如果'天'不是向'人格神'的天走，又如果'知天'不只是知一超越的限定，与'知命'稍不同，则心性与天为一，'只心便是天'，乃系必然者"。④ "只心便是天"系明道所言，他说，"只心便是天，尽之便知性，知性便知天。当处便认取，更不可外求"。⑤ 我们看到上述提到的心学家很多都说了这样类似的话，一般现代学者都将之视作"混话""诞妄之语"，其实不然，这些古人都是学养和生命修养十分丰厚之人，并不轻言妄论，他们只是在讲他们生命的真实体验。这里特别要说一下明道这里的"天"，就笔者个人理解，此处之天即他们常言的"天道"，而不是一个说不清道不明的"天"概念。天道贵在流行不已，用牟宗三所常引的《诗经》所云，即"维天之命，於穆不已"。当然，牟宗三重在强调此语中所包含的道德义与存在流行义的统一，明道和阳明则重视天道之流行义，同时道德的内涵也在其中，但可能不是最高的，在牟宗三这里道德的庄重肃穆和尊严依然是天道的真正内蕴。杨泽波对牟宗三此处的理解有一个批评，他说：

---

① 牟宗三：《心体与性体》（上），上海古籍出版社1999年版，第23页。
② 同上。
③ 同上。
④ 同上。
⑤ 程颢、程颐：《二程集》第一册，王孝鱼点校，中华书局1981年版，第15页。

"孟子'尽心知性知天'的说法只是沿着先前的思想的惯性，将天作为道德的心性终极根源，从而为性善论寻找一个确切的形上根据罢了。牟宗三将此句话作道德存有论的解释，并为其超越存有论张目，明显缺乏文本的有力支持。"① 这就是杨泽波所提出的分层说，即天为第一层次，下降之人心等为下面的层次，不能并列言之，二者之间没有直接的联系，只是一个先验根据而已。但是牟宗三这里并不是并列言之，而是更进一步将其同一言之。牟宗三认为，孟子的"尽心知性知天"的根据来自"万物皆备于我"，而杨泽波认为，孟子文本中的"物"不外乎"物品物件"和事情（行为物）两种，如果按照物件说，即"'万物皆备于我'就等于是说'天下的物品、物件我都具有'，这肯定是不通的。"② 因此，他的解释是："这里的'物'其实仅就道德根据而言，而'万物皆备于我'只是'良心本心我全具有，道德根据就在我心中，除此之外毋需外求'的意思，所以绝对不宜将此处的'物'字解释为道德存有之物。"③

根据前文引用的宋明儒家的言论，我们其实基本可以知道，宋明儒家所说的"万物一体""体物不遗""大心""合内外之道""宇宙便是吾心"等，也就是象山所言的"宇宙不曾限隔人，人自限隔宇宙"，是在体悟的境界层面个体与外部世界打破界限、实现贯通的生命状态，根据是气机的贯穿性。也就是说，我们每一个人本来是从存在境界与外部世界贯通的，至少是心体流行层面的贯通，没有经过道德修养和气机工夫修养的人则明显感受到个体与外部世界之间的对立，而在心学的涵养者那里则能实现这种贯通，至少是在生命体悟的层面上有此感受，甚至于实现身心的贯通并构成道德行为上的知行合一，④ 这一点既有存在流行和感通的意蕴，又有个体道德境界提升的意蕴，二者构成一个统一。当代人没有古人的道德涵养工夫，也即不能有与他们相对应的修养境界，

---

① 杨泽波：《先秦儒家与道德存有——牟宗三道德存有论献疑》，载《云南大学学报（社会科学版）》第三卷第五期，第 35 页。

② 同上，第 36 页。

③ 同上。

④ 参阅李洪卫：《王阳明身心哲学研究——基于身心整体的生命养成》第七章"知行合一与自由意志"，上海三联书店 2021 年版。

所以对他们的不理解是正常的。但是，这反过来说明，牟宗三对古人包括孟子和宋明儒家的解释基本上是合理的，也就是说，杨泽波的批评于此应该是不成立的。

三 性体之超越性与天道流行：超越存有论的根基与证成

从孟子到宋明儒家一直到牟宗三，他们所强调的是仁心本身的端绪（四端）及其完全展开的良知良能的显现问题，从仁心的感通、道德意识以及相关行动冲动的能动性等方面，这都是我们平常所说的主观维度；与此同时，我们从上文可见，仁心既是道德属性在个体生命之上的展开，同时它又呈现为气机流行与贯通中个体身心与外部世界的一体性或有机性。从这个维度说，心体本身即是心的全幅敞开，同时也是生命的性体，也是宇宙大道本身的流行义的显示，即宋明儒家所说的"生意"，是生生不息的宇宙动态状，这里展示的是人类生命与宇宙客观实在本性的一体，用牟宗三的说法此谓"一本"，即仁心与天道贯通并为一，用牟宗三的话是主观面与客观面的两面饱满，是为"圆教"，此中代表在牟宗三看来则非程明道莫属。牟宗三曾在《心体与性体》中引征《二程遗书》中的若干段落，譬如"满腔子是恻隐之心""切脉最可体仁""观天地生物气象""人心常要活，则周流无穷，而不滞于一隅"等。[①] 他说，上文"都是指点天心仁体，其意义同于'於穆不已'的天命流行体，而天命流行体之真实意义，亦即由此天心仁体来证实，天心仁体之觉与健的真实意义全部渗透于此天命流行体中，故其极也，两者完全同一，而仁体即天命流行之体也。此之谓'一本'——本之於穆不已、纯亦不已也"[②]。牟宗三认为，所谓一本即宇宙的创生性的展露，因此这是内在与外在、内在与超越的统一：

> 所谓"一本"者，无论从主观面说，或是从客观面说，总只是这"本体宇宙论的实体"之道德创造或宇宙生化之立体地直贯。此本体宇宙论的实体有种种名：天、帝、天命、天道、太极、太虚、

---

① 牟宗三：《心体与性体》（中），上海古籍出版社1999年版，第190页。
② 同上。

诚体、神体、仁体、中体、性体、心体、寂感真几、於穆不已之体等皆是。此实体亦得总名曰天理或理（Categrical Reason）。此理是既超越而又内在的动态的生化之理、存在之理或实现之理。自其为创造之根源说是一（Monistic），自其散著于万事万物而贞定之说则是多（Pluralistic）。①

这个一本的根据在于人心之仁心展露，尤其是其全幅敞开，而其全幅敞开则会"定心"，这二者是一个合一的过程。牟宗三认为，心既是形而下的，又是形而上的，从心的具体经验性存在看，只是心理学的心、经验的习心、感性的心，而易于为外物牵引制约，所以才有定心的问题，而性则不存在这个问题。本心与性为一，而"非本心"则与性二："本心即性，本心常贞定，性体之表现（流行）自亦常贞定，而无所谓浮动、乱动、为外物所累也。"② 牟宗三将此称作是"形而上的本心"。③ "能尽性存神而兼体无累，则心体贞定，性体之表现亦自贞定。进一步合一地而言之，心体朗现而常贞定，即是性体朗现而常贞定。是则'定性未能不动，犹累于外物'之困难即已克服矣。"④ 牟宗三认为从明道来说，这是"形而上的本心"之主观和客观两面的统一，而在横渠那里则客观面更强，主观面则偏弱一点儿，即挺立义不强。⑤ 牟宗三认为，从天道仁心之统一维度看，仁的主观与客观两面均是存在的，也是统一的，仁心直接展示之，而天道之流行发用则是其相对于仁心的客观显示，此客观维度亦可谓性体。仁心的主观维度牟宗三在后期又经常称作是"无限智心"，它是经过一些佛教概念的洗礼之后，强调其不滞和流行之意，在这个意义上说，主客观则泯同。

牟宗三指出，性体是道德实践的先天根据或超越性根据，但是不能用先天性根据或超越性根据命名性体。牟宗三这里所说的"性体"有一特殊的功能，即"道德创生性"即"性能"，是一能"起道德创造之

① 牟宗三：《心体与性体》（中），上海古籍出版社1999年版，第16页。
② 同上，第193页。
③ 同上，第194页。
④ 同上，第195页。
⑤ 同上。

'创造实体（Creative reality）'"。牟宗三将之称为"道德的性能""道德的自发性""道德的自发自律性"或"心之自律"或"意志的自律"等等。从其统天地万物或宇宙普遍性而言它又是体或形而上的实体，构成本心与形上实体的统一。① "心体充其极，性体亦充其极。心即是体，故曰心体"，在这个层面上心体与性体合一：

> 是故心即是"道德的本心"。此本心即是吾人之性。如以性为首出，则此本心即是彰著性之所以为性者。故"尽其心者即知其性"。及其由"万物皆备于我"以及"尽心知性知天"而渗透至"天道性命通而为一"一面，而与自"於穆不已"之天命实体处所言之性合一，则此本心是道德的，同时亦即是形上的。此心有其绝对的普遍性，为一超然之大主，本无局限也。心体充其极，性体亦充其极。心即是体，故曰心体。自其为"形而上的心"（Metaphysical mind）言，与"於穆不已"之体合一而为一，则心也而性矣。自其为"道德的心"而言，则性因此始有真实的道德创造（道德行为之纯亦不已）之可言，是则性也而心矣。是故客观地言之曰性，主观地言之曰心。自"在其自己"而言，曰性；自其通过"对其自己"之自觉而有真实而具体的彰显呈现而言则曰心。心而性，则尧、舜性之也。性而心，则汤、武反之也。心性为一而不二。

> 客观地自"於穆不已"之天命实体言性，其"心"义首先是形而上的，自诚体、神体、寂感真几而表示。若更为形式地言之，此"心"义即为"活动"义（Activity），是"动而无动"之动。此实体、性体，本是"即存有即活动"者，故能妙运万物而起宇宙生化与道德创造之大用。与《论》《孟》通而为一而言之，即由孔子之仁与孟子之心性彰著而证实之。是故仁亦是体，故曰"仁体"；而孟子之心性亦是"即活动即存有"者。②

从牟宗三角度看，天道人性通而为一，此即是圆教，而这正是儒家成德之教之内涵。虽然它在先秦孔孟与《中庸》已经初步提出，但是为

---

① 牟宗三：《心体与性体》（上），上海古籍出版社1999年版，第35-36页。

② 同上，第36页。

宋明儒家所充分展开，故能在理论上"成其一本之义"。① 此之"一本之义"，即两方面都完全饱满，即天道之客观方面与人性内在之主观方面的两方饱满圆融。牟宗三称明道为此"通而为一"之"造型者"，"故明道之'一本'义乃是圆教之模型。从濂溪、横渠而至明道是此回归之成熟。两方皆挺立而一之，故是圆教之造型者"。② 牟宗三认为，象山和阳明的体证及其结论还只是这个"一本"的主观维度的充分展示，而其客观面相对不如明道那样表述得更加显豁：

> 象山与阳明既只是一心之朗现，一心之伸展，一心之遍润，故对于客观地自"於穆不已"之体言道体性体者无甚兴趣，对于自客观面根据"於穆不已"之体而有本体宇宙论的展示者尤无多大兴趣。此方面之功力学力皆差。虽其一心之遍润，充其极，已伸展至此境，此亦是一圆满，但却是纯从主观面伸展之圆满，客观面究不甚能挺立，不免使人有虚歉之感。自此而言，似不如明道主客观面饱满之"一本"义所显之圆教模型为更为圆满而无憾。盖孔子与孟子皆总有一客观而超越地言之之"天"也。此"天"字如不能被摈除，而又不能被吸纳进来，即不能算有真实的饱满与圆满。是则《中庸》《易传》之圆满发展当系必然者，明道之直下通而一之而铸造圆教之模型亦当是必然者，而由此圆教模型而开出之"以心著性"义（五峰学与蕺山学）亦当是必然者。自象山、阳明言，则不须要有此回应，但承明道之圆教模型而言，则应有此回应以明其所以为一为圆，以真实化其"一本"与圆满。自此而言，象山、阳明之一心遍润，一心伸展，始真有客观的落实处，而客观地挺立矣。③

牟宗三提出的三系说，展示了作为心性儒学家追求最高智慧的理想和体会。他认为从濂溪、明道和横渠到五峰是主观与客观两方面都饱满圆润之"圆教模型"，其"以心著性"以明心性为一本的最终关切，成

---

① 这种学说虽然在形式上是"理论"，是"学说"，是一种"表述"，但这只是它的一个表征，是通过文字所能提示表现出来的，从本质上它更是"生命"和"生命智慧"的展示，是内在于个体生命本身的人的本质属性的真正展开。

② 牟宗三：《心体与性体》（上），上海古籍出版社 1999 年版，第 38 页。

③ 同上，第 41 页。

就一本圆教（心与性非二而实则为一，也就是天道外在与德性内在的统一与同一）之实，工夫上是"逆觉体证"。象山与阳明则是一心之朗现，一心之伸展，一心之遍润，工夫上也是"逆觉体证"。① 而伊川与朱子一系的重心则在道体性体凝聚收缩为"一本体论的存有，即只存有而不活动"之理，"于孔子之仁亦只视为理，于孟子之本心则转为实然的心气之心，因此，于工夫特重后天之涵养（'涵养须用敬'）以及格物致知之认知的横摄（'进学则在致知'），总之是'心静理明'，工夫的落实处全在格物致知，此大体是'顺取之路'"。② 牟宗三在这里其实通过这种分系否定了程朱理学之简单的天地之性与气质之性的完全对立，而在心学一系尤其是陆王一系之心之朗现和遍润中展示了心之主体性、能动性和"润物"（即创生和感通意味），其实这其中的"仁气"或"德气"呼之欲出，但是牟宗三终于没有将它们召唤出来，这是略有遗憾的。但是，如果从严格的角度看，并非是德气或仁气而是一气，只是"中"与"和"的问题，有所偏执则不是。其中的超越性在牟宗三看来即心体性体之本质为一的"性能"，这个"性能"具有创生性，从生命本质的内在角度是可以经验的，但是从宇宙发生与流转的角度它是超越的，但又是生命内蕴以良知德性展现的，并以良知全幅呈现为根据和验证的，以此呈现"万物一体"的感通而证实的，即心即理即性。③ 此即"内在超越"的本质：

> 性体是居中的一个概念，是所以能作道德实践之超越的性能——能起道德创造之超越的性能。无限智心（仁）与大道俱在这性能中一起呈现，而且这性能即证明其是一。这性能即是仁心，人本有此能践仁之仁心，仁不是一外在的事物。践仁即如其本有而体现之而已。这"体现之"之能即是其自己之跃动而不容已地要形之于

---

① 牟宗三：《心体与性体》（上），上海古籍出版社1999年版，第42页。

② 同上，第43页。

③ 这里的"即心即理即性"是从本体呈露角度说的，不是从端绪处说，更不是从日常所说的"心"说；故象山、阳明言"心即理"常被时人以及今天学者诟病，盖不知其为修养境界，同时因象山、阳明简单言之，不加提示，故人常臆断此"心"即日常经验之心，故多会误解。

外之能。(此义,孔子未言而孟子言之。) 是以这仁心即是无限的智心,这性能亦是无限的性能,此其所以为奥体,因而亦即同于天道道体,因而仁体、性体、道体是一也。一切存在俱函摄在这仁心性能中,这能作道德实践能起道德创造的大人生命中。若离开大人之践仁而空谈天道,这便是玩弄光景之歧出之教,亦曰偏虚枵腹之妄大;若隔断天道道体而不及存在,不晓仁心性能之无限性即是道体,这便是小教。两者皆非圣人圆盈之教之规模。①

这个超越的无限的性能即"於穆不已"的天道,同时也是个体生命之中的本质内在。故其超越面与内在面俱于此可见。牟宗三从道德本原处说,谓之"道德的形上学",从道德本原和流行义二处说谓之"超越的存有论",从天道流行不滞和个体身心不执处说是"无执的存有论",这三者同调。这属性按照儒家传统唯有道德完备之人则能最充分地展示出来,即天道的客观性和流动性都能在生命的完善状态下得以显示,所以,牟宗三将孔子的"浑沦"的生命状态作为一个严整的道德实践性的具体展开。他说:"对于道德性当身之严整(庄严)而纯粹的意义,唯孔子一人是浑沦的表现,是浑然天成,是孟子所谓'尧、舜性之也',是《中庸》所谓'自诚明谓之性'。自孔子以下,皆有分解逆显的意味,就孔子之浑沦变现而逆显,把他的浑然天成打开而逆觉,是孟子所谓'汤、武反之也',是《中庸》所谓'自明诚谓之教'。无论是孟子的'性善',或是《中庸》的'天命之谓性',皆是由逆觉以显'性体'之为本,这就是点出道德实践之先天根据,亦可曰超越的根据。"② 牟宗三强调,这个超越的道德心就是孟子所说的"仁义内在",非由外铄,所谓性体就是孔子之"浑沦表现的仁义收摄于性体意味纯粹而先天的道德理性"。③ 这个纯粹的道德理性但不是抽象的而是具体的,只是康德所讲是谓之"自由意志",而中国传统则谓之"性体","自由意志经由其自律性所先验提供的普遍法则是道德行为底准绳,而依中国传统,则是主

---

① 牟宗三:《圆善论》,吉林出版集团有限责任公司 2011 年版,第 238 页。
② 牟宗三:《心体与性体》(上),上海古籍出版社 1999 年版,第 101 页。
③ 同上。

张先验的普遍的道德法则是性体之所展现"。① 那么从展现的维度才能真正揭示出理学与心学之间的差异，即一个是只存有不活动，一个是即存有即活动。不活动则自由意志只是设定，而能活动则自由意志是自律和自主。但是，有没有一个共同的根据？这就是儒家所谓"性体"而同时是心学的"心体"，所谓"体"则构成牟宗三所说的"超越的根据"，这个"超越的根据"既是超越的又是内在的，在常人则是大多通过"逆觉体证"的方式回复和展开的。牟宗三主要针对的是思辨和分解的知识化进路，这是与大陆新儒家所批评②正相反的，这正是所谓"误解之深"，而误解的根源则是对宋明儒者生命体证的进路从来没有进去过。牟宗三强调："惟中国传统并没有像康德那样，费那么大的力气，去分解辩解以建立它的先验性与普遍性，而其重点则是落在'尽'字上（尽性之尽），不是落在辩解它的先验性与普遍性上。"③ 牟先生拈出此"尽"字便抓住了中国古代传统道德实践的工夫处和境界之究竟处，以此一体两用，将工夫与境界并举，而这正是孟子"尽心知性知天"的真正的核心命脉。同时，牟宗三将性体之超越性与心体之现实性或道德实践的可能性相统一造就个体生命，这依从康德自由意志之实践的必然性和可能性。从牟宗三试图超越康德的进路说，这不仅是哲学问题，其实首先是个体生命问题，同时又依康德以及牟宗三，这不仅是个体生命问题，而且是形上学的问题或宇宙之问题。在牟宗三看来，康德虽然提出了该问题，但无法将之落实，而且事实也是如此，这正彰显了中国古代贤者们的生命智慧，路径的终点都与"超越的存在"有关，而其中一条路径则是"逆觉体证"之进路。无须辩解之根源即如牟宗三所言："这是由于精诚的道德意识所贯注的那原始而通透的智慧随性体之肯定而直下肯定其为如此

---

① 牟宗三：《心体与性体》（上），上海古籍出版社 1999 年版，第 101 页。
② 大陆部分儒学家所常批评牟宗三的是仅限于哲学的论说和思辨的解说，而非在儒学的落实层面去思考与讨论，而就牟宗三思想出发点则反复证明，牟宗三的思想理路的根基即在道德行动的落实上，但是他仅仅在探究这个落实的先验根据和经验根据，这才是与大陆儒学的部分思想家之差异所在。
③ 牟宗三：《心体与性体》（上），上海古籍出版社 1999 年版，第 101 页。

的。故重点不落在这种辩解上，而只落在'尽'字上。"①

牟宗三在这里特别强调，虽然儒家不作思辨，但是不代表性体不是先验和普遍的，或者没有达到康德的严整性，而事实恰恰相反，他们的境界超过了康德，宋明儒家只是把孔子生命的展现以性体心体等概念做了提升，"其大讲性体心体者，亦不过是把这超越的标准提炼得更清楚更确定更不可疑而已"。② 牟宗三一方面强调性体的普遍性和超越性，一方面又指出康德的哲学仅仅强调了普遍性和超越性，而没有具体实现的机制，使其哲学成为"设定"或人们常常批评的"规范"，儒家则不然，它展现的是"既超越而又内在、既普遍而又特殊的那具体的道德之情与道德之心"。③ 但是，按照康德所言，道德情感是不能普遍化而为道德法则的，因此牟宗三强调这个道德心或道德情感可以上下其讲："下讲，则落实于实然层面，自不能由之建立道德法则，但亦可以上提而至超越的层面，使之成为道德法则、道德理性至表现上最为本质的一环。"④ 实现这个目标之关键在"实践工夫"这个重要环节上，"但这一层是康德的道德哲学所未曾注意的，而却为正宗儒家讲说义理的主要课题"。⑤ 在这个环节上，牟宗三认为儒家之实践工夫既是普遍的，又是具体的；既上提到超越层面，又实现于现实状态。但是，这时候的个体的道德情感不是如康德所说的"设想的特别感觉"或有无限差别而不能提供普遍性标准等，而是如孔子之"仁"、孟子的心性，是情也是理，"其为具体是超越而普遍的具体，其为特殊亦是超越而普遍的特殊，不是实然层上的纯具体、纯特殊"。⑥

牟宗三指出，西方哲人讨论"实体"（reality）的很多，如布拉德赖（F. H. Bradley）、怀特海、柏格森、海德格尔、罗素等，或自本体论进入，或自知识论进入，或自生物论或实用主义进入，还有如斯宾诺莎、

① 牟宗三：《心体与性体》（上），上海古籍出版社 1999 年版，第 102 页。
② 同上。
③ 同上，第 108 页。
④ 同上。
⑤ 同上。
⑥ 同上，第 109 页。

莱布尼茨、笛卡尔等自分析哲学或独断论进入。但不管他们是讲存有或实体，都没有"性体"概念，都不能像儒者那样从道德实践概念入手，而只有从道德实践的创造之"性体"概念入手才能形成与宇宙创生本身有机联系的形上学，而西方哲人的思路则只是囿于讨论"现象"层面的形上学。只有康德是例外，他是从道德进路入手建立形上学的，但是由于意志自由、灵魂不灭和上帝存在等概念本身的设准属性，康德的道德神学无法形成实践理性上的现实性意义，即无法实现其真正的"实践"，使其无法落实，即没有"性体"概念，几乎使"自由意志"概念"挂空"，即缺乏一背后实在的（具于个体生命之身）的支撑者。"而其所规划之'道德的形上学'（其内容是意志自由、物自身、道德界与自然界之合一）亦在若隐若现中，而不能全幅展示、充分作成者。"① 西方的理想主义从贝克莱到黑格尔最终完成，体现为三个方面的特征：观念性、现实性和合理性。但是因为它们也不能具体落实于心性，而无法形成一个实践的哲学，所以，也只是一套生硬的哲学理论。宋明儒学的"成德之教"使宗教与道德合一，也使形上学与道德合一，这是中国哲学所独具，而为西方哲学所独无。② 牟宗三依据心体与性体的同一性推演出个体道德意识与天道超越之间的统一，构成内在超越的根基，并构成道德形上学与超越存有论的根基。

牟宗三还从个体对天道的分有及其贯注的角度进一步论证个体生命德性之内在与超越双重性。这个天道关注的特性在个体是"性命"（本性之命）而非生命（生命在牟宗三那里即气命）。这个超越性的展开，从个体来说是"性命"的自我完成或完全实现或完全展开，但是此展开不是无中生有，也不是自然生物状态的自然展现，而是分有宇宙大道的个体内在自我的真正展示。牟宗三反复强调"乾道变化，各正性命"中的性命是性中之命，不是气质之性之中的命："正其性即是定其性，亦即成其性。此是存有论地正、定、成也。'命'即是此性之命，乃是个体生命之方向，吾人之大分，孟子所谓'分定故也'之分。此亦是横渠所

---

① 牟宗三：《心体与性体》（上），上海古籍出版社 1999 年版，第 33 页。
② 同上，第 34 页。

谓'天所性者通极于道，气之昏明不足以蔽之，天所命者通极于性，遇之吉凶不足以戕害之'之义也。此显然不就气之凝结说气之性命也。此当是宋、明儒之共同意识，故无人认'各正性命'为气之性命。"① 牟宗三又借助于《大戴礼记·本命》"分于道谓之命，形于一谓之性"强调，分于道就是分有道的命令而形成个体生命之方向，这就是个体的"大分"，而形于一则不仅是方向，而且是具体落实到每一个不同的分殊的个体，这就是"性"。牟宗三说："如果'天'不向人格神方向走，则性体与实体打成一片，乃至由实体说性体，乃系必然者。此与汉人之纯粹的气化宇宙论不同，亦与西方康德前之独断论形上学不同。此只是一道德意识之充其极，故只是一'道德的形上学'也。"② 牟宗三基于他个人对儒家的理解，始终强调先验之理即道德本性之天的存在，即性命之超越性维度，而不是基于气性维度上的后天的性命之气质。牟宗三始终如一使用的"超越性"与康德的概念有一定的相近之处，但是最大的差别可能是他始终将"道德理性"设定为"超越性"，但是这个道德理性又是内在的，而不是外在超越的。性体是道德理性，但是这是客观面的，还需要主观面的人的仁来彰显之，牟宗三最终是从天道流行之体之气与个体生命的统一性和同一性上揭示之：

> 天道"於穆不已"之生德引生阴阳之气之生化，而亦即由此气之生化而见"於穆不已"之生德。"天地絪缊，万物化醇"，即阴阳之气之生化也。此云天地以气言。实际在生者化者是形气之事，而天道之生德则是所以神妙之者。阴阳之气之絪缊生化即结聚而为个体。此即本体宇宙论地成其为一个体之存在也。"性"之名是对应个体而立，故由此而想到"生之谓性"也。由天道之生德，说到阴阳之气化（生意），接着就说"生之谓性"，好像直由此生德生意（生德是超越地说，生意是内在地说）而说"生之谓性"，实则有许多关联，不是直由此生德生意而说"生之谓性"一语也。说到阴阳之气之絪缊化醇，即是为的说个体之成。"生之谓性"是对应个体之

---

① 牟宗三：《心体与性体》（上），上海古籍出版社1999年版，第30页。
② 同上。

成而说性，不是寡头地直以生德生意为性也。性之实际内容或其内容的意义自然即是那生德生意，但说性则必对应个体之成而说故那两层生字，一是生德，一是生意，实在是通形上形下浑一而言之。生德在备说性之内容，生意乃在说个体之成。如是，"生之谓性"意即在个体之成上而说性，复即以"於穆不已"之生德为此性之本质内容也。由此本体宇宙论的直贯顺成之义理模式而说"生之谓性"（成之谓性）甚为明顺而恰当。前条由"成之者性也"一语而说此义，则成别扭。①

牟宗三在这里特别强调这是"性命"的展开，而不是自然"生命"的展开，即其中内蕴天道的形上实体。这个生意和流行即牟宗三所强调的客观维度，而主观维度即仁心。但是当说到仁心的时候，从其感通、遍润层面又是客观的和超越的，这样在牟宗三这里所谓"无限智心"即生成。

牟宗三就道德形上学的建构指出，人类个体乃至于群体的道德意识（仁的呈露）即其道德形上学的根基，但是仅仅由此还无法建构一个形上学即包含宇宙存有论的根基，存有论的根据在于前述所论之"仁"的生机性及其展开，而不仅仅是展露："我依中国的传统，可把形上学底全部重新调整如下：我们依'人虽有限而可无限'底预设，承认两种知识：（1）智知，智的直觉所成者。（2）识知，感触直觉所成者。我们将依道德的进路先展露道德的实体以直接地开道德界，此相当于康德的'道德底形上学'——道德之'形上学的解释'（此词义同于时空之形上学的解释）或范畴之形上的推述，乃是对于道德一概念作分解的推演者。"② 这就是我们所熟知的牟宗三惯常强调的以道德为根基的宇宙的生存论论证。牟宗三认为，道德意识只是基于个体生命中本体性端绪或全幅展开的展示，但是并不限于这个"道德意识"的部分展示或全幅展开，更重要的是其中内蕴的宇宙自身变化的生化机理："但此道德的实体虽由人的道德意识而显露，但却不限于人类而为一'类名'，因而亦不

① 牟宗三：《心体与性体》（中），上海古籍出版社 1999 年版，第 127 页。
② 牟宗三：《现象与物自身》，吉林出版集团有限责任公司 2010 年版，第 34 页。

只开道德界。它是无限的实体，是生化之原理，因此，同时亦开存在界。"①

牟宗三将西方哲学传统中的存有论称之为"内在的存有论"，因为它是从存在的内在结构属性层面着眼的，由一些范畴和判断标识物之存在性，"即内在于一物之存在而分析其存有性也"。他把中国哲学传统中依据"生命智慧"把握的"存有论"称为"超越的存有论"，即不是把握其内在属性，而是把握其存在根据，"明其所以存在之理"："但依中国的传统，重点不在此内在的存有论。中国的慧解传统亦有其存有论，但其存有论不是就存在的物内在地（内指地）分析其存有性，分析其可能性之条件，而是就存在着的物而超越地（外指地）明其所以存在之理。兴趣单在就一物之存在而明其如何有其存在，不在就存在的物而明其如何构造的。"② 他认为，超出现象之外考察现象界之存在的根据，在西方一般不被归入哲学范畴，而是归入神学范畴，并将创造万物者名之为"上帝"。③ 至少从这里的分析我们可以看出，牟宗三的思考的兴奋点不在所谓哲学与宗教之间的对立，而是二者在形上学这个术语维度上的融通，即以形上学或道德形上学的名义讨论现象界的存在根据问题，即涉入西方神学的范围，因此这就不是黄玉顺等将之视为我们日常所理解的反对神学的人文主义之列，而且这是牟宗三始终一贯的观点，这也是他的超越论的出发点。所以，黄玉顺将牟宗三思想设定为反对神学属性的人文主义是不对的。当然，黄玉顺此番讨论中蕴含的良苦用心我们是认同的，即期冀一个超越一切现实权力之上的神圣存在者，以此整合人们的价值认同并超越世俗价值和世俗权力。但是，仅就牟宗三的超越性理论而言，我们必须紧紧抓住他的思想核心和主体脉络才能提供真正的批评靶标。牟宗三在《圆善论》的最后又对他的超越性思想作了一个总结：

> 吾人依中国传统，把这神学仍还原于超越的存有论，此是依超

---

① 牟宗三：《现象与物自身》，吉林出版集团有限责任公司 2010 年版，第 35 页。
② 牟宗三：《圆善论》，吉林出版集团有限责任公司 2010 年版，第 259 页。
③ 同上，第 261 页。

越的、道德的无限智心而建立者，此名曰无执的存有论，亦曰道德的形上学。此中无限智心不被对象化个体化而为人格神，但只是一超越的、普遍的道德本体（赅括天地万物而言者）而可由人或一切理性存有而体现者。此无限智心之为超越的与人格神之为超越的不同，此后者只超越而不内在，但前者之为超越是既超越而又内在。分解地言之，它有绝对普遍性，越在每一人或每一物之上，而又非感性经验所能及，故为超越的；但它又为一切人物之体，故又为内在的。（有人以为既超越而又内在是矛盾，是凿枘不相入，此不足与语。）因此，它之创造性又与上帝之创造性不同，此不可以瞎比附而有曲解也。①

讨论超越则必然涉及西方宗教和哲学中的"上帝"观念。牟宗三在讨论人格化的上帝时认为，存在是既成的，它不是人能够创造的，因此从具体人格讨论现实世界的创造问题，必须设定一个"无限存有"来负此责任。此处便有了分歧，一是西方的上帝观，一是中国传统三教中的"无限智心"，但是牟宗三认为，上帝之存在还是人的情识作用的结果，不是真实的而是虚幻的，因为它不是知性能解决的问题，故它只能是假设，或者是信仰，而信仰则由情识决定，而非由理性决定，而且无法证明，实践也不能证明，但可以说实践需要。②

牟宗三后期喜用"无限智心"或"无执的存有论"，但这只是超越或内在超越说的一个转语。这是因为"无限智心"表达的是个体仁心至其极之后转成无执的自在，同时与大化流行相一致，不达其极则不会有所谓"无限"，更非真正得到"智心"，"无执的存有"也需要在这个维度上理解。但是，"智心"之成则在个体道德意识即良知的充其极，即本体良知的全幅呈现。就其全幅呈现说，既是内在的又是超越的，因为它的全幅呈现展现为个体心体的展开，即阳明所谓"天渊"的呈现，是心体通达万物即万物一体之境界状态。从大化流行之意的显现这个角度，从良知本体和大化流行两处说，这都不是我们个体经验的日常所能随意

① 牟宗三：《圆善论》，吉林出版集团有限责任公司2010年版，第261页。
② 同上，第189-190页。

企及的，故它从经验处（理想）和先验处（本体）说都是超越的。我们从传统儒家和牟宗三的论述都可以看出他们认为的个体有限存在和无限存在的二重性。这当然也是康德的观点，康德又认为这是个体存在的界限，虽然他依据实践理性给出了个体走向的律令，但这个律令的背后根据是三个设定。牟宗三由此认为，康德无法像中国儒家那样以成德成圣的方式将之落实。按照儒家之见，凡、圣在本质上并无差别，只是常人不能用功于此以回复自己的本性。对个体自我本质肯定与现实批判，是内在超越的另一个意义之所在。

四　余　论

笔者相信，以上论述已经回应了前面一些学者的批评和质疑，尤其是关于超越与内在的统一性问题。在本文最后则以讨论不同于前此批评性的意见——赵法生关于"中道超越"的论说作结。

赵法生在晚近提出了"中道超越"的论说，他对牟宗三的"内在超越"有同意的地方，也有批评。他主要依据对儒学创始人孔子的分析，试图将内外超越的双向紧张加以调和与圆融：其一，试图在以气为根基的基础上实现身心对立的统一；其二，强调在现实世界之中我们的道德修养如何通过敬畏和身体的修饬实现"下学上达"，这是他不同于牟宗三等植根于仁心观念的看法。从讨论孔子的角度说，这些补充与发挥是很有意义的。当代儒学与孔子之后的传统儒学的分野有其相似之处，即仁学与礼学之间的紧张，赵法生的研究则试图居于其间，但是是比较具体的而不是抽象的论说。

他在批评宋明理学如程朱的身心对立的二元观之后试图回到先秦儒家那里，尤其是试图强化"气"的思想在先秦儒家那里的意义。他认为先秦儒家的一个修养路径是："先秦孔孟儒家并没有忽视身心之间的差异，却没有预设二者之间不可克服的鸿沟，如何让大体渗入小体，使得身体成为心灵实现的场域，促成身心之间深度的沟通融合，正是先秦儒家工夫的重点关注。"① 他认为，在孔孟那里的这种融合不是身心之间无法调和的冲突之下的强行妥协或协调，而是要形成孟子那样的"如火之始燃，泉之始达""沛然莫之能御"的状态，这当然就是牟宗三上承阳明、泰州诸老更上达象山、明道直追思孟的路径了。"此种身心一本与一体观，实由孔子开辟，而以孟子的践形生色说为其典范形态。"② 这样说，就基本上说到心性学的命脉之处了。但是，赵法生又强调："只要领会'克己复礼为仁'的本义，我们就会明白，孔子创立仁学，虽然开启了儒学内在面向，但并不意味着只是内在超越。实际上，孔子所开创的是合内外之道的工夫，它旨在贯通内外而臻于中道，并不偏向于其中的一端。"③ 其实，赵法生这段话描述孔子肯定是中肯的，因为孔子即如此，但是宋明儒学家包括心学一系和理学一系都不尽然在孔子自身的一路上了，这当然也是人类思想和学术发展演进的必然性所致。

赵法生依据《论语》《中庸》推己及人之论以及《大学》的"絜矩之道"指出，这是孔子儒学的"人人之际"，身心之学即仁礼关系是身心之际，这样"如果天人之际代表了中道超越的上下向度，身心之际代表了中道超越的内外向度，人人之际则开出了中道超越的左右向度，至此，中道超越的上下、内外和左右三个向度全部打开，这一超越的立体格局建构最终完成"。④ 总体上说，赵法生的中道超越性的三个向度涉及他理解的这样几个问题：第一，孔子没有放弃在他之前已经存在的巫文化和天命观念，首先是孔子敬畏天命，其次是孔子通过仁道展开了道德性维度，但是又保留了天道自然的面相，并由此产生了儒家导向格物致知的可能性；⑤ 第二，赵法生认为，孔子的仁道接通了天命与人心之间的联系渠道，在人心中发现了可以证知天道的伟大力量，⑥ 这个论述是精彩的，也是与现代新儒家一致的。同时他认为，一旦天道仁道打开，

---

① 赵法生：《儒家超越思想的起源》，中国社会科学出版社 2019 年版，（代序），第 19 页。
② 同上，第 20 页。
③ 同上。
④ 同上，第 21 页。
⑤ 同上，第 22 页。
⑥ 同上。

则它的工夫实践便导向上下内外四维空间，内外向度则表现为仁与礼之间的关系交织与平衡，这一点是与现代新儒家有所不同的，至少是现代新儒家所不强调的，而这一点也是当代大陆儒学基于当下社会发展要求下的一个共识点，即礼的不同程度的强调。①

如果仅就孔子来说，赵法生的思考是合理的，牟宗三对此也有相同的看法，他说，从孔子践仁的历程中，其遥契的天有两重意义，一是从理上说是形上的实体，二是从情上说是人格神，"而孔子的超越遥契，则似乎偏重后者"。② 但是，同时牟宗三又强调《中庸》阐发的以"诚"为核心的"内在的遥契"，这样传统中高高在上的天道通过个体的仁、诚得以认识和体会，并加以证实，由《中庸》天命、天道转而为一个"形而上的实体"。③ 对牟宗三常言的"形而上的实体"人们很容易发生误解，认为这是一个哲学概念，其实不然，这在牟宗三那里是一个活的存有并活动的实体，既不是人格神，也不是一个固定不变且抽象无法体认的概念。但是很明显，牟宗三这种居中但很难说清的表达，④ 与我们容易辨识、确认和信仰的人格神类型确实不同，这一点是需要特别注意的。⑤

（《中国社会科学院大学学报》2023 年第 8 期）

（作者单位：河北省社会科学院哲学研究所）

---

① 由于历史条件和历史境遇的不同，现代新儒家与当代大陆儒学关注的问题重心是有较大差异的，限于篇幅，此不赘述。
② 牟宗三：《中国哲学的特质》，吉林出版集团有限责任公司 2010 年版，第 41 页。
③ 同上，第 43-44 页。
④ 这种基于个体生命的内在体认义与天道大化流行的"辨识义"相一体的认识不容易轻易获得理解和肯认，这也是现代新儒家尤其是牟宗三思想研究中的一个难点。
⑤ 限于篇幅要求，这里省略了原文中关于黄勇先生的相关论述。

论王阳明道德哲学的情感之维

单虹泽

【摘要】在中国思想史上，对情感的讨论占据着重要的地位。宋代理学倾向于性情二分，且呈现出一种性体情用的关系，使情感受到了理性的压抑和限制。阳明心学调整了宋代以来的性情关系，使情感的地位得到了提升，并获得了本体论意义上的独立性。这样的一种情感本体，需要在致良知的具体实践中得到呈现。致良知展开为"着实用功"和"自然用功"两个向度，在阳明肯定个体自然情感的同时，一种纯任自然的工夫进路也得到承认。依此进路，在阳明后学那里，良知逐渐转变为一种"情识"，而致良知也逐渐发展为"作用是性"，展现出一种情识而肆、以欲为理的思想倾向。这是心学将道德情感自然化，以自然知觉之发用为致良知的必然结果。

在儒家传统中，伦理学占据着核心地位，而其本质上就是一种情感伦理。学者普遍承认，在儒家那里，人之为人首先应该是情感的存在，人的价值应该在人伦日用的情感活动中得到实现。李泽厚先生甚至提出了"情本体"的概念，并认为前者根植于中国哲学之中，"人生只是一种情感，这是一种普泛而伟大的情感真理"，"中国哲学也充满情感，它从来不是思辨理性"①。在中国明代，士人的个性、情感得到了空前的表达，"以情为中心比理为中心更突出的理情一致主义"是相当盛行的②。从思想史上看，心学中那种对情感的重视无疑是明代士风转型的主要原

---

① 李泽厚：《人类学历史本体论》，天津社会科学院出版社 2008 年版，第 5 页。
② ［日］冈田武彦：《王阳明与明末儒学》，吴光等译，重庆出版社 2016 年版，第 2 页。

因。近代以来，由于受到西方情理二分以及重理轻情传统的影响，学界多热衷于发掘阳明学中的理性主义因素，而对阳明道德哲学中的情感维度鲜有论及。事实上，阳明哲学中固然有所谓理性的一面，但纵观整个儒家思想传统，"理"应该是建立在情感之上的理性，即"情理"，而非西方意义上与情感相对的思辨理性或认知理性。因此，深入地探讨阳明学中蕴含的情感之维，不仅能够把握其在思想史上的地位，更可以充分地领会崇尚情感、张扬个性的中晚明士人心态。

一 阳明对宋学性情关系的调整

在儒家哲学中，对情感问题的考察可以上溯到先秦时期。与孔子罕言性与天道不同，思孟学派及后来的儒者对心、性、情作了大量论述。如《中庸》云："喜怒哀乐之未发，谓之中；发而皆中节，谓之和。"这里的"已发""未发"就是对人的情感活动状态的描述。在孟子那里，"四端"的提出也反映了儒家伦理中的道德情感维度："恻隐之心，仁之端也；羞恶之心，义之端也；恭敬之心，礼之端也；是非之心，智之端也。"（《孟子·公孙丑上》）四端之心是一种内在于主体的道德情感，在本质上构成了人的道德活动之源，"君子所性，仁、义、礼、智根于心"（《孟子·尽心上》），"所谓'四端'者，皆情也"（《朱子语类》卷五十九）。这里所说的"心"就是道德本心，它以道德情感为基础。所谓"恻隐之心""羞恶之心"，其实正是恻隐之情、羞恶之情，"盖性无形影，惟情可见。观其发处既善，则知其性之本善必矣"（《朱子语类》卷六）。在孟子看来，人心所蕴含的恻隐、羞恶等情感，为道德意识的形成和道德行为的落实提供了可能，这一进路即表明心善是性善论的根据，即"以心善证明性善"[1]。孟子之后，《礼记》提出了"七情"的说法："喜、怒、哀、惧、爱、恶、欲，七者弗学而能。"与作为道德情感的"四端"不同，"七情"往往被视为反映个体本能倾向的自然情感。后来的朱子将二者区分为"理之发"与"气之发"："'四端是理之

---

① 徐复观：《中国人性论史·先秦篇》，九州出版社2014年版，第155页。

发，七情是气之发。' 问：'看得来如喜怒爱恶欲，却似近仁义。'曰：
'固有相似处。'"（《朱子语类》卷五十三）在朱子看来，"四端"与
"七情"虽各发自形上之理与形下之气，却仍有着相似之处："刘圻父问
七情分配四端。曰：'喜怒爱恶是仁义，哀惧主礼，欲属水，则是智。且
粗恁地说，但也难分'"（《朱子语类》卷八十七）。实际上，无论道德
情感还是自然情感，都能够表现出本然之心，二者共同在经验之域构成
了人之为人的一般规定。可见，在先秦儒家那里，道德并非超验之物，
而是从一开始便实现于经验的情感之域。

　　秦汉之后，儒家对情感的理解又多向度地展开于宋明理学的演进过
程之中。佛教的传入使儒学进一步内向化，而宋儒对性情关系的讨论也
达到了前所未有的高度。这种倾向在程朱的性情论中得到了体现。在伊
川那里，性是形而上者，情是形而下者，性情关系具体展现为性对情的
引导和规范。在《颜子所好何学论》中，他写道："天地储精，得五行
之秀者为人。其本也真而静，其未发也五性具焉，曰仁义礼智信。形既
生矣，外物触其形而动于中矣。其中动而七情出焉，曰喜怒哀乐爱恶欲。
情既炽而益荡，其性凿矣。是故觉者约其情使合于中，正其心，养其性，
故曰性其情。愚者则不知制之，纵其情而至于邪僻，梏其性而亡之，故
曰情其性。"（《二程文集》卷八）可以看到，虽然情发自于"真而静"
的性，但在感物而动之后，便容易偏离性的本然性规定，产生"邪僻"
的情绪。据此，伊川提出"性其情"的原则，试图以形上之性安顿、化
约感性经验之域的情。盖"性其情"之说，本于王弼，其云："不性其
情，何能久行其正？"（《周易·乾卦》注）在王弼那里，实际上已经开
宋儒以性统情、以静制动之先河，"夫有以无为本，动以静为基。静以制
动，则情虽动也不害性之静。静以制动者，要在无妄而由其理。人之性
禀诸天理，不妄则全性，故情之发也如循其正，由其理，则率性而动，
虽动而不伤静者也"[1]。伊川禀王弼之说，将性规定为超验、至善的理性
本体，而情感则因其自身的不确定性需要被理性规范和制约。在这里，

---

[1]　汤用彤：《魏晋哲学论稿》，上海古籍出版社 2005 年版，第 63 页。

情感与理性之间存在着明显的张力，而伊川倾向于将情感纳入理性之域，使其合于"中"。"中"就是情感的合宜状态。他的"持敬"工夫，就是把情感消融到未发的性体之中，并通过"涵养未发"以正性体，性体既正，情则无有不正，"敬而无失，便是'喜怒哀乐未发之谓中'也。敬不可谓之中，但敬而无失，即所以中也"（《二程遗书》卷二上）。

朱子继承了伊川的说法，同样将性与情分开讨论。在朱子那里，性与情的关系主要分为两种：一是"心统性情"，二是"性体情用"。先谈前者。"心统性情"之说源自横渠，但横渠并未就此具体地展开论述。朱子则明言性为未发，情为已发，二者共同构成心的两个方面，其云："性是未动，情是已动，心包得已动未动。盖心之未动则为性，已动则为情，所谓'心统性情'也。"（《朱子语类》卷五）其中，性是心的理性层面，情是心的感性层面，情必须要合乎性（理），"性者，心之理；情者，性之动；心者，性情之主"（《朱子语类》卷五）。所谓"心统性情"，实际上是以"心之性"统领"心之情"，而必使后者成为"性（理）之情"，故此说仍在伊川以性统情之观念框架内。再谈后者。从"体用论"阐发性情关系可谓朱子之发明，他以性为心之体，以情为心之用，二者既呈现出"体用一源，显微无间"的关系，又明辨形上形下之别，其云："'仁者爱之理'，只是爱之道理，犹言生之性，爱则是理之见于用者也。盖仁，性也，性只是理而已。爱是情，情则发于用。性者指其未发，故曰'仁者爱之理'。情即已发，故曰'爱者仁之用'"（《朱子语类》卷二十）。尽管情相对于性展现出感性经验的一面，但在朱子那里，情已经被理性化了，因而是一种理性制约下的道德情感。先秦的"四端"与"七情"在此往往被统一为道德情感，它们共同构成了本然之性的发动内容，并彰显出性的道德品格。简言之，性是情的存在根据，而情则是性的具体呈现。

从上述可知，宋代理学倾向于性情二分的讲法，且呈现出一种性体情用的关系。更重要的是，无论伊川还是朱子，都试图将以性统情、化情为性作为一种指导原则。朱子曾说："由汉以来，以爱言仁之弊，正为不察性、情之辨，而遂以情为性尔。"（《答张敬夫四十四》）一方面，性与情的分说明晰了理性与感性之间的界限，为道德理性提供了先验的保证；另一方面，这种分化势必导致"性其情"的价值预设，在理性与情感的对立中强调压制、否定后者的必要性。程朱学者在突出理性本体的同时，也直接使感性情欲失去了相对的独立性，理性本质对情感经验的消融最终将人变成一种抽象存在，而压制了个体性的发展空间。

这种情况，直至阳明心学肇兴，方有所改观。王阳明的学说对宋代以来的性情关系进行了调整，使性情由二元对立转化为一元相融的关系，并抬高了情的地位，直接导致了情感主义与个人主义思潮在明代的盛行。事实上，阳明早年亦颇受宋学影响，他对性情关系的见解仍未脱前人之藩篱，曾谓"夫喜怒哀乐，情也。既曰不可，谓未发矣。喜怒哀乐之未发，则是指其本体而言，性也。……喜怒哀乐之与思与知觉，皆心之所发。心统性情。性，心体也；情，心用也。"（《答汪石潭内翰》）这种论调实是秉承伊川朱子而发。阳明观念之转变，始于良知说的提出。面对当时泛化的理性主义风潮对个体性的压抑，阳明完成了伦理层面上的"哥白尼式革命"，即将纯粹内在的道德法则视为道德秩序之根源，而道德法则的主体只能是人的本心，"至善是心之本体"（《传习录》上），"心外无物，心外无事，心外无理，心外无义，心外无善"（《与王纯甫》）。从"性即理"向"心即理"的转变意味着从普遍理性对个体的外在塑造走向个体人格的自我挺立，后者内在地包含了理性之维的先天规定。以心作为本体，在涵摄理性本质的同时，又无法拒斥经验世界中的感性情感之维，"心作为与身相联系的意识结构，同时又内含情、意等非理性的规定"，这样，"心体在总体上便表现为理性与非理性、先天形式与经验内容、普遍向度与个体之维的交融"①。由此可知，心体兼摄了理性法则与感性情欲的部分，程朱理学的性情关系所呈现出的形上、形下之别以及由此引发的紧张，在这里已经消失殆尽。阳明赋予心以感性情感的维度，在展现了心体多元性的同时，也蕴含了情感与理性之间平等无碍的内在规定。情的地位在明代心学中得到了显著的提高，并获得

---

① 杨国荣：《心学之思：王阳明哲学的阐释》，中国人民大学出版社 2009 年版，第 3 页。

了本体论意义上的独立性，而完善道德主体的情感之维亦成为阳明心学的应有之义。

具体地讲，性情二元论向一元论的转变暗含了心学对宋代以来的理气观、身心观的调整，最终导致良知说成为一种自然主义和情感主义。首先，在理学那里，理与气分别被规定为形而上者和形而下者，七情与四端则分别被认为是气之发与理之发，二者之间存在着显著的张力。到了阳明这里，气不再被当作形下之物，反而得到了更为积极的对待。比如阳明认为："五谷禽兽之类，皆可以养人；药石之类，皆可以疗疾：只为同此一气，故能相通耳。"（《传习录》下）这里的气，不是形下层面的质料，而更多展现为一种沟通物我之间并实现一体之仁的"心气"。阳明思想中的气具有感应明觉之功，与良知本体无甚差别。所以阳明讲："气即是性，性即是气，原无性气之可分也"（《传习录》中）。气不仅仅是性的外在表现，更被直接等同于性，二者表现出即体即用的关系，"在明代理学中，理（性）与气的距离日益缩小，理和气不再被看成具有对峙的紧张的关系"①。理与气之间距离的消除，内在地暗含了性情之间的紧张亦不再存在，情感的地位就此得到了提升。其次，在宋学中，身与气一样，也被看作形而下者。阳明则重新定义了身体与本心的关系，将身视为与心同等重要的事物，其云："耳、目、口、鼻、四肢，身也，非心安能视、听、言、动？心欲视、听、言、动，无耳、目、口、鼻、四肢亦不能。故无心则无身，无身则无心。"（《传习录》下）按照程朱的见解，道德本体与感性存在等经验内容存在着明显的界限，且前者为后者的先天根据，而阳明"无身则无心"的说法则重新规定了理性本体与感性存在的联系。在这样一种预设下，感性知觉、情感等皆被视为良知的呈现。

如果这些感性存在在良知说的背景下被提升到理性本质的高度，那么逻辑地讲，与气、身处在同一个层面的情同样能够获得本体论的意义。良知既是一种道德情感，又是一种自然情感，二者圆融地统一于良知的

---

① 陈来：《有无之境：王阳明哲学的精神》，生活·读书·新知三联书店 2009 年版，第 101 页。

本体论内涵之中。在阳明看来，"良知只是个是非之心，是非只是个好恶。只好恶就尽了是非，只是非就尽了万事万变"（《传习录》下）。"是非"不是理性的事实判断，而是价值判断，它被"好恶"这种情感决定。"好恶"不仅包括"好善恶恶"的道德情感，也包括"好好色，恶恶臭"这样的自然情感，二者是统一的。实际上，阳明是以自然情感的本然性规定道德情感，由于自然就是循于天理之流行，故"好善恶恶"也就获得了天理的形上支持。所以阳明说："喜、怒、哀、惧、爱、恶、欲，谓之七情。七情俱是人心合有的，但要认得良知明白……七情顺其自然之流行，皆是良知之用，不可分别善恶，但不可有所着；七情有着，俱谓之欲，俱为良知之蔽"（《传习录》下）。在此，自然情感与道德情感打成一片，成为性（理）的核心内容。可以说，良知兼摄情理两面，这里的"理"也是一种基于情感之上的"情理"，"'良知说'在骨子里是情感论的，而不是知识论或认识论的"①。阳明学为人生意义奠定的根基并非是知识，而是一种"真诚恻怛"，即生命的本真情感。

阳明在性情关系中强化经验情感之域的致思进路，使人想到休谟的某些观念。休谟曾多方面考察了情感与理性之间的关系。他赋予了情感以特殊的意义，认为道德行为应以情感为基础与动力因，理性只有通过情感才能影响道德行为，"道德上的善恶确实是被我们的情绪，而不是被我们的理性所区别出来的"②。这样一种"情绪"（情感）就是同情（sympathy）。休谟认为："我们对社会所发生那样广泛的关切，只是由于同情；因而正是那个同情才使我们脱出了自我的圈子。"③ 这与阳明从"真诚恻怛"之良知出发，以情感（个体的同情心）包容、转化万物，最终实现万物一体的境界，无疑有着相近之处。与休谟一样，阳明同样看重由道德原则到道德行为过渡中的情感等非理性因素，道德性体现在符合真情实感的道德行为之中。不过，阳明与休谟亦有着不同之处：一方面，休谟表现出极端排斥理性的经验论倾向，认为"理性是、并且也

① 蒙培元：《情感与理性》，中国社会科学出版社 2002 年版，第 56 页。
② ［英］休谟：《人性论》，关文运译，商务印书馆 1980 年版，第 632 页。
③ 同上，第 621 页。

应该是情感的奴隶"①，而阳明并没有完全拒斥理性在道德活动中的作用，认为良知呈现出的理性能力是一种"情理"；另一方面，阳明将心体理解为理性与情感的统一，而往往更重视后者在道德行为中的作用，逻辑上导致了情感本体化的倾向。休谟虽强调人性中原初情感对理性的引导，却并没有以情感为本体。

概言之，阳明的良知本体兼含知、情、意几个方面，而情的一面无疑是阳明所关注的重心。正如有学者指出的那样，在阳明那里，"长期的理性判断熟化为当下的直觉，这种直觉并伴随着情感的好恶，道德意识和道德情感已经融合无间，以至于道德判断的理性思维过程已凝聚为当下的道德情感"②。较之于宋学，阳明显然更重视心体的情感构成，程朱道学中性其情的倾向在心学这里已不复存在，反而甚至出现了以情化理的理论旨趣。这在儒家传统中是前所未有的。

二　致良知：道德实践中的情感趋向

在阳明心学中，道德主体就是道德实践的主体，情感唯有在具体的道德实践中才能够得到现实的呈现。心学系统中的道德实践就是"致良知"。所谓致良知，就是将良知所觉之是非善恶充分地呈现出来，并见诸具体事为。上文所讲的道德情感，正是要通过致良知的工夫来发显、推行，使个体内心中不容已的真情时时刻刻贯穿于人伦交往之中。阳明曾说："吾平时讲学，只是'致良知'三字。仁，人心也；良知之诚爱恻怛处，便是仁，无诚爱恻怛之心，亦无良知可致矣。"（《寄正宪男手墨二卷》）在阳明看来，真正的道德实践，一定是发乎真情、符合仁爱恻怛之心的实践活动。

致良知的基础，就是要发明本心，使个体能够真正保持笃实、端正的道德情感。良知本体不是在某种特定的生存境遇中形成的，而恰恰是超越并先于这些生存境遇内化为主体的人格规定性，并作为一种内在的道德力量来面对、规约这些境遇。阳明曰："盖天下之事虽千变万化，至

---

① ［英］休谟：《人性论》，关文运译，商务印书馆1980年版，第453页。
② 张学智：《明代哲学史》，北京大学出版社2000年版，第107页。

于不可穷诘，而但惟致此事亲从兄、一念真诚恻怛之良知以应之，则更无有遗缺渗漏者，正谓其只有此一个良知故也。"（《传习录》中）所以，并不是生活中的具体情况和行为方式决定人们应该表现出什么样的情感，而是人们内心中道德情感所凝成的道德精神在面对外界情境时，自然会选择适宜的行为方式。当徐爱向阳明请教孝亲之心与"温凊定省"等仪文节目之间关系的时候，阳明说："此心若无人欲，纯是天理，是个诚于孝亲的心，冬时自然思量父母的寒，便自要去求个温的道理；夏时自然思量父母的热，便自要去求个凊的道理。"（《传习录》上）一个人的行动是否称得上"孝"的第一义，并不是看他在外在形式上做了什么，而是看他的行为是否出自真切的良知本心，"孝亲之心真切处才是天理。如真心去定省问安，虽不到床前，却也是孝。若无真切之心，虽日日定省问安，也只与扮戏相似，却不是孝"（《传习录拾遗》）。如果道德主体的行为动机本乎真情而发乎真情，则所行其事固无不正。

在阳明看来，这种发乎本心的真情实意，必须在人情事变上磨炼，才能真正得到本质性的呈现。作为道德情感的良知先天地内在于主体之中，成圣的进路要求主体能够在具体的实践中涵养本原，使其不为私欲所蔽，其云："孩提之童，无不知爱其亲，无不知敬其兄，只是这个灵能不为私欲遮隔，充拓得尽，便完；完是他本体，便与天地合德。"（《传习录》上）这里的"充拓"即孟子所言之"扩充"，关键之处则在人伦日用等实践活动中着实用功。致良知就是在道德实践中挺立本心，而道德实践之开展亦莫非不是本体之流行。盖自宋明理学兴起，儒者无不强调事上磨炼、事上用功，至阳明始集其大成，发展出一套在道德实践中彰显真情的致良知哲学。阳明的"万物一体"思想及由之而展开的"亲民"的政治实践，更是展现了这种在"人情事变"中切实用功的内在理路。

然而，对"着实用功"的强调，逐渐被致良知的"自然用功"层面取代。所谓"自然用功"，指的是"此工夫并不牵涉人为安排，不为格套所拘、意识所转，主张在即刻当下，任其良知的'本然之觉''自然之觉'"①。上文已经表明，在心学那里，自然情感与道德情感内在地统一于良知之中，"自然知孝""自然知弟""自然知恻隐"在阳明看来正是良知的本然表现。依此，致良知表现为一种自然工夫应为心学系统的题中之义。实际上，阳明自己也已经自觉对两种工夫作出了区分："'何思何虑'正是工夫，在圣人分上便是自然的，在学者分上便是勉然的。"（《传习录》中）"勉然"指的正是"着实用功"。陆澄曾于鸿胪寺仓居，闻儿病危而内心忧闷，阳明语之曰："此时正宜用功。若此时放过，闲时讲学何用？人正要在此等时磨炼。父之爱子，自是至情，然天理亦自有个中和处，过即是私意。人于此处多认做天理当忧，则一向忧苦，不知已是'有所忧患，不得其正'。大抵七情所感，多只是过，少不及者。才过便非心之本体，必须调停适中始得。"（《传习录》上）可见，阳明并未单纯强调自然工夫，在"着实用功"这方面需要"调停适中"，使情感合乎其宜。但是，按照阳明学中对人人皆有良知、"满街都是圣人"的预设，"圣人分上"的自然工夫则同样适用于凡俗之人。对于致良知，阳明曾给出这样的描述："尔那一点良知，是尔自家底准则。尔意念着处，他是便知是，非便知非，更瞒他一些不得。尔只不要欺他，实实落落依着他做去，善便存，恶便去。他这里何等稳当快乐。此便是格物的真诀，致知的实功。"（《传习录》下）"是非"在阳明那里很大程度上已经同化为"好恶"，无论是本乎道德情感的"好善恶恶"，还是自然情感的"好好色，恶恶臭"，都可算作是一种"实实落落"的行为。致良知在此已经表现为"着实用功"与"自然用功"的合一，并且，随着道德情感与自然情感的同化以及中晚明个体意识的提升，致良知愈发成为一种纯任自然情感的自然工夫。

三　从"良知"走向"情识"

阳明殁后，门下弟子各依己见，虽使心学得到了多元化的发展，但同时也形成了一些问题。刘蕺山曾对此评价道："今天下争言良知矣，及

---

① 吴震：《阳明后学研究》，上海人民出版社2016年版，第23页。

其弊也，猖狂者参之以情识，而一是皆良；超洁者荡之以玄虚，而夷良于贼。"（《证学杂解》）"参之以情识"指的是泰州之学，"荡之以玄虚"指的是龙溪教法，后者无关本文之旨，兹不赘述。姑言"情识"。"情识"本自佛教，指的就是感性欲望。所谓"参之以情识，而一是皆良"，是说将情识（欲望）当作良知，在某种程度上讲，道德情感逐渐被自然情感取代。在中晚明时期，随着市民阶层的发展和心学的"民间化"，士人阶层的个体意识不断得到提升，这在很大程度上表现为对感性欲望的肯定。船山曾不无痛心地指出中晚明士风世俗化的倾向："淫坊酒肆，佛皆在焉，恶已贯盈，一念消之而无余愧。儒之驳者，窃附之以奔走天下，曰无善无恶良知也。善恶本皆无，而耽酒渔色、网利逐名者，皆逍遥淌潆，自命为圣人之徒。"（《读通鉴论》卷十七）在这里，船山认为儒者们离经叛道的纵欲行径的依据是"无善无恶"的良知，这就将矛头直接指向了阳明心学。及至晚明，戴山弟子陈乾初甚至直接肯定了"人欲"的合理性，主张人心无所谓天理，天理应从人欲中发显："人心本无天理，天理正从人欲中见，人欲恰好处，即天理也。向无人欲，则亦无天理之可言矣。"（《无欲作圣辨》）这与宋明儒者的传统见解大相径庭。我们看到，在阳明之后的众多儒者那里，表现出了一种以"情识"为"良知"甚至强化人欲、弱化天理的思想倾向。尽管阳明本人的思想未及如此，但从学理上讲，不能否认其与王门后学之间的联系及其对后者形成的影响。

　　与程朱之学相比，象山既反对"性即理"的本质规定，又忽视读书知解、格物穷理的工夫进路，而是注重心灵知觉的灵明妙用。朱门后劲陈淳曾这样批评象山："象山学全用禅家宗旨，本自佛照传来，教人惟终日静坐以存本心，而其所以为本心者，却错认形体之灵者以为天理之妙……此正告子生之谓性，佛氏作用是性，冲动含灵皆有佛性之说。"（《答黄先之》）陈淳站在朱学立场上，不仅批评了象山以心为理之弊，更直接揭示了象山以知觉作用为性的近禅之嫌。且不论这种批评是否有着门户之见，单就教法而言，象山与禅宗确有相似之处。比如二者都强调一种明心见性的"简易工夫"，以及以日用常行为本心之自然流行。

晚期禅宗即表现出一种当下即是、一切现成、即事而真、作用是性的思想倾向。如道一说："若欲直会其道，平常心是道……只如今行住坐卧，应机接物，尽是道。"认为涅槃、解脱就在日常生活之中，一切知觉行为皆是佛性体现，当下具足，不假外求。象山的教法同样反映了这种思想。比如他说："圣人教人，只是就人日用处开端。"（《语录下》）又说："道理只是眼前道理，虽见到圣人田地，亦只是眼前道理。"（《语录上》）可见在象山这里，确如禅宗一样，将当下的日用事为、知觉活动作为人的本质，具有鲜明的自然主义特征。

到了阳明那里，这一特征就变得更加显著。阳明的"心"具有"性"（本质）与"觉"（知觉）两个方面，而后者正是所谓"作用是性"的根源。比如阳明曾道："心不是一块血肉，凡知觉处便是心，如耳目之知视听，手足之知痛痒，此知觉便是心也。"（《传习录》下）阳明承认，心不是一个死物，而是具有昭明灵觉的活动性，但这种活动性并非与形下之域疏离，而正是借形下的知觉活动呈现自身。有弟子向阳明请教孟子为何否定告子"生之谓性"的问题，阳明讲："固是性，但告子认得一边去了，不晓得头脑，若晓得头脑，如此说亦是。孟子亦曰：'形色天性也'，这也是指气说。"（《传习录》下）阳明这番话表示自己认同"生之谓性"的讲法，但更重要的是，"生之谓性"须有"头脑"（良知）来引导，若能为此，则不致陷入告子之偏。实际上，陆九渊也强调本心的引导作用，后天的知觉作用无不是本心之流行。对此，杨儒宾先生即指出："在一种工夫证成的境地上说，陆王等人都可以接受类似'作用是性''生之谓性'的命题。但他们这样主张，并不是建立在经验层的、顺俗的自然主义之上，而是从体验的、转化后的心境来说。"① 从两个方面来说，陆、王之学仍未偏离儒家之大宗：一方面，他们虽然讲"作用是性""生之谓性"，但此"性"既非禅宗之空性，亦非后儒之以欲为性，而是一种"义理之性"，即本心、良知；另一方面，他们的用意主要在于，强调良知如能得其正，则任何知觉作用、身体活动皆为天

---

① 杨儒宾：《儒家身体观》，台湾"中研院"文哲所1996年版，第331页。

理之流行，这与一些阳明后学只讲顺适自然、当下现成、恣情纵欲的观念迥然有别。

那么，何以陆王的学说发展至阳明后学那里，竟展现出一种情识而肆、以欲为理的思想倾向呢？笔者认为，这种现象的形成主要有四个原因：首先，随着市民阶层的增长、个体意识的提升以及阳明后学深入民间讲学活动的开展，心学逐渐深入到民众之中。尤其是阳明"满街都是圣人"之说，最能与底层民众的心理相契。这样一来，心学便逐渐"去精英化"，而士人也逐渐降低对自己的要求，转而向忽视传统修养工夫的民众看齐，于是以自然情欲为本心、以举手投足为工夫便成为当时的主流思潮。其次，两宋之后，晚期禅宗逐渐发展出触境是道、举目皆真的思想，强调道与日常生活一际无异、在生活中具足现成，此即所谓修道现成。① 不容否认，在中晚明三教互动的历史环境中，这种思想对阳明及其后学形成了一定程度上的影响。复次，如前所述，情的地位在阳明那里得到了显著提升，同时为"七情"等自然情感的作用留下了空间。但是，在阳明那里，自然情感仍要为道德情感所统摄，而在其后学那里，却进一步模糊两种情感的界限，最终反而使自然情感得到了最大限度的扩张，宋儒反复强调需要克制的"人欲"在中晚明之后逐渐变得合理化。最后，陆王所强调的"事上磨炼"之"事"，既包括"人情事变"，也包括"举手投足"乃至"着衣吃饭"。前者蕴含了伦理的向度，而后者纯是自然知觉之发用。在陆王那里，虽然接受"作用是性"的命题，但他们所讲的"作用"应兼含上述两个向度，且伦理层面的"着实用功"应在这种关系中为主导。而对王门后学而言，则在高度标榜自然情感的同时，使"自然用功"掩盖了"着实用功"，以知觉发用纯为良知之流行。如罗近溪说："于天地人物，其神理根源，直截不留疑虑。所以抬头举目，浑全只是知体著见；启口容声，纤悉尽是知体发挥，更无帮凑，更无假借。"（《盱坛直诠》）所谓"更无帮凑""更无假借"，正是以个体的知觉、身体的运动消解了"着实用功"的向度。明代诸儒在当

---

① 参见吴学国、金鑫：《从"无住"到"圆融"：论中国禅宗对般若思想的误读》，载《学术月刊》2015 年第 1 期。

时已经意识到了这种危险，如朱子学者陈建就揭示了这种以知觉作用为天理流行的内在缺陷："知觉则夫人有之，虽桀、纣、盗跖亦有之，岂可谓能视听言动底便是天理，无非大道之用耶！"（《学蔀通辨》卷十）黄宗羲对上述陈乾初"天理从人欲中见"言论的批评更是彻底看清了其过度抬高人欲而消解天理的本质，"必从人欲恰好处求天理，则终身扰扰，不出世情，所见为天理者，恐是人欲之改头换面耳。……老兄之一切从事为立脚者，反是佛家作用是性之旨也"（《与陈乾初论学书（丙辰）》）。因此，综合这几点来看，情感这一维度在阳明后学那里形成为一种"情识"，乃是良知学发展的内在必然。

明清之际的学人在批评阳明后学纵情肆欲之表现的时候，多指摘其近禅。事实上，与其将这种现象视为禅宗的渗透或儒学禅宗化，不如将其视为王门以良知立教所必然产生的结果。在阳明将情感之维作为良知的内在蕴涵，将道德情感自然化，将情感之发作视为良知的具体呈现的时候，已经不自觉地为"情识"的产生奠定了基础。

我们认为，中国的传统伦理本质上就是一种情感伦理。情感构成了宋明儒学心性论的重要内核。在王阳明的道德哲学中，情感的维度得到了前所未有的提升，甚至达到了本体论意义上的形上地位。致良知的全部实践活动，也都是为了呈现道德自我中的真情实意。必须承认，心学将情感作为更实在、根本的内容，在对治程朱理学过分突出理性本体而将个体抽象化趋向上有着积极的意义，但是这种对个体存在多样化的强调，也使明中叶以后的学者在化解理性与情感、道德情感与自然情感、"着实用功"与"自然用功"的同时，进一步使情欲得到了合理化，个体的感性经验一再得到提升和强化，最终导致中晚明心学种种流弊的生成。

（《孔子研究》2018 年第 6 期）

（作者单位：南开大学哲学院）

两种情感主义的"心学"理论

——斯洛特与王阳明比较研究

姚新中　张　燕

【摘要】文章从比较的视角来考察斯洛特和王阳明两种不同的"心学"理论。斯洛特用中国哲学的"心"（heart-mind）来重新界定西方传统的"心灵"（the mind）概念，反对理性主义把心灵作为纯理智活动的观点，认为所有心灵活动都包含情感因素，所有理智活动都可还原为情感或情感属性，而王阳明认为心即先天的良知。斯洛特认为他的心灵概念与中国传统思想中的心概念相一致，并能够为中国思想中理智与情感相融的心学预设提供哲学论证，而阳明心学也可以从情感主义角度进行分析和论证，但前者的"情感"和"心学"更多呈现出当代情感主义的基本特质，通过经验性的移情和同情发挥作用，而后者更注重情理交融、以情为主的先验性与直觉性。从比较的视角来分析，可以在情感主义伦理学框架下为理解两种"心学"理论开拓出更大的空间和可能性。

理性主义与情感主义的主要分歧之一在于如何看待心灵中理性与情感的关系问题。康德承继苏格拉底、柏拉图以来的理性主义传统，将理性视为知识、伦理规范的唯一合法来源，将情感排除在理性之外；而休谟则承继沙夫茨伯里和哈奇森的情感主义传统，在实践领域以理性为情感的奴隶，把理性完全置于情感之外。近年来，以迈克尔·斯洛特（Michael Slote）为代表的新情感主义力图提供一种更具整合性的心灵观念，不再把理性与情感看作相互分离的两方，而是谋求理性和情感的融合。在新情感主义那里，理性不再独立于情感之外，而是借由情感获得了新的理解和功能。也正因为如此，斯洛特认定中国哲学为情感主义阵营的同盟。在他看来，与西方重视理性和控制性的传统不同，中国哲学重视情感、感受以及他反复提及的"接受性"（receptivity，又译接受力、容纳），拥有情理不分离的"心学"理论。本文从比较的视角来审视两种情感主义的"心学"①，即当代美国哲学家斯洛特的情感主义"心灵"概念与王阳明的"心学"理论，考察两种"心"概念的各自特点及其异同，试图在情感主义视域下为重新理解斯洛特的心灵理论与王阳明的心学开拓更大的空间。通过比较研究我们可以看到，斯洛特整合情感与理性的努力虽然取得了一定的成效，但由于其过于强调心的情感属性与功能而出现了一些偏颇，他的心灵概念与中国哲学中尤其是王阳明的心学理论虽然有很大的共鸣，但也呈现出诸多的差异。

一 斯洛特的心灵概念及其偏颇

斯洛特对"心"或"心灵"概念做出了全面、彻底的情感主义解释，构建了一种关于"心"的属性、构成、活动、功能的完整理论。在《道德情感主义》（2010）一书中，他基于移情（empathy）来阐释道德，把伦理学的全部术语都解释为移情作用下的情感属性概念。在规范伦理学层面，他持有移情关怀伦理学的立场，认为只有纯粹出自移情关怀这种情感反应的行为才是道德的，而其他德性皆可以还原为移情关怀。正义同样奠基于移情，因为"制度、法律以及社会风尚和社会实践，如果能够表现出负责创造并维护它们的那些人（或绝大部分人）的移情关怀动机，那么它们就是正义的"②。理性主义者依据"自主性"来理解"尊重"，斯洛特则将尊重理解为对他人的观点和情感的充分移情，从而使尊重成为一种基于情感反应的关系性概念，而孩童的自主能力则在被尊重、被移情关怀的前提下生发出来。在元伦理学层面，道德判断同样是移情作用下的情感反应。关怀行为之所以在道德上是对的或善的，在于旁观

① 本文所使用的"心学"是在广义上指关于"心"（mind，heart）的概念和理论，与阳明心学之狭义的"心学"有交叉、互鉴，但并非完全相等同。

② Michael Slote, *Moral Sentimentalism*. Oxford University Press, 2010, p. 125.

者对行为者移情关怀的移情，即"二阶移情"，道德赞许表现为观察者被行为者的温暖举动所温暖的感受。可见，通常与理性相关的自主性、正义概念以及通常被看作认知的道德判断都被纳入情感范围。除伦理学之外，斯洛特最后还补充了与认知活动相关的情感主义解读：对他人观点的移情是保持认知上客观性的必要条件，情感是理智合理性的重要部分。而如果他人的观点可以成为移情的对象，那么就意味着并不存在纯粹理智的信念。①

在《从启蒙到接受性：反思我们的价值观》（2013）一书中，斯洛特从接受性角度肯定情感在价值中的核心作用，认为移情是接受性德性的根基。他认为，启蒙过于强调理性和合理性，以慎思、认知性控制、自主性为好生活图景的主要构成要素，忽视了情感在价值中的核心作用，而要弥补这一点，就需要更好地理解和提升接受性价值或德性。斯洛特呈现的接受性概念以移情为根基，是一种对他人观点和情感、对生活、对环境的接受性态度，从而具有情感色彩。接受性与主动性（activity）、被动性（passivity）相区别，既拒绝想要完全控制生活的欲望，又是对世界的主动回应。接受性首先作为认知德性而存在，即客观地、宽容地对待他人观点，斯洛特称之为"思想开放"。他认为，认知活动所需要的思想开放德性是情感属性的，是对他人观点的移情，包含着对他人观点的一种支持、赞赏性的（favorable）态度，即在移情他人观点的同时也感受到了他人对自身观点的支持性感受。当然，接受性的重要作用也扩展到了实践领域，斯洛特的伦理学正是基于移情和接受性的关怀伦理学。

通过把认识论情感主义化，斯洛特提出了他的新情感主义心灵理论。在《一种情感主义的心灵理论》（2014）一书中，他从认知德性（思想开放）包含着情感谈起，认为思想开放需要对他人观点具有一定程度的同感或同情（sympathy）。②认知德性或恰当地认识他人观点的过程本质上是一个情感机制，其结果也属于一种由移情而来的同感，此同感源于原来信念所内含的情感，又借助移情得以传递到具有认知德性的人的信

---

① Michael Slote, *Moral Sentimentalism*, Oxford University Press, 2010, p. 147–148.

② Michael Slote, *A Sentimentalist Theory of the Mind*, Oxford University Press, 2014, p. 16.

念中。"信念"本身包含情感，信念是以支持的态度看待事物的方式，而支持一个信念包含着一种喜欢的情感。"持有一个信念，支持以某种方式而非其他方式看待事物，包含着一种感受或情感，就如同喜爱一个正直的候选人或一个孩子超过其他人所包含的感受或情感一样。"① 此外，"目的—手段"的思考和行为模型也说明信念不只是纯粹的心灵符合世界方向的认知状态，而是包含世界符合心灵的情感状态，因为信念只有如此才不与目的完全隔绝，才能与欲望发生相互作用并以此来解释行为的可能性。②

在该书的结尾，斯洛特指出，他想表达的是"信念不仅包含情感，而且本身就是一种情感"③，与认知主义者以情感为信念的做法形成鲜明的对比。他以信念为情感就是要把情感因素放进对知识的合理性辩护之中，使所有对合理信念的辩护都成为对合理情感的辩护。而这种在辩护信念中包含的情感因素，他称之为接受性。接受性不仅仅指我们能够对他人观点尤其是与自己相对的观点保持思想开放，通过移情来公正地对待他人观点，而且是对日常知觉信念的辩护来源，因为对关于外在世界的知觉信念的辩护依赖于接受性，是对我们感官的信任，这也是一种接受性和开放性。在哲学思考中我们可以认真对待笛卡尔式的怀疑，然而，若在生活中也处处怀疑我们知觉到的事物和人际关系，比如友谊，只能是一种不理性的认知态度，会对人际关系和生活带来负面效应。斯洛特认为，在认知和生活中真正合理的做法是接受正在发生的一切，除非有具体的理由引发质疑，合理的信念正是建基在接受性之上。他从接受性的角度来肯定情感在认知合理性和实践合理性中的根本性作用，人类需要有一种接受生活和情感中的一切、接受自己的知觉的能力。④

在其著作《道德情感主义》《从启蒙到接受性：反思我们的价值观》《一种情感主义的心灵理论》中，斯洛特呈现了与西方传统理论不同的

---

① Michael Slote, *A Sentimentalist Theory of the Mind*, Oxford University Press, 2014, p. 20.
② 同上，p. 58.
③ 同上，p. 180.
④ 同上，p. 193–200.

心灵概念：把情感看作是普遍存在于所有心灵状态的要素，而且情感在心灵中居于根本性地位。这一彻底的情感主义理解必然导致绝对的情感主义心灵概念。我们一般认为信念和欲望是心灵中的两种状态，前者是心灵符合世界的认知状态，后者是世界符合心灵的意欲状态。而在斯洛特那里，所有的心灵状态包括信念都成为情感状态，如果说欲望与信念之间存在差异，那也只是程度上的而非质上的，前者更接近纯粹的情感，后者则包含更多认知因素。

斯洛特不仅直接使用中国哲学中的“心”来论证自己的彻底情感主义，而且引入阴阳（yin/yang）概念，认为阴阳都是情感的属性，以阴阳互补为心之本质。他提出，阴阳是互补性概念，是心的本质结构、必要基础，也是所有心灵状态的内在结构。“阴”是接受性，代表着同情他人感受和观点；对未来保持开放态度，而不是非理性的焦虑，提前计划一切；接受世界的美丽与丰富，而不是主导或控制。而“阳”与“阴”互补，是指向性的主动意图（directed active purpose），也称为指向性（directedness）、主动性、控制力。① 阴阳概念富有解释力，成为斯洛特情感主义理论的哲学基础。他以阴阳来解释同情这种情感：阴（接受性）在于以直接的方式感受、接受他人的痛苦；阳（指向性）是指具有减轻他人痛苦的动机，即助人的动机。阴阳的互补性意味着前者存在，后者必然存在，两者不可分，而移情导致同情的过程就是阴阳互补的必然过程。前者是移情地接受他人感受的情感反应，而后者则是更为明显的情感或动机，通常被称为同情或怜悯。他在阴阳思想中虽提出了不同于接受性的主动性，看似要实现在接受性与主动性/理性控制之间的平衡，其实阴与阳都不过是情感的属性而已。他在《认识论的阴与阳》一文中指出，知觉之阴的一面是接受性的态度，阳的一面则可追溯到作为欲望的好奇心。环顾四周的人实际上是在吸收周围环境中的一切，这种主动的“吸收”是我们的欲望，即我们的好奇心或者探索心在知觉背后

---

① 参见［美］迈克尔·斯洛特：《阴—阳与心》，载《世界哲学》2017 年第 6 期。

起作用。① 一般来说，除却自主性/控制力、知觉，推理常被归之于理性对象。然而，在斯洛特的情感主义"心学"中，认知与行为的合理性来自情感，道德行为动机和道德判断都来自情感，心灵的信念和欲望都是情感，知觉、推理也依赖情感，阴阳中阴作为接受性、阳作为指向性的主动意图皆为情感属性。如此，理性以及理性的产物在心灵状态中就无处安放，理性与情感的可分辨性也无从谈起。所以，斯洛特的情感主义心学不仅把情感放在了心灵的核心位置，而且把所有心灵要素都还原为情感，所谓理性和合理性只能通过情感才能得以解释和说明。

二　情感主义视域下的阳明心学

斯洛特认为他的心概念与中国传统哲学中的心概念一致，但由于中国的语言并不区分情感与理智，而是直接把情感与理智的不可分离作为预设，因此，他认为自己的理论可以在情感与理智可区分的前提下为中国思想中情感相融的预设提供哲学论证。② 其实，中国哲学中有区分且融合理智和情感的传统，而最具代表性的就是王阳明的"心学"。③ 王阳明致力于克服"理学"所面临的心与理分离的问题，他通过"心物一体""心即理""知行合一"等一元论主张④，意图克服二元论的宇宙观、心灵观，将理智和情感统一在心体之中。在某种意义上，王阳明和斯洛特做出了相似的努力，将他们之前的主流思想传统中分离的情与理融合起来，构建了一个情理不分离的整体"心学"。当然，王阳明与斯洛特的思想既相似又有差异，相似点提供了对话的可能性，而差异性或可为阐释心概念提供新的启发。

在情感主义视域下，王阳明的心学与斯洛特的心学有许多相似之处。

① 迈克尔·斯洛特：《认识论的阴与阳》，载《湖北大学学报（哲学社会科学版）》2015 年第 6 期。

② Michael Slote, *A Sentimentalist Theory of the Mind*, Oxford University Press, 2014, p.85–86.

③ 把王阳明作为比较对象是因为王阳明一般被看作中国哲学中情感主义流派的代表人物，因而与斯洛特的情感主义理论具有一定相通性，而且在斯洛特待出版的《阴阳哲学》（*The Philosophy of Yin and Yang*）一书中也借鉴了王阳明的思想。

④ Carsun Chang, *Wang Yang-ming: Idealist Philosophy of Sixteenth—Century China*, St. John's University Press, 1962, p.33–43.

在道德理论上，王阳明和斯洛特一样强调移情和自然情感的道德价值。王阳明虽然没有直接使用移情概念，也没有讲移情关怀，但他关于人对他人、万物的怜悯之情或恻隐之心的论述显然包含着移情概念。"是故见孺子之入井，而必有怵惕恻隐之心焉，是其仁之与孺子而为一体也。孺子犹同类者也，见鸟兽之哀鸣觳觫，而必有不忍之心，是其仁之与鸟兽而为一体也。鸟兽犹有知觉者也，见草木之摧折而必有悯恤之心焉，是其仁之与草木而为一体也。草木犹有生意者也，见瓦石之毁坏而必有顾惜之心焉，是其仁之与瓦石而为一体也。"（《王文成公全书·大学问》）在王阳明看来，这种万物一体之感就是"仁心"，是天性赋予我们的自然情感，由此才会为其他人或物的险境动心动情。这显然和斯洛特所讲的因移情而关怀的看法具有很大的相似性。道德的根基是一种一体感或相通的可能性，这种一体感对王阳明而言是与万物一体的感通，在斯洛特那里则是人对有情众生的感同身受。王阳明认为"仁"首先表现为人对父母、兄弟之爱，再拓展为其他道德内涵。父母和孩子的爱、兄弟之间的友好相处是人性的初始，就像植物世界的嫩芽，这些最先醒来的爱之后会扩展为涵盖所有同类的爱，成为道德伦理之本。这又与斯洛特重视亲子之爱等自然德性的观点一致。斯洛特重视的是移情激发的关怀，具体表现为仁慈、怜悯、亲子之爱等自然情感，王阳明的道德之"心"是恻隐之心这样的情感之心，仁爱为其根本要义，人的道德反应由此打上了情感印记。

在信念具有情感属性和驱动性方面，斯洛特的观点与王阳明的知行合一理论亦具有明显的相似性。"未有知而不行者。知而不行，只是未知。圣贤教人知行，正是要复那本体，不是着你只恁得便罢。故《大学》指个真知行与人看，说'如好好色，如恶恶臭'。见好色属知，好好色属行。只见那好色时已自好了，不是见了后又立个心去好。闻恶臭属知，恶恶臭属行。只闻那恶臭时已自恶了，不是闻了后别立个心去恶。"（《王文成公全书·徐爱录》）我们从中可以看到，知与行同时发生且为一体，因为"见好色"与"好好色"，即认知好色（知）与喜爱好色（行），同时发生而且是一件事。这里的知行一体其实质是信念与情感的一体，因为知包含了行的要素，阳明所说的"行"主要指的是情感、欲念。某件事物是对的、好的就是我们对它的喜爱，反之亦然，认知判断（知）与伦理喜爱（行）同时发生且为一件事。与之相似，在知行合一上，王阳明也说"一念发动处便是知，亦便是行"，此处以意念为知，包含在知中的行为因素是行动意向。他又说："欲食之心即是意，即是行之始矣。"（《王文成公全书·答顾东桥书》）此处他以欲望为知，包含在知中的行为因素是欲望、意欲。王阳明的知行合一是以知为"意"（意图、意向），意一为好恶之情，一为欲望。① 王阳明以知善与行善（向善）为一体，在知行合一理论中把知看作与情感、欲望或意念一体的做法，与斯洛特情感主义心学的信念理论有很大的相似性。斯洛特认为，信念具备情感属性，即我们的支持性情感、道德判断本身是一种情感反应，因为我们的道德赞许表现为对善行的温暖感觉。

知行合一不仅标志着信念的情感属性，而且显示出知行之间的必然联系。王阳明认为知而不行只是未知。斯洛特肯定信念与欲望/目的之间总是存在潜在的关联，而在其阴阳哲学中更是把信念与行为看作必然关系：一旦行为者通过移情充分觉知到他人所处的境况，这种知就必然生出帮助他人这种行为动机，知与行是阴阳之间即接受性与主动性之间的必然关系。② 由此，王阳明想说的是，良知不仅具有是非、善恶判断功能，也具有好善恶恶的情感功能，甚至具有为善去恶的行动意向，因而良知既可以知理又可以行理。知行合一预设了心的整体性状态，即良知之心是知、情、意的合体，知中有情、意，因而才能知行合一。这与斯洛特认为信念包含情感和行为驱动力的观点虽有差异，但亦有很大相似性。

在知觉方面，斯洛特将知觉与好奇心、欲望关联，与王阳明关于

---

① 参见方旭东：《意向与行动——王阳明"知行合一"说的哲学阐释》，载《社会科学》2012年第5期。

② 斯洛特的阴阳概念已与中国思想中原有的阴阳概念有很大不同，阴阳在王阳明那里主要指静与动。本文并不认为王阳明与斯洛特以同样的方式使用阴阳概念，也不想从阴阳入手来说明两者的理论相似性，而是认为两者都肯定知行之间的必然关系，对心的理解也有其相似性。

"身心一体"的观点相似，都是在肯定认知主动性。斯洛特认为知觉的背后是好奇心，强调人在知觉上的主动性或阳的一面。王阳明在谈论身心关系时有相似的观点，感官的运作被其看作心的运作，而心代表了人的主动性和可掌控性。视、听、言、动完全是心的工作，眼睛在看其实是心在看，耳朵在听其实是心在听。所有感官活动都成为心之主动倾向的展现，而正因为心之倾向本身有善恶之分，所以感官活动才具有道德色彩。肉身自我需要在"真我"的主宰下，使视、听、言、动皆成为天理的运行。可见，知觉活动是包含心之倾向性的活动，并非是完全被动地接收外在信息的过程。这也是为何斯洛特认为知觉活动的背后是好奇心这样一种主动的探求在起作用的原因。只是王阳明强调的是感官活动的道德色彩，而斯洛特关注的是好奇心这种情感的作用。

斯洛特和王阳明一样都肯定心灵的整体性，并肯定心灵的整体与世界的整体性有一定关联。斯洛特不仅以阴阳解释心灵，更以阴阳解释心灵之外的世界，认为事物的运动也具有接受性和目标指向性，试图为心灵的阴阳属性及其情感主义特质提供更广阔的背景，但他仅仅承认了心灵与自然界同构，即都具有阴阳属性，肯定世界与心灵秩序的一致性。王阳明则持有"心外无物""万物一体"的一元宇宙观，并以此作为知行合一、身心一体等理论的根基。

在呈现两者相似性的同时，我们也可以清楚地看到王阳明与斯洛特在理论上的差异。首先，是否以宇宙观作为整个心学的基础构成斯洛特与王阳明心学的根本性差异。在王阳明的宇宙观之下，心已经成为容纳宇宙整体的存在。他说："身的主宰便是心，心发出的便是意，意的本体便是知，意所在便是物。例如，意在侍亲上，那么侍亲便是一物……所以我说没有心外之理，没有心外之物。"（《王文成公全书·徐爱录》）王阳明释"物"为"事"，指出意念之所在便是物或事，做事之理在你我心中而不在事中。比如对于"侍亲"这一物而言，孝之理在侍亲之人的心中而不在父母身上。王阳明不仅在伦理层面上主张"心外无物"，而且强调万事万物皆不外在于心："人的良知，就是草木瓦石的良知。若草木瓦石无人的良知，不可以为草木瓦石矣。岂惟草木瓦石为然？天地无人的良知，亦不可为天地矣。"（《王文成公全书·黄省曾录》）简言之，没有人的良知之心，植物、石头甚至宇宙都无法存在。可以说，万物只能作为心的对象而存在，宇宙是心所建构的意义世界。显然，斯洛特虽然也突出情感的重要性，但不曾赋予人心作为宇宙根基的重要地位。

正是因为"心外无物""心外无理"，所以"知行合一""身心一体""天人合一"，王阳明心学一元论构成心之内部整体性的基础，这也是斯洛特的心学中所缺乏的理论支撑。"心外无物""心外无理"的心学一元论必然导致认知践行的一元论，认知理即践行心中之理，故"知行合一"。因为既然心外无物无理，那么"格物"不再是认知外物的活动，而是把自己的良知运用到不同对象上的一个由内而外的实践过程，即所谓的"致良知"过程。所以说，"万物一体"既是王阳明整个思想体系的基本假设，又是他对理想境界的描绘，为阐述"仁"或恻隐之心提供了基础。万物一体描绘了一个无私欲因而无人我之分的天人合一理想境界，即仁的状态。"夫人者，天地之心。天地万物，本吾一体也，生民之困苦荼毒，孰非疾痛之切于吾身者乎？不知吾身之疾痛，无是非之心者也。"（《王文成公全书·答聂文蔚》）仁者有万物一体之念，则他人他物之苦如疾病痛在我身，则有怜悯之情。

其次，王阳明的心学在内容上也与斯洛特的大不相同。王阳明没有区分道心与人心，但是他在"心"概念内部区分了两种情感——纯粹情感与经验情感，同时又试图以前者统摄后者。王阳明以形而上的"四端之情"为理为性，同时与"七情""欲望"等经验性的情感和欲望区分开来。前者是纯粹的道德情感，是理，也是"真我"；后者则是个体性的，为感性情感和欲望。王阳明以前者为个体的心的规定性，为七情达到适度的外在标准。而知行合一是去除个体性的私欲之后致良知的过程，祛除私欲实际上就是否定个体性，用"真我"统摄经验性的情感和欲望。但是，在斯洛特的思想中则没有类似的表述，他不曾在人心中标示出纯粹情感、真我等因素，道德情感只是诸多合理/好的情感中的一种，是移情反应的一种，是对他人状况的接受性和主动回应；不只存在道德情感，许多非道德欲望（比如失火时的求生欲望）也是合理的情感，也具有接受性和主动性这种阴阳结构①；合理的情感并不属于"真我"，它们和其他情感一样都属于人的自然情感，并不别有优越性。

以纯粹情感统摄经验情感是一种理想状态，在现实层面，当心受到私欲遮蔽时仍可能出现二者的分离，王阳明似乎以这种方式认可了理（纯粹情感）与情（经验情感）的区别和分离的可能。当王阳明以"万物一体""知行合一"等来阐释认知中的情感要素时，他预设的都是本然状态或理想状况。在现实中，若私欲妨碍，则良知无法运行，人与万物、知与行、心与理就会处于分离状态。王阳明对良知与意的区别正是对本然与实然之别的说明："意与良知当分别明白。凡应物起念处，皆谓之意。意则有是有非，能知得意之是与非者，则谓之良知。"（《王文成公全书·答魏师说》）包含在"意"中的欲望、情感、行为意向区别于"良知"，很可能个体在某种情形下既没有真知，也没有真诚而良善的意志，更无从谈及善行。所以，对于王阳明而言，一方面，心灵的统一有本体论的依据和可能性；另一方面，个体还需要通过主观努力才能发挥良心的功用，实现心灵层面的情理融合。而在斯洛特那里，心灵中的信念（甚至是错误的信念）总包含支持性、喜爱的情感，他并不曾将信念包含情感的状态或者心灵整合的状态称为一种应然状态和道德状态。

最后，王阳明虽然认可信念的情感属性并以良知为知情意的合体，但是良知中关于理的先天知识或者说心的认知功能被放在了突出位置。这一点在说明知行之间的必然关系时显现出来。当斯洛特把道德行为看作由知到行的必然过程时，他强调的"知"并非道德判断在内的规范性判断，而是对他人处境的感知。在他看来，一旦行为者通过移情充分觉知他人所处的境况，就必然生发帮助他人的行为动机，这就是移情关怀发生的过程。斯洛特虽然承认道德判断的驱动力，但一般不以道德判断之知为行为动机的产生来源。与之不同，王阳明的知善与行善一体则旨在说明道德判断（规范之"知"）在实践中的驱动力，由此得以突出良知的是非判断能力。可以说，在"见好色"之知中已然包含那个事物是

---

① 参见［美］迈克尔·斯洛特：《阴阳的哲学》（中英对照本），第三章"行动理由的阴阳"，商务印书馆 2018 年版。

美丽的价值判断，喜爱这个事物的人判断它是美丽的或有价值的而喜爱它，而不只是看到这个事物就喜爱它；做出道德行为之人不是看到他人的不幸处境就生发助人动机，而是知道自己应该去做什么才生发助人动机。换言之，王阳明的良知是包含是非判断在内的规范性判断，这也是黄勇认为王阳明的良知更接近"命题性知识"而非"能力之知"的原因。① 我们甚至可以说，"恻隐之心"对人与物的感知是一种纯粹情感，更是对心中之理的认知，以道德判断为动机偏离了具有自发性的自然情感。如此，王阳明虽然重视情感在心中的作用，但显然不再是斯洛特意义上的情感主义者。

三 两种情感、两种"心学"

斯洛特与王阳明在"心"概念上的相似性与差异性并存。王阳明肯定"仁"为根本性的道德情感，以情感统摄心灵整体，知行合一肯定信念具有情感属性，身心一体则肯定心在知觉等活动中的主动性，这些都与斯洛特的情感主义心理论具有很大的相似性。但是，我们同样看到了差异性：王阳明的心的整合获得了心宇宙论的支持，斯洛特则难以提供这样的理论根基；王阳明区分纯粹情感与经验情感，斯洛特则未曾作出这样的区分；王阳明试图以纯粹的道德情感（理）统摄经验情感（情），而知行合一就是前者统摄后者的理想状态，这似乎说明理与情在现实中分离的可能性，而斯洛特则不承认存在情感与理智分离的情况；虽然良知是知情意的统一体，但王阳明尤其突出良知在判断是非上的认知能力，甚至可能因此减弱恻隐之心的情感属性，如此也与斯洛特将认知均还原为情感而忽视认知的做法有很大区别。

究其根源，作为情感主义者，斯洛特与王阳明之间的真正差别在于经验与先验路径上的不同。斯洛特试图通过经验情感统摄人的心灵，统一信念与情感、知与行，力图在人与人、人与物之间建立连接。情感渗透在所有心灵活动当中，道德、认知都成为情感功能显现的领域。虽然

---

① 参见黄勇、崔雅琴：《论王阳明的良知概念：命题知识，能力之知，抑或动力之知?》，载《学术月刊》2016 年第 1 期。

心灵与自然都是阴阳属性的，但是自然世界依然外在于人心。这个经验世界是一个心物二元、身心二元的经验世界，因此，认知是一个指向外界的过程，心灵内部难免有认知与非认知因素，前者似乎只是在复现外界的原则，而与人的情感、欲望功能不同质且有很大的距离。斯洛特统一两种心灵要素的方式是尽可能把朝向外界的认知因素都打上人的情感或欲望的印记：世界是欲望（好奇心）的对象，认知世界由欲望驱动；我们接受知觉经验，而非被动感知；我们形成的信念是情感属性的，标示着我们所喜爱的、所选择的世界图景；我们对他人信念的合理态度是一种理智同情。这种把其他心灵活动还原为情感的努力既是为了整合心灵的不同功能，也是力图建立人与外界的连接。然而，这种连接的建立却是以心概念的内容单一化为情感功能作为代价的。

王阳明的情感主义路径则是先验性的，良知之心和世界图景具有超越的维度，其理论侧重于本体论的层面。[①] 他用于统摄心整体的是先验的、纯粹的道德情感，是作为心本体的情感，即"仁"。纯粹情感不仅统一情感，是经验情感的规定性来源，而且统一整个世界，内含所有事物的原则，是万物一体的理想状态。人与他人、与他物本是不同身体、相互分离，但仁者与他人、他物一体，故可感知他者痛苦如自身痛苦，可怜悯他人、他物。去除私欲之后，则整个世界是一个大"我"，即纯粹的作为仁的情感之心。在王阳明那里，心灵的统一性与世界的统一性相互支撑，世界是一个"天人合一"的整体性的世界，万物都因良知而存在且有意义，皆与心灵相关联。因此，王阳明不是通过把外物纳入情感范围来肯定心中不同功能的融合、人与世界的连接，而是认为人与世界万物本为一体，不存在心与物的二元论，不需要弥合心灵中认知因素与非认知因素之间的鸿沟。

上述差异也必然导致他们在对认知的理解上的差异。斯洛特试图将外物纳入人心并建立与外界的连接，这就是一个认知与行为的过程。而在王阳明那里，认知外物其实是良知的自我认知，这种认知没有外在于

---

① 如文中所述，王阳明的情感主义理论侧重本体论层面，但我们认为这不构成王阳明与斯洛特无法对话的理由，反而提供了一种以阐述情感为主导的心整体理论的根基。

心的事物作为对象，没有主客的对立，也不需要融合二者，而且良知中知行本为一体，知善与行善为一体，并不考虑在目标—手段行为模型中信念去服务或者寻找潜在的欲望的问题。同样，两者在对人与人的关系的理解上也有很大差异。斯洛特致力于描绘一个关系性的甚至是整体性的世界，肯定人与人的情感关联，移情是一个连接主体与他人的机制。但我们可以看到，移情是一种经验性的心理机制，它建基于人的心灵与其他心灵的相似性，它虽然肯定经验性的道德情感，但难以超越经验性情感所带有的差等、偏颇。而王阳明的"仁"这一纯粹的情感，它感通万物，但并不是基于相似性或某种心理机制。"仁"在经验世界里体现为亲亲之情，有远近亲疏之别，但"仁"同时是超越个体差异的万物一体感，这种先验情感作为经验之心的本体根基和终极目标，统摄经验性的道德情感来保证心的整体性。

（《中国人民大学学报》2019 年第 6 期）

（作者单位：中国人民大学哲学院　中国海洋大学马克思主义学院）

道德情感主义与儒家德性论的区别

——从自闭症患者案例的挑战看

孔文清

【摘要】 自闭症患者案例对道德情感主义提出了挑战。对于这一挑战，斯洛特采取的策略是坚守自己的立场，质疑这一挑战的真实性。另一些学者则通过将感同身受作理性主义的解释来回应这一挑战。自闭症患者案例对道德情感主义挑战的意义在于将道德情感主义理论的特点或者说不足凸显了出来。这一特点就是，道德情感主义的德性与道德动机的产生依赖于感同身受这一心理传递机制，因此在某种意义上是外铄的，与儒家德性论主张德性是内在固有的恰成对照。

一 自闭症对道德情感主义的挑战

斯洛特的道德情感主义建基于"感同身受"（empathy）[①] 这一概念之上。在斯洛特看来，感同身受是"道德的粘合剂"，斯洛特正是用"感同身受"这一核心概念来解释我们为什么会关心他人，并在此基础上建立了他的道德情感主义理论。

然而，一些学者针对感同身受对于道德的基础性作用提出了质疑，这些质疑来自于自闭症患者的案例。肯尼特、麦克吉尔等人从自闭症患者的事例中发现，虽然自闭症患者缺乏感同身受的能力，但是他们却并非不能有道德行为。自闭症患者"虽然缺乏感同身受的能力，但有深层

---

① 我将斯洛特的 empathy 翻译成"感同身受"。文中涉及对这一概念的其他理解时，直接使用 empathy 以示区别。

的道德关心的能力。他们能够——这是精神变态者所缺乏的——认识到其他人的利益就像自己的利益一样是（道德行动的）理由，虽然他们可能在辨识这些利益是什么方面困难重重"①。自闭症患者缺乏感同身受的能力，但是这并不妨碍他们做出值得赞赏或批评的行为。这一发现对斯洛特道德情感主义的核心观点提出了挑战。按照斯洛特的观点，如果自闭症患者不能对他人的痛苦等情感感同身受，他们也就不会关心他人的疾苦，不会做出帮助他人、关心他人的行为。

自闭症患者对道德情感主义的挑战，被总结为以下悖论：

A. 休谟主义的观点：感同身受是道德的唯一来源；

B. 缺乏感同身受能力的人不会有道德；

C. 自闭症患者缺乏感同身受的能力；

D. 自闭症患者有道德感。

对于这一挑战，斯洛特做出了回应。"一些自闭症患者可能有感同身受的能力，即便他们缺乏对社会线索做出回应的能力……许多自闭症患者表现出对动物的喜爱并能与之有情感联系……最后，肯尼特用来证明阿斯帕综合症患者能够对其他人做出道德反应的案例，（对我来说）更多的是出于适应或取悦周围人的动机，而不是出于我们大多数人所认为的道德动机。"② 从斯洛特回应的方式我们可以看出，斯洛特坚持自己的基本立场，认为感同身受是道德的基础，没有感同身受就没有道德。他解决自闭症患者挑战的策略，一是试图说明自闭症患者虽然有心理缺陷，但是也还是有可能有感同身受的能力。如果是这样的话，那么自闭症患者的案例就不会对道德情感主义构成挑战。这一回应针对的是悖论中的C。二是认为用来挑战他的道德情感主义的案例中，自闭症患者被看作是道德行为的那些行为实际上并不是道德行为，因为它们并非出于道德的动机。这一回应针对的是悖论中的D。斯洛特对于自闭症患者挑战的立场是坚持自己的基本观点，质疑这一挑战的真实性。如果悖论中的C与

---

① Julia Driver, *Caring and Empathy: On Michael Slote's Sentimentalist Ethics*, Abstracta Special Is- sue V, 2010, p. 20-27.

② 同上。

D 不成立的话，这一挑战实际上也就并非一个真实的挑战。

显然，斯洛特的回应不能令挑战者满意。肯尼特认为自闭症患者的案例表明将感同身受看作道德的唯一来源的观点是站不住脚的。这些案例动摇了道德情感主义的理论根基。Driver 没有像斯洛特这么激进，他想在既肯定感同身受的基础地位又承认自闭症患者能够有道德的行为的情况下，找到一条解决这一挑战的方法。Driver 的策略是对感同身受做一番与斯洛特不一样的阐释。

在 Driver 看来，empathy 可以有两种不同的含义，一是"仅仅作为站在其他人立场的能力的"empathy。在这一意义上的 empathy 可以涉及也可以不涉及感受对象的情感。这种 empathy 可以让我们获得他人的信息，而这些信息是深思熟虑的行动所必需的。另一种则是斯洛特意义上的感同身受，即通过某种类似于"传染"的心理机制，我们感受到其他人的感受。除了这两种 empathy 以外，Driver 认为斯洛特还提到了另一种类似于同情的同感。即"感受到我们认为对象应该感受到的那种情感"。这就是斯洛特癌症患者例子中的情形。一个不知道自己得了晚期癌症的人不会觉得悲伤，但是，旁观者会感到悲伤，这一悲伤是因为旁观者认为他知道自己得了晚期癌症时将会有的感受。Driver 认为，"对情感主义而言，关键的是能动者对善的关心"[1]。如果这么来理解情感主义，那么，自闭症患者的挑战就不能构成真正的挑战。因为"自闭症患者能拥有对道德能动者来说是必需的关心，虽然他们可能缺少斯洛特坚持的感同身受的技巧"[2]。那么这种关心来自于哪里呢？在 Driver 看来，它来自于某种元认知。元认知是能动者的重要特征。

概而言之，Driver 认为"情感主义只是认为规范义务的基础是渴望"[3]。这一渴望亦即对善的关心。至于这种关心是来自于感同身受还是来自于元认知并不重要。斯洛特的感同身受的关心对道德而言并非必须，

---

[1] Julia Driver, *Caring and Empathy : On Michael Slote's Sentimentalist Ethics*, Abstracta Special Issue V, 2010, p. 20-27.

[2] 同上。

[3] 同上。

通过元认知获得的关心同样可以驱动人们关心他人、帮助他人。这样一来就既可以解释自闭症患者在缺乏感同身受的能力的情况下为什么能做出道德的行为，又不必如肯尼特那样质疑情感主义的根基。

二　斯洛特为什么不会同意这种解释?

Driver 的策略实质上是对感同身受作了理性主义的解读。在 Driver 看来，人和动物都拥有元认知，并都能对这些认知进行管理。但人和动物的元认知又存在区别。人拥有认同或不认同自己的精神状态的能力，而这是动物所不能的。"我们的情感反应，甚至是我们关心的情感反应常常是需要修正的，这对实际的道德实践来说是至关重要的。对于这一点，情感主义者也普遍认识到了。而理性在其中扮演着重要的角色。"① 通过对感同身受作理性主义的解读，Driver 也就解决了自闭症患者的挑战。感同身受确实是道德的基础，没有感同身受的能力，也就没有道德。自闭症患者缺乏对他人情感感同身受的能力，但是他们可以藉由理性在其中起着重要作用的元认知而产生对他人的关心。因此，他们也可以做出道德的行为。

Driver 将感同身受作理性主义解释的做法并不罕见，实际上，很多学者在讨论到斯洛特的道德情感主义的时候都会想要突出理性的位置与作用。例如，在评论斯洛特的道德情感主义时，Schramme 提出了类似的观点。Schramme 同样区分了两种类型的 empathy。一种是与情感无涉的 empathy。Schramme 从 empathy 的德语来源 Einfuhlung 说起，"我相信特别是对于母语是德语的人来说，非常明显的是 Einfuhlung 并不必然要求任何情感状态，因为我们经常能够理解另一个人'内部'发生的情况，而这个人并没有处于某种特殊的情感状态"②。这种对 empathy 的理解即是将 empathy 看作一种认知过程。而斯洛特则是将 empathy 看作一种对情

---

① Julia Driver, *Caring and Empathy* : *On Michael Slote's Sentimentalist Ethics*, Abstracta Special Issue V, 2010, p. 20-27.

② Thomas Schramme, *Comment on Michael Slote*: *Moral Sentimentalism*, http://www-stud. uni-due. de/~sejawies/pdf/slote workshop 2013 paper schramme. pdf.

感的感知能力，即感同身受。与 Driver 一样，Schramme 也认为情感的感同身受并非道德所必需的。"对情感的感同身受也许引发了道德行为，但它也许并非是道德所必需的，并且潜在地对道德有害。"① Schramme 之所以得出这样的结论，是因为他与 Driver 一样将成为有道德的人理解为对"道德"关心的人，或者是对"成为有道德"这件事关心的人，而不是关心"他人"的人。如同 Driver 将关心理解为对"善"的关心一样，关心的对象从一个活生生的、有情感有血肉的人变成了"善""道德"这样的可以作概念、原则来理解的对象，由此一来，对情感的感同身受也就不是必需的，empathy 也就可以成为一种理性的认知。当然，Schramme 也并非坚持纯粹的理性主义立场，他认为认知的 empathy 和情感的 empathy 都是道德需要的。"很难认为它们中的一种可以独自作为道德立场的充分的因素。"②

在面对情感主义时，人们总是希望将理性作为 empathy 的一个组成部分，而不是像斯洛特那样将 empathy 理解为对情感的感同身受。如果我们考虑到斯洛特的 empathy 这一概念的心理学渊源的话，这些学者的理解可以说是有道理的，因为霍夫曼对 empathy 的研究中，确实一直在强调理性在 empathy 中的作用。"尽管聚焦于感同身受的情感，我也已经指出认知在感同身受的唤醒、感同身受忧伤的发展及其超越具体情境的一般化中的重要贡献。"③

Driver 煞费苦心地想要在维系感同身受能力的基础地位的基础上对自闭症患者的挑战做出说明，但是，斯洛特绝不会同意他的这一做法。因为 Driver 的这一做法实际上是推翻了道德情感主义的根基。

虽然斯洛特并不否认理性的作用，但是理性在其理论体系中并不居于核心地位，居于核心地位的是情感。即便道德思考等被认为是纯粹理性活动的过程也被看作是情感的。"情感主义关于道德思考的观点认为这

---

① Thomas Schramme, *Comment on Michael Slote*: *Moral Sentimentalism*, http://www-stud. uni-due. de/~sejawies/pdf/slote workshop 2013 paper schramme. pdf.

② 同上。

③ Martin L. Hoffman, *Empathy and Moral Development*, Cambridge University Press, 2000, p.93.

种思考本质上是情感的、动机性的。"① 道德情感主义之所以被称为情感主义，正是因为它将情感置于整个道德体系的基础与核心。在斯洛特那里，empathy 就是居于这一基础与核心位置的概念。"在我们的道德生活中（即如果我们过着好的或正派的生活）我们考虑并为了他人的利益而行动，不仅仅是为我们熟知的人，而且是为了那些遥远的或至少我们不熟悉的人，他们的痛苦、不幸或悲惨处境迫切需要我们的同情和帮助。我们还避免伤害或使他人受苦，或者是使他们的处境比以前曾经的处境（或过去应该是的处境）更糟。我们有时候做出道德判断，跟随那些使我们和他人生活得和谐、正义和美好的道德规条或原则。感同身受是道德的生活的所有这些方面的关键，这是我把它称作道德世界的纽带的主要意思。"②

因此，对斯洛特来说，empathy 的基本含义必然是对情感的感同身受，也就是他经常说的，是克林顿的"我能感受到你们的痛苦"那种意义上的 empathy。斯洛特用对情感的感同身受这一概念来说明为什么别人的痛苦悲伤会引发我们去帮助他们的道德行为，究其根源正是在于他人的痛苦悲伤通过 empathy 这一心理传递机制为我们所感受到。这时，他人的痛苦悲伤不再仅仅是别人的，也是我们内心所体会到的痛苦悲伤。此时，我们与他人合二为一。这样一来，源于他人却被我们所感受到的情感构成了我们去帮助他人的动力。有了这一动力，才有了助人的道德行为。道德情感是道德的基础与道德行动的根源。这是道德情感主义区别于道德理性主义的关键所在，也是斯洛特认为道德情感主义优于康德主义等道德理性主义的关键所在，因为道德理性主义自始至终都没能解释帮助他人的道德动机是如何产生的。

实际上，Schramme 等人都认识到斯洛特对 empathy 的理解是将其理解为一种情感的传递机制，不会赞同对 empathy 所做的理性主义的理解。因为很明显，如果像 Driver 那样将 empathy 作理性主义的理解，道德的产生就变成了理性的过程。按照这些方式来理解的道德与康德主义已经没

① Michael Slote，*Moral Sentimentalism*，Oxford University Press，2010，p. 96.

② 同上，p. 13.

有什么区别。因此，斯洛特断然不会接受 Driver 在自闭症案例中对 empa-
thy 的理解。他所能做的必然是如他已经做了的那样，或者质疑自闭症患
者是否真的完全没有对情感的感同身受的能力，或者质疑自闭症患者被
看作是道德行为的行为是否是真的出于关心他人的道德动机。

三　德性：固有还是外铄？

Driver 面对自闭症患者案例的挑战所采取的策略是不成功的，他原
本想要肯定 empathy 的基础地位，但实际上是将道德情感主义的整个根
基全部摧毁，其破坏力甚至比肯尼特还要大。而且，这种通过曲解斯洛
特 empathy 概念的基本含义来解决问题的方式也不合适。问题的讨论要
在不曲解道德情感主义基本义理的前提下进行，即便讨论的结果对道德
情感主义不利。

那么，自闭症患者案例对道德情感主义的挑战是否有意义呢？如果
肯尼特等人提出的案例本身是没有问题的，换句话说，斯洛特所质疑的
两点如果不成立的话，自闭症患者的案例能给道德情感主义带来什么挑
战呢？

在我看来，自闭症患者如果真的不具备对情感的感同身受的能力却
能做出道德意义上的行为的话，正如肯尼特所认为的那样，这些案例确
实对感同身受这一概念的基础地位构成了挑战。但这一挑战并非是对感
同身受所传递的情感性内容的挑战，而是凸显了感同身受这一心理机制
本来所具有的特点给斯洛特的道德情感主义带来的特征或者说不足，这
就是：感同身受本身并非是情感，而是一种心理传递机制。由于它是一
种传递机制，因此，关怀（caring）这一情感与德性必然是依赖于外在的
因素，而并非是人内在固有的。实际上，即便没有自闭症患者案例提出
的挑战，从斯洛特的道德情感主义的理论建构中我们也会看到这一问题。

道德情感主义，正如斯洛特自己所说，起源于 18 世纪，哈奇森、休
谟、亚当·斯密是这一源流中的著名学者，其中，休谟对斯洛特的影响
尤其巨大。但是，斯洛特与他的这些前辈不同，他用来作为其理论基础
的并非是某种被认为是人类生来就具有的情感，如仁慈。斯洛特的感同

身受作为一种心理传递机制，所起的作用就是将他人的情感传递到我们自己内心。斯洛特用休谟常用的词汇，诸如传染、灌输等，来形容这种传递机制。"就像他们的痛苦入侵了我们，这种联系，休谟称之为这个人的感受与另一个人的感受间的传染。他还谈到一个人的情感被灌输给另一个人。"① 正是通过这一情感的传递机制，他人的情感、感受被我们所感受到，并由此产生了对他人痛苦快乐的关心，进而产生了帮助他人的情感动机。因此，道德动机与德性——关怀（caring）——并非是本来就存在于我们内心或本性之中的，它们都是通过感同身受的心理机制而产生的。这一产生的过程依赖于外在的情感的传入，然后再在我们内心形成相应的情感与德性。在此意义上说，斯洛特的德性是外铄而非人内在固有的。

斯洛特德性论的这一特点在与儒家德性论的对比中就显得尤为明显了。儒家德性论认为德性是人固有的，人生而具有这些善端。"恻隐之心，人皆有之；羞恶之心，人皆有之；恭敬之心，人皆有之；是非之心，人皆有之。恻隐之心，仁也；羞恶之心，义也；恭敬之心，礼也；是非之心，智也。"（《孟子·告子上》）作为人的类本质的人性是人生而具有的，是内在于人的。"仁义礼智，非由外铄我，我固有之也，弗思耳矣。"（《孟子·告子上》）人的这一道德的类本质并非本然具有的善，而是潜在的可能性，即善端。"恻隐之心，仁之端也；羞恶之心，义之端也；辞让之心，礼之端也；是非之心，智之端也。"（《孟子·公孙丑上》）

很明显，斯洛特并没有如儒家那样对人生而具有的某种情感有所言说，也并没有将这种人内在固有的情感作为道德的基础。在斯洛特那里，德性既然是经由感同身受这一心理传递机制形成的，德性的形成也就有赖于感同身受这一能力的发展。没有外在情感和影响，道德动机与德性也就无从谈起。就此意义而言，斯洛特的德性可以说是外铄的。

道德是否有内在固有的根源，对这一问题的不同回答，必然带来道

---

① Michael Slote，*Moral Sentimentalism*，Oxford University Press，2010，p.15.

德修养与教育问题上的差异。一旦明确了道德有内在固有的根源，那么道德养成或修养主要就是自我修炼，道德教育的作用在于为自我修养提供帮助。而如果没有内在的根源，道德修养与教育就必须依赖外在的因素了。

在儒家看来，道德养成主要是一个内在善端的发扬光大的过程。所谓善端，是指善是一种潜在的可能性，而非本然具有的善。孟子又把善的潜在的可能性称为才。这种才，只要得到发展扩充，就能生长起来。牛山之上没有树木，不是因为没有才，而是因为斧斤伐之，牛羊从而牧之，才呈现出濯濯之貌。善端必须要得到培养发挥，扩而充之才是善的德性。"凡有四端于我者，知皆扩而充之矣，若火之始燃，泉之始达。"（《孟子·公孙丑上》）"可欲之谓善，有诸己之谓信。充实之谓美，充实而有光辉之谓大，大而化之之谓圣，圣而不可知之之谓神。"（《孟子·尽心下》）因此，儒家的道德养成是发挥内在的善端而成就德性。"为仁由己"（《论语·颜渊》），孔子对这一问题说得非常清楚。"我欲仁，斯仁至矣。"（《论语·述而》）在修养功夫上，正心诚意，首当其冲。至于外在条件，包括道德教育，并非不重要，它们能够为自我修养提供帮助。它们的作用在于创造有利于善端生长发挥的外在条件。这一外在的影响虽然重要，但并非不可或缺。成德的关键还是在于发挥内在的善端。

既然没有内在固有的善端作为道德的基础，斯洛特的德性养成必然依赖外在的影响。在斯洛特看来，培养道德意义上正派的人的关键也就是如何培养感同身受的能力。感同身受的能力发展了，我们也就成为了关心他人、愿意帮助他人的人，亦即成为有道德、有德性的人。换言之，道德情感主义的道德教育的目的是培养具有关心他人这一德性的人，道德教育的内容主要是增强、发展儿童感同身受的能力。而在感同身受这一能力的发展过程中，外在的道德榜样或引导似乎是必不可少的。斯洛特所说的道德教育虽然也是从教育者和修养者或学习者本人这两个角度来讨论的，但其讨论的内容都是外在的引导与示范。在斯洛特看来，道德教育的过程就是：或者通过家长、教师有意识地引导受教育者去感受他人的感受这一方式来将伤害的行为与负疚感联系起来，最终让儿童形成类似于"伤害他人是错误的"之规则；或者是受教育者通过感同身受的心理机制使得父母等榜样对其他人的关心的行动被感同身受，然后通过模仿父母等而学会关心他人、帮助他人。无论是哪种形式，外在的帮助似乎都是必不可少的。

引导与以身示范的教育方法都要求教育者在教育的过程中教给学生什么，必须自己先要这么做。要巩固和加强学生对他人的关心，那么教育者本身也必须是一个关心他人的人。要教育学生尊重他人，那么教育者本人也必须是一个尊重他人的人。"如果父母关心他人（并且爱他们的孩子），这一态度将渗入（seep into）儿童内心。而且当教师表现出对学生的思想、抱负和态度的尊重，那么与对父母态度的潜移默化地感同身受相似的东西就会发生。"① 换言之，关怀德性的形成有赖于一个已经具有这一德性的人的引导与示范。如此一来，斯洛特的道德教育思想就陷入了一种无穷倒退。德性的形成需要一个有道德的人的引导与示范。而这个人要成为有道德的人又需要另一个有道德的人。如此以至无穷。最终的那个有道德的人是如何成为有道德的人的？这一问题是无法回答的。

从以上分析可以看出，自闭症患者案例的挑战实际上是击中了斯洛特道德情感主义的要害，这一要害就是，道德情感与德性的形成都依赖于感同身受的心理传递机制。一旦这一心理传递机制失去作用，那么，道德动机与德性也就无法产生了。道德情感主义的这一问题是其理论建构中的问题，即便没有自闭症患者案例提出的挑战，这一问题也是可以从其理论建构中推导出来的。自闭症患者案例不过是将这一问题凸显了出来。从这一角度来说，斯洛特对这一挑战的回应实际上是没有意义的。即便是情况如他所质疑的那样，自闭症患者或者有情感感知的能力，或者其行为没有道德意义，悖论中 A 所带来的问题依然是存在的。要应对这一挑战，斯洛特需要的也许是对某些道德情感的固有性或潜在可能性

---

① Micheal Slote，*Education and Human Values*，Routledge New York，2013，p. 15.

予以承认。如果承认人生而具有诸如仁慈之类的情感，或者像儒家那样将恻隐之心当作是人生而具有的善端，那么自闭症患者案例的挑战也就失去了意义。即便自闭症患者真的丧失了情感的感同身受的能力，德性也是可能存在与形成的。

（《道德与文明》2015 年第 3 期）

（作者单位：华东师范大学马克思主义学院）

敬之现象学

——基于儒家、康德与舍勒的考察

卢盈华

【摘要】本文集中分析"敬"这一情感的表现与意义。第一节阐释了敬的两种（更细致的分析为三种）含义，以及它们在儒家经典中的关联。这有助于我们理解儒家的敬意现象学。这两（三）种含义是：（1）作为心境的认真安定；（2）作为意向性感受的尊敬（与注意）。澄清此点后，第二节对尊敬展开现象学分析，以利展示尊敬有助于使人实现道德追求。此分析以康德的尊敬观念为出发点，而以一门价值与感受的现象学来完成。对责任事务的尊重、对人格尊严的尊重以及对具有功德的贤能者的敬重激发人们的道德行动。第三节通过舍勒对谦卑和崇敬的探讨，澄清敬如何助人实现宗教追求。人们透过对上帝的崇敬而尊敬他人，透过事奉上帝和参与上帝的谦卑精神而事奉他人。第四节论述儒家经典中关于宗教体验的讨论，以指出在儒家传统中敬如何促使人达成宗教追求，以及它与舍勒的描述之相似与不同。儒家传统中敬与礼的具体关联将留待另文中详述。

一　儒家经典中"敬"的两种基本含义

古文"敬"字可以被翻译为多个现代汉语词汇。在描述多样的道德情感现象方面，现代汉语的词组比古汉语单字更加丰富与精准。由于笔者的计划是运用现象学方法澄清中国文化语境下的体验模式，因而笔者会将现代汉语词汇与经典文本结合起来探讨。

"敬"至少具有两层含义。第一，敬表示一种心境，或者一般的态度。它意味着认真、严肃、严谨、安定、庄重，其反面是心的不安定状态，比如纷驰、浮躁、松弛、走神、慌乱、多虑等。它也表示一种广义上的专注力，不过不是对具体的某个对象的专注。仲弓说："居敬而行简。"（《论语·雍也》）[1] 在回答子路问何谓君子时，孔子答曰："修己以敬。"（《论语·宪问》）在敬的心境中，并没有特殊的对象。它就像焦虑或喜悦，我们可以感到一般的焦虑却不为某个特殊的事情而焦虑。我们的心境可以影响到我们待人接物时的感受。比如，当一个人的心态被焦虑或抑郁所占据时，他对身边的事情便很少产生兴趣。如果一个人的心境并不安定稳当，那么他将为不断寻求刺激所干扰，分散注意力。譬如，玩游戏、与人闲谈，以及今天的手机依赖。"心猿意马"这个成语很好地描绘了这一心境。同样地，如果一个人的心境是认真严肃，他将倾向于关注和重视他所要处理的事情。简而言之，第一种敬的含义是安定认真的心境。[2]

第二，除了表示不预设对象的心境，敬也可以表示有对象的意向性感受。它表示对某对象的尊敬的关注（respectful attention），朝向某人、某事、某价值、某责任等。它包含了两个次级的含义：对某对象的尊敬与注意。

我们对所尊敬的对象总是投入关注，但我们关注的对象却并非必然为我们所尊敬。譬如，当一个人与其对手竞争，如果他认可对手的价值因而将其严肃看待，那么尊敬与注意是合一的。如果他并不认可对手的价值，而只是担心其使用阴险卑劣的招数对自身构成威胁，那么其注意并没有伴随着尊敬。这种注意可以是"警惕"。在广义上，无尊敬的注意可以被看作敬，而在狭义上则不是。

对宋明儒学家来说，敬成了一个重要的修身功夫。朱熹继承了程颐的形而上学与工夫论，主张"涵养须用敬，进学则在致知"（《二程遗

---

[1] 四书的引文来自朱熹《四书章句集注》。见朱熹：《四书章句集注》，中华书局1983年版。

[2] 参照 Sin Yee Chan, *The Confucian Notion of Jing* (*Respect*), Philosophy East and West, 56, no. 2 (2006), p. 230. 我的"intentional feeling"（意向性感受）与"mind-state"（心境）的用法与"intentional state"（意向性境界）不同。对笔者来说，心境并不必然是意向性的。

书》卷一八）①。他写道：

> 盖心主乎一身而无动静语默之间，是以君子之于敬，亦无动静语默而不用其力焉。未发之前，是敬也固已主乎存养之实；已发之际，是敬也又常行于省察之间。方其存也，思虑未萌而知觉不昧，是则静中之动，复之所以"见天地之心"也；及其察也，事物纷纠而品节不差，实则动中之静，艮之所以"不获其身，不见其人"也。有以主乎静中之动，是以寂而未尝不感；有以察乎动中之静，是以感而未尝不寂。寂而常感，感而常寂，此心之所以周流贯彻而无一息之不仁也。然则君子之所以"致中和"而"天地位、万物育"者，在此而已。盖主于身而无动静语默之间者，心也；仁则心之道，而敬则心之贞也。此彻上彻下之道，圣学之本统。明乎此，则性情之德、中和之妙可一言而尽矣。（《朱子文集》卷三十二）②

静中有动，即心在安静状态中已经有深层的主宰，自然能为具体的意向做准备（感），此认真态度非全然空虚。动中有静，即心在活动状态中也是安定的（寂），此尊敬的注意非浮躁无主。在朱熹看来，只是在感受已发（思虑已萌）之后再去察识是不足的，因为不当的感受（思虑）已经产生并造成过错。与其只致力于事后的更正与弥补，不如亦着力于事前的涵养以避免不当情感的发生。"未发"和"已发"的"发"可以有两层含义：发生与发作。前者指某情感生成于内心，而后者指其通过表情、语言、动作流露于外界。对后者的约束是避免情感的外发，对前者的涵养则避免不当情感的生成。此两种工夫皆需要持敬。如此，居敬之修养（保持安定认真的心境以及尊敬的注意）意义重大，因为它贯通动与静的状态、未发与已发的状态，以达至中与和。

在诠释敬的含义方面，目前已经有了一些学术成果。由于敬第二种含义的两种次含义，艾文荷（Philip Ivanhoe）将敬翻译为"reverentialattention"。③ 此翻译富有启发性，只是没有区分有对象的意向性感受与无对象

---

① 程颢、程颐：《二程集》，王孝鱼点校，中华书局 1981 年版，第 188 页。

② 朱熹：《朱子全书》第二十七册，上海古籍出版社 2010 年版，第 1419 页。

③ Philip Ivanhoe, *Confucian Moral Self Cultivation*, Hackett, 2000, p.49.

的心境。陈荣捷主张在原始儒家中敬指崇敬，在宋明时才转变为指代安定之心境。关于这一点，我支持陈倩仪（Sin Yee Chan）的论证，敬的两种含义在原始儒家中已经同时出现。① 信广来（Kwong-loi Shun）也澄清了敬的不同特征。② 然而，中国哲学学者较少现象学地探究敬这一情感本身，而更多地侧重于文献和语义分析。在本文接下来的部分，笔者将以我们的日常道德体验为中心，对作为意向性感受的敬作一个现象学的描述。

二 作为道德感受的尊敬之三类

为了展示敬如何促成我们道德趋向的实现，我将对尊敬的对象作出澄清。此澄清从康德对尊敬的探讨中获得线索，而进一步地聚焦于儒家价值哲学所表现的我们的道德体验。

第一类尊敬是对义务和事务的尊重。康德对义务的简单定义如下："义务是由尊重法则而来的行动的必然性。"③ 对道德法则的尊重不仅逻辑地构成义务，而且也实践地成为道德行动的动力。康德写道："一个出于义务的行动，应该完全摆脱爱好的影响，并连同爱好一起完全摆脱意志的一切对象，从而对意志来说剩下来能够规定它的，客观上只有法则，主观上只有对这种实践法则的纯粹尊重，因而只有这样一条准则，即哪怕损害我的全部爱好也要遵守这样一条法则。"④ 吊诡的是，一方面，康德伦理学否定道德情感可以作为道德和道德动力的来源；另一方面，他认为尊重不同于普通的道德情感，对道德法则的尊重是由法则本身所激发的，该体验内在于每个人的自律能力。⑤

---

① Sin Yee Chan, *The Confucian Notion of Jing*（*Respect*）, p. 232.
② Kwong-loi Shun, *Mencius and Early Chinese Thought*, Stanford University Press, 1997, p. 52-54.
③ ［德］康德：《道德形而上学奠基》，杨云飞译，人民出版社 2013 年版，第 22 页，有微小改动。
④ 同上。
⑤ "不过尽管尊重是一种情感，但它并不是通过受影响而被收到的情感，而是通过一个理性概念自己造成的情感，并由此与所有前一类情感，即可以归于爱好或恐惧的情感，具有特殊的区别。凡是我直接认作是我的法则的东西，我这样看都是怀着尊重的，这种尊重仅仅是指那种不借助于其他对我感官的影响而使我的意志服从于一条法则的意识。通过对法则而对意志的直接规定以及对这种规定的意识就叫作尊重，以致尊重被看作是法则作用于主体的结果，而不是法则的原因。"见［德］康德：《道德形而上学奠基》，杨云飞译，人民出版社 2013 年版，第 23 页，有微小改动。

康德观点的困难之处在于：如果感受是无序的，那么道德法则引发人们对其尊重的必然性何在？由于感受负责执行道德法则，而感受又是感性和无序的，那么如果道德法则未能激发某人对它的尊重，将不是某人的过错。如果人们并不具备对道德法则之尊重的先天感受，并因而不能依照道德法则而行动，那么将没有理由去要求人们对其行为负责。如此，康德的自律伦理学出现了内在的不一致，也就是说，成为他律的。①解决此矛盾的一个途径是，如李明辉所指出的，肯认道德感受的先天性与有序性。而这也正是舍勒的进路。②

通过康德对尊重的解释，我们可看到对道德情感本质作先天理解的优势。此外，如果我们在宽泛的意义上来理解义务，而不只是从康德绝对主义的狭义上看，那么号召对义务的尊重，而非康德式的对道德法则的尊重，将招致更少的批评。譬如，我们期望医生、教师、警察等尊重其职责，服务他人，做出奉献。服务与奉献不仅仅是一个义务，更是一个对我们道德趋向的积极实现。在儒家的话语中，便是成就君子圣贤之品格。重视和努力实现我们所应当成就的，是一个内在的动力，而不仅仅是一个强制约束。对所处理事务的尊重，密切关联于安定认真的心境（儒家敬的第一种含义），特别是当人们养成了一个处理任何事务都具备的严谨习惯时。孔子认为治理国家需要一个对待事务的严肃态度。他说："道千乘之国，敬事而信。"（《论语·学而》）在王阳明对《大学》的解释中，"格物（正事）"理论上成为修身的第一步和致良知的核心。③可见儒家向来认可处理实际事务的重要性。

第二类尊敬是对每个人的尊严和人格的尊重。康德正确地指出，每一个人作为目的本身而存在，而不能仅仅作为一个满足某特殊目的的工具而被压迫、剥削、欺骗、强制。对他来说，每个人的人性和尊严必须得到尊重。康德认为，每个人的人性和尊严都必须得到尊重，"对他人的

---

① 参见李明辉：《儒家与康德》，台湾联经出版事业公司1990年版，第124页。

② 参见［德］舍勒：《伦理学中的形式主义与质料的价值伦理学》，倪梁康译，商务印书馆2011年版。

③ 参见王阳明：《大学问》，吴光等点校：《王阳明全集》，上海古籍出版社2015年版。

尊重，或者他人可以要求我对他的尊重，是对其他人之尊严的认知，也就是说，对一个无价之价值的认知，此价值不等同于那些可以被评价以用来交换的对象之价值……人性自身是一个尊严"①。然而，康德对人格和尊严来自何处的解释是存在争议的。对康德来说，每一个人都具有不可剥夺的尊严和人格，是因为作为理性的存在者，每一个人都具有自由意志，自主地给予和遵守道德法则。不过，从舍勒或是儒家的视角来看，将人看作理性存在者，并将尊重建立在此之上是不能够令人信服的。人之尊严来自人性中内在的价值，以及人实现和推进这些价值的无限可能性。《中庸》开篇说道："天命之谓性。"（《中庸·第一章》）在宋明儒学对此的诠释中，真实的人性，以及理想、完善的人格客观地来自天理，主观地来自人心向善的趋向。人性之成就在于通过对道德情感的推致（如爱与恻隐），达成对精神价值的实现。② 当然，人的基本价值与人格并非由其所实现的价值来衡量的，而是人之为人，已经具备了的精神价值。

与尊重相反的看起来似乎是鄙视（disdain）。人们倾向于鄙视道德上卑劣的人，尊重实现了较大价值的人。如果我们认同这点，那么可以说尊重预设了被尊重者的现实价值。然而，事实上并不如此。尊重的反面是歧视（discrimination）、蔑视（contempt），而非必然是鄙视。我们需要在基本的人格与特殊的人格之间做出一个区分，后者可以是贤能的，也可以是堕落的。在评价一个人的道德价值和人格时，鄙视一个堕落之人在一定程度上是可以接受的。孟子曰："羞恶之心，人皆有之。"（《孟子·公孙丑上》《孟子·告子上》）然而，歧视和蔑视一个人却是道德上不应当的。在歧视和蔑视中，对他人尊严人格的基本尊重消失了。

尊重和羞耻的出现，在是否预设价值的实现方面存在着差别。羞耻的出现总是预设价值的实现与牺牲，无论是自我所体验的原初的羞耻，

---

① Immanuel Kant, *The Metaphysics of Morals*, trans. by RogerSullivan, Cambridge University Press, 1996, p. 209.

② Yinghua Lu, *The A Priori Value and Feeling in MaxScheler and WangYangming*, Asian Philosophy, Vol. 24, NO. 3（2014），p. 197-211.

还是由他人的轻视态度所引发的显在的羞耻。① 如见利忘义的想法和行为激发出的羞耻感，这种羞耻感中存在着价值的冲突，并且主体意欲为满足较低价值而牺牲较高价值。与此不同，尊重的出现并不将价值的实现和牺牲看作必要条件。我们对每一个人都持有尊重，包括懒惰的、邪恶的人，尽管他们并没有实现较高价值。孟子说："恭者不侮人，俭者不夺人。"（《孟子·离娄上》）康德说："对邪恶的责备，永远不能突破到对恶人的完全蔑视或是否定他的任何道德价值之地步。"② 如前所述，尊重的基础是内在于每个人的尊严和人性。尊严来自人固有的价值自身，而不是来自价值的现实之实现。

我将这类对基本尊严和人格的尊重称为"普遍的尊重"或是"基本的尊重"。此概念类似于史蒂芬·达华（Stephen Darwall）的术语"认知的尊敬"（recognition respect）。③ 这是由尊重的一般性而非特殊性来把握的，不过他没有阐释对事务的尊重。

第三类尊敬是对贤能者的敬重（esteem）。我们尊重所有人，但敬重的是那些值得独特、强烈之敬意的人。那么，什么样的人算作高尚的贤能者？康德认为出于荣誉的行为"如果它碰巧实际上符合公共利益，并且是合乎义务的，故而是值得赞赏的，那么它应该受到表扬和鼓励，但不值得非常敬重；因为这种准则缺乏道德内涵，也就是说具有道德内涵的行动不是出于爱好，而只是出于义务去做"。④ 在康德看来，体现了道德法则的模范被看作高尚的人。这一观点与其严格的道德的形而上学是一致的，然而却未必对我们的道德体验公允。我们敬重实现了较大价值的人，在不同的领域做出了较大贡献的人，不是因为他们对于法则的遵从，而是因为他们对价值的实现。史蒂芬·达华将此种敬重称为"评价的尊敬"（appraisal respect），因为它需要对所尊敬对象之德性或能力做出评价。

---

① Yinghua Lu, *The Heart Has Its Own Order: The Phenomenology of Value and Feeling in Confucian Philosophy*, Dissertation, Southern Illinois University, 2014, Ch. 5.
② Immanuel Kant, *The Metaphysics of Morals*, p. 210.
③ Stephen Darwall, *Two kinds of Respect*, Ethics 88, no. 1 (1977), p. 36-49.
④ ［德］康德：《道德形而上学奠基》，杨云飞译，人民出版社 2013 年版，第 18-19 页。

当与陌生人交谈时，人们秉持一种基本的尊重。交流的礼节被用来表达人们对他人的尊重。比如，嘲笑别人的身体缺陷是对礼的违背，亦即缺乏尊重的表现。继续这一例子，当进一步地了解到，此残疾人通过异常艰辛的努力在法学方面取得巨大成就，并冒着危险运用法律帮助弱势群体维权时，人们心中产生了更深的敬意。"油然而生""肃然起敬"这类表述便是将普遍的尊重转变为了特殊的敬重。人们的敬意也给予付出极大努力而治愈了疑难杂症的医生、为了他人或国家之福祉而做出了自我牺牲的人。我们敬重他们并不只是因为技能，而是因为他们对精神价值的实现，如对真理、正义、仁爱等的实现。依据此种尊敬，孟子主张国君应保持对贤能者的敬重并提供给他们重要的职位，使其发挥作用："尊贤使能，俊杰在位。"（《孟子·公孙丑上》）金明锡（Myeong-seok Kim）认为尊敬在孟子思想中基本上是对一个人价值或美德之回应的情感敏锐性。[①] 他有力的论述也是建立在对贤能者的敬重这种类型上。然而，过于聚焦在一个人在特定场合中是否值得尊敬，金氏没有探究每个人都配享的对人格尊严的尊重。

另外一种形式的尊敬是富有争议的：对权贵者或领导者的尊敬，如统治者、老板、校长、将军。正如我们所见，并非所有有权力的人都是贤能者。这种尊敬即恭敬、恭顺（deference）常被现代自由主义者认为是压制性的并且反民主的。斯托特（Jeffrey Stout）主张现代的民主传统是"生于对恭顺的质疑"。[②] 现代的民主实践者倾向于自力更生而不是依赖他人。那么，有权者是否值得特殊的尊敬？亚伦·斯托内克尔（Aaron Stalnaker）解释说这种恭顺可以提醒领导者去履行他的责任。他写道："这种对上级的恭顺之'要求'正是将他们认定为伦理行为者的努力，认定为有能力履行其责任并且据此做事，从而无愧于展示给他们的恭顺

---

① Myeong - seok Kim, *Respect in Mengzi as a Concern—based Construal: How It is Different from Desire and Behavioral Disposition*, Dao: A Journal of Comparative Philosophy 13, no. 2 (2014), p. 247.

② Jeffrey Stout, *Ordinary Vices*, Harvard University Press, 1984, p. 7.

以及赋予他们的权力。"[1] 他继续说道，如果一个领导者未能履行其责任并滥用权力，他不再配得恭顺。斯托内克尔的文章主要讨论了"恭顺"的问题，笔者则更宁愿使用"尊敬"或"敬重"这些词汇来表达我们对于有权者的态度。尽管理论上我很认可他的论证，但我也认同自由主义者对"恭顺"这个词的"服从"含义之忧虑。恭敬或恭顺之德本身并无任何错处（下文将详述），可是提倡对政治权威的恭顺在实践上可导向专制和人民的奴性（servility）。传统上儒家确实在一定意义上强调了此类的恭顺并且具有精英主义的特征，但是我们今天所应当继承的是儒家的真精神而不是古代儒家在其时空之限制下所主张的所有观点。儒家的真精神，恰恰表现在强烈的批判意识以及对主体的尊重。

通过以上的澄清，我们可得出如下结论。相关于我们从事的责任事务，儒家所谈论的道德尊重，改进了康德的形式，要求我们将其严肃对待。对他人的基本尊重和特殊敬重，则要求我们关注他人的人格价值与所实现的价值，或重视他们所实现的价值。缺乏这些尊敬的人倾向于忽略他人的价值，或轻视他们实现的价值。

三　作为宗教感受的尊敬：谦卑、崇敬以及相关的感受

马克斯·舍勒没有特别地讨论尊敬情感，不过他对崇敬（reverence）和谦卑（humility）的探讨具备启发性，有助于我们描述尊敬以及与其相关的其他重要感受。通过他对笔者称为"宗教尊敬"的探讨，笔者将展示尊敬如何使人实现宗教追求。

（一）骄傲与道德骄傲

在骄傲中，一个人仅仅看到他自己实现的价值并抬高自己的贡献，无视他人的价值或贬低他人的贡献。与这样一种假定——骄傲只相关于自我——正相反，骄傲预设了他人实际的或潜在的在场。如施坦因博克所说，骄傲的人常常将他人的功劳看作自己的。只有在自己与他人比较并贬低他人中，骄傲才出现。例如，当一个人为他自身的美貌、财富、

---

[1] Aaron Stalnaker, *confucianism*, *Democracy*, *and the virtue of Deference*, Dao: A Journal of Comparative Philosophy 12, no. 4 (2013), p. 447.

权力、贡献乃至知识而骄傲时，她认为许多人在这些方面比自己差，而非只是自我感觉良好。骄傲的人相信其他人实现了很小的价值，或没有实现任何价值，因而他不再对他人有现实的关注。这种表面上对他人的"无视""目中无人"造成了公众的错觉：骄傲不是人格间的（interpersonal），只是个人的（personal）。这种观点忽略了这样的事实：正是"他人"被刻意地无视了；为了无视他人，他人的被给予是必要的。在骄傲中，他人以被剥夺其所实现价值的方式被给予。

在舍勒看来，一般骄傲的危害要轻微于道德骄傲。一般的骄傲者仍然保留了对此世界的爱，而道德上骄傲的人不再有爱。透过神学的反思，舍勒阐释了这一点。从基督教视角来看，斯多亚的道德骄傲构成了自我骄傲（superbia），它出现在魔鬼身上。舍勒写道：

> 魔鬼般的骄傲只有一种，那就是把自己的道德价值当作最高价值而为之自傲，这是道德骄傲或天使的恶习——堕落了的天使，法利赛人将永远仿效的天使……朝着爱之真空移动的，是自我骄傲——围绕自我不停转圈，而且圈越转越小，使价值意识越来越紧缩到纯粹自我。自我骄傲者具有关于自身的内在形象，而且对这一形象的内容也极为赏识，因为具有并赏识这一内在形象的，就是自我骄傲者；由于只追求"自足"和"无待乎外"，这一内在形象越来越幽暗，最终成为使骄傲者同自我理解、自我认识长期隔绝的媒介，而"无待乎外"则斩断使骄傲者与上帝、宇宙、人相联系的全部生命线。"我的记忆说：我做了这种事。我的自傲说：我没有做过这种事。我的自傲坚持己见，于是记忆让步了。"（尼采）自傲使人日益孤陋，日益变得如莱布尼茨所鄙夷的单子：变成一个 *déserteur du monde*［遁世者］。道德骄傲和自我骄傲难道不像一个在荒野中缓慢自戕的人吗？[1]

道德上骄傲的人分享了一般骄傲者的特征，不过，与后者不同的是，他们将自己看作道德上高尚的，并且不愿在这个他们看来腐坏了的世界

---

[1] ［德］舍勒：《德行的复苏》，见舍勒：《同情感与他者》，刘小枫主编，朱雁冰等译，北京师范大学出版社 2014 年版，有微小改动。

中与"不道德的他人"在一起。通过对比中国文化与舍勒对道德骄傲的洞见，不恰当的儒家实践者可以被看作具有道德骄傲的嫌疑。① 他们严格、静态地区分君子与小人，将自己看作君子。然而，儒家事实上也是拒绝道德骄傲的。颜渊在《论语》中被看作道德谦卑的代表。在回答孔子问志时，他回答道："愿无伐善，无施劳。"（《论语·公冶长》）

（二）谦卑与尊敬的关联以及对上帝的尊敬

谦卑与尊敬不必然同时发生。谦卑者看轻他们自身的价值，不过却不一定抬高他人的价值。在这种情况下，谦卑者不必然尊敬他人。同样地，尊敬者看重他人的价值，但却可能期望他人给予回敬。如果他们强烈要求他人的敬意，尊敬者没有感到谦卑。尽管"比较"本身不必然是破坏性的，但将自身价值与他人攀比的强烈执念有时会摧毁真实的谦卑。②

只有谦卑和尊敬包含了彼此因而同时发生时，才成为真实的谦卑和尊敬。二者的关联是修身的目标，而不是人们生来就已经达到的境界。即使对人的谦卑和尊敬不总是同时发生，对上帝的谦卑和崇敬却总是同时出现的。以崇敬来看，崇敬上帝的人总是保持谦卑，并不要求上帝的回敬。以谦卑来看，对上帝谦卑的人总是保持对上帝的崇敬，而不会把上帝看作不值得尊敬的。

（三）谦卑与崇敬

谦卑和尊敬是对骄傲的对治。在舍勒看来，骄傲者可以在一段时间内将其自身抬高，但最终他会跌倒、落下。谦卑者将自身不断降低，但他们得到上帝的荣光并最终上升入天堂。谦卑是基督教的德性，它预设

---

① 道家有时被看成此类"众人皆醉我独醒"的愤世嫉俗者。不过，由于道家一开始便拒绝价值比较的终极的有效性，他们的立场并不导致道德骄傲。此外，即便在道家对世俗社会的批判中，也并没有蔑视此世界。《道德经》云："和其光，同其尘。"（第四、五十六章）

② 尽管每个人都可以秉持基督教的谦卑精神，但对自我和他人的评价判断却是不可完全避免的。对自我的评估影响到对他人的评价，反之亦然。如佛道所言，不可执着于价值的比较，但亦不可忽视比较有时具有积极意义。孟子说："不耻不若人，何若人有？"（《孟子·尽心上》）。重视他人的贡献可以为自己树立和追求目标提供动力。与此相关，骄傲者顽固地认为他人都不如自己，因而停止了进步。破坏性的比较产生自我的骄傲、自卑，对他人的蔑视、盲目崇拜，而具备谦卑和尊敬精神的比较则催人向上，对他人保持敬意而不妄自菲薄。

了一个全善全能的人格神。上帝超越于任何有限的人。不管一个人取得了多么大的成就，他在上帝面前是微不足道的。谦卑者不仅仅对上帝谦卑，也效法和参与耶稣的谦卑精神。此即在神之中的谦卑。舍勒写道：

> 在我们的生存核心之中，谦卑是一种永不止息的内在脉动；它源于精神上的意愿侍奉——意愿侍奉于善与恶、美与丑、生与死。谦卑是基督神性的伟大活动在心灵深处的显现；在基督的行为中，神性自行舍去自己的威严和恢宏，进入凡人身体，甘当世人和芸芸众生之自由和幸福的奴仆。我们也参与了这一行动，当我们舍弃我们的一切自我，舍弃自我的可能价值和自我所看重的东西（自傲者总紧紧抓住不放），真正地"丢开"我们自身，真正去"献身"，对随后的一切毫无所畏，心怀信赖地参与神性的行动，上帝就会赐福给我们；一旦这样做了，我们就是"谦卑的"。真正"舍弃"我们的自我及其价值，毅然跃入那超逾一切自觉不自觉的自我中心观的令人胆怯的虚空——关键就在这里！①

在舍勒看来，上帝之伟大与他服侍人类之意愿为我们实践谦卑提供了依据。完美的上帝尚且降低自身而服侍他人，我们没有理由为自我的微小成就而骄傲。

舍勒认为，仅仅从世俗的意义上来理解谦卑是肤浅的，在严格意义上它只意味着"内敛"。内敛更是一个外在的举止态度，它发生于当一个人的羞耻感战胜了虚荣感时。② 内敛之人抑制了表达他们优点的欲望，并避免成为公众的焦点，然而他们的行为未必出自谦卑精神。③ 与此相对，舍勒认为对他人的谦卑是通过服侍上帝与他人来达到的（参与上帝对人的谦卑精神）。在此过程中，人们放弃了对自我价值的执着。由于人

---

① ［德］舍勒：《同情感与他者》，刘小枫主编，朱雁冰译，北京师范大学出版社 2014 年版，第 258 页，有微小改动。

② 同上书，第 262 页，有微小改动。

③ 在笔者看来，内敛这一外在行为举止对应的内在感受更多是羞涩，而不是羞耻。在羞耻中存在价值的冲突，在为较低价值而牺牲较高价值中人们感受到了自身的渺小。与此不同，羞涩并不预设价值的牺牲。羞涩的人暴露于公众焦点时会在内心中感到"尴尬"，而内敛的人只是外在地避免成为公众注意力，未必感到内在的不舒适。

们不再高看自己，他们也不再要求他人的敬重。

在《德行的复苏》中，在讨论谦卑之后舍勒接着探讨了崇敬（或曰敬畏）。对基督徒来说，上帝保持着不可触及的隐秘，他是隐匿者。上帝是永不枯竭的价值之源，对上帝的崇敬拓宽了我们精神的自然和世界的视野。舍勒写道：

我们的精神也有自然和世界；"敬畏"在价值领域里维护该自然和世界的这一远景和这一天际自然。我们一旦关掉敬畏的精神器官，世界就立即变成一道浅显的计算题。只有敬畏才使我们意识到我们的自我和世界的充实与深度，才使我们清楚，世界和我们的生活具有一种取之不尽的价值财富。敬畏感的每一步都能够向我们显示出新颖的、青春般的、闻所未闻、见所未见的事物。[1]

就像谦卑是通过服侍上帝与参与上帝对人的服侍，对基督徒来说，尊敬终极上也是来自对上帝和奥秘之敬畏，尽管舍勒没有明示后一点。简单来说，尊敬和谦卑的道德维度建立在它们的宗教维度之上。

现在，我们转向儒家。由于传统上并没有清晰地认可一个至上神之存在，儒家是否仅仅在其世俗意义上来理解尊敬与谦卑？如果我们不将宗教维度等同于一个特殊形态的神学与其宗教表现，我们仍可以发现儒家传统中宗教的崇敬与谦卑。

四 儒家语境中作为宗教感受的尊敬

一些人仅仅将儒家思想理解为世俗的伦理学，缺乏对超越者与无限者的信仰。这一观点是站不住脚的。首先，天所具有的形而上含义是无可置疑的。在陈荣捷为他的《中庸》翻译所写的导言中，他写道："天道超越时间、空间、实体和运动，同时是不间断的、永恒的和清楚明白的。"[2] 其次，即便承认天的形而上特征，主张儒家并无宗教信仰者仍然

---

[1] [德]舍勒：《同情感与他者》，刘小枫主编，朱雁冰译，北京师范大学出版社 2014 年版，第 273 页。

[2] Wing‑Tsit Chan, (trans.), *A Source Book in Chinese Philosophy*, Priceton University Press, 1963, p. 95.

可以争辩说儒家的天并不具有人格性，有形而上学不等于有宗教信仰。批判者倾向于从启示宗教的一神论视角来衡量信仰的存在。我们自然可以回应说无限者不能简单地等同于完全人格化的无限。此外，在儒家经典中，尽管天并不开展特殊的行动和谈话，但仍然可以施行一般的感受与举动，包括与人沟通、支配世间、对人类行为奖赏和惩罚。以下选列若干段落。

赋予人性与德性：

> 天命之谓性。（《中庸·第一章》）

> 子曰："天生德于予，桓魋其如予何？"（《论语·述而》）

授予使命：

> 出曰："二三子，何患于丧乎？天下之无道也久矣，天将以夫子为木铎。"（《论语·八佾》）

发布命令与诫令：

> 伊尹作书曰："先王顾諟天之明命，以承上下神祇。社稷宗庙，罔不祇肃。"（《尚书·商书·太甲上》）①

授权统治人民：

> 假乐君子、显显令德。宜民宜人、受禄于天。保右命之、自天申之。（《诗经·大雅·生民之什·假乐》）②

保佑：

> 惟皇上帝，降衷于下民……上天孚佑下民。（《尚书·商书·汤诰》）

奖赏：

> 天道福善祸淫。（《尚书·商书·汤诰》）

惩罚：

> 王若曰："尔殷遗多士，弗吊旻天，大降丧于殷。"（《尚书·周

---

① 孔颖达：《尚书正义》，廖明春、陈明整理，北京大学出版社2000年版。以下该文献引文出自同书。
② 孔颖达：《毛诗正义》，龚抗云整理，北京大学出版社2000年版。以下该文献引文出自同书。

书·多士》）

厌恶与遗弃：

子见南子，子路不说。夫子矢之曰："予所否者，天厌之！天厌之！"（《论语·雍也》）

发怒：

敬天之怒，无敢戏豫。敬天之渝，无敢驰驱。昊天曰明，及尔出王。昊天曰旦，及尔游衍。（《诗经·大雅·生民之什·板》）

限定命运：

子夏曰："商闻之矣：死生有命，富贵在天。"（《论语·颜渊》）

从以上的引文中可以推论出：尽管天不具备强烈的人格性，却仍然具备微弱意义上的人格性。"上帝"一词在早期典籍中出现了多次，尤其是周以前，清楚地表示了人格神的含义。这也是现代人们使用"上帝"来翻译"God"的原因所在。在周朝，天成为首出的概念。尽管天的人格化意义比上帝要微弱，却并没有完全消失。天被看作人之善性、德性、义务、使命和权利的终极源头。[①] 在不强调人格之天的情况下，通过内在超越等方式来诠释儒家的宗教性是富有意义的，如牟宗三、杜维明和白诗朗等人所做的工作。[②] 人通过道德实践，参与天的化生万物；天与主体贯通为一。在充分认可他们工作之意义的同时，笔者的侧重点是凸显儒家的宗教性也没有完全排斥一个人格化之天。

不仅天对人有所感受与举动，人同时也直接地对天具备特定的感受。

---

① 关于中国对神与天的早期宗教观，参阅 Philip J. Ivanhoe, *Heaven as a Source for Ethical Warrant in Early Confucianism*, Dao：A Journal of Comparative Philosophy 6，no. 3（2007），p. 212。另参阅 David Keightley, *Shamanism*，*Death*，*and the Ancestor*：*Religious Mediation in Neolithic and Shang China*（ca. 5000—1000B. C），Asiatische Studien52，no. 3（1998），p. 763—831；Michael Puett, *To become a God*：*Cosmology*，*Sacrifice and self—Divinization in Early China*，Harvard University Press，2002。

② 参见牟宗三：《中国哲学的特质》，《牟宗三先生全集》第二十八册，台湾联经出版事业公司 2003 年版；Weiming Tu, *Centrality and Commonality*：*An Essay on Confucian Religiousness*. A Revised and Enlarged edition of *Centrality and Commonality*：*An Essay on Chung-yung*，State University of New York Press，1989；John H. Berthrong, *All under Heaven*：*Transforming Paradigms in Confucian-Christian Dialogue*，State University of New York Press，1994。

儒家经典一开始便记载了对天的侍奉与敬畏。选列若干段落如下：

> 子曰："君子有三畏：畏天命，畏大人，畏圣人之言。小人不知天命而不畏也，狎大人，侮圣人之言。"（《论语·季氏》）

> 维天之命，於穆不已。（《诗经·周颂·维天之命》）

> 孟子曰："存其心，养其性，所以事天也。"（《孟子·尽心上》）

> 我其夙夜，畏天之威，于时保之。（《诗经·周颂·我将》）

在这些段落中，人对天的体验通过侍奉天与对天命的敬畏表现出来。侍天与敬畏天命是人们在与天沟通时的直接体验，这也通过礼展现出来。儒家的文本并没有"天爱"人与人"爱天"的表述。爱指向一个具体的不可还原的个体，而天不被认为是一个强烈意义上具体的个体。[①] 在宋明儒学的解读中，在体验仁爱时，人们仅仅间接地关联于天——仁爱总是指向具体的个人。仁爱这种情感终极地为天所赋予，在其运行中却并不指向天。相较于仁爱展示了儒家首要的道德体验，侍天与敬畏天命构成了儒家的首要宗教体验。这里也可看到儒家与基督教的一个明显区别。在基督教中，如舍勒所述，人对上帝的爱与上帝对人的爱方是首要的宗教体验。儒家没有将天理解为一个具体的人格，这种态度虽然可能造成超越形态不够强烈，但也避免了一神教所蕴含的宗教狂热、排斥、迫害等负面作用。

简而言之，对天的敬畏与谦卑是儒家传统中主要的宗教体验。儒家的尊敬和谦卑同时具备宗教和道德意义。不同于基督教所清晰展示的，宗教的尊敬是道德的尊敬的根基，儒家中宗教之敬与道德之敬的奠基关系更为模糊，即便一些人认可这些感受的源头在于天。儒家的道德之敬是建立在对人格之天的宗教崇敬上，还是建立在对天道、天理、天德、天命等非人格的原则、价值、德性、使命的超越敬畏上，仍是悬而未决的。两种感受形态或可并行不悖。荀子将天理解为自然，否定天能有意干涉人类活动。对于孔子和孟子这样保有对天之敬畏的人来说，天是否

---

① 其他的哲学流派提及天对人的爱，尽管不太常见。譬如，墨子指出了天对人的兼爱（《兼爱中》）。然而，即便在《墨子》中，也不见人"爱天"的表述。

构成他们伦理理论的基础仍然是可争辩的。菲利普·艾文荷曾做出了一个富有启发的论证，指出早期儒家将其伦理思想建构在天的权威之上。①

值得注意的是，礼的实践与敬是不可分离的，敬通过礼得到表达。孔子说："居上不宽，为礼不敬，临丧不哀，吾何以观之哉？"（《论语·八佾》）敬在这里表达了严肃与尊敬的双重含义。相应于敬天与畏天命，以及对祖先的崇拜，有宗教的礼仪。相应于对他人的尊敬和谦卑，有道德的礼仪。这两种礼仪内在地相关联，只实践其中之一而忽略另一个，会失去礼的深意。芬格莱特表达了一个类似的观点，认为神圣礼仪既是神圣的，又是道德的。他写道：

> 作为人类存在的一种比喻，神圣礼仪的意象首先引起我们关注人类存在的神圣维度。神圣礼仪有多种维度，最高境界在于它的神圣性。礼仪有力地显发出来的东西，不仅仅是社会形式的和谐与完美、人际交往的内在的与终极的尊严；它所显发出来的还有道德的完善，那种道德的完善蕴涵在自我目标的获得之中，而自我目标的获得，则是通过将他人视为具有同样尊严的存在和礼仪活动中自由的合作参与者来实现的。②

简而言之，通过礼，敬促使人们实现宗教与道德的追求。

（《中国现象学与哲学评论》第二十二辑，2018 年）

（作者单位：华东师范大学思勉人文高等研究院）

---

① Philip Ivanhoe, *Heaven as a Source for Ethical Warrantin Early Confucianism*, p. 211-220.
② ［美］赫伯特·芬格莱特：《孔子：即凡而圣》，彭国翔、张华译，江苏人民出版社 2002 年版，第 15 页。

感通与同情

——对恻隐本质的现象学再审视

蔡祥元

【摘要】舍勒通过同情与爱的区分表明，同情不具有价值构成功能，爱才是价值的根源。孟子的恻隐之心在当代学界常常被视作与同情相近的概念，但是如果借助舍勒的这一区分重新审视孟子的文本，我们将会发现，恻隐的本质是爱而非同情。作为爱之端的恻隐在儒家传统中同样具有源发性和价值构成性，它的发生结构与存在方式可以被称为感通。不少学者都注意到孟子的恻隐不同于同情。黄玉顺用本源情感来刻画恻隐的本质，但他对舍勒的理解存在偏差，不足以回应舍勒的问题，并且没有对情感的本源性内涵给出明见性的揭示。耿宁依托胡塞尔的现象学分析，提出一种相比经验主义的同情观更为原初的处境型同情。处境型同情可以构成德性的萌芽，基本契合恻隐现象的本质，但他未能进一步追问此种处境型同情如何可能。陈立胜认为，包括耿宁在内的当代西方各类同情观都不能涵盖恻隐之心在中国传统语境中的诠释脉络。他借助朱子的阐发表明，恻隐之心相比其他三心具有奠基性地位，它背后关涉的是"万物一体"的宇宙论、存在论思想构架，在此基础上，他又借助海德格尔的"情调"来刻画恻隐所开显出来的这一生存论体验。感通视角则是在此基础上对天人一贯之"情调"如何可能的进一步发问。

舍勒通过区分同情与爱，将情感主义伦理学提升到一个新的层次。情感主义也是当代儒家学者重构儒学传统的一个重要视角。李泽厚、蒙培元都提出了可以称为情感本体的儒学思想。他们从情感角度解读仁学根基的时候，并没有注意到同情与爱（仁爱）的区分，整体上都把同情心视作仁爱的根基，希望以此来建构儒学义理的当代价值。李泽厚在指出孟子伦理思想的先验普遍性诉求之后表明，这种先验普遍性奠基于人的情感之中，而"恻隐之心"就是同情心。① 正如陈来所批评的，李泽厚所说的"情感"是一种经验主义情感。② 与李泽厚不同，蒙培元更为注重情感中的超越之维；为避免经验主义情感造成伦理的相对主义，他明确区分了道德情感与心理情感，并指出作为仁爱之根本的乃是前者。心理情感指的是经验层面的情感体验，道德情感虽然以心理情感为出发点，但同时对它有一个"超出"，即超出经验情感的个人性、私人性，成为具有普遍意义的"情理"。③ 但是，他在阐发道德情感如何能够超越心理情感的时候，诉诸的是推己及人的同情心。④

如果儒家的仁爱思想是奠基于同情之上的，那么，从舍勒的角度看，这种仁爱思想就不够纯粹，乃至颠倒了爱与同情的关系。事实上，舍勒还特别对这种基于同情感的"仁爱（benevolence）"提出了批评，认为这不是真正的爱。基于同情感的"现代仁爱"（或"普遍仁爱""人类之爱"）和真正的爱相比，有着完全不同的价值根基。"普遍仁爱"有一种平均主义的思想诉求，要求打破民族圈、地域圈乃至文化圈的局限，实现全人类的均等之爱。这种构成现代人道主义思想根源的"普遍仁爱"朝向的是人类的外在福利，而不是人之为人的"人格"。与之不同，基督教的爱才是真正的人格之爱。⑤

因此，我们或许可以借助舍勒的视角，辨析儒家的仁到底是出自同情还是出自爱。这种讨论将有助于我们进一步辨析儒家的仁爱与基督教人格之爱的关系。

---

① 李泽厚说："另一方面，它又把这种'绝对命令'的先验普遍性与经验世界的人的情感（主要是所谓'恻隐之心'实即同情心）直接联系起来，并以它（心理情感）为基础。"见李泽厚：《中国古代思想史论》，生活·读书·新知三联书店 2008 年版，第 42 页。
② 参见陈来：《仁学本体论》，生活·读书·新知三联书店 2014 年版，第 417 页。
③ 参见蒙培元：《心灵超越与境界》，人民出版社 1998 年版，第 139 页。
④ 参见蒙培元：《情感与理性》，中国人民大学出版社 2009 年版，第 57 页。
⑤ 参见舍勒：《道德意识中的怨恨与羞感》，罗悌伦、林克译，北京师范大学出版社 2017 年版，第 100-101 页。

一 舍勒关于同情与爱的区分

舍勒的情感现象学基于对传统的情感主义伦理学的批评而提出。情感主义伦理学把同情作为一切伦理价值的根源，舍勒认为这是有问题的，因为同情对价值是盲目的。他的理由是，同情是一种对他人感受的回应性行为，同情是否有价值，有赖于它所同情的感受是否有价值；爱与恨则不同，它们自身就是源发性的行为，且自身带有正价值或负价值。[①]我们先来看看舍勒对同情现象的分析，然后考察爱相较于同情究竟有何独特的本质结构。

1. 同情现象的本质性结构

在《同情的本质与形式》一书中，舍勒指出"同情（Mitgefühl）"一词在日常使用中是较为含混的，经常有不同的指涉。他通过剖析和比较一连串与同情相关的现象，来凸显同情的本质特征。

首先，对一个人的同情，并不同于对此人感受的认知，也有别于对它的再现。通常情况下，我们在能够对他人的感受产生同情（同乐或同悲）之前，首先需要认出对方的情绪，知道对方是喜还是悲。这意味着，知道他人的感受和对他人的感受作出情感性的感应，是两件不同的事。"我"可以知道你很痛苦，但"我"不是必须对你的痛苦表示同情。我们不仅可以泛泛地知道对方的感受，还可以通过想象性的再现来获得对他人感受的真切领会，舍勒将后者称为体察（Nachleben，Nachfühlen）或追复—感受（Nach-leben，Nach-fühlen）。追复—感受有助于引发同情，但它仍是一种认知行为，而不是同情本身。[②]

我们不仅能够知道、再现对方的感受，在特定的情况下，我们还能和对方一起感受。"一同感受（Mitfühlen）"不是对他人感受的想象或再现，而是和对方一起感受着同一种感受。两者的区别就像在想象中听歌

① Cf. Max Scheler, *Wesen und Formen der Sympathie*, A. Francke AG Verlag, 1973, S. 19. 中译文参见舍勒：《同情感与他者》，朱雁冰、林克等译，北京师范大学出版社2017年版，第4页。部分引文将同时标注德文版及中文版页码，如S. 19，第4页。

② Cf. Max Scheler, *Wesen und Formen der Sympathie*, S. 19-20，第5-6页。

和在现实中听歌的区别。舍勒举例说，当父母面对丧子之痛时，他们就在一同感受着同一种悲痛。在这种情况下，父母双方不需要去再现或体察对方的感受，因为他们当下一起感受着同一种感受。这种"一同感受"在本质上依然有别于同情。因为同情作为一种感受，是在朝向他人感受的感受意向中被构成的。在"一同感受"的情况下，不存在对他人感受的情感性意向。①

我们还可能受到他人情绪的感染，比如，跟开心的人在一起会变得开心，跟悲哀的人在一起也会陷入某种不快的情绪之中。这种情绪感染（Gefühlsansteckung）也不是同情感，因为这里同样不存在对他人感受的"感觉意向"，"我"没有以意向的方式参与到对方的感受之中；受他人情绪传染而来的喜乐感受仍然是属于自己的，而不是对他人感受的"朝向"。②

情绪感染的一种极致情况是一体感（Einsfühlung）。在这里，不仅仅是双方的"感受"因为感染而打成一片，而且更进一步，在此基础上"我"还将对方的感受作为自己的感受来对待；从而获得一种对双方"自我"的认同感，由此双方成为同一个"我"。一体感仍旧不是同情。我们在同情对方的时候，能够明确地将对方的感受作为对方的感受来对待；而在一体感行为中，感受的归属主体发生了转移，对方的感受被归属到自己这里。在一体感现象中，"我"是替对方感受，而不是同情对方的感受。

同情还不同于移情（或同感）（Einfühlung）现象。在审美体验的移情活动中，我们的自我也往往被吸收到体验活动之中，比如看小说看得很投入时把"自我"带入小说的角色之中，在这种情况下，小说主人公的感受被暗中替换成"我"的感受。在审美的移情体验中，"我"依然意识到小说的主人公不是我，因此它有别于一体感。在移情活动中，我们直接体验着他人的感受，可以与主人公同喜同悲，但这里没有对他人

① Cf. Max Scheler, *Wesen und Formen der Sympathie*, S. 24, 第 12 页。
② 同上，S. 26, 第 15—16 页。

感受的情感性意向，因而这种活动也就有别于同情。[①]

2. 同情与爱的关系

在舍勒看来，传统情感主义伦理学的错误在于把爱的情感奠基于同情之中。这种伦理学通常把"善意（Wohlwollen, benevolence）"作为爱，而善意又经常被认为奠基于怜悯（Mitleiden）行为之上。"恶意"也如此，它被视作恨的基础。舍勒指出，爱与这种作为同情的善意有着本质的区别。善意关注的是一个人现实处境的好坏；爱则不同，它关注的是人格的积极价值。我们通常会说爱美、爱艺术或爱知识，但是我们不会说对美、艺术或知识怀有"善意"；我们会说爱上帝，但不会说对上帝有善意。虽然爱也会包含对所爱对象的现实处境的关注，比如我们都会希望所爱的人生活得好，但是，爱所涉及的关注与善意的关注在程度上和本质上都有区别。对他人的痛苦遭遇报以善意的过程，通常包含着一种"距离感"和"优越感"；爱则不同，当我们所爱的人处于痛苦之中，我们不会有这种"距离感"和"优越感"，而是会跟着他们一起承受这些痛苦。另外，"善意"有行动目标，比如，对他人的善意会导致你去帮助他人走出困境，而随着他人走出困境，这种善意也就相应消失。爱则不同，它没有这种明确的行动目标，母亲爱着孩子的时候，这种爱不会因为某个目标的达成而消失，而是会持续存在。

不仅同情和爱之间存在区别，而且，同情感本身的存在及其程度的深浅，都暗中依赖于某种程度的爱。也就是说，爱的深浅以及爱的方式，决定了你对所爱的对象可能具有何种程度的同情。同情对爱的依赖还体现在：恨是爱的反面，我们对恨的对象就不会产生同情；相反，在这种情况下，我们可能会为对方的悲惨遭遇感到高兴、解气。[②]

舍勒以上有关同情和爱的现象学分析表明，两者虽有关联，但具有不同的本质结构。大致说来，同情虽然也是对他人的关切，也包含对他人独立性的领会，但在同情中，由于存在他人与自我的区别意识，因此在关切他人的同时可能会在某种程度上附带产生对自己没有遭遇厄运的

[①] Cf. Max Scheler, *Wesen und Formen der Sympathie*, S. 29-30，第20-21页。

[②] 同上，S. 147-148。

庆幸。爱则不同，它的关切超出自身，与他人有了内在关联。当被爱的对象遭遇厄运，我们只有关切，没有庆幸。可以说，爱建立了自我与他人的真正关联。爱是更根本的，它自身就具有价值，同情就它自身而言对价值是盲目的。但舍勒并未由此否认同情行为也可以具有价值。同情的发生本身需要爱，也因此，同情行为的价值依赖于支配同情行为的爱的价值。① 那么，爱如何具有价值呢？这是舍勒情感现象学的一个关键问题。

3. 爱（与恨）的源发性和价值构成性

通过与同情进行对比，舍勒表明，爱是一种自发性的行动。考虑到我们的许多行为都具有自发性特征（比如生理性的呼吸等，这类自发性行为可能暗中受某些其他生理性指标的调控），我们把爱的这一独特发生方式归结为"源发性"。舍勒也指出，我们不可能在其他情感或情绪中寻找爱（与恨）的"起源"②，这就表明爱（与恨）是源发的。

爱（与恨）的源发性并不意指经验层面发生的事件。事实上，爱与通常的体验感受（比如各种苦乐怨妒等）有一个明显的不同：这些感受体验往往是流动变化的，爱则具有相对的稳定性。当我们爱着某个人时，这种爱不会时有时无。爱（与恨）不仅不同于通常的感受，它还是其他感受的根源，换言之，你对一个人是爱还是恨，以及爱恨程度的深浅，决定了你对他的感受会采取何种态度，作出何种情感性回应。舍勒由此指出，爱（与恨）并不是通常的感受，而是一种独特的基本行动。

爱的源发性进一步表现为它具有价值构成功能。爱对价值的构成性是舍勒情感现象学的一个重大贡献。理性主义者一般认为，我们首先从对象中认出存在的价值，同时判断出它的高低，然后才去爱它。舍勒则认为，这不符合爱的本质。我们都有这种体验，当我们爱一个人并且反思爱的行为时，我们会发现，这是不需要"理由"的。真正的爱背后没有其他更深的理由，相反，爱倒是其他行为的理由。可以说，爱以一种

---

① 关于爱与同情感的关系，参见张任之：《爱与同情感——舍勒思想中的奠基关系》，载《浙江学刊》2003 年第 3 期。该文在舍勒思想的整体语境中对它们的相互关系作了全面的梳理。

② Cf. Max Scheler, *Wesen und Formen der Sympathie*, S. 150.

"终极理由"的方式存在于爱的行为之中并因此构成所爱对象的"价值"。[①] 这里的构成是现象学的构成，即，价值是爱这一行为的意向相关项。舍勒谈到，爱的发生好像是打开了一双精神的或心灵的眼睛，让你能够看到被爱者的"价值"；恨则相反，它让你无视被恨对象的"价值"。[②] 换言之，只要你看到对方的"价值"，你就自然爱他；而不是看到对方的价值，然后因为这个价值才去爱他。不是爱被价值引发，而是价值在爱的行为中原初地显露。"尽管所有的偏好都基于爱，而它所表达的只能是，仅仅在爱中更高的价值闪现出来，并因此被我们所偏爱。"[③]

可见，爱对价值的趋向或偏好并不是要去提升价值。爱朝向的是所爱对象本来所是的样子，而不是他们或它们应该是的样子。生活中确实存在着将我们自己构想出来的"价值"赋予对方并因此而爱对方的现象，舍勒认为这不是真正的爱，只是一种爱的"错觉"。我们可以称之为"错爱"。错爱者所臆想出来的"价值"原则上只是错爱者的虚构，并非被爱者本身所具有的独特价值；因此，它其实是无视价值的一种表现。若要避免在爱人、爱物的时候陷入爱—私己的"错爱"之中，我们首先需要超出私己的封闭性，由此才有可能遭遇所爱对象的本己价值，真正的爱才能发生。被爱者的价值是被爱者自身的本己存在（即舍勒所谓的"人格"），只有真正的爱人才能"看"到；它不能被概念化地把握，只能在爱的行为中被揭示出来。[④]

因此在舍勒这里，爱对价值的构成性特征主要表现为：价值与爱的行为内在交织；价值只在爱的行为中得到原初显露。

二 恻隐是同情吗？

接下来我们以"孺子将入于井"为例，考察作为仁之端的恻隐究竟是同情还是爱。我们首先需要承认，恻隐表面上具备同情的基本结构，

---

① Cf. Max Scheler, *Wesen und Formen der Sympathie*, S. 152.
② 同上，S. 160.
③ 同上，S. 156.
④ 同上，S. 162–164.

即对他人的痛苦遭遇作出的一种情感性回应。但是，如果我们进一步考察孟子的有关论述，就会发现它与舍勒所描述的同情之间有着关键性的区别。

根据舍勒的分析，对他人苦难的同情包含一种"异心"，即把这种苦难视作他人的苦难来对待的心理。换言之，这种苦难是无关自己的，我们与被同情者的苦难之间保持着某种"距离感"，甚至在对他人的苦难抱以同情的同时还可能因为自己没有遭受类似苦难而拥有一种"优越感"。恻隐则不同，它恰恰是要超出和克服这种内在于同情现象的、包含人己之别的"距离感"以及由之而来的"优越感"。"怵惕恻隐"是"乍见"孺子入井之后作出的反应，这种情况下人们还来不及判断孺子是谁的孺子，来不及分辨亲疏（是自己的孩子、亲戚的孩子还是邻居的孩子），甚至还来不及作出人己之别。因为恻隐是在一瞬间被激发的，来不及"确定"那是别人的痛苦或危险，就立刻跟着一起"难受"了，就好像自己在遭受危险一样。孟子又称之为"不忍人之心"，这里的"不忍"除了指不忍心见到他人的痛苦之外，也表明这种回应是主体不可控制的、"忍不住"发出的，它"非思而得，非勉而中"[1]。可见，恻隐之心彰显了人己之间存在着一种前反思的关联，一种能够为他人之痛苦而"痛苦"的能力。不难看出，这种为他人遭遇所触动的现象不是"情绪感染"。根据舍勒的界定，情绪感染是同一种痛苦在同类个体之间的传播。恻隐则不同，它虽由他人的痛苦所引发，但恻隐者的感受与恻隐对象的感受并不一定是同一种。

由此可见，恻隐既有别于同情，也有别于情绪感染，那么它就是爱或爱之端吗？根据舍勒关于爱与同情的区分，爱首先关切的是对方的人格，而孺子入井的例子中似乎缺少这种关切。因此，单凭孺子入井这个例子，还不足以彰显儒家仁爱的全部本质。只有着眼于孔孟有关人心之仁的整体描述，我们才能全面把握恻隐或不忍人之心的深意。孟子有关不忍人之心的思想的出发点是孔子有关心安与不安的描述。对于宰我认

---

① 朱熹：《四书章句集注》，中华书局1983年版，第239页。

为"三年之丧"太长的看法，孔子回应说，那就看你心安与否了（参见《论语·阳货》）。在孔子看来，孝的关键不是养，而是敬（参见《论语·为政》）。既然孟子接续的是孔子的仁学传统，我们也就不能脱离这一传统来理解孟子的文本。我们对父母的敬不只是一种单纯的感情感染或同情，里面还有一种对父母之为父母的认可与接受。而父母之为父母，也离不开这种敬。若没有子女的敬，或者说，如果子女不把父母当作父母来对待，他们就失去父母的"尊严"，从而也就不成其为父母。如果从这一视角来解读恻隐的话，那么恻隐现象中已经包含了一种对"他人之为他人"的回应。看到孺子入井所引发的恻隐并不直接包含对"他人之为他人"的关切，里面含有的更多是对生命遭受摧折的不忍（由我们对觳觫之牛也会心生恻隐可以看出这一点）。但是，这里面也暗中提示了仁心所具有的成己、成物的维度。当然，这里的关切依然有别于舍勒所说的"对人格的关切"，不得不承认，儒家的仁爱与基督教背景下的人格之爱存在着很大区别。

朱子把恻隐这种人心的最初萌动解读为"随感而应"。① 笔者试图把恻隐或不忍人之心背后的发生机制描述为感通，希望以此凸显它是一种先行开辟通道、建立关联的行为。下面我们将参考舍勒有关爱的本质结构的分析，展示感通如何能够具有源发性和价值构成性这两个基本特征。

首先，作为仁爱之本的感通和爱一样有别于具体的感受体验。② 宋儒常用手足痿痹说明不仁，如果感通对应于仁态，由此就可以看出感通和感觉不是一个层面的东西。在我们手足不痿痹的时候，我们拥有各种感觉，随着我们接触事物的不同，这些感觉时刻在变化，但这种能够感觉的可能性本身（或者说感通状态）却是相对恒定的。因此，感通可以说是感觉得以可能的"通道"。③

其次，感通和爱一样超出人己对立，乃至超出人物之分。舍勒指出，

---

① 参见朱熹：《四书章句集注》，中华书局 1983 年版，第 239 页。

② 关于感通与情感体验的关系，参见蔡祥元：《感通本体引论——兼与李泽厚、陈来等先生商榷》，载《文史哲》2018 年第 5 期，第 126-138 页。

③ 参见蔡祥元：《感通本体引论——兼与李泽厚、陈来等先生商榷》，载《文史哲》2018 年第 5 期，第 137 页。

爱是一种对更高价值的趋向，而爱的对象不必限于他人或自己，甚至不必限于人或物，只要它有"价值"。① 感通也是如此。感通首先是人与人之间的感通，但它并不局限在人与人之间。"人之为仁"在儒家传统中首先恰恰是"为己"之学，当然，这里"为"的不是"私己"，而是打开、突破"私己"的自我封闭性，从而能够向他人、他物保持敞开。这种意义上的"为己之学"，与舍勒所说的"自爱"是相通的，都是要提升个人的本己人格。"己欲立而立人，己欲达而达人"（《论语·雍也》），这里的"立"和"达"指向的都是人的"本己之我"（可理解为广义的"人格"）。张祥龙教授在探究舍勒与儒家思想的关系时也指出，双方在破除"个体主义的主体至上论的人格观"方面是一致的，即都赞成"'己'与'他'在人格生成维度中的同源等观论"②。同舍勒所论的爱一样，感通也不必局限于人，它可以通达任何有价值的东西。儒家传统，尤其是孔子，特别强调通过艺的兴发来帮助我们实现"爱"（仁或感通）的能力。人之为仁，在孔子这里需要经过"兴于诗，立于礼，成于乐"（《论语·泰伯》）的过程才能达到。

再次，同舍勒所论的爱一样，感通趋向的也不是现成存在或预先存在的价值，它们所趋向的价值都是在此趋向的行为中被构成的。比如，对于艺术作品，只有你跟它发生感通了，你对它的"价值"才有直观的感受。如果没有这种感通，那么所谓的价值都是外在的。一件艺术作品在贩卖文物的人眼中只有外在价值，在懂得欣赏的人眼中才有内在价值。人与人之间也是如此，能够与你发生感通的人，你才能感受到他的价值，否则，他对你而言只是社会诸多个体中的"一员"。"仁"在孔子那里并不是现成的价值标准，不是先有一个"仁"，然后我们才去"好"它，而是"仁"就直接体现在"好仁"之中。"子曰：我未见好仁者、恶不仁者。好仁者，无以尚之；恶不仁者，其为仁矣，不使不仁者加乎其身。"（《论语·里仁》）这一思路在《大学》中又得到进一步的发挥，

---

① Cf. Max Scheler, *Wesen und Formen der Sympathie*, S. 153.
② 张祥龙：《舍勒伦理学与儒家的关系——价值感受、爱的秩序和共同体》，载《世界哲学》2018 年第 3 期，第 78 页。

好仁就和"好好色、恶恶臭"一样时才是真的好。孟子讲的性善、义内也是如此。只有在人伦日用之间"存其心，尽其能"，性之为善才得以显露，我们才能知道性之本善。"孔子曰：'操则存，舍则亡。出入无时，莫知其乡。'惟心之谓与!"（《孟子·告子上》）这里的"操存"说的就是尽心的工夫。《中庸》对此构成性特征亦有接续和发挥。中庸之道，作为儒家传统最高的道，并不以任何现成教义的方式存在，只用一个"诚"字来给出指引。诚作为最高的德性恰是姿态性的，这意味着诚之为德，只能在"诚"的行为中被构成、被给出。

三 对恻隐本质的相关解读及其问题

黄玉顺、耿宁、陈立胜等学者都注意到了同情与恻隐的区别，他们从各自角度出发对恻隐之根基作了新的阐释。通过对比他们的解读，可以更好地看出感通视角的独特性。

1. 黄玉顺的本源情感

黄玉顺在《论"恻隐"与"同情"》一文中也着眼于舍勒的区分，表明恻隐并非同情，继而从其生活儒学的立场出发对恻隐现象作了阐发。但是，他在论证两者的差别时，对舍勒的思想存在一些误解，这使他不足以正面回应舍勒的区分对儒家思想可能存在的挑战。他给出了三点主要的理由，这里我们可以把它们简要概括为两个方面。一方面，舍勒的同情依赖对他人感受的认知，而恻隐先于认知。另一方面，舍勒所论述的同情感的发生依赖于对所认知的感受的"再体验"，而这种体验是一种低级的、生命机体层面的"情绪"反应，由此黄玉顺认为，同情感在舍勒那里也是一种身体生命的感受，它对价值是盲目的，[①] 而孔孟儒学的同情感乃是价值观念的源泉。

先来考察第一个方面。舍勒确实表明，你只有首先能够知道对方的

---

① 参见黄玉顺：《论"恻隐"与"同情"——儒学与情感现象学比较研究》，赖区平、陈立胜编：《恻隐之心——多维视野中的儒家古典观念研究》，巴蜀书社 2018 年版，第 163 页。

感受是痛苦还是快乐，才能随后抱之以同悲或同喜的情感。① 但是，在恻隐的情境中，我们是否也需要首先识别出那是一个危险的情境，而后才会产生恻隐呢？这里是否也包含了一种较为原本的"认知"？为什么我们看到孩子跳蹦蹦床时不会产生恻隐，而对他入井会产生恻隐呢？

再来考察第二个方面。相比对他人感受的感知，对他人感受的再体验（即设身处地去想象对方的感受）确实能够更好地引起同情。但舍勒指出，这种对他人感受的再体验也只是可以而不是一定会引发同情，因此本质上也有别于同情。当舍勒说同情是一种反应性行为的时候，他要表明的正是同情乃是我们对他人感受的反应。这种对他人感受的反应，是一种情感性意向，它才是同情的本质性结构。"我的同悲和他的悲伤从现象学上看是两个不同的事实……"② 在笔者看来，黄玉顺之所以未能注意到这一点，很可能是因为他把情绪传染混同于同情了。本文已经指出，同情并不是低级的"情绪"传染，因此黄玉顺的这个指责也就不构成对舍勒的批评。

事实上，蒙培元已经注意到了恻隐与通常的情绪体验的区别，他把恻隐之心称为道德情感，以区别于通常的感性情感。③ 他还进一步把这种道德情感的现象称为情感意向，以区别于认知性的观念意向。④ 蒙培元的这个区分颇有现象学见地，暗合了舍勒的一些论述。根据蒙培元的观点，恻隐之心是道德情感，具体的仁爱观念依赖于这种道德情感，而一般的身体性或情绪性感受，则不具备道德因素。但是，蒙培元并未进一步追问这种情感性意向是爱还是同情。

黄玉顺随后提出的"本源情感"在这方面比蒙培元推进了一步。他认为，恻隐之爱是本源情感，它先于道德情感与单纯身体感受或情绪的区别。在他看来，上述道德情感的说法会导致预设道德性主体，使得这

---

① 舍勒说："我们已经注意到，任何一种同乐或者同悲都是以对于外来体验以及对于这些体验的本性和品格之某种形式的认知为前提的……"（Mas Scheler, *Wesen und formen der Sympathie*, S. 19, 第 5 页。）
② Cf. Max Scheler, *Wesen und formen der Sympathie*, S. 24, 第 13 页。
③ 参见蒙培元：《心灵超越与境界》，人民出版社 1998 年版，第 21 页。
④ 同上，第 15 页。

种情感还不够原本。① 这种进一步追溯道德情感根源的做法，也颇有现象学意味，事实上，这也是舍勒的情感现象学试图完成的工作。但是，黄玉顺对情感本源性、奠基性地位的展示过于简略。在笔者看来，他主要是设定了一种本源情感的存在，表明它不归属于或先于任何意义的主体，也不归属于任何层面的对象或客体，同时它构成一切思想观念包括主客体区分的根源；但是对于这种构成如何展开，他缺少细致的、明见性的论述。这种不作任何规定的"本源情感"很容易滑向一种纯粹的经验主义，这里只是简要地指出它需要面对的问题，细节不再展开。按照这个思路，人类其他情感（七情六欲）都可以是源发的，那么"本源情感"如何从自己的立场出发将恻隐与其他的感性情感作出本质的区分？可以说，黄玉顺虽然赋予了恻隐以本源性的地位，但他并没有因此而打开恻隐现象背后可能隐含着的本源性结构。

黄玉顺在论述恻隐与同情的区别时提到了一个重要的观察：在恻隐的情境中，我们无须知道孺子自身的感受。② 这与舍勒所论述的同情现象确实存在着区别。对于这个区别，耿宁在胡塞尔的基础上作了专题性阐发。

2. 耿宁的处境型同情

耿宁从胡塞尔有关同情的现象学分析入手，表明恻隐之心本质上有别于通常意义上的同情。③ 他注意到胡塞尔区分了两种类型的同情：第一种和舍勒有关同情感的分析思路基本一致，即同情是一种对他人感受的情感性意向；另一种同情不针对他人的感受，而是针对他人的处境，有时我们也会直接怜悯他人的悲惨遭遇，而不需或无须顾及他的感受。耿宁认为，后一种同情不同于前者，前者的对象是他者的痛苦感受，后

---

① 参见黄玉顺：《论"恻隐"与"同情"——儒学与情感现象学比较研究》，陈立胜译，赖区平、陈立胜编：《恻隐之心——多维视野中的儒家古典观念研究》，巴蜀书社 2018 年版，第 164 页。

② 同上，第 166 页。

③ 参见［瑞士］耿宁：《孟子、斯密与胡塞尔论同情与良知》，陈立胜译，赖区平、陈立胜编：《恻隐之心——多维视野中的儒家古典观念研究》，巴蜀书社 2018 年版，第 197－228 页。

者是他者的不幸处境。两者具有不同的现象学结构：为他者的痛苦而痛苦是反思性的，它需要通过反思、再现他人的痛苦而后再对此痛苦作出相应的回应；为对方痛苦处境而同情则不同，它无须反思、再现对方的感受，就直接地为对方的可能遭遇作出情感性回应。后者在现象学上更为原初、更为直接。① 我们姑且把前者称为感受型同情，后者称为处境型同情。

在耿宁看来，处境型同情更契合恻隐现象的本质。儿童在其入井之际的感受在孟子的例子中是无关紧要的，他在入井之际也可能并无痛苦感受，我们完全为这个儿童遭遇的危险处境本身而揪心。耿宁据此进一步指出，处境型同情包含了一种原本"为他"的行为意向。② 在耿宁看来，这种意义上的同情可以构成"德性之萌芽"，而这也正是孟子思想的立足点——恻隐乃仁之端。③

耿宁对两种同情结构的区分很有现象学见地。处境型同情可以作为对舍勒同情现象分析的一个补充。舍勒的同情主要是感受型同情，即一种对他人感受的情感性意向，他并没有特别考虑后一种情况。

但是，处境型同情的价值源发性地位在耿宁这里并未得到明确的肯定。他虽然赋予处境型同情以德性开端的角色，但是他明确指出，此种开端还不是德性。此开端要成为德性，还需要通过那种当下化的移情，也即再现他者的体验，来完成从同情到德性的转变。④ 这种做法一定程度上限制了处境型同情与价值的内在关系。此外，对于处境型同情何以可能的问题，耿宁的阐发还不够彻底。在区分出两种不同的同情之后，他没有进一步追问这种意向地指向他人处境的情感是如何可能的。他随

---

① 参见［瑞士］耿宁：《孟子、斯密与胡塞尔论同情与良知》，陈立胜译，赖区平、陈立胜编：《恻隐之心——多维视野中的儒家古典观念研究》，巴蜀书社 2018 年版，第 206 页。
② 同上，第 207 页。
③ 同上，第 211 页。
④ 同上，第 212 页。

后通过批评亚当·斯密,① 进一步表明感受型同情虽然不构成道德的根源,但有助于培育德性;他继而转向王阳明,表明后一种同情（即处境型同情）是一种道德上的原初意识亦即良知。② 在笔者看来,这里已经涉及两个不同层面的问题。前者关涉的是一种纯然为他人遭遇而动心的可能性,后者关注的是主体如何知道这一行为本身是善是恶。虽然这种"知道"可以是一种前反思的原初意识,但它毕竟不能等同于动心本身。

3. 陈立胜的情调说

陈立胜注意到了当代学者从西学视野出发对恻隐之心的解释,并特别指出耿宁的剖析尤为精细。但他认为,这些解读并不能完全彰显孟子文本在儒学传统中的深意。为此,他回到儒家的思想传统,借助朱子的文本,对恻隐之心背后的思想立场重新作了阐发。③

在陈立胜看来,现象学家与当代心理学家对情感问题的分析都是构造性的,背后是一种个体主义的自我观,也正因此,才会出现自我为何以及如何会对他人的痛苦有感应的问题,而这个问题本身就已经偏离了儒家传统。④ 陈立胜指出,传统儒者不会提出乃至追问这样的问题,因为他们持有一种"天人一贯"的思想框架,在这个框架中,人我、物我不存在绝然的界限。恻隐现象彰显的正是此种"天地万物一气贯通的生命真相"。他分两步来揭示恻隐背后的思想框架:首先,在儒学传统中,

---

① 亚当·斯密在《道德情操论》一书中通过引入道德的自我赞同与自我责难来说明同情对于道德的奠基性地位。耿宁认为亚当·斯密的论证是不成立的。参见［瑞士］耿宁:《孟子、斯密与胡塞尔论同情与良知》,陈立胜译,赖区平、陈立胜编:《恻隐之心——多维视野中的儒家古典观念研究》,巴蜀书社 2018 年版,第 223 页。

② 耿宁说:"我不想在此解决这些问题。但是我愿意援引一位隶属于孟子传统的中国哲人——王阳明（1472—1529）为例。他所面对的问题是,我如何能够在我们自己的善良的天性与坏的、自我中心倾向之间进行区别。他的回答是,在他所称的'独知'（这种知识独立于假人之手而获得的见闻）这一原初意识之中,一个人会当下不同程度地明察到自己意向的伦理之善或恶。"（［瑞士］耿宁:《孟子、斯密与胡塞尔论同情与良知》,陈立胜译,赖区平、陈立胜编:《恻隐之心——多维视野中的儒家古典观念研究》,巴蜀书社 2018 年版,第 226 页。）

③ 参见陈立胜:《恻隐之心:"同感""同情"与"在世基调"——对朱子四端论的一种拓展性研究》,赖区平、陈立胜编《恻隐之心——多维视野中的儒家古典观念研究》,巴蜀书社 2018 年版,第 229-230 页。

④ 同上,第 239 页。

恻隐之心和其他三心有着内在关联；其次，此种奠基性的恻隐之心还进一步关涉存在论与宇宙论问题。海外学者（这里应该主要指耿宁）所忽略的正是这几个维度。①

陈立胜的相关论述都是依托朱子展开的。朱子在很多地方都指出，恻隐除了和其他三心并说以外，还有一个独立的地位：只有恻隐先行运作（"先动"），是非、辞逊、羞恶之心的运作才是可能的。② 这表明，恻隐之心在孟子进而在整个儒学思想传统中具有一个奠基性的地位。为什么恻隐之心相比其他三心能够具有此种奠基性地位呢？陈立胜再次借助朱子的阐述指出，恻隐之心背后关涉的正是具有宇宙论、存在论意味的"生意""生气"，也就是天地生物之心或天地之心。作为人心的内在根基，此天地之心不只是在恻隐中显露，同样也贯穿其他三心。③ 以上这些对朱子思路的梳理，彰显了恻隐之心在宋明理学中的阐释脉络。

在此基础上，陈立胜又从现象学的视角出发，对这种思想作了他个人的阐发，希望以此表明，中国古代天人相通的思想立场既非神话式的玄学，也非抽象的概念体系，而是出自儒者切身的生命体验。他借用海德格尔的话语把这一生存体验称为人生在世的"情调（Stimmung）"。④ 海德格尔在《存在与时间》中用"情调"来刻画此在之在世的现身情态，这是一种前反思的生存感受，彰显的是人与世界（即天地万物）共为一体的生存状态。此生存体验与儒者浑然在世的终极追求之间确有相通之处。在指出双方的关联之后，陈立胜还特别强调，双方的在世之情调有着不同的"基调"：海德格尔揭示出的生存基调是"畏"，儒者的基

---

① 参见陈立胜：《恻隐之心："同感""同情"与"在世基调"——对朱子四端论的一种拓展性研究》，赖区平、陈立胜编：《恻隐之心——多维视野中的儒家古典观念研究》，巴蜀书社2018年版，第239-240页。

② 比如，"是非、辞逊、羞恶，虽是与恻隐并说，但此三者皆自恻隐中发出来。因有那恻隐后，方有此三者。恻隐比三者又较大得些子"（《朱子语类》卷53，朱杰人、严佐之、刘永翔编：《朱子全书》第14册，上海古籍出版社2002年版，第1758页）。

③ 参见陈立胜：《恻隐之心："同感""同情"与"在世基调"——对朱子四端论的一种拓展性研究》，赖区平、陈立胜编：《恻隐之心——多维视野中的儒家古典观念研究》，巴蜀书社2018年版，第248-249页。

④ 同上，第249页。

调则是生生不息的"生意"。①

陈立胜的阐发在某种意义上可被视作对耿宁的推进。耿宁揭示出恻隐是一种处境型同情，但他未能进一步追问，这样一种源发地为他人的处境而动心的现象是如何可能的。陈立胜的情调说恰好表明，人总是已经与他人乃至万物共同处于同一"情调"或生存论境遇之中，因此人我、物我彼此息息相关，共为一体，触"彼"自然能动"此"。

四　从情调到感通

陈立胜有关在世情调的描述中有许多地方已经论及感通，比如，"也只有在被宇宙的生机与活趣深深触动的此在这里，只有在人我感通、物我合感的情调的定调下"②，等等。与感通相关的语词还有"交感""共感"等。尽管如此，笔者尝试提出的感通视角与陈立胜的情调说相比，仍有不少关键的区别。

陈立胜指出西学视野中的同情观不适用于解释恻隐现象，理由是，它的出发点是成问题的，它预设了个体主义的自我观，预设人我的区别，如此才会出现"我为何（以及如何）对他人的痛苦会有感应"等问题；而在传统儒者那里，人我、人物并不是相互对立的，它们一气贯通，共为一体，也就不会出现该问题。③ 从恻隐之心的传统诠释脉络来看，这一解释并无问题。但是，从现代哲学的视域来看，停留在中国哲学已经具有万物一体的预设，借此来回答不存在物我、人我如何能共为一体的问题，是不够充分的。感通的视角则不同，它可正面回答此问题，即回答"我"为何会对他人乃至他物的遭遇作出源发的回应。陈立胜在梳理出朱子的诠释脉络之后，也曾对此种万物一体的思想框架发问：

> 朱子将恻隐之心置于宇宙论、存在论的宏观图景之中加以描述，将恻隐之心与元亨利贞、春夏秋冬、金木水火土，这些关乎传统宇

---

① 参见陈立胜：《恻隐之心："同感""同情"与"在世基调"——对朱子四端论的一种拓展性研究》，赖区平、陈立胜编：《恻隐之心——多维视野中的儒家古典观念研究》，巴蜀书社2018年版，第253页。

② 同上，第252页。

③ 同上，第239页。

宙观的基本理解统贯互摄，交织纷呈，究竟作何理解？①

如前所述，他最后诉诸海德格尔的在世情调来重新诠释儒学的这一终极关切。但是，"情调"在他那里指的正是此万物一体的生存论、存在论状态，是对万物一体之共在、共感、共属状态的"再现"，而不是对这一"统贯互摄"的做法本身的追问。

与此不同，感通的视角要对此天人一贯的主张进行发问。在笔者看来，这一对人与万物的"统贯互摄"并不像它看起来的那样容易理解。我们知道，人的"四心"关乎伦理道德，春夏秋冬描述的是时间的循环变化，金木水火则可被视作某种空间属性的差异性结构，它们之间存在质的差异，如何能归属于"一体"呢？朱子在《仁说》中明确提及，"天地以生物为心者也，而人物之生，又各得夫天地之心为心者也"。但是，朱子并未明确提示这里的人心、天心之间其实存在着一道"裂缝"：天地生物乃是一种宇宙论关切（姑且假设存在着"天地生物之心"），它用来说明万物生成的根据；人心之仁，则是用来说明人的情感体验的生成。《中庸》乃至整个儒学传统中的已发、未发都是就情而言的。虽然物的生成和情的生成中都有"生"，但它们是同一种"生"吗？当然，我们也可以退一步说，在中国古代哲学中不存在宇宙论、存在论乃至情感论的区分，它们是浑然一体的。但是，这种做法容易沦为黑格尔所嘲讽的"黑夜里的黑牛"。这个问题其实是一个很大的问题，在已有的思想框架中无法解决，需要对这个框架本身进行拆解与重构。这便是感通视角的着眼点，它将对人心、天心的错位关系作出回应。限于篇幅，这里不再展开讨论，姑且先把它作为"事实"接受下来。

即便如此，感通视角还可能面临着来自舍勒的另一个指责。舍勒在区分同情与爱的时候论及了它与一体感的区别，还特别考察分析了宇宙一体感现象。正如张任之在《舍勒与宋明儒者论一体感》一文中所指出

① 陈立胜：《恻隐之心："同感""同情"与"在世基调"——对朱子四端论的一种拓展性研究》，赖区平、陈立胜编：《恻隐之心——多维视野中的儒家古典观念研究》，巴蜀书社2018年版，第249页。

的，儒家的万物一体观完全可以归类到宇宙一体感之中。① 但是，在舍勒这里，一体感并不是爱，那么，由此而来的一个问题就是：作为仁爱之根的感通，它是舍勒意义上的一体感吗？如果不是，它又是什么？关于这个问题，笔者将另撰文讨论。

综上所述，孟子用来彰显人心之"仁"的恻隐不是情感主义传统中的同情。情感主义传统中的同情是反思型的，以对他人感受状态的把握为前提；而恻隐彰显的则是人与人以及人与万物之间具有一种前反思的生存论、存在论关联。感通视角正是对此生存论关联何以可能的进一步追问。相关讨论表明，恻隐现象的本质是感通，可以说，感通乃是人心之"仁"的内在本质或发生机制。

（《哲学动态》2020 年第 4 期）

［作者单位：中山大学哲学系（珠海校区）］

---

① 参见张任之：《舍勒与宋明儒者论一体感——项现象学的与比较宗教学的探究》，载《世界宗教研究》2017 年第 4 期，第 23 页。

恻隐之心、万物皆备于我与感同身受

——论孟子是否谈论过感同身受

孔文清

【摘要】在对儒家学说中是否存在道德情感主义理论中的核心概念——感同身受的讨论中，国内学者和斯洛特都将目光投向了孟子。国内学者认为孟子的恻隐之心是在讨论感同身受，而斯洛特则认为孟子的"万物皆备于我"才是感同身受。这两种观点实际上都存在问题。恻隐之心、万物皆备于我更多的是推己及人，孟子没有谈论过感同身受。斯洛特的道德情感主义和儒家思想的相似更多的是在精神气质上的相似，而非具体观点、概念上的相似。

道德情感主义与中国哲学的惺惺相惜已经是公开的秘密了。斯洛特在很多场合都表达了自己对中国哲学，尤其是儒家哲学的倾慕。而道德情感主义也在中国产生了较大的影响。接触道德情感主义的中国学者大多会对道德情感主义心生亲切之感，觉得斯洛特的理论与中国传统文化有着非常多的相似之处。如果说西方理性主义在中国传播的结果是使很多人对中国哲学是不是哲学心生疑虑，那么道德情感主义就是中国哲学久未觅到的知音。

在道德情感主义与中国哲学的两情相悦中，中国哲学，尤其是儒家学说中是否存在斯洛特的核心概念感同身受（Empathy）① 成了一个引人关注的话题。国内学者和斯洛特不约而同地将目光投向了孟子，都认为

---

① Empathy 的中译很多，常见的有"移情""同理心"等。我将斯洛特的 empathy 翻译成感同身受。文中涉及对这一概念的其他理解时，为以示区别，直接使用 empathy。

孟子曾经谈论过感同身受。但有意思的是，到底孟子在什么地方说过感同身受？国内学者和斯洛特的观点却并不一样。那么，国内学者的观点和斯洛特的观点谁对谁错？又或者双方都不对呢？对这一问题进行一番分析，既可以明辨儒家思想与道德情感主义的基本主张，又可以消除中西哲学交流中的一些误解。

一　国内学者的观点：恻隐之心

关于中国哲学中哪位哲学家有与感同身受相同或相似的概念，人们的观点并不统一。陈真认为中国哲学中许多人的观点与感同身受相近。"他的移情①概念非常类似或接近孔子的'仁之方'、孟子的'恻隐之心'、张载的'天地之性'、程朱的'天命之性'、陆九渊的'本心'、王阳明的'良知'等，这些中国哲学家无不将心灵的美德和体现伦理秩序的'理'归因于这种心理情感。"② 申绪璐对于这个问题的看法比较复杂。"斯洛特立足于情感主义美德伦理，认为道德的行为及其判断均可基于'移情'概念，先秦儒家的孔孟以及宋明的二程和王阳明亦均有类似论述。尤其为斯洛特所重视的，就是传统儒家有关'万物一体'的思想。"③ 初看起来，他和陈真一样，认为中国哲学中有许多人都讲过感同身受。申绪璐提到了斯洛特认为万物一体就是感同身受。但是在他的文章中，申绪璐又说："斯洛特自己亦指出，其所强调的'移情'，与《孟子·公孙丑上》所说的人'乍见孺子将入于井，皆有怵惕恻隐之心'是一致的。这样的'恻隐之心'不只针对他人，对于其他生物的痛苦亦会同样产生。例如《孟子·梁惠王上》所载齐宣王不忍牛之觳觫，乃至周敦颐不除窗前草这样一种万物一体的精神，都可以看作'移情'的表现，亦是道德行为的一个重要基础。"④

上述两位论者的说法虽然不尽一致，但有一点是共同的，即都认为

---

① 此处及以下一些学者所说的移情即感同身受，是他们对 empathy 的一种翻译。
② 陈真：《论斯洛特的道德情感主义》，载《哲学研究》2013 年第 6 期。
③ 申绪璐：《论二程"感而遂通"的思想——兼论斯洛特的"移情"概念》，载《现代哲学》2013 年第 6 期。
④ 同上。

孟子的恻隐之心就是斯洛特所说的感同身受。还有一些学者也持同样的观点。如邵显侠认为"'恻隐之心'实质上是一种移情心,'恻隐之情'实质上是一种移情"①,并得出了如下的结论:"孟子早在两千多年前便已发现了道德与情感的本质联系,并系统提出了他的道德情感主义理论。他的思想比西方 18 世纪以休谟为代表的道德情感主义早了两千年。"②方德志甚至认为,斯洛特的道德情感主义是在中国哲学的启发下才构建出来的。"斯洛特构建情感主义德性伦理学也受到了中国儒家伦理思想在海外传播的影响。例如,其基于'移情'机制的'关怀'德性伦理学体系与基于'恻隐'机制的儒家'仁爱'伦理思想体系就有很多相通之处。"③而有论者则是肯定恻隐之心和霍夫曼的移情忧伤并无二致。这一观点实际上是将恻隐之心与斯洛特的感同身受等同起来了。因为斯洛特的感同身受深受霍夫曼的心理学的影响。"霍夫曼理论的核心概念是'移情忧伤'。他认为,当主体观察处于忧伤情景中的当事人时,由于自居作用,自己也感同身受,体验到和当事人相同的忧伤。他把这种忧伤命名为'移情忧伤'。不难看出,'移情忧伤'和'恻隐之心'这两个概念的内涵竟然几乎完全一样,二者所指近乎相同。"④

　　认为中国哲学中有许多学者讲到了感同身受这一观点并非陈真、申绪璐等人的创见。实际上斯洛特本人即持这种观点。但这些论者的观点又各有其问题。陈真将感同身受看作一种情感,这是一个明显的误读。感同身受是一种心理机制,它传递的主要是情感、感受,但它自身并非是一种情感。有些被申绪璐认为是斯洛特自己的观点似乎与斯洛特本人的说法相悖。斯洛特追溯儒家思想中是否有与自己的主张相近的观点时,一般只追溯到孟子。在他看来,虽然孔子也强调情感的作用,但孔子似乎并没有很多与自己的思想相近之处。至于斯洛特认为恻隐之心是感同

① 邵显侠:《论孟子的道德情感主义》,载《中国哲学史》2012 年第 4 期。
② 同上。
③ 方德志:《走向情感主义:迈克尔·斯洛特德性伦理思想述评》,载《道德与文明》2012 年第 6 期。
④ 郝宏伟:《从霍夫曼的移情理论看儒家的"恻隐之心"》,载《长春教育学院学报》2012 年第 8 期。

身受的观点，申绪璐没有给出斯洛特的这个观点出自哪里。在后文中我们将会看到，斯洛特实际上是不赞成这种看法的。方德志认为斯洛特是受了儒家思想的影响才构建了自己理论的看法，实在是找不到什么依据。斯洛特是在休谟等人的传统上构建了自己的理论体系，然后才发现中国哲学与自己的思想有着很多的相似之处。

从上述所引观点来看，在中国的斯洛特研究者看来，大家比较一致的观点是认为孟子的恻隐之心就是斯洛特所说的感同身受。孟子的恻隐之心出自《孟子·公孙丑上》："所以谓人皆有不忍人之心者。今人乍见孺子将入于井，皆有怵惕恻隐之心，非所以内交于孺子之父母也，非所以要誉于乡党朋友也，非恶其声而然也。"孟子的这段描述乍看起来确实与斯洛特的感同身受比较相似。其一，恻隐之心和感同身受都是旁观者看到别人遭受不幸时内心产生了某种情感。其二，旁观者内心产生的这种情感是人们道德行动的内在动因。那么，我们是否可以基于这两点相似就得出恻隐之心就是感同身受的结论呢？要回答这一问题，必须根据斯洛特对感同身受的界定，将恻隐之心与斯洛特的感同身受加以比较才能得出结论。如果恻隐之心与斯洛特感同身受的含义一致，我们才可以说孟子所说的恻隐之心就是斯洛特的感同身受。

二 恻隐之心与感同身受

感同身受的含义，斯洛特常常用克林顿的一句话来描述。1992 年 3 月，在一次竞选活动中，艾滋病组织成员 Bob Rafsky 指责克林顿忽视艾滋病人。克林顿在与 Rafsky 的对话中说道："我感受到了你的痛苦。"[1]克林顿这句话的意思很清楚，艾滋病人所感受到的痛苦，他也感受到了。由此，我们可以看到感同身受这一概念的三个核心要点。其一，感同身受是情感、感受等的传递。我们所感受到的是其他人的情感、感受。其二，别人的感受以一种休谟所说的类似于"传染"的方式被我们感同身受。在这一刻，我们感受着他人正在感受的，我们与他人合二为一。

---

[1] 参见 https://en. wikiquote. org/wiki/Bill clinton.

"Empathy 是指他人的情感或感觉被反射到我们内心，我们接受到传播过来的他人的情感和感觉，感受到与他人的感受类似的东西。"① 其三，感同身受的心理传递机制具有明显的方向性，是将他人的情感、感受等传递给我们，是由人及己的。

不难看出，孺子入井的故事并不符合感同身受的核心要义。因为，在孺子将入于井的故事中我们并没有看到由于旁观者感受到孺子的悲伤痛苦之情而心生伤痛之情。在这段描述中我们并没有看到对孺子感受的描述，但合乎情理的推测是，孺子并没有发现即将落入井中的危险，或者并不知道落入井中是危险的，并感到害怕、痛苦。相反，在这一情境中的情况极有可能恰好相反，无知的孩子根本不知道危险将近，只是在快乐的玩耍中靠近了井。旁观者的怵惕恻隐之心并不是感受到了孺子的感受而产生的，而是在判断出了孩子所面临的危险而在自己的内心中产生了伤痛之情。这一推测无疑要比孩子已经感受到了危险并发出痛苦的哭喊声感染了旁观者要更合理。

这一推测可能遭到的反驳是，"非恶其声而然也"不正好说明小孩子实际发出了痛苦的哭声吗？杨伯峻对"其声"的解释正是把它理解为小孩子的哭声。对于这一理解，首先我们可以说，小孩子的哭声更大的可能是在其入井之后的，而不是将入井之时的。"其声"是对掉入井中的小孩儿必将会痛哭、呼喊的合理推测。其次，即便孺子在将入井时就已经发出了哭喊之声，但"非恶其声而然"实际上已经明确排除了旁观者的怵惕恻隐之心是由孩子的哭喊之声而引发的。

如果这一分析是合理的，那么我们在这个故事中所看到的恻隐之心就并不符合感同身受的含义。因为我们没有看到孺子和旁观者都产生了伤痛之情，也就更无法说二者之间存在着情感的传递。旁观者的伤痛之心是对孺子将入井这一情形的情感反应。把这一反应称之为同情（sympathy）更为合适。斯洛特实际上也认为旁观者的怵惕恻隐之心不过是一种同情心而已。

---

① Michael Slote, *Essays on The History of Ethics*, Oxford University Press, 2010, p. 64.

有意思的是，斯洛特虽然不赞成孺子将入井这段文字描述的是感同身受，但他自己却曾经将与这一描述非常相似的例子作为感同身受的案例。"例如，一个患了晚期癌症、看起来或者真的对自己的情况一无所知的人，虽然他自己自得其乐，但我们在看到他时，在某种意义上，会体会到一种严重的感同身受的忧伤。"① 这个案例中，我们看到他人时内心所产生的忧伤之情，和孺子将入井的例子一样，也不是由对象传染给我们的，而是我们对某种情形的认识所产生的。斯洛特甚至进而说："随着我们更能意识到未来的或假想的结果，我们学会不仅对人们实际上的感受，而且对他们将感受到的或他们应该感受到的有所感同身受。"② 如果斯洛特真这么认为的话，那么，孺子将入井的例子又可以说是一种感同身受。

但癌症患者案例这一形式的 empathy 符合克林顿所说的"我感受到了你的痛苦"这种情形吗？毫无疑问，是不符合的。这一情况的不同随之带来几个道德情感主义需要回答的问题。

首先，这一形式的 empathy 无法划清与基于理性认识而产生情感的界限。人们大可将癌症患者案例理解为我们运用自己的认知能力对某种情境的解读、判断，然后在这一判断的基础上产生某种情感。而这一情形也是普遍存在的。道德情感主义需要回答这一形式的 empathy 与理性主义有什么根本区别，以致可以把它纳入感同身受的范围而不是滑向理性主义。

其次，一旦缺少了休谟所说的情感的"传染"，随之而来的一个问题是 empathy 与同情（sympathy）无法区分。如果有人争辩说，这一形式 empathy 中的观察者不过是对患者心生同情，对此恐怕是很难反驳的。在对 empathy 这一核心概念的阐释中，斯洛特非常强调 empathy 与 sympathy 的区别。"感同身受是他人的感受（不由自主地）在我们心中出现，就像我们看到其他人处于痛苦之中。好像他们的痛苦侵入了我们，这种联系，休谟称之为一个人的感觉与其他人的感觉之间的传染。然而，我们

---

① Michael Slote, *Moral Sentimentalism*, Oxford University Press, 2010, p. 17.
② 同上，p. 17-18.

也能仅仅为那些处于痛苦之中的人感到遗憾、感觉难过，希望他们能好起来，这是我们所说的同情的意思。Stephen Darwall 另外给了我们一个二者之间区别的很好说明，他指出，一个人可以同情其他人的沮丧而不必（通过感同身受）自己也沮丧。"① 感同身受区别于同情的根本之处是，感同身受包含有观察者心中产生与观察对象相似的情感的含义，而一旦不存在这种合一，就是我们通常所说的同情了。斯洛特强调感同身受是一种"合一"，即观察者内心产生了与观察对象相同或相似的情感、感受，在那一时刻，他在感受着他人的感受，二人合二为一了。一旦情感、感受只是产生于观察者内心，合一也就不存在了。而癌症患者案例中正是缺乏这种合一。对此，也许有人会反驳说，对他人的情境的观察也可以是一种"合一"，在观察他人所处情境的时候，我与他的情境合二为一。问题是，如果这也是一种合一，那么任何的认识过程、理性的思考过程都可以被称为与思考对象的合一了。这显然与斯洛特所说的"合一"完全没关系了。

最后，将这一形式的 empathy 纳入感同身受会导致理性的控制、支配。癌症患者案例中我们看到的是这样一个推断，即患者之所以没有伤心是因为他不知道这一情况，一旦他知道了实情，他必将会感到伤心。这一结论是建立在常识的基础上的。即人们知道自己得了癌症一般都会伤心。但是，基于常理的推断也有可能甚至往往是不成立的。我们不难想象这个癌症患者由于某些特殊的原因，在知道自己得了癌症以后并不感到伤心。他可能会无动于衷，甚至会觉得是一种解脱。这样一来，这一形式的 empathy 实际上是将自己的想法强加于人的可能性就大为增强了。这会带来家长作风的问题。黄勇教授非常清楚地指出了这一点。"然而，如果我们允许自己对实际上没有、但我们认为他们会有、能够有且应该有的负面情感的人抱有感同身受的关心，并试图帮助他们消除引发

---

① Michael Slote, *The Ethics of Care and Empathy*, Routledge, 2007, p. 15–16.

这些负面情感的原因，那么，我们似乎有落入家长作风的危险。"① 一旦陷入了这种危险，斯洛特也就无法与他自己近些年极力反对的西方哲学中理性的支配、控制划清界限了。

需要特别指出的是，家长作风的危险不会来自休谟所说的情感传递、克林顿所说的"我感受到了你的痛苦"这类形式的感同身受。如果要捍卫感同身受这一概念的纯粹性和合理性，斯洛特应该将癌症患者案例这一类型的感同身受剔除出去，而仅仅将感同身受限定在情感传递意义上。

如果我们要去探寻斯洛特在拓展了的意义上使用感同身受这一概念的原因的话，我们不难发现，这是斯洛特受霍夫曼影响的结果。斯洛特的感同身受概念深受霍夫曼的影响。霍夫曼认为，心理学意义上的 empathy 有两种，一种是认识意义上的 empathy，一种是对其他人的情感反应。而他也非常明确地将自己讨论的 empathy 限定为第二种。"情感的感同身受就像一个简单的概念——感受到别人的感受。"② 然而，虽然霍夫曼强调观察者和与被观察者情感的一致，他却也为二者之间的不一致留下了空间。"我所定义的感同身受反应的关键要求是使一个人所感受到的更多的是与他人的情境相一致，而不是与自己的情境相一致。"③ 由此，霍夫曼实际上也为将不存在相同或相似感受的情形也称为感同身受。"感同身受发生的过程经常会使观察者产生与受害者一样的情感，但这并不是必须的，当一个人在看到有人被攻击时，他会感到愤怒，而受害者往往是感到伤心或失望，而不是愤怒。"④ 看到这里，我们不难发现，斯洛特的感同身受概念存在的问题是源自于霍夫曼在这一概念上的游移不定。"像我们在第一章里看到的，霍夫曼认为对他人坏的处境或条件感同身受是可能的，即便他暂时很享受或情绪良好。"⑤ 霍夫曼的例子中，受害者的

---

① Young Huang, *Empathy for Devils: What We Can Learn from Wang Yangming*, in Moral and Intellectual Virtues in Western and Chinese Philosophy: The Turn Toward Virtue, MI Chienkuo, Michael Slote & Ernest Sosa（eds.）, Routledge., 2016, p. 214-234.

② Martin L. Hoffman, *Empathy and Moral Development*, Cambridge University press, 2000, p. 30.

③ 同上。

④ 同上。

⑤ Michael Slote, *Moral Sentimentalism*, Oxford University Press, 2010, p. 144.

反应与感受实际上是可以忽略不计的，愤怒只是对攻击的反应。一旦受害者可以忽略不计，观察者的愤怒也就与 empathy 没有关系了。

三 斯洛特的观点：万物皆备于我

和许多中国学者认为中国哲学早已谈论过感同身受一样，斯洛特也持相同的看法。斯洛特认为，"在怜悯、同情和感同身受开始在西方哲学中引人注目之前很久，这些观念已经扎根于中国或至少是被表达过了"①。在斯洛特看来，中国哲学中是有很多论及感同身受的。"王阳明在 16 世纪讲到过当我们同情、怜悯他人或他们的困境时，我们与他们合而为一，这一看法或隐喻与我们（西方）所谈论的认同于某人的难题，或克林顿感受到他们的痛苦是相似的。""王阳明和程颢又都可以追溯到《孟子》(7A：4) 的章节，这一章节中谈到了仁慈的人容纳他人（作为自己的一部分）。因此，中国哲学家看起来在早于西方 2000 年前就注意到了感同身受这一现象。"②

斯洛特的论点，有两点值得我们注意。一是，斯洛特注意到了孔子和孟子的区别。孔子虽然也讲到了情感在道德中的地位与作用（如情感是道德不可或缺的组成部分，离开了情感也就无所谓道德，以及是人们的情感促使人们自然而然地做有道德的事，如三年之丧是出于人们自然而然的情感等），但孔子似乎没有如孟子一样，将恻隐之心等四心作为道德的根基，也没有讲到与感同身受相似的内容。"可以将中国哲学对感同身受的认识追溯到更早，即孔子的《论语》中讲到过它吗？也许有人认为可以，但我认为不可能像《孟子》中那么令人信服。"③ 二是，斯洛特是从感受到他人的情感从而两人同时感受到相同或相似的情感、感受，出现合二为一的体验这一点上来指认感同身受这一现象的。斯洛特对王阳明的解读已经表明了这一点。尔后，他进一步说明了这一点。"值得注意的是，为他人着想，利他或诸如怜悯、仁慈甚至同情之类的德性还不

---

① Micheal Slote, *The Mandate of Empathy*, Dao, 2010, 9 (3), p. 303-307.

② 同上。

③ 同上。

是认同于他人、感受到他们所感受的或与他人合一、将他们看作自己的一部分。后一类词语才涉及或导向感同身受这一特殊的概念，因为这些词语表明了与他人的形而上学的合一；同样，休谟谈到的将一个人的感受灌输到另一个人，或者情感从一个人传染到另一个人，就是感同身受和认同于他人或与他人合一。"①

斯洛特在这里所谈论的合一，也就是我们前面所说到的经由感同身受的心理机制，观察者有了与被观察者相同或相似的情感、感受。在这时，观察者所感受到的是他人的情感或感受，二人的感受合一于观察者。斯洛特为什么这么重视合一呢？其原因在于，这种与他人合一而又非与他人为一的状态，正是利他的道德动机产生的根源。为什么我们要利他，要帮助他人、关心他人？正是由于别人的痛苦被我感受到了，我感受到了这种痛苦，又知道这痛苦的源头是他人的感受，因此，要消除这种痛苦，我们就需要帮助他人，使他们脱离困境，不再感到痛苦，这样，我内心中的痛苦才能随之消失。

斯洛特在文章中提到的《孟子》（7A：4）章节，指的应该是《孟子》的某一英译版本的章节。它对应的是《孟子·尽心上》中的："万物皆备于我矣。反身而诚，乐莫大焉。强恕而行，求仁莫近焉。"但是，熟悉孟子思想的人都知道，"万物皆备于我"其本意是说天人本一，亦即自然界中的万事万物和人一样，都具有相同的本性。有了这个相同的本性，我们才有了推己及人，为他人着想的基础。孟子的天人本一是本体论意义上的，而感同身受毫无疑问是心理学层面的。在认为万物皆备于我的时候，孟子根本没有提到天人本一是由感同身受的心理机制所引起的。而且，从逻辑上讲，感同身受的心理机制发生作用在先，在这一心理机制的作用下，才产生了与他人合一的情感体验。然而，我们并不能从与他人合一反向推导出感同身受的心理机制的必然存在。因为合一也可能是由其他原因所引起的。弗洛姆就曾谈论过基于爱的合一。"成熟的爱与共生性融合恰成对照，它是在保存人的完整性、人的个性条件下

---

① Micheal Slote, *The Mandate of Empathy*, Dao, 2010, 9（3），p. 303-307.

的融合。爱是人的一种主动能力，一种突破把人和其他同伴分离之围墙的能力，一种使人和他人相联合的能力；爱使他保持他的完整。在爱中，矛盾出现了：两个人变成一个，而又依然是两个。"① 弗洛姆的爱也不仅仅是一种认知的过程。"在融合的行动中，我认识了……我通过人类认识生命活力的唯一可能途径认识着——即通过体验融合——而不是借助我们的思想所能给予的知识。""这一愿望在一般的认识中、在理性的认识中是绝不能实现的。"② 爱与感同身受都是一种合一，但是，我们恐怕不能认为弗洛姆的爱就是感同身受。

因此，从存在合一状态推导出存在感同身受的结论在逻辑上是不成立的。而且，孟子的"万物皆备于我"和王阳明的"以万物为一体"实际上都与感同身受存在着明显的区别。斯洛特在其论文中没有详细论及孟子的"万物皆备于我"以及王阳明的"以万物为一体"如何与感同身受相似。黄勇教授倒是在其论文中较为详细地讨论了这一问题。与斯洛特一样，黄勇教授认为王阳明的思想中存在着与感同身受相似的概念，在他看来，这就是王阳明的"以万物为一体"。王阳明的一段文字生动地表明了这一点：

> 孺子之将入井，而必有怵惕恻隐之心焉，是其仁之与孺子而为一体也。孺子犹同类也，见鸟兽之哀鸣觳觫，而必有不忍之心焉，是其仁之与鸟兽而为一体也。鸟兽犹有知觉者也，见草木之摧折而必有悯恤之心焉，是其仁之与草木而为一体也。草木犹有生意也，见瓦石之毁坏而必有顾惜之心焉，是其仁之与瓦石而为一体也。③

然而就是从这段文字中，我们马上就发现了王阳明的"以万物为一体"与感同身受之间的巨大差别。王阳明的"万物一体"和孟子的"万物皆备于我"一样，都是将世间万物都包含在内的。对他人如此，对鸟兽如此，对无生命的瓦石也是如此。要将感同身受的范围扩展到动物身

---

① ［美］弗洛姆：《为自己的人》，孙依依译，生活·读书·新知三联书店 1992 年版，第 246-247 页。

② 同上，第 255 页。

③ 王阳明：《王阳明全集》，上海古籍出版社 1992 年版，第 968 页。

上是一个很麻烦的事。斯洛特曾经认为我们也能够对动物感同身受，甚至对小说中的人物能感同身受。这一看法就涉及了一个哲学问题。即动物具有和我们一样的情感吗？人们通常认为动物也会痛苦、悲伤、害怕，比如狗在受到伤害时会悲鸣、逃避。又如《孟子》中所记载的作为牺牲的牛会觳觫。所谓觳觫，按照杨慎的说法就是"体缩恐惧"。如果动物有与人类一样或类似、可以被我们感受到的情感和感受的话，将感同身受的范围扩大到动物也就顺理成章了。但是，上述现象真的能说明动物具有和人类似的情感吗？对于这一问题，我们无法给出确定的答案。牛也许不过是有些生理性的反应，就像狗被踢了一脚后，生理反应促使它逃避、发出叫声。这种叫声是一种痛苦的、悲惨的叫声？还是我们把这种情况下的叫声认定为一种悲惨的、痛苦的叫声？这个问题也许永远都无法区分清楚。一旦我们无法确定动物的一些反应真的就是它们在经历着、体验着痛苦和恐惧，我们也就不能确定梁惠王不忍牛之觳觫，是梁惠王将人在生死存亡之际的恐惧感投射给了牛还是牛的恐惧"传染"给了梁惠王。

我们似乎都认为草木没有感情。至于瓦石，则无论如何是不能成为感同身受的对象。黄勇教授也注意到了这一点。"但是，如果把感同身受理解为去感受客体感受到的情感，那么，就很难把对草木及无生命的物体之情感看作感同身受，因为草木和无生命的物体没有情感。"① 黄勇教授对这一问题的解决办法是将注意力放到对人的感同身受上。"我在这里关注的是对人的感同身受。"② 问题是，我们能否将王阳明以及孟子的合一只局限在他们所讨论的对象的一部分上呢？很明显，这一做法是欠妥的。这样一来，黄勇教授所引的这段话，不仅不能作为王阳明讨论过感同身受的例证，反而应该成为否认孟子的"万物皆备于我"以及王阳明的"以万物为一体"是感同身受的例证。

---

① Young Huang, *Empathy for Devils*: *What We Can Learn from Wang Yangming*, in Moral and Intellectual Virtues in Western and Chinese Philosophy: The Turn Toward Virtue, MI Chienkuo, Michael Slote & Ernest Sosa（eds.）, Routledge., 2016, p. 214-234.

② 同上。

四　推己及人与感同身受

实际上，只要我们不抱着一定要在中国哲学中找到与斯洛特的感同身受相同或相似概念的态度，那么上述问题的讨论就变得简单了。孟子的"万物皆备于我"和王阳明所说的"以万物为一体"都是在讲儒家的推己及人。忠恕之道是为仁之方。推己及人需要一个逻辑前提，就是己与人具有相同或相似的本性。只有先肯定了人同此心、心同此理，然后我们才能推己及人。自己希望在遇到困难的时候有人来援之以手，那么其他人和我是一样的，把希望别人帮助我推及遇到困难的他人身上，马上就可以知道他也希望得到我们的援手。帮助他人的动机也就油然而生。推己及人的这一方式，不需要预设他人具有某种情感、感受，然后我们感受到他们的感受。我们可以在预设前提的基础上通过推己及人的方式认定他人是如我们这样想、这样感受的。用推己及人来讨论孺子将入井的案例，情况就简单得多了。将要掉下井的小孩子是在哭还是浑然不知危险将近而很开心地玩耍就变得不重要了。我们都不希望自己受到伤害，这种共同的人性预设让我们对孺子将入井这一情形产生了怵惕恻隐之心。相应地，在推己及人的过程中，我们也不需要分清到底是通过情感的传递还是通过认知的方式而产生恻隐之心的。我们既可以是感受到了他们的痛苦，也可以是对他们所处的处境有清楚的认识，这些都无关紧要，重要的是我们知道了他人所处的处境，以及在这种处境中我们会作何感想，然后推己及人，做出自己的判断并付诸行动。同样道理，用推己及人去解释霍夫曼和斯洛特的癌症病人的案例也要顺畅得多。

用推己及人来理解孟子的"万物皆备于我"和王阳明的"以万物为一体"也能更加自洽地理解他们的思想。上述所引王阳明的文字，如果用推己及人去理解就没有任何的障碍了。如果与我有相同或相似本性的不仅仅是人类，而是自然界中所有的事物的话，那么我们也就能够将我们的情感感受推及所有事物。这样一来，鸟兽犹有知觉，草木犹有生意。

结果就是我们见"瓦石之毁坏而必有顾惜之心焉"①。

推己及人拓展到万物的过程，尤其是推及那些分明没有感觉、意识的事物是如何实现的呢？这就是中国人都很熟悉的移情。所谓移情，就是"把对某人的态度和情绪转移到另一个人身上，或把自己的主观情感移到客观对象上"②。在美学领域，移情被用来说明美感产生的心理机制。"我们知觉外物，常把自己所得的感觉外射到物的本身上去，把它误认为物所固有的属性，于是本来在我的就变成了在物的了。"③"'移情作用'是把自己的情感移到外物身上去，仿佛觉得外物也有同样的情感。这是一个极普遍的经验。自己在欢喜时，大地山河都在扬眉带笑；自己在悲伤时，风云花鸟都在谈起凝愁。"④移情实际上就是推己及人，推及的范围已经扩展到世间万物了。因此，推己及人所打通的不仅是人我界限，而且是人与世间万物的界限，道德的对象也因此扩展到了自然界。

如果我们将孟子、王阳明所说的理解为推己及人的话，那么我们也就不得不得出他们没有谈论过类似于感同身受的概念这一结论了。因为推己及人与感同身受的区别是明显的。

首先，推己及人是将自己的感受、情感、本性推及他人，这一路向是由己及人。而感同身受则恰好相反，是他人的情感、感受传染、感染了我们。其方向是由人及己。"感同身受是他人的感觉（不由自主地）在我们心中出现，就像我们看到其他人处于痛苦之中。好像他们的痛苦侵入了我们，这种联系，休谟称之为一个人的感觉与其他人的感觉之间的传染。"⑤

其次，就推己及人而言，这一过程是经由情感、感受的传递还是经由理性的认知、推导而实现则是无关紧要的，它可以是经由其中一种渠道而实现的，也可以是经由两种渠道融合在一起的另一种渠道而实现的。要紧的是，我们能够推己及人。而感同身受一般而言必须是经由情感、

---

① 王阳明：《王阳明全集》，上海古籍出版社 1992 年版，第 968 页。

② 《现代汉语词典》，商务印书馆 2005 年版，第 1606 页。

③ 朱光潜：《朱光潜全集》第二卷，安徽教育出版社 1987 年版，第 21 页。

④ 同上。

⑤ Michael Slote, *The Ethics of Care and Empathy*, Routledge, 2007, p. 15.

感受的传递机制而实现的，一旦把它理解为经由认知的过程而实现的，情感主义也就无法与理性主义划清界限了。

最后，推己及人的合一是作为前提预设的合一，而不是作为结果的合一，而且从结果角度来讲，常常不是合一。我们在王阳明的论述中可以清楚地看到这一点。以万物为一体，结果往往是不合一。我们并没有体会到动物、植物以及无生命的事物传递给我们的情感、感受。而感同身受心理机制发挥作用的结果则是产生他人与自己的合一。

经过以上分析，我们能得出的结论是，斯洛特、黄勇所认为的孟子、王阳明所谈论感同身受的地方并非真的在谈论感同身受。而孺子将入井的案例也并不是在谈论感同身受。概而言之，孟子并没有谈论过感同身受。将这一结论推而广之，王阳明也没有谈论过感同身受。

五 余 论

中国哲学没有谈论过斯洛特的感同身受这一结论，看起来有悖于中国哲学与道德情感主义之间存在着诸多相似之处的观点。但这一结论并不会改变以下事实，即中国哲学，尤其是儒家思想中，确实与道德情感主义存在着许多相似之处，这种相似不仅是一些观点上的相似，更多的是精神气质上的相似。儒家思想对斯洛特的吸引力并不在于某些观点上的一致，更多的在于儒家不区分理性情感的传统与他致力于反对西方哲学理性情感的二分之间存在着契合之处。在斯洛特看来，西方哲学存在着严重的问题，需要重启。而这一重启需要从中国哲学汲取营养。"儒家以及一般意义上的中国思想家没有像西方思想家那样很自然地从概念上区分认知和情感"，"与中国哲学家没有将人类心灵截然二分为认知与情感的做法相应，儒家传统也没有像康德或亚里士多德那样单纯从理性出发研究伦理学"，"中国从来没有像西方那样以一种不健康的、至少是受蒙蔽的方式贬低情感"[①]。这一精神气质正是中国哲学吸引斯洛特的地方。他的道德情感主义正是在批评西方的这种错误中逐渐发展而来的。

---

① [美]斯洛特：《重启世界哲学的宣言：中国哲学的意义》，刘建芳、刘梁剑译，载《学术月刊》2015 年第 5 期。

"启蒙式的认知理性主义把认知理性看作是对感觉、情感的排除、压制……这些启蒙观点根本上是错误的。"① 斯洛特转而也倾向于认为情感与理性是融合而非二分的。"感同身受和情感原来对理性来说是根本性的。我们通常认为理性和情感在某种意义上是分裂的，但如果我是对的，原来某种情感是理性的一部分。"② "我确实想证明关于感觉、情感的问题是在一个非常宽的意义上与信念、知识和认知判断相关。而且我不相信在我之前有人论证过这种观点。"③

在这种倾向上或者说是精神气质上的相同或相似，使得儒家思想、中国哲学和道德情感主义有许多相似或看起来相似却有着区别的观点和看法。这些相似和有着不同的相似可以为儒家思想和道德情感主义提供一个相互发现的机会，从而推动双方的发展。儒家的推己及人缺少了一个由人及己的维度，而这一维度的缺乏使得家长作风成为一种隐患。而在中国文化中，家长作风可谓是常见现象。要避免这一危险似乎只能寄希望于推己及人者的修养与见识。如果引入感同身受，将它与推己及人融合起来，以一种双向的推及与感染来打通人我的界限，似乎能够让这一过程更为丰满合理，也能更有效地避免家长作风。而对于斯洛特来说，引入推己及人似乎也是有益无害的。实际上，在他的思想中已经隐含了对推己及人的承认。"引导式的训练依靠儿童对他人感同身受的能力和父母（或其他人）留心儿童对他人的伤害，以及随后要通过想象同样的伤害是怎样的感受这一方式来让他真切地意识到他所造成的伤害。"④ 引导训练是道德情感主义的道德教育的两大方法之一。在引导训练中，培养儿童感同身受的能力需要父母引导儿童通过想象自己对他人造成的伤害会在他人内心产生怎样的感受。但问题是，如果儿童从未受到过伤害，那么他怎么想象自己对他人造成的伤害会在他人内心产生的感受呢？这

---

① Micheal Slote, *From Enlightenment to receptivity*: *Rethinking Our Values*, Oxford University Press, 2013, p. 54.

② Michael Slote, *Moral Sentimentalism*, Oxford University Press, 2010, p. 17.

③ Micheal Slote, *From Enlightenment to receptivity*: *Rethinking Our Values*, Oxford University Press, 2013, p. 54.

④ Michael Slote, *Education and Human Values*, Routledge, 2013, p. 33.

一方法似乎在逻辑上以儿童将自己曾经受到的伤害推及他人身上的方式来想象他人的感受为前提。缺少了这一逻辑前提，这一过程似乎无法完成。所以，在斯洛特那里，推己及人并非不存在，而是已经隐蔽地存在于他的思想中了。

（《道德与文明》2017 年第 2 期）

（作者单位：华东师范大学马克思主义学院）

从当代道德心理学的视角看孟子的恻隐之心

蔡　蓁　赵研妍

【摘要】 孟子的恻隐之心概念日益受到西方哲学家和心理学家的关注。运用当代道德心理学的概念资源可以发现，恻隐之心作为人性中最首要的善之端，既包括对他人痛苦感到移情式的不安，也包括对他人的福祉怀有同情式的关切。对孟子恻隐之心的这种解读也有助于澄清孟子和他在进化生物学领域中的当代支持者之间究竟存在哪些共鸣和差异，以及孟子的理论可能面临的挑战。

当代西方伦理学中有一种日益增强的趋势，即道德哲学家较之于几十年前越来越注重进化生物学、认知心理学和脑科学所具有的哲学意义。这些经验科学对人类的本质以及人类的道德心智是如何发展并起作用的都给出了许多合理的解释。许多哲学家相信，即便鉴于休谟法则在"是"与"应当"之间所做的区分，但是在建构规范伦理学模型和进行概念分析的时候，我们仍旧应该参考并重视相关经验科学的研究成果，以保证这些从哲学思辨的角度上建立起来的模型和概念具有经验上的可靠性。在这种思路的影响下，西方主流的规范伦理学理论——义务论和功利主义——都受到了来自于经验科学的挑战，被批评为过分强调了理性反思和不偏倚性在道德思维中的地位，而忽视了情感、直觉以及一些自发的心理机制对道德所具有的重要性，因此这些规范伦理学理论被应用于人类这种生物是缺乏心理学上的可靠性的。与此对照，作为第三种进路的美德伦理学则因为强调人类的情感本质以及品格特征的习惯性养成而日益受到青睐。

在这种背景之下，通常被阐释为一种美德伦理学的儒家思想在最近几十年也受到了一些西方哲学家和具有哲学敏感性的心理学家的关注。例如，著名的灵长类动物学家和心理学家弗朗茨·德·瓦尔（Frans de Waal）在他的《灵长类动物与哲学家》一书中，当论证移情在人类道德演化过程中的根本重要性的时候，明确地支持孟子有关恻隐之心的观点，并给予这种观点以经验的证据。哲学家史蒂芬·达沃尔（Stephen Darwall）在讨论移情与同情之于道德的相关性时，也援引了孟子对孺子入井的讨论。但另一方面，挑战与质疑也同时存在。例如，实验哲学家杰西·普林茨（Jesse Prinz）对以移情为基础的道德理论提出了批评，如移情缺乏驱动性力量，而且容易受到偏见的影响，等等。由于孟子的道德理论恰好是以同情心的培养为基础，这就使得它似乎同样受制于这些批评。面对最近在西方语境之中涌现出来的这些讨论，本文的目的在于运用当前道德心理学中的概念资源来考察孟子的同情理论。不过首先需要澄清的是，本文是在比较宽泛的意义上将现代道德语言中的"同情"与孟子的"恻隐之心"对应起来，泛指一种由他人处境所激发的共鸣式的情感反应，这种广义上的恻隐之心不仅包括对他人痛苦的伤痛反应，即严格意义上的"恻隐"，也包括对他人困境的不忍情绪，即"不忍人之心"。① 笔者试图论证，恻隐之心作为人性中最首要的善之端，既包括对他人痛苦感到移情式的不安（empathic distress），也包括对他人的福祉（well-being）怀有同情式的关切（sympathetic concern）。对孟子恻隐之心的这种解读有助于澄清孟子和他在进化生物学领域中的当代支持者之间究竟存在哪些共鸣和差异。最后，笔者也将简要提及以同情为基础的道德理论所遭遇的一些挑战。

一 恻隐之心作为移情式的不安

德·瓦尔之所以发现孟子的道德理论富有吸引力，其首要原因就在

---

① 对《孟子》文本中的"隐""恻隐"和"不忍"概念的细致区分，详见赵研妍：《论〈孟子〉中的"恻隐"现象》，《哲学评论》第 15 辑，科学社会出版社 2015 年版，第 88-105页。

于他们似乎分享了一种类似的道德观，即道德是从人类情感中自然地产生出来的，移情与同情是其中的核心机制，经由这种心理机制，我们其他的情感得以被分享和理解。对于德·瓦尔来说，这种思路可以追溯至达尔文。在《人类的起源》中，达尔文提出我们的道德官能起源于与其他灵长类动物共享的社会本能，并通过自然选择最终演化为更为复杂的情感。① 德·瓦尔试图延续达尔文的设想，进一步阐释道德得以演化的某些心理机制。基于对灵长类动物的社会生活长达几十年的观察，德·瓦尔识别出某些灵长类动物，尤其是那些在基因谱系上与人类最为接近的黑猩猩与波诺波猿，表现出与人类非常接近的利他行为，而且更重要的是，在这些行为背后，它们还拥有同情和互助的能力。他由此论证这些灵长类动物所拥有的心理能力和人类的道德心理要素很有可能是同源物（homologue），并进一步得出结论说，在人类道德和灵长类动物的社会性之间存在演化上的连续性。德·瓦尔的某些观点的确与孟子对于人性以及恻隐之心在人类道德中的奠基性作用的一般观点产生了共鸣，也在一定程度上为孟子提供了经验上的支持。② 例如，孟子相信人之向善就如同水流向下一样，是一种自然的倾向。道德的发展并非是与人的自然本性决裂的过程，而是对与生俱来的善的潜能的现实化，在这些潜能中，同情心是最为根本的。但是，在笔者看来，孟子的恻隐之心与德·瓦尔所说的移情并非完全等同，这两个概念之间的不同也进一步导致了他们在看待人与动物之间的差别这个问题上出现分歧。

首先让我们来考察一下德·瓦尔的移情概念。他建构了一个俄罗斯套娃模型来解释移情的不同层面。就移情的核心机制而言，是一种简单的感知—行动机制（perception-action mechanism，PAM），它产生出情感的传染（emotional contagion），即直接而自动地捕捉到来自于对象的感受或情感状态。随着认知能力的介入，这包括在自我与他者之间做出区别

---

① Charles Darwin, *The Descent of Man*, *and Selection in Relation to Sex*, Penguin Books, 2004, p. 152-172.

② 就这种经验支持的详细阐述，参见蔡蓁：《进化论伦理学视野下的孟子》，载《复旦学报（社会科学版）》2014 年第 3 期。

的能力，采取他者视角的能力，更为复杂的移情形式发展起来，即不仅仅只是捕捉到而且能理解对象的情感。这个概念中有两点值得注意：首先，他强调 PAM 贯穿着移情的所有层面，具有根本的重要性。PAM 作为移情的神经基础，是不由自主的（involuntary），也是先于理性计算的。对于德·瓦尔来说，这种机制是如此基本而广泛，以至于移情的高阶形式也都带有直接性和自发性的特征；第二，与许多哲学家和心理学家不同，德·瓦尔并没有在移情和同情之间做出区分，而是把同情处理为一种高阶形态的移情。这意味着对他来说移情的低阶形态和高阶形态之间的区别根本上在于所涉及到的认知能力的差别。

那么接下来需要追问的就是德·瓦尔的这种移情概念是否符合孟子对恻隐之心的描述。在笔者看来，孟子所说的恻隐之心主要包含两个要素：一是对他人痛苦的伤痛感受；二是对他人福祉的关切。而德·瓦尔的移情概念并不能完全涵盖这两个要素，只能对其做出部分的解释。

恻隐之心的第一个要素在孺子将入于井的例子中得到了很好的表达。孟子说："今人乍见孺子将入于井，皆有怵惕恻隐之心——非所以内交于孺子之父母也，非所以要誉于乡党朋友也，非恶其声而然也。"[1] 德·瓦尔认为这个例子旨在表明"我们看到另一个人在受苦时会感到不安，这是一种我们自己无法或者很难控制的冲动：它就像条件反射一样立刻抓住我们，让我们根本没有时间去衡量得与失"[2]。笔者认为德·瓦尔正确地指出孟子是在捍卫面对他人痛苦时感到的不安情绪——作为恻隐之心的一种表现——所具有的直接性和先天性。但是这种解读中也存在两个模糊并容易遭到误解的问题需要澄清。首先，德·瓦尔似乎把孟子所说的"怵惕"这种感受等同于一种情感传染。情感传染的典型实例是婴儿在听到其他婴儿哭泣时自己也会哭泣——主体自动地接收到客体发出的神经信号，而产生出与客体类似的情感反应。虽然我们可以按照这种方式来解释孺子入井的情形，即一个人一看到孺子快要掉下井的惊惧痛苦，

---

[1] 《孟子·公孙丑章句上》。

[2] Frans de Waal, *Primates and Philosophers: How Morality Evolved*, Princeton University Press, 2006, p. 51.

自己也立刻传染般地感到惊恐不安，但是我们也完全可以对这个例子中的情境做出不同的设想。我们可以想象这个小孩可能是高高兴兴地在井边玩耍，完全意识不到危险的存在，因此他自己根本不可能感到任何惊骇或痛苦。如果是这样，那么一个人对孩子的处境所感到的不安情绪就不可能是由孩子身上的类似情感所引发的，而是由于他以不同于孩子的视角识别出孩子所处的困境。以这种方式识别出孩子的困境并不需要预设分享与孩子相同的感情，或者想象这个孩子在此情境下应该具有的感情。这种识别以惊骇不安的形式表达出来，它可以是基于一个人对目前情境的感知以及过去的经验而产生的反应。在这种情形中，对他人苦难的痛苦感受所展现的就并非如德·瓦尔所设想的那样是一种自动的情感传染。它首先涉及到的是对孩子的困境的关切，而不是分享孩子当下所具有的情感。

其次，德·瓦尔把"怵惕"的感受比作条件反射，这一类比也应作更为审慎的分析。说一个人在看到孺子将入于井时如条件反射一般感到不安，并不等同于这个人如条件反射一般去挽救这个孩子。因为即便这种不安的感受是直接而自发的，但是它同时也可以是脆弱的，并不必然会直接引起缓解他人困境的行动。当孟子说我们对这个孩子怀有怵惕恻隐之心时，并非是因为一些外部的考量，如从孩子的父母那里获得利益或者赞誉，他所说的只是我们的伤痛情感，与这些考量之间并不存在因果关系，而且更进一步，这种情感甚至是先于这些考量就存在了。但是这种伤痛情感本身，作为一种帮助行为的动机，是否强烈到足以压倒其他可能的动机，并驱动一个帮助行为，对于孟子来说仍旧是一个开放式的问题。这也就是为什么在紧接着这个例子之后，孟子会说作为四端之首的恻隐之心是需要加以培养的。而如果不加以恰当的发展和培养，这些仁之端甚至不足以强到去侍奉父母。值得注意的是，孟子在恻隐之心和帮助行为之间留有的空间往往为学者们所忽视，如韩国学者金明锡在《恻隐之心究竟是什么》一文中就提到，对孺子入井的传统解释旨在表明我们挽救危险之中的孩子是对孩子的处境的一种自发且未加准备的行为，是一种动机上纯粹的行为。① 但通过以上分析我们看到，孟子只是说我们在看到无辜的小孩处于危险时会自发地感到不安，并没有说我们会自发地做出施救的行为。有关移情和同情的经验研究似乎也进一步印证了孟子的这一观察。例如，心理学家马丁·霍夫曼（Martin Hoffman）就指出，一个人可能会过分地沉溺于他自身的移情式不安中，以至于忽略了客体的感受，而只关注于如何减轻自身的不安。以及在"同情疲乏（compassion fatigue）"的情形中，主体由于长期暴露在对象的痛苦中（例如某些医护工作者），以至于其移情式不安"逐渐减弱至对伤者痛苦的冷漠"。② 换句话说，对他人痛苦的伤痛情绪可以是以自我为导向的（self-oriented），而并不总是会产生指向他人的关切或行为。必须承认，德·瓦尔也意识到移情本身对道德来说是不充分的，但是他最为关注的是展示移情——作为道德的构成性要素中最重要的一种——在人性中具有生物学的基础。就孟子认为我们天生就对他人的痛苦表示敏感并倾向于做出回应而言，德·瓦尔的研究的确可以给予孟子以经验上的支持。但是，对于孟子来说，只是分享他人的情感是远远不够的，也不足以成为道德的萌芽，而必须辅之以对他人福祉的关怀。这也就引出了孟子恻隐之心的第二个要素。

二 恻隐之心与同情式的关切

对于孟子来说，恻隐之心不仅意味着对他人的痛苦感同身受，也意味着对他人福祉的关切。这种关切在孟子讨论理想的君主和臣民之间的关系时，得到了最好的表达。孟子是这样来描述一个有恻隐之心的君主的："人皆有不忍人之心。先王有不忍人之心，斯有不忍人之政矣。以不忍人之心，行不忍人之政，治天下可运之掌上。"③

简言之，对孟子来说，理想的君主是无法忍受他的臣民受苦的君主，

---

① Kim Myeong-seok, *What Ceyinzhixin（Compassion/Familial Affection）Really Is*, Dao, 407（9），2010.

② Martin Hoffman, *Empathy and Moral Development: Implications for Caring and Justice*, Cambridge University Press, 2000, p. 198-205, p. 203.

③ 《孟子·公孙丑章句上》。

进而也是关心臣民福祉的君主。这种对他人的关怀或关切不能只是等同于对他人痛苦的分享，即感同身受，因为正如上文已经提及的那样，分享他人的情感状态并不必然排除对他人的冷漠。孟子所设想的恻隐之心意味着要进入到他人的情境中去，采取他人的视角，鉴于他人的特殊处境来考虑他人特定的需要或欲望。不过，这种关切似乎很容易被看成是德·瓦尔所说的认知性移情（cognitive empathy）。在德·瓦尔的概念框架中，由他人的痛苦所引起的伤痛情绪与对他人福祉的关切之间的区别似乎只是认知能力参与程度上的不同。按照他的观点，与此相关的认知能力包括区分自我–他人的能力，理解引发他人情感的原因的能力和心理状态的归属能力（mental state attribution）。① 但是这种看法的问题在于，即便我们都具备这些认知能力，也并不必然就产生对他人痛苦的关切。正如彼得·戈尔迪（Peter Goldie）指出的那样，一个人完全可以很好地想象并理解他人的痛苦，却同时对他人的这种痛苦毫不在意。或者仅仅关注如何缓解自己的这种移情式的不安，而不是帮助他人减轻痛苦。在虐待狂（sadism）的情形中，一个人甚至可以享受他人的痛苦。② 也正是出于这个原因，笔者认为本质上在于分享情感的移情无法抓住孟子恻隐之心的完整意涵，而现代道德心理学在移情和同情之间所做的区分在这个问题上是特别有帮助的。

虽然有很多经验证据表明移情和同情通常同时发生，而且两者之间也存在正面的关联，但是许多心理学家和哲学家都还是倾向于认为这两者并不等同。在南希·艾森伯格（Nancy Eisenberg）对同情的经典定义中，她如此表明同情和移情之间的差别："我把'同情'定义为一种情感反应，它包含着对处于痛苦或危难中的他人感到难过或者表达关切（而不是与他人感受到同样的情感）。同情被认为是涉及到指向他人的、

---

① Fransde Waal, *Primates and Philosophers*: *How Morality Evolved*, Princeton University Press, 2006, p. 26, p. 39.

② Peter Goldie, *The Emotions*: *A Philosophical Explorations*, Oxford University Press, 2000, p. 215.

利他的动机"。① 与此对照，移情则在于借助于拟态（mimicry）、模拟（simulation）、想象等方式分享他人的心理状态。就移情而言，当我们想象对象的感受，或者当我们认为对象应该会有什么感受的时候，我们关注的是对象的情感状态，而他的情感状态与他的福祉的相关性则并不一定会被考虑到。而就同情而言，我们关注的是对象的处境以及这种处境与对象的生活的相关性。正如达沃尔所说的那样，同情这种情感涉及到三个方面，"（a）回应一个个体的善或福祉所遭受的某些明显的威胁或障碍；（b）把这个个体本人作为对象；（c）涉及到对这个个体的关切，也由此是为了他自身的缘故，对他的福祉的关切"。② 笔者认为，同情作为对他人痛苦的以关切为基础的情感反应，是用来理解孟子的恻隐之心的更恰当的概念工具，尤其适合于解释"齐宣王释牛"这一事例中所反映出的心理状态。

齐宣王看到一头牛即将被杀献祭时哆嗦恐惧的样子，于是说："舍之！吾不忍其觳觫，若无罪而就死地也。"孟子对此评价道："是心足以王矣。"③ 这里的"心"究竟指的是什么？我们似乎完全有理由简单地将其理解为移情反应，因为齐宣王似乎在看到战栗发抖的牛的那一瞬间，就立刻感到不安，而这种伤痛不安的情绪又进一步驱使他释放了牛。但是这种阐释事实上忽略了齐宣王释牛的真正原因。在文本中，齐宣王两次提到颤抖的牛让他想起了一个无辜的人马上就要上刑场。这暗示出他并不仅仅是在分享牛的痛苦和恐惧，而更重要的是，他把目前的场景与想象中的一个行将冤屈而死的人关联在一起。笔者认为在这个想象的场景中，齐宣王所不能忍受的并非是想象中的这个人的恐惧，而是这个人以一种不公的方式被对待。这样理解的原因在于，如果他无法忍受的仅仅是他人的恐惧，那么这个人究竟是否是无罪的就并不重要，因为即便是一个邪恶的、罪有应得的人在赴刑场的时候也同样可以感受到绝望和

---

① Nancy Eisenberg, *Empathy and Sympathy*, in M. Lewis &J. Haviland-Jones eds., Handbook of Emotions, The Guilford Press, p. 677-691.

② Stephen Darwall, *Empathy*, *Sympathy*, *Care*, Philosophical Studies, 89, 1998, p. 261.

③ 《孟子·梁惠王章句上》。

恐惧。当齐宣王将这头牛与一个无辜受死的人联系起来，这就意味着他对一个人或任何有感受力的存在物应该被如何对待具有一种关切。归根结底，他这种无法忍受的不安来自于他以这种关切来感受目前的处境，而不仅仅只是感受到与濒死的牛或人相同的情感。把齐宣王所展现出来的这种情感解释为以关切为基础的情感性反应也有助于我们理解为什么孟子认为拥有这种情感就足以成为一个好的统治者了。孟子对齐宣王的赞赏就在于他对他人的痛苦并不冷漠，而是展现出了关怀。

综上所述，笔者认为孟子的恻隐之心既包括了对他人痛苦的移情式不安，也在于对他人福祉的同情式的关切。德·瓦尔的移情概念只能解释其中的第一个要素，而无法涵盖第二个要素。这也引出了他和孟子就人与动物的根本差异这个问题上的分歧。对于德·瓦尔来说，他通过在灵长类动物的心理机制中发现移情的同源物，试图论证动物的社会性与人类道德之间在演化上的连续性。相反，孟子则主张人类和动物之间的根本差异性。例如，孟子说："人之所以异于禽兽者几希，庶民去之，君子存之。"[①] 对于孟子来说，人性的独特之处就在于其天生的道德潜能，而其中恻隐之心又是最重要的一种潜能。德·瓦尔通过他的灵长类动物研究可以表明的就是对他人痛苦的移情式不安是为动物和人类所共享的，而且这种不安的情绪通常会引导某些灵长类动物去帮助他者。但是，就这些灵长类动物是否有能力关心他者的福祉则并不清楚。因此，从孟子的立场上来看就还是有理论空间来质疑人与动物的差别只是程度上的差别而非种类上的差别。进而，在以上孟子的引文中也表达出这样的观点：即便生而为人也有可能丢失作为人的独特性。如果这些人永远丧失了这种特征，那么即使他们看起来像人，也是生物意义上的人，也应该被看作是野兽而不是人。换句话说，孟子把"人"看作是一个道德概念，而不是生物学概念。他对人性的理解有着规范性的色彩，而并非像德·瓦尔那样，基于经验研究把人的概念理解为描述性的和生物学的概念。[②]

---

① 《孟子·离娄章句下》。
② 这种看法亦见白彤东：《灵长类动物学家与儒家》，载《哲学研究》2012 年第 1 期。

三 对以同情为基础的道德理论的挑战

在借助于道德心理学的视角，阐明孟子的恻隐之心概念所包含的心理要素之后，我们也有必要注意到，孟子所持有的以同情为基础的道德观还受到来自于实验哲学家如普林茨和海蒂·梅鲍姆（Heidi Maibom）[1]等人基于对人类道德心理的经验研究所做出的批评。其中，普林茨的批评是最具代表性的，虽然他的批评主要是针对移情，但是在他看来移情所具有的许多缺陷也同样适用于同情或同情式的关切。他的批评中与孟子的同情理论直接相关的一点就是认为移情对于道德发展来说并不是必要的，这显然与孟子把包含移情反应的恻隐之心作为道德起点的看法截然相反。

检验移情之于道德发展的必要性的最好方法就是探究那些缺乏移情能力的病态人群是否也因此缺乏道德能力。有一些发展心理学家对此持有肯定的看法，普林茨主要考察并挑战了罗伯特·布莱尔（Robert Blair）的观点。布莱尔认为，精神变态者（psychopaths，又称反社会型人格）无法区分道德规则（如不可伤人、不可撒谎等）和习俗规则（如有关衣着、用餐的规约），因此并不理解道德规则的本质，而这种无能是移情缺陷的直接后果。他设想的道德发展模型是这样的：对于正常儿童来说，与生俱来的移情能力使得当他们对他人造成伤害时能够捕捉到受害人的痛苦并感到不安，这种不安的情绪作为一种抑制信号会引发他在今后不去做那些导致痛苦的行为。布莱尔认为这种对暴力的抑制是以移情为媒介的，而且这种移情式的不安会变得与道德规则相关联，因为违反道德规则往往会导致伤害和移情式不安，而违反习俗规则通常并不导致这样的后果。而一旦消极的情感与违反道德规则的行为之间建立起稳定的关联，正常的成年人可以在即便没有感受到痛苦和不安的情况下也能识别出一些行为是错误的。而精神变态者由于缺乏移情能力，道德规则对他们来说并不具有任何情感基础，也无法将其与习俗规则区分开来。普林

---

① Heidi Maibom, *Feeling for Others*: *Empathy*, *Sympathy*, *and Morality*, Inquiry, 52（5），2009, p. 483-499.

茨对这种将移情作为必要条件的道德发展模型提出了批评。他首先对所谓的抑制暴力的心理机制提出了质疑，一方面这种机制到底在人类中是否存在还是有争议的，另一方面，许多重要的道德规则也并不涉及到暴力行为，而且精神变态者并不仅仅表现出暴力抑制上的缺陷。他更进一步指出对精神变态者的移情缺陷和道德无能还存在着其他解释，很有可能这两种缺陷是由另一个共同的原因所导致，比如在道德情感上的更一般的缺陷，尤其是对恐惧和悲伤的识别和体验上的缺陷。具有这种缺陷的人，很难恰当地识别出他人的情感状态，因而移情能力是很有限的。同时，"这些情感缺陷使得他们对通常的道德教育不敏感：他们相对来说会对惩罚无动于衷，因为他们的恐惧程度很低，而且不会被收回关爱的管教方式（love withdrawal）所打动，因为他们的悲伤程度也很低。他们的其他情感能力，如内疚……和道德上的愤怒的程度也是非常有限的"。① 因此，普林茨得出结论说，道德能力上的缺陷可以不用诉诸移情缺陷而得到解释。面对这种批评，要从孟子的立场上做出回应的话，我们可以说，即便普林茨的确证明了移情式的不安并非是道德能力得以培养的必要前提，但这并不意味着这种能力在道德发展中是不重要的，培养对他人痛苦的敏感性无疑可以有助于道德规则的理解和应用。此外，这个论证也并没有表明对他人福祉的关切对道德发展是否是必要的。

除了质疑移情在道德发展中的必要性，普林茨也质疑了移情对道德行动的必要性。他指出这种共鸣式的情感首先并不太具有驱动性。他认为"道德判断都具有情感基础"，这主要包括"愤怒、恶心、愧疚和羞耻"，"每一种道德情感都具有行为上的表征"，且这种驱动力并不必然以移情为基础。② 而更进一步，有许多经验证据都表明移情驱动行为的力量并不强。比如，只有在代价很小的情况下，移情才与帮助性的行为有正面的关联；而且在移情中"我们很有可能感受到的是诸如难过、悲伤和不安这样的情感，这些情感可能并非是很好的驱动力。痛苦甚至有

---

① Jesse Prinz, *Is Empathy Necessary for Morality?*. in Amy Coplan and Peter Goldie eds., Empathy：Philosophical and Psychological Perspectives, Oxford University Press, 2011, p. 216-218.

② 同上，p. 218-219.

可能会促成社交退缩（social withdrawal）"，① 等等。如果说，以关切为基础的同情在一定程度上有可能规避移情所具有的上述困难，那么接下来的问题则更加具有挑战性，即移情和同情很容易受制于许多偏见。心理学的研究表明，人们倾向于对群体内部的成员，或者地理上、文化上接近的对象，或者仅仅是外表上有吸引力的对象表现出更强烈的同情，这容易导致对这些对象给予武断且不公正的优先对待，而且这种情感也容易被人为操纵，比如悲伤的被告容易激起陪审团成员的同情，而得到从轻发落，等等。这些缺点都使得移情和同情无法为道德提供广泛的支撑。②

笔者认为这些批评的确对以同情为基础的道德理论，包括孟子的道德理论提出了合理的质疑，也有助于我们思考恻隐之心的有限性。而我们能从孟子的角度做出的回应就是，孟子的确注意到同情心的限度以及将天生的恻隐之心扩展到更广泛的情形所具有的困难，也正是出于这个原因，孟子认为只有少数人才能充分发展和培养恻隐之心，成为真正的君子。不过，他并没有对如何培养并扩展这种同情心给出具体的说明，而这也正是我们需要借助于对孟子的理论进行系统化发展的宋明理学来进一步探讨的问题。

结　语

通过运用来自于当代道德心理学的概念资源，笔者试图表明孟子的恻隐之心不仅只是对他人痛苦感到移情式的不安，也在于对他人福祉的关切。后者作为一种指向他人的情感反应是成为理想人格或统治者的重要起点。对孟子恻隐之心的这种理解有助于澄清孟子和他在进化生物学领域中的当代支持者之间究竟存在哪些共鸣和差异。一方面，就孟子认为我们天生就对他人的痛苦表示敏感并倾向于做出回应而言，德·瓦尔的研究的确可以给予孟子以经验上的支持；但是另一方面，对于孟子来说，恻隐之心也远远超越了一种纯粹生物学意义上的本能反应，它所包

---

① Jesse Prinz, *Is Empathy Necessary for Morality?*, p. 220.

② 同上，225-227.

含的对他人同情式的关切预设了行动者对他人的处境做出规范性判断的能力，而这也是道德发展的真正萌芽。在阐明恻隐之心的心理要素的同时，我们也需要注意到道德心理学的经验研究对孟子所持有的以同情为基础的道德理论所提出的挑战。这些挑战不仅引导我们关注孟子对恻隐之心的有限性的理解，也为如何系统化地拓展孟子的道德发展理论指明了亟须解决的问题和可能的方向。

（《社会科学》2016 年第 12 期）

（作者单位：华东师范大学）

神经科学与西方道德心理学
视野下的移情、同情以及共同感

王　嘉

【摘要】 移情、同情和共同感是现代西方道德心理学中的重要范畴，它们对于理解人类的亲社会心理、行为具有非常重要的意义。神经科学对镜像神经系统的发现和研究，使人类了解到移情、共同感乃至于同情在生物学方面的基础。在此基础上结合道德心理学对移情、同情和共同感之间关系的研究，可以使我们对人类亲社会心理、行为的理解更加深入，对伦理学未来的发展也会产生重大影响。

近些年来，西方伦理学界越来越注意道德心理、道德情感在人类道德活动中的重要作用。人们越来越认识到，人类固有的实然道德心理或道德情感是道德问题的基本出发点和重要对象。任何告诉人们应该如何去做的道德理论，都不能超脱于人类现实的本能心理倾向，而应以之为推论的前提和研究的主要内容。在此基础上发展起来的道德规范才是合理的、合乎人性的，并且是可实践的。在人类现实的道德心理中，移情和同情是既有区别又紧密联系的基本心理活动形式，它们在人类道德实践中扮演着极为重要的角色，在道德理论中，它们可以被用来说明人类在利己本性以及从利己本性出发的惠及他人的行为之外，也有着"本源性"的关怀他人的天性。本文将从神经科学和现代道德心理学的视角，对移情、同情以及共同感的基本内涵及生物机理进行阐述，并指出镜像神经系统（Mirror Neuron System）的研究对包括移情、同情在内的亲社会（pro-social）性或涉他（other-regarding）性道德理论的重要意义。

一 神经科学及道德心理学视野下的移情与同情

1. 神经科学视野下的移情

与移情、共同感概念比起来，同情概念在日常生活中的使用要普遍得多，在西方文化、理论传统中出现得也要早得多。英文中的 sympathy 一词源自希腊文，其拉丁文为 sumpathes，意为同情或相互同情。但是古代文献中有很多词汇都有着与同情（sympathy）相近或相关的含义，真正使得同情（sympathy）这一术语成为哲学、伦理学讨论的核心范畴的，是 18 世纪英国的情感主义道德学家们（Sentimentalism moralists），主要包括沙夫茨伯里、哈奇森、巴特勒、斯密以及休谟等。相较而言，在西方理论传统中将移情概念真正作为研究对象要晚得多。一般认为德国心理学先驱李普斯（Theodor Lipps，1897）和冯特（Wilhelm Wundt，1903）率先在他们的研究中将德文中的 einfühlung（移情）概念用作心理科学术语。[1] 德文中的 einfühlung 概念也源自希腊文，在亚里士多德那里 em-pathein 意为"无生命物的生命力"，这与现代意义上的移情概念相去甚远。在英语世界中被广泛使用的 empathy 一词，是冯特的学生、美国结构主义心理学家铁钦纳（Edward Tichener）于 1909 年从 einfühlung 转译而来，并在英语世界里将 empathy（移情）概念化为学术用语。[2]

虽然移情概念在西方传统中出现得较晚，但是在现代西方社会科学中，移情的应用范围反而比同情广得多。尤其是现代心理学，绝大多数分支领域都能看到移情理论。在发展心理学、社会心理学、人格心理学以及临床心理学中，移情都是非常重要的理论假设和研究工具，大量的心理学文献在讨论移情以及与移情相关的问题。在其他学科中，如伦理学、经济学、社会学乃至医学临床护理学等，移情都是非常重要的研究对象或研究工具。移情在不同学科中的广泛应用，使其内涵得到了很大

---

① Jrgen B. Hunsdahl, *Concerning Einfühlung (empathy)：A Concept Analysis of Its Origin and Early Development*, Journal of the History of the Behavioral Sciences, 1967, Vol. 3, Issue 2.

② Karen E. Gerdes, Cynthia A. Lietz, and Elizabeth A. Segal, *Measuring Empathy in the 21st Century：Development of an Empathy Index Rooted in Social Cognitive Neuroscience and Social Justice*, Social Work Research, 2011, vol. 35, Num. 2.

的丰富。可以说，有多少研究移情的学者或理论，就有多少关于移情的定义，以至于有的学者（A. R. Hornblow, 1980）认为很难将"这种同时被宣称为某种形式的知识、交流、能力、过程、自我表达、信息采集模式、才能、经验、理解方法以及感知模式进行概念化"。① 但总的来说，在现代社会科学中移情一般被理解为一种"人们在观察其他人时加以模仿（imitate）的倾向"②。而且相较于同情，移情通常被视为更为"科学"的概念，因为它的发生、作用机制在神经—生物学层面上得到了诸种自然科学理论的证实。需要指出的是，在这些自然科学理论中同情与移情并不像在社会科学中这样得到严格而细致地区分，有些被标识以"同情"且关于大脑（心理）活动的研究，实际上属于社会科学中移情的范畴。

自然科学对人类心理活动中移情和同情的生理—物理基础的研究（其中对移情的研究占了大多数），为伦理学以及其他社会科学研究人类这种实然的心理或行为提供了可靠的研究依据，证明了移情乃至同情是人类所固有的基本心理倾向。杰迪斯（Karen E. Gerdes, 2011）等人对20 世纪 90 年代末以来，尤其是进入 21 世纪以来神经科学（neuroscientific）在移情作用上的研究进行了总结："当我们看到他人的行为，我们的身体会自然而然地、无意识地作出反应，就好像我们是'行为者'，而不仅仅是一个观察者。这一现象被称为镜像，负责此反应的大脑回路被称为镜像神经元系统（Mirror Neuron System）。"③ 从神经科学的角度来看，"当我们听到人们说话或看到他们的姿势、手势以及面部表情的时候，我们脑中的神经网络就被一种'共享表征'（shared representation）所刺激。其结果就是一种对我们所观察的对象的体验产生内在的反映或

---

① A. R. Hornblow, *The Study of Empathy*, New Zealand Psychologist, 1980, Vol. 9. Num. 1.

② Karen E. Gerdes, Cynthia A. Lietz, and Elizabeth A. Segal, *Measuring Empathy in the 21st Century: Development of an Empathy Index Rooted in Social Cognitive Neuroscience and Social Justice*, Social Work Research, 2011, vol. 35, Num. 2.

③ 同上。

模拟"。①

　　社会科学家们对自然科学中关于镜像神经系统的成果与社会科学中的移情概念之间的联系进行了专门研究。基斯林（Lynne Kiesling，2012）在新近的一项研究中，对神经科学最新发现的人类镜像神经网络的作用与亚当·斯密的道德心理学中所说的同情（实际上是现代理论中的移情概念）理论之间的关联进行了综述，她指出，在以上两者之间，存在着如下符合关系："这一（镜像）神经网络以及由之产生的能力在三个方面符合斯密式同情过程的重要特征：在两个相似而独立的当事人之间作为刺激物或联系物而存在的其中一个当事人的处境，对他人行为的一种外部视角，一种能够让观察者以身处当事人之处境的方式将自己想象为当事人的先天想象能力。这一同情过程以及镜像神经系统都使得个体更易于对他人之情感及行为的表达产生协调。"② 同时基斯林也指出，尽管移情作用可以在人的镜像神经系统中找到根据，但是就算这种作用再充分、再彻底，它也只是一种对他人意识、感觉进行复制和再现的意识活动，而非"原始性"的意识活动："然而，那种体验他人处境和情感的能力是有限而不完全的，所有的体验方式都降至神经层面。处于当事人之间的认知、物理以及历史/文化距离不可能完全消除。镜像神经研究提供证据表明镜像系统是此种想象能力的神经构架。由于观察者与当事人的内在情感及思维过程之间的物理及认知距离，它总是不完善的。"③

　　除了上述三个方面的符合之外，基斯林还进一步指出："在斯密的模式中，这一分散式的协调（即现代意义上的斯密式的移情作用——译者注）导致了社会秩序的出现，并在基于同情过程的正式和非正式制度的出现和演化中得到支持和强化。基于这种同情过程的社会秩序，有赖于一种相互连通感（a sense of interconnectedness）以及行为的意义共享，

---

① Karen E. Gerdes, Cynthia A. Lietz, and Elizabeth A. Segal, *Measuring Empathy in the 21st Century: Development of an Empathy Index Rooted in Social Cognitive Neuroscience and Social Justice*, Social Work Research, 2011, vol. 35, Num. 2.

② Lynne Kiesling, *Mirror neuron research and Adam Smith's concept of sympathy: Three points of correspondence*, The Review of Austrian Economics, 2012, Vol. 25, Num. 4.

③ 同上。

而镜像神经系统则使人类更倾向于这种相互连通。"① 从基斯林的研究中可以看出，在斯密理论中具有现代移情概念特征的所谓同情作用，乃是人类社会秩序、社会制度之产生及演化的核心道德心理基础。而现代神经科学所研究的镜像神经系统则揭示出这一道德心理基础的生理依据。

2. 道德心理学视野下的同情与移情

相对于同情而言，移情是更为"本能"的人类心理活动形式，包括神经科学在内的自然科学主要是从人类生物机理的"应激性"层面来研究移情。而同情涉及到的因素比移情要复杂，它的产生和发展受到更多社会因素的制约。例如德·沃尔（Frans De Waal，2006）认为移情更加无意识、更加基本且更加纯粹地无关利益。而同情则并不是那么自发，更加依赖于算计，与移情相比，同情经过了理智的过滤而"绕了个弯路"②。因此自然科学很少将同情作为重要研究对象，但是自然科学家也承认移情是包括同情在内的亲社会心理和行为的基础。相较而言，社会科学领域对同情的研究可以说是由来已久，近代以来的休谟和斯密，到叔本华和舍勒，再到当代的美德伦理学，都对同情进行过相当深入的探索。社会科学家们主要是从现实道德心理（包括实验心理研究）的层面对移情与同情进行剖析，从中可以看出亲社会的道德心理和行为是如何从最基本的"本能移情反应"一步步发展起来的。

达沃尔（Stephen Darwall，1998）曾将移情心理的作用形态划分为三个演进的层次，从中可以非常清楚地看到移情与同情的基本关联与区别。第一个层次的移情形态被称为"情绪感染（Emotional contagion）式移情"。这是最基础的移情形式，它表现为人们被动性地感受到他人的感觉或情感状态，在这种移情形式中并没有主动的"想象力的投射"③。这类似于一种对他人的行为或心理状态的应激式反应。达沃尔引用休谟的观点来描述这种移情形式："当我们步入一间充满欢声笑语的房间，与步入

---

① Lynne Kiesling, *Mirror neuron research and Adam Smith's concept of sympathy*: *Three points of correspondence*, The Review of Austrian Economics, 2012, Vol. 25, Num. 4.

② Cor van der Weele. *Empathy's Purity, sympathy's complexities*: *De Waal, Darwin and Adam Smith*, Biol Philos, 2011, Vol. 26.

③ Stephen Darwall, *Empathy, Sympathy, Care*, Philosophical Studies, 1998, Vol. 89.

一间充满沮丧（或紧张）的房间感受是不同的。这就是一种休谟称为'同情'的形式，他定义为对别人的某些东西'我们通过交流爱好与情感而加以接受的倾向'。"①

很显然，达沃尔在这里所说的情绪感染式移情，就是神经科学所发现的普遍存在的对他人行为的非自愿、被动式的镜像神经系统反应。这一现象在对类人动物的行为研究中也得到证实。德·沃尔在《灵长类动物与哲学家》中，运用形象化的比喻来描述人类包括类人动物道德心理发展中的不同移情层次，他认为人类并不是一个个自私的圆球上涂了一层薄薄的道德外衣，更合理的理解方式是将我们的道德自我比作一个个的俄罗斯套娃。② 当我们掀开一个道德套娃，会发现里面有另一个道德套娃，一层套一层。这些套娃的最核心的部分就是"情绪感染"（emotional contagion）：我们对他人的情感状态以完全自发的方式产生敏感。③ 德·沃尔指出，为这种自发反应提供了核心机制的，就是镜像神经系统。处于外围的道德套娃们也为这种反应产生助力，最终发展为成熟的人类移情。

移情的第二个形态层次，达沃尔称为"投射式移情"（projective empathy）。在第一个层次即情绪感染式移情中："当我们通过情绪感染分享别人的感觉时，并不是从她的视角以我们想象她眼中的情景的方式对她的处境产生回应。"④ 而第二个层次的移情，即投射式移情"并不是以想象的方式简单复制他人的感觉或思想过程。而是我们将自己置于他人的处境之中并弄清感觉到些什么，就像我们是他们一样。"⑤

比投射式移情更接近同情的第三个层次的移情形式，达沃尔称之为"亲同情式移情"（Proto-sympathetic empathy）："这种移情将他人与其处境的关联纳入考虑，以这种方式可以对其利益表示同情。……之前我所

---

① Stephen Darwall, *Empathy*, *Sympathy*, *Care*, Philosophical Studies, 1998, Vol. 89.

② Frans De Waal, *Primates and philosophers*: *How morality evolved*, Princeton University Press, 2006.

③ 同上。

④ Stephen Darwall, *Empathy*, *Sympathy*, *Care*, Philosophical Studies, 1998, Vol. 89.

⑤ 同上。

想的是：多么可怕的事——宝贵的孩子没了。而现在我所想的是：对他来说是多么可怕的事——他失去了他宝贵的孩子。"① 达沃尔认为，亲同情式移情是比投射式移情更接近于同情的移情形式，它不仅在换位体验的程度上比投射式移情更进了一个层次，而且主体所关切的焦点已经从对象的处境转移到对象本身。

虽然亲同情式移情冠有"亲同情"的称谓，它还是没有具备同情的关键性特征——对他人的真正关心。或者用达沃尔所使用的颇为类似于康德"人是目的"的理念的术语来说，就是："对她的关心必须是为了她的缘故或为了她着想（for her sake）。"到这里，比达沃尔所分析的三个移情层次更进一步的层次，即同情的定义就很自然地显现出来："同情，是一种对就某个体的善来说是某些明显的威胁或障碍的反应，并且包含了对此个体的关心，因而也就是因为他的缘故对其幸福表示关心。"② 此定义揭示出了同情相较于各种形式的移情最为关键的区别特征：因为对象的缘故而对其幸福表示关心。因此，达沃尔说："我们对某人感到同情，就是我们能够为某人而担忧或期盼，或者是为某人的利益着想。所有这些情感都是纯粹为了某人本身的缘故而对他的关心形式。"③

从达沃尔对移情与同情的递进式发展关系的分析可以看出，同情是比移情更为复杂、更为"高级"的道德心理形式。而移情则更为简单、更为本能。虽然移情并不必然发展为同情，但是同情必须以移情为基础，因为只有在模仿体验的基础上，人们才能对对象产生关切。移情与同情之间的这种关系，让人类认识到，包括同情、恻隐之心在内的亲社会心理、行为，都和更为基本的道德心理形式——移情有关。社会科学家们对亲社会心理、行为与移情之间关联的揭示，为人类在交叉学科领域运用镜像神经系统来解释更为复杂的人类亲社会心理、行为提供了可能。

---

① Stephen Darwall, *Empathy*, *Sympathy*, *Care*, Philosophical Studies, 1998, Vol. 89.

② 同上。

③ 同上。

二 镜像神经系统与人类共同感

在西方各种社会科学理论中，对移情的理解出入并不大，但是在对同情的理解上，存在着一定的差异。例如在著名经济学家宾默尔（Ken Binmore，1998）眼中，同情意味着同情主体将对象的福利纳入自身的福利之中，换句话说，在同情心理中，对象福利的改变，会造成主体福利的变化。但是在主流伦理学家（如达沃尔）那里，同情则意味着对对象利益的关切或关心。

在西方经济学尤其是福利经济学家当中，大多采取宾默尔对同情的定义。例如加里·贝克尔（Gary Becker，1996）认为人们同情乞丐而对其进行施舍，实际上是试图通过施舍来改善自身的福利。他写道："个体进行施舍的目的在于增加自身的效用——否则他将不会放弃自身的任何财富。但是尽管施舍在事后可提高效用，一些个体由于遇到了乞丐，所以他们的处境在施舍之前是恶化的。他们之所以进行施舍，仅仅是因为乞丐潦倒的外表以及极富说服力的恳求，使他们感到很不是滋味或者内疚。"[1] 通俗地讲，因为人们看到乞丐的潦倒状况而感到内心不安，因此情绪（福利）受到了影响。对乞丐进行施舍，就是为了改善自身的情绪（福利）。

经济学家们显然也意识到对同情的这种理解会带来概念上的混淆，因此有的学者引入了另一个概念来标识达沃尔所定义的"情绪感染式"移情：共同感（fellow-feeling）。萨金（Robert Sugden，2002）在《超越同情与移情：亚当·斯密的"共同感"概念》一文中引用了《道德情操论》中的一个例子："这是我们对他人苦难的共同感（fellow-feeling）的根源，就是通过改换位置去想象受难者，同时我们开始想象或被他的感受所感染……当我们看到一击对准了并马上准备落在别人腿上或手臂上，我们会本能地缩回我们自己的腿或手臂；并且当这一击落下的时候，我

---

① ［美］加里·贝克尔：《口味的经济学分析》，李杰、王晓刚译，王则柯校，首都经贸大学出版社 2000 年版。

们多少会感觉到，并且像受害者那样感到伤害。"①

　　对亚当·斯密所举的这个例子，萨金问道，这种情形是同情还是移情？萨金这样问的理由是："通过这种想象行为，观察者能够认知性地将痛苦的特殊感觉归于其他人。到目前为止，这是移情的现代含义。但是除此之外，对痛苦的这种想象还是观察者'真实'的——不仅仅是想象的——痛苦的来源。"② 也就是说，从观察者并未有意识地将受难者的福利纳入自身的福利之中的意义上说，这个例子中的观察者对受难者是一种移情。但是，就观察者看到那一击就要落在受难者身上而本能地缩回自己的腿脚或手臂而言，那种痛感并不完全是对受难者痛感的纯粹想象。那是一种真实的痛感，用宾默尔（也包括萨金）的术语来说，对方福利的改变，使得自身的福利也发生了改变。

　　这种对受难者或对象的痛苦产生感受的心理活动，在萨金看来，既不能简单地用同情来概括，也不能用移情来概括。这种心理状态"应被理解为一个人关于他人的某些情感状态的活生生的意识（lively consciousness），在此意识中，意识自身具有类似的情感品质——如果他人的状态是令人快乐的，那么此意识就是令人快乐的，如果是痛苦的那么此意识就是痛苦的"③。萨金认为，这种心理状态可以用斯密道德情感理论中的共同感概念来说明。斯密在《道德情操论》中细致地分析了这种意识状态。他发现类似于击打例子中的共同感意识，通常发生在对他人病痛的体察上。不仅是性格脆弱和体质孱弱的人容易对别人的病痛产生这种共同感，而且当"最健壮的人看到溃烂的眼睛时，他们自己的眼睛也常常由于相同的原因产生一种非常明显的痛感"④。因此，共同感的"前反思性"和非自愿性也可以理解为一种"自发性"。也就是说，在特定的情形中，主体对对象产生共同感，是一种"本能"的反应，即使性格坚定的人不因之而形于色，也不能避免在内心引起这种反应。

---

①　Robert Sugden, *Beyond sympathy and empathy: Adam Smith's concept of fellow - feeling*, Economics and Philosophy, 2002, Vol. 18.

②　同上。

③　同上。

④　［英］亚当·斯密：《道德情操论》，蒋自强、钦北愚译，商务印书馆1997年版。

不论是伦理学家（如达沃尔）所说的"情绪感染式"移情还是经济学家（如萨金）所说的人类"共同感"，毫无疑问都与现代神经科学中的镜像神经元系统（Mirror Neuron System）有关。镜像神经系统的研究表明，当观察对象的时候，我们脑中的神经网络就被一种"共享表征"所刺激，我们对所观察的对象的体验会产生反映或模拟。可以说镜像神经系统就是在生物学层面对"共同感"或"情绪感染式"移情的诠释。

神经科学的研究表明，人类之所以会对同类乃至其他生物的处境产生"类似"的感觉，并因为这种"类似"的感觉而受到对象的影响，就是因为人脑中先天存在着"镜像"系统。奥尔森（Gary Olson，2013）在新近的一项研究中写道："镜像神经元在相同的情感性大脑回路中被自动激发去感受他人的痛苦，此种神经回路几乎是瞬间激发的，它是对他人的不幸产生反应的移情式行为的基础。我们总是比喻说'我能体会到别人的痛苦，'但是现在我们知道真正能体会到你的痛苦的是我的镜像神经元。"①

在生物学层面表现为镜像神经系统的人类"共同感"或"情绪感染式移情"，是包括同情、恻隐之心、助人行为在内的人类道德活动的产生源头，因为根据社会科学家们在道德心理层面的研究，"在大多数情况下，模仿或情绪感染会产生移情，而移情产生同情和恻隐之心，同情和恻隐之心接下来可能产生亲社会（pro-social）行为"②。换句话说，对于同情、恻隐之心以及助人行为，都可以通过镜像神经系统追根溯源，找到它们的作为本能反应的生物学根据。

三　神经科学进展对道德理论发展趋势的影响

在最近十年中，西方道德心理学以及神经科学对镜像神经系统的研究日趋成熟，镜像神经系统对于道德心理乃至整个伦理理论的重要意义

---

① Gary Olson, *Empathy Imperiled*: *Capitalism*, *Culture*, *and the Brain*, Political Science, 2013, Vol. 10.

② Tania Singer and Claus Lamm, *The Social Neuroscience of Empathy*, The Year in Cognitive Neuroscience, New York Academy of Sciences, 2009.

也日渐凸显。有的科学家如拉马钱德兰（Vilayanur Ramachandran，2010）甚至认为镜像神经系统的发现"对于心理学来说就像 DNA 的发现之于生物学"①。奥尔森写道："像移情这样的道德情感，是亲社会行为的根源，它们具有关键性的进化功能。拉马钱德兰推论镜像神经元系统的演化不仅帮助产生对他人的意识，而且产生自身意识。他认为这些神经元塑造了'我们文明的基石'。"②

在现代西方社会科学界，移情概念受到的重视程度要远远高于同情概念，其中一个重要原因就是移情被普遍认为是同情之类的亲社会心理、行为的基础。从达沃尔对移情到同情的层层递进的分析可以看出，人们一般是在"情绪感染式移情"的基础上，一步步生发出"亲同情式移情"乃至同情。正如施密特（Christopher Schmitt）和克拉克（Candace Clark，2006）所言，虽然移情并不必然产生同情，但是移情对于同情来说必不可少。③ 从道德理论研究的角度讲，要从移情出发来理解和研究人类的同情心、恻隐之心乃至亲社会行为，镜像神经系统为我们提供了一条重要的路径，并且有可能改写整个伦理学体系。

对于镜像神经系统对于伦理学可能产生的影响，奥尔森指出："现在我们有大量证据表明（作为道德基础）的移情并不是从'高处'，即通过宗教权威以及哲学家制定的社会规范传承下来，而是'自下而上'地建构起来。如果道德是基于生物机理，这一事实将导致硬科学和世俗道德的偶然联姻，而这一联合因而促使人性朝向更加符合危险的乐善好施者（撒马利坦人）的行为。"④

奥尔森在这段话中至少指出了目前西方伦理学的两个重要趋势。第一，现代西方伦理学的基本研究方法和理念，越来越远离形而上学，越

① Gary Olson，*Empathy Imperiled*：*Capitalism*，*Culture*，*and the Brain*，Political Science，2013，Vol. 10.

② 同上。

③ Christopher Schmitt and Candace Clark，*Sympathy*，Howard B. Kaplan（eds.）Handbooks of Sociology and Social Research，Springer，2006.

④ Gary Olson，*Empathy Imperiled*：*Capitalism*，*Culture*，*and the Brain*，Political Science，2013，Vol. 10.

来越靠近包括神经科学在内的实验科学（硬科学）。西方的传统伦理学，尤其是以康德为代表的先验理性主义传统伦理学，主要是通过纯粹的形式化推演，来论证道德问题。但是他们在推演过程中所采用的一些基本道德心理前提，并不在现实中找到可靠的根据。神经科学以及以之为基础的伦理学的发展，将越来越重视能够在生物学层面找到根据的人类"实然"道德心理的研究，而不是单纯在形而上学或先验的层面上寻找道德的"应然"。

第二，人类的亲社会行为、互助行为以及作为其心理基础的移情、同情、恻隐之心之类的道德情感，将越来越受到伦理学研究的重视。理性主义或非情感主义伦理学长期以来在西方伦理学传统中占据着主导性地位，只有在 18 世纪的情感主义（sentimentalism）伦理学兴起以后，道德情感才开始在西方真正受到重视。对于有千年传统的西方伦理学来说，移情是一个新概念，在现代西方主流伦理学理论中，只有美德伦理学（virtue ethics）等为数不多的流派将其作为理论的重要论题。但是在其他社会科学以及交叉学科研究中，对移情的研究已经蔚为大观。随着神经科学在生物机理层面对人类亲社会行为的佐证作用越来越大，人类行为的利他主义面向将越来越受到伦理学研究的重视。镜像神经系统的机制，为移情—同情（恻隐之心）—亲社会行为的道德心理结构模式奠定了坚实的基础。其他自然科学领域的研究，也在为人类亲社会心理、行为提供佐证。例如德·沃尔对灵长类动物的长期研究表明人类是"预先被设计好去伸出援手的"①，从海豚救护受伤同伴到怕水的猩猩冒着淹死的危险去救溺水的同伴，德·沃尔在动物学领域的研究也为理解人类天生的移情能力乃至于道德的生物学起源提供了重要的证据。②

自然科学和社会科学的研究都表明，利他主义心理和行为和利己倾向一样，都是人类固有的本能天性。虽然与利己主义相对照，人类的利他心理通常以道德情感的形态出现，但是诚如舍勒所言，人类情感实际

---

① Gary Olson, *Empathy Imperiled: Capitalism, Culture, and the Brain*, Political Science, 2013, Vol. 10.

② 同上。

上也有着自身的法则和秩序，并非无规律可循、无根据可依的杂乱无章的本能冲动。而自然科学和社会科学对移情、同情、恻隐之心这些道德情感研究的深入，将循着舍勒的思路去探寻道德情感的法则和秩序，为人类道德活动中的利己与利他、理性与情感的融通提供可能。这一趋势也将为西方伦理学与重视道德情感的中国传统伦理学进一步融通提供可能。

（《云南社会科学》2014 年第 1 期）

（作者单位：南京师范大学马克思主义学院）

理由、原因、动机或意图

——对道德心理学基本分析框架的梳理与建构

李义天

【摘要】道德心理学研究是当代伦理学的发展趋势和重要前沿，它不仅是道德哲学长期以来关于人性、灵魂、心灵等传统议题的必然延伸，而且是当代伦理学者针对现代道德哲学的心理缺失而做出的恰当反应。只有通过探究伦理学在心理问题上的预设、依据和内容，我们才能对伦理学所提出的道德要求有更深入的认同，才能对行为者的道德行动给出更合理的解释。在此过程中，"理由""原因""动机"或"意图"已然成为道德心理学研究中的关键词。对这些基础性概念的理解和界定，将直接影响到道德心理学的分析框架与基本格局的形成。也正因如此，这些概念在学界讨论的过程中才会表现出明显的歧义性甚至相当程度的重叠性，常常引人费解甚至误解。本文即试图通过剖析当代伦理学的典型观点，对上述概念予以梳理和澄清，并尝试性地为道德心理学研究搭建一个基本的分析框架。

一　道德要求与道德理由

作为一种思想类型或理论学说，伦理学是人们反映、思考伦理生活的观念产物，但不是伦理生活本身。亚里士多德曾清楚地阐述过作为伦理生活的 ethos 和作为伦理思想的 ethics 之间的区分：伦理生活（ethos）是人们在生活中的风俗习惯及其在个人身上形成的气质和品质，而伦理学（ethics）则是针对这种风俗和品质的一项研究。① 然而，包括不少伦理学家在内的许多人认为，伦理学的使命在于告诉人们应该做什么或不应该做什么（即如何行动），以及应该怎样生活或不应该怎样生活（即如何生活）。也就是说，伦理学的使命在于提供道德要求。可是，一个社会接纳和提倡怎样的道德要求，根本上不是由 ethics 而是由 ethos 决定的。

在伦理学出现之前，ethos 已经为人类生活作出相应的规定。况且，人类的道德状况并没有因为伦理学的系统化或精细化而变得更好。相反，伦理学在道德要求方面的差异和冲突常常令人无所适从，甚至招致普遍的怀疑。毋宁说，作为一项理论研究，伦理学的使命不在于越俎代庖地制定道德要求，而在于对伦理生活所提出的道德要求进行批判、论证和反思。对一项道德要求来说，如果它经得起反思和追问，就可以被接纳并得到强化；如果它经不起反思和追问，伦理学就需要提醒人们修改甚至放弃它。② 所以，学习和了解伦理学，并不是因为一个人对于社会倡导哪些道德要求或自身持有哪些价值观念茫然无知，而更多的是，希望通过伦理学搞清楚"为什么他的价值是对的。……伦理学是要解释和说明这些道理，告诉人们为什么他们坚持的道德信念和道德信仰以及他们的道德习惯是好的"③。

伦理学的使命不是考虑提出怎样的道德要求，而是要考虑如何论证道德要求背后的道德理由。伦理学的任务，就是要把道德理由经过反思而建立在一个合理的基础上，构成具有说服力的立场。在这个意义上，无论是康德主义、功利主义、亚里士多德主义还是休谟主义，其关键都在于为伦理生活所提出的道德要求赋予给予恰当的道德理由。对它们来说，道德要求或有重叠之处，但其道德理由却各自不同。道德理由的差异而不是道德要求的差异：康德主义：你应当采取行动 A，因为行动 A

---

① Aristotle, *Nicomachean Ethics*, in R. McKeon (ed.), The Basic Works of Aristotle, Random House Inc, 2001, p.952.

② 参见李义天：《美德伦理学与道德多样性》，中央编译出版社 2012 年版，第 25-26 页。

③ 余纪元：《亚里士多德伦理学》，中国人民大学出版社 2011 年版，第 4 页。

可以成为一条可普遍化的行动法则。功利主义：你应当采取行动 A，因为行动 A 可以实现最大多数人的最大快乐。亚里士多德主义：你应当采取行动 A，因为行动 A 可以有助你获得幸福或实现繁荣。休谟主义：你应当采取行动 A，因为行动 A 是可以实现你的欲望的途径。

任何形式的理由都呈现为行为者内心的一种判断。虽然人们常常认为事实可以成为理由，但是，如果只有客观的事实而缺乏行为者对它的主观认知、理解和认同，那么事实就依然不会构成理由。就此而言，当一个功利主义者将"行动 A 可以实现最大多数人的最大快乐"列为"应当采取行动 A"的理由时，他并不是在单纯描述一个客观事实，而是在描述他对这个事实的理解和承认。除非他预先认为"一个行动是否应当"恰好取决于"它是否实现最大多数人的最大快乐"并承认这种关联性合理，否则，即使"行动 A 实现最大多数人的最大功利"是事实，那也无法从一个物理事件转化成一个得到行为者重视的心理事件。更何况，行动 A 是否真的实现最大多数人的最大快乐，在相当大程度上，仍然不是一个可被完全证明的事实。类似的问题在康德主义和亚里士多德主义所提供的理由那里同样存在，因为它们同样是由行为者心理建构而成的主观判断。

理由是一种判断，但并非所有的判断都是理由。理由是用于解释行动并赋予其合理性的判断。唐纳德·戴维森（Donald Davison）指出，理由"是行动者想要的、渴望的、赞赏的、珍视的，认为是有义务的、有帮助的、有责任的或能够接受的行为某特征、后果或方面"[1]。无论行为者还是旁观者，当他们有理由来解释行动时，就是要将它解释为合理的行动即通过某种合理化解释，把该行动表述为一个可以理解的而不是不可理喻的行动。

与一般的理由不同，道德理由不仅需要将道德要求所包含的那个应该采取的行动"解释为"合理的行动，而且还需要将这个行动"论证为"正当的行动。除了从逻辑上揭示该行动的可理解性之外，道德理由

---

[1] Davidson D, *Essays on Action*, *Reason and Cause*, Clarendon Press, 2001, p. 3.

更需要证明其应然性和规范性。换言之，道德理由正是通过将一个行动证明为正当而解释该行动的。在这里，"论证一个行动和解释一个行动常常如影随形"①。既然一个行动被证明为应该做的事情，那么，道德理由就不可能仅仅停留于"解释"与"证明"的层面，而是会更进一步，体现出一种激发行为者根据理由去履行该道德要求的实践诉求。因此，任何一种伦理学立场，当它们提出各自的理由时，总是会对这些理由的实践性与推动力充满信心和期待。

二 内在理由与外在理由

道德理由要实现自身的实践性与推动力，就必须现实地激发行为者，使之形成动机。但是，并不是所有的理由在被提出来之后都会自动转化为动机。如果行为者并未认可和采纳这些理由，他们就不会形成包含有这些理由的动机。不过，即便是这样的情况下，人们也仍不会否认这些理由的存在意义。因为无论行为者是否被激发而形成动机，它们都是摆在行为者面前可供他选择并且始终对他施加着某种（潜在的）约束和引导作用的规范性依据，它们"并不会因为缺乏一个合适的动机而被证伪"②。伯纳德·威廉姆斯（Bernard Willams）将这样的理由称作"外在理由"。它们并不参与行为者实际动机的形成过程；即便行为者实施的行动与它们所包含的诉求在内容上一致，该行动也不能通过这些理由而获得说明。③

与外在理由相对的是"内在理由"。在威廉姆斯看来，一个理由是内在的，意味着它所包含的内容与行为者的主观动机集合存在匹配并实际地构成了行为者的动机。内在理由必定激发行为者采取相应的行动；一个理由如果没有构成行为者的动机，就不是一个内在理由（甚或根本不是理由）。因此，按照威廉姆斯的观点，当我们以"内在的解释"方式来理解"行为者有理由做某事"这一命题时，只有当该行为者确实具

---

① Davidson D, *Essays on Action*, *Reason and Cause*, Clarendon Press, 2001, p. 8.

② Williams B, *Moral Luck*, Cambridge University Press, 1981, p. 101.

③ 同上，p. 107.

备了"去做此事"的动机，我们才能判定它为真。①

所以，一个理由是否堪称"内在理由"，取决于行为者是否根据该理由形成了动机，取决于该理由所表述的内容是否属于行为者的主观动机集合。而所谓"主观动机集合"，最简单的理解就是指行为者所希望实现的各种欲求，但除此之外，还"可以包含诸如评价的倾向、情感反应的模式、个人的忠诚，以及各式各样尽管可能被抽象地表达，但却体现着行为者诸多承诺的计划等东西"。②

虽然内在理由更多地和行为者的偏好等个体要素相关，但它不一定局限于或发端于行为者的欲望。就连常常被视作休谟主义者的威廉姆斯也承认，对理由作出"内在的"解释，并不等于那种"肯定过于简单"的"欲望+信念"的"准休谟式模型"。③ 因为内在理由的根本特征在于它的心理功能（即是否实际地构成动机），而不在于它的表现形态（即究竟是欲望还是理性）。任何实际地激发行为者从而形成动机的理由，都是内在理由。对于休谟主义者，它们表现为具有感性色彩的欲望及其相关信念；对于亚里士多德主义者，它们表现为具有个性特征的幸福目的论；对于功利主义者，它们表现为每个人基于自然感受的功利诉求及其计算。在康德主义者看来，普遍的道德法则并非外在于行为者主观动机集合的东西，而恰恰是在行为者内部必然产生且构成真实动机的东西。康德主义的理由既然本身就是意志在纯粹理性的命令下自我立法的结果，那么它不可能不直接地体现为动机。在这个意义上，康德主义者不但是内在主义者，而且是强的内在主义者。

所以，外在理由与内在理由的区别不在于一般理性原则与个别感性欲望之间的区别。只要行为者坚定地相信和认同前者，那么，任何一般的理性原则也会出现于主观动机集合之中。同样地，外在理由与内在理由之间的区别也不在于前者是行为者身外的客观事实，而后者是行为者心中的主观依据。因为，其一，如前所述，任何理由都是行为者的内心

---

① Williams B, *Moral Luck*, Cambridge University Press, 1981, p. 101.
② 同上，p. 105.
③ 同上，p. 101.

判断；当事实成为理由时，它已经是行为者观念的一部分，而且是经过行为者认知、理解、承认等一系列心理过程塑造而成的观念的一部分。其二，只要行为者相信这些事实及其观念的规范性，那么他就生成动机；作为动机内容而呈现出来的事实（观念的事实）当然成为行为者的一项内在理由。

概言之，内在理由与外在理由的区分，不是"内在于个性化欲望还是外在于个性化欲望"的区分，也不是"内在于心灵还是外在于心灵"的区分，而是"内在于动机还是外在于动机"的区分。内在理由必须是行为者所承认和接纳的理由，必须是具有驱动性和推动力的理由，必须是内在于行为者动机并构成其动机的理由，必须是基于第一人称视角的"激发性理由"；而外在理由则不一定被行为者接受或接纳，不一定构成动机，尽管它们在旁观者看来仍具有相当强烈的规范性和指导意义，但它只是一种基于第三人称视角（有时也可以基于第一人称视角）的"规范性理由"。① 威廉姆斯指出，外在理由转化为内在理由需要借助某种心理联系；对一个外在理由，如果行为者相信其合理性和规范性，那么，该理由就将合乎其主观动机集合而转化为实施行动的内在理由。②

三　理由与原因

康德主义、功利主义、亚里士多德主义和休谟主义的理由都可以成为内在的理由，只要它们被行为者相信和采纳；它们也都可能仅仅是外在的理由，只要行为者对它们不以为然。因此，断言"康德主义或功利主义的理由是外在理由，而亚里士多德主义和休谟主义的理由是内在理由"，这是不准确的。虽然任何类型的道德理由都可以成为内在理由，但并非每种类型的道德理由都可以同等容易地或频繁地成为内在理由。因为它们为人接受的便利程度和广泛程度是不一样的。

康德主义的理性原则当然可以构成行为者的动机，然而，这要求这些行为者必须首先是康德主义者，或者说，这要求这些行为者必须首先

---

① 参见亓学太：《行动的理由与道德的基础》，载《学术月刊》2010 年第 5 期。

② Williams B, *Moral Luck*, Cambridge University Press, 1981, p. 107-108.

"相信"通过纯粹理性的自我立法而以普遍原则的形式所表达出来的理由具备充分的合法性，"相信"这些理由能够直接激发行为者的动机。在此意义上，康德主义的理由只对康德主义者来说才是内在的，而对非康德主义者来说，这样的理由——"使你的行为准则同时成为一条可以普遍的法则"——则难以构成动机。类似的情况，在功利主义那里同样存在。尽管功利主义的出发点是行为者的经验感受或本能（趋乐避苦），但它作为理由而提出来的功利原则却是一条需要对这些感受进行计算的理性原则。

严格地说，功利主义的理由不是关于痛苦或快乐的直接体验，而是对于痛苦与快乐之间孰大孰小、孰多孰少的一种关系判断。所谓"最大多数人的最大快乐"，恰恰是通过对苦乐的计算而不是对苦乐的感受得出的结论。功利主义必定要求行为者首先能够认同"最大多数人的最大快乐"的理性原则，其次能够计算该原则在特定情境中的具体结论。对于前者，并不是每个人都会将其承认为必然的理性原则（康德主义者就是最典型最激烈的反对者）；对于后者，即便在功利主义者内部也不可能时时达成一致。所以，功利主义的道德理由，虽然因为奠基于行为者的自然属性而比康德主义"门槛更低"，但是，它们滞留于外在理由层面的风险以及由外在理由转化为内在理由的困难程度，却不见得比康德主义强多少。

作为现代规则伦理学的两种主流，康德主义与功利主义的问题并不在于它们将行为者对纯粹理性的承诺或功利诉求的承诺纳入了主观动机集合，而在于，它们在这么做的同时却排斥了行为者所可能肩负的其他承诺。苛刻的集合标准势必约束集合囊括的要素范围，使得大部分理由都无法置身其中，而只能停留于外在理由的层面。

相比之下，亚里士多德主义与休谟主义的主观动机集合更宽松，允许更多的心理因素（情感、欲望甚至冲动）纳入其中，允许更多的日常诉求成为内在理由。它们分别提供的以"实现自我繁荣的目的追求"以及"满足自我欲望的真实渴望"为内容的理由明显具有切身性，更易于成为普通人的主观动机。对一个行为者来说，成为一个亚里士多德主义者或休谟主义者无疑要比成为一个康德主义者或功利主义者更容易些。

休谟主义认为，行动的心理过程总是从行为者的欲望开始，其中既包括经验或自然的本能欲望，也包括行为者的各种实践目的和诉求。因此，"欲望"概念应该被广义地理解；在语言上，它们表现为行为者的如下命题："我想要（I want to）做某事""我打算（I intend to）做某事"或"我将会（I will）做某事"等。当行为者确信一个行动 A 将实现该欲望时，他便会得出"我要采取行动 A"的结论。

戴维森将这样的理由形态称作"基本理由"，它包括（1）支持性态度以及（2）相关的信念（belief）。前者意味着行为者对某种类型的行动持有支持或赞同的心理倾向（包括愿望、要求、目标等），想要或愿意去实现它；后者则意味着行为者相信或断定某个具体行动具备上述行动类型的特征，构成了实现上述行动类型的一个具体方案。① 概言之，休谟主义的大前提是："我想要做某事"；小前提是："行动 A 属于做某事的一个具体方案"；结论是："我采取行动 A"。作为欲望的大前提和作为信念的小前提组成了行为者的基本理由，使之形成了"我要采取行动 A"的动机。在此意义上，"基本理由"必定是内在的理由，它是"行动所以发生的根源"。② 戴维森认为，"行动的基本理由就是行动的原因"③，两者存在某种重合性。

当理由作为内在理由而构成动机时，它确实充当了行动的原因。但是，行动的原因却不限于理由。作为行为者的心理因素，理由所构成的动机仅仅是引发行动的主体原因或行为者原因；这种原因与行动之间的关系只是"行为者的因果关系"。除此之外，引起行动的还会有另一些主体之外的物理事件，甚至有的情况下（比如，车晃踩脚），行动完全就是由这些事件原因引发的；这种原因与行动之间构成的是"事件的因果关系"。如果不考虑任何行动既包括行为者原因又包括事件原因，而是根据行动的基本方面给予大致区分的话，那么我们可以说：在行为者的

① Davidson D., *Essays on Action*, *Reason and Cause*, Clarendon Press, 2001, p. 3.
② 杨国荣：《理由、原因与行动》，载《哲学研究》2011 年第 9 期。
③ Davidson D., *Essays on Action*, *Reason and Cause*, Clarendon Press, 2001, p. 4.

因果关系中，促成行动的是行为者的某个动机，是一个心理事件；而在事件的因果关系中，促成行动的不是行为者的动机，而是行为者之外的某个动力，是一个物理事件。心理事件与物理事件都可以成为行动的原因。

由此，我们至少得出两点结论：（1）当理由以内在理由的形式构成动机时，作为心理事件，它只是行动的原因之一，而不是原因的全部。因此，不加限定地说"行动的理由就是行动的原因"，是不妥当的。这尚未囊括所有的行动类型尤其是那些纯粹因外力而引发的行动情形。（2）即便在行为者因果关系的前提下认为"行动的理由就是行动的原因"，也只是一种简便起见的省略说法。因为理由并不能直接成为引发行动的原因；只有当理由成为内在理由时，只有当理由实际构成动机时，它才引发行动（如果理由停留于外在理由层面，则根本不会构成动机，更不会引发行动）。所以，更准确的说法应该是"行动的理由是行动的间接原因，而行动的动机是行动的直接原因"。

在康德主义和功利主义模式中，理性（reason）当然是构成理由的主要元素，甚至是唯一元素。但是，如果休谟主义的模式可以被接受，那么，除了理性，行为者的欲望、情感等非理性元素显然也构成理由。这些理由也许因为基于欲望而不像康德主义那样出于纯粹理性，然而，它仍然在一种合情合理的意义上是可以被认知、表述、澄清甚至辩难的。至少，它可以借助语言形式被表述出来。正如斯坎伦注意的那样，"欲求某物，意味着具有一种将该物视作好东西或值得欲求的东西的倾向性"①。

相比之下，诸如直觉、冲动等心理过程则更加"混沌"，更加"难以言表"。尽管我们可能通过事后分析将这些心理过程"还原"为推理过程，但是，在它们实际发生的那一瞬间却并无理由可言。有过类似体验的行为者即便在事后也往往说不清楚自己当时到底是一种什么样的心理状况，更不用说识别出自己的详尽理由了。所以，这类心理事件不属

---

① Scanlon T, *What We Owe Each Other*, Harvard University Press, 1998, p. 38.

于"理由"。

但若因此就断言出于直觉或冲动的行为者"缺乏动机",却又矫枉过正了。因为直觉或冲动依然属于行为者在实施行动时所具备的真实的心理过程,它们确实构成了行为者的动机——只不过是一种难以识别或理解的动机。出于直觉或冲动,而不是出于理性、欲望或情感,这最多表明行为者是"无理由"的,却不能认为他们是"无动机"的。因此,一方面是由理性、欲望或情感构造的有理由的心理状态(I),一方面是由直觉或冲动构造的无理由的心理状态(II),两者同属行为者的动机部分,同属促成行动的心理事件,因而同属引发行动的行为者原因。真正与之对立的,是行为者之外的物理事件或事件原因(III)。

在这种情形中,对于实际发生的行动,行为者并无任何试图引发它的心理过程,因此,既谈不上有理由,也谈不上有动机;该行动完全是由那些物理层面的事件原因引发的。我们不妨用一个结构图来概括上述分析框架:

表 1

I	理性	有理由	有外在理由	无动机	行为者原因(心理事件)
	情感		有内在理由		
	欲望			有动机	
II	直觉	无理由			
	冲动				
III	无	无理由		无动机	事件原因(物理事件)

(最右侧竖列跨所有行:原因)

四 理由与意图

理由、动机和原因是道德心理研究必须澄清的重要概念。上述分析框架虽然在一定程度上明确了这几个概念位置,然而,它却仍然遗漏了另一个与之重叠但又似乎存在区别的概念,即意图(intention)。什么是意图?它与理由、动机、原因等概念又是什么关系呢?

安斯库姆在《意图》一书中曾对这个概念给出极具代表性和影响力

的解释。她认为，"意图"就是理由，有意图的行动就是有理由的行动。说一个行为者具备某种意图，这意味着，当别人对其行为提出"为什么"的问题时，他能够做出合理的回答。也就是说，他能够为自己的行动给出理由，从而表明该行动不是无中生有或不可理喻的。所以，当一个有意图的行为者回答"为什么这么做"的问题时，他必会给出详细的解释和论证。这些解释与论证既可能是康德主义或功利主义的，也可能是休谟主义或亚里士多德主义的，既可能是基于理性，也可能是出于情感的，但无论如何，行为者总能提供一定的依据和说法而不是简单、武断地声称"我就是要这么做"。

可是，在日常情形中，当针对行为者的意图发问时，我们首先问的是"你这么做有没有意图"，其次才会问"你这么做的意图是什么"。对第一个问题的肯定回答是："是的，我有意图，我是想要这么做。"对第二个问题的回答是："我之所以想要这么做，是因为/为了……"可见，将有意图行为同无意图行为区分开来的是第一个问题，而第二个问题则是对有意图行为的意图内容进行具体的揭示。当安斯库姆将意图等同于理由时，她实际上考虑的是第二个问题。在她看来，只有当行为者说出具体的理由而不是仅仅说"我就是想要这么做"时，他才算作是"有意图的"。显然，这是一种关于意图的强定义；它要求我们必须在"有理由"的意义上来理解"有意图"，无理由的行动（即无法回答"为什么"问题的行动）只能是无意图的行动。

然而，这种定义却忽视了三个方面的问题。第一，并非所有有意图的行动都是有理由的。如上所述，区别有意图行动与无意图行动的关键问题是"你这么做有没有意图"。一个行为者，只要他行动时内心具有特定的实践指向和实践目标，即指向某个对象、事件或状态（有所指），并且试图通过行动来改造这个对象、操作这个事件或实现这种状态（有所图），那么他就是"有意图的"。用罗伯特·布莱顿（Robert Brandom）的话来说，"意图"意味着行为者内心的一种"实践承诺"。这种心理过程既可以表现为能够加以分析和表述的出于理性、情感或欲望的"有理由"状态，也可以表现为不可分析、难以言状的出于直觉或冲动的"无理由"状态。在直觉或冲动的状态下，行为者虽然无法做出清晰的推理并细致地回答"为什么"，但他并未因此变得无所指或无所图。行为者只需对第一个问题作出肯定的回答而无需对第二个问题作出具体的回答，便能将自己归于"有意图"之列，即使他可能是"无理由"的。

第二，并非所有有理由的行动都是有意图的。如前所述，理由可以被分为内在理由和外在理由。任何一个理由都有可能成为内在的理由，也有可能成为外在的理由，而区分的尺度就在于它是否合乎行为者的主观动机集合而实际地构成动机。当理由停留于外在理由的层面时，它尚未影响到行为者内心的实践指向及实践目标，尚未影响到行为者的意图。在这种条件下，有理由不等于有意图；或者，更确切地说，有外在理由不等于有意图。只有在有内在理由的条件下，理由实际地作用于行为者的慎思或考虑，使之形成"想要这么做"的意图并表现为现实的动机。所以，当且仅当在内在理由的意义上，我们才能说，"有理由"就会"有意图"，或者，"有意图"就意味着"有理由"。

第三，既然有些有意图的行动是"无理由"的，那么，我们就不能再像安斯库姆那样不加区分地认为"无理由的行动就是无意图的行动"。"无理由的行动即无意图的行动"这种说法，只有在限定的意义上才能成立，即完全是由于物理事件所导致的那种无理由的行动才是无意图的。因为当行为者受到来自物理事件的外力作用而行动时，他事先对于该行动的发生其实并无任何考虑或打算，也没有任何指向或企图，因此从他的角度来讲，这里既没有什么理由存在，更没有什么意图可言。

综言之，我们可以用另一个表格来描述意图与理由之间的复杂关系：

表 2

I	理性	有理由	有外在理由	无意图
	情感		有内在理由	有意图
	欲望			
II	直觉	无理由		
	冲动			
III	无	无理由		无意图

对比表 1 和表 2，不难发现，"意图"恰好取代了"动机"的位置。但凡表 1 中的"有动机"皆被表 2 中的"有意图"代替；但凡表 1 中的"无动机"在这里也呈现为"无意图"。而这绝非偶然。因为"意图"在相当大的程度上就等于"动机"。

首先，当我们考察一个动机时，我们同样会问"你这么做有没有动机"以及"你这么做的动机是什么"这样两个问题。而对它们的肯定回答同样是："是的，我有动机，我是要这么做"以及"我之所以这么做，是因为/为了……"这表明，两者在概念的逻辑结构上是一致的。其次，就概念的逻辑地位而言，正如戴维森提示的那样，如果狭义地理解"意图"，那么它应该仅限于实践三段论的结论部分，而"欲望+信念"所组成的前提部分则属于"理由"。① 这样，理由与意图就被完全区分开。此时被称作"意图"的东西，作为实践推理三段论的结论部分，恰好就是原先被称作行为者"动机"的东西。

再者，就概念的逻辑功能而言，"动机"意味着行为者的内心已经被激发起来，指向某个对象或事情并试图对它进行改造。而布莱顿采用"实践承诺"来解释"意图"，恰好就表明了这一点，即"意图"必须使行为者切实地产生指向实践、改造事物的坚定念头。

这种"行动起来，去这么做"的实践承诺显然就是"动机"。因此不妨说，意图就是动机的另一种表述；它们都是对作为行为者原因的同一种心理事件的刻画。两者的差异在于，"意图"侧重于揭示上述心理过程的指向性及其所指向的内容，而"动机"则更强调这种心理过程所表现的一种被激发的动态状况及其作用于相关对象的实践功能。如果这样，那么，我们就有必要将表 1 和表 2 结合起来，借表 2 的分析来进一步完善表 1 的内容，从而得到如下分析框架。

---

① Davidson D., *Essays on Action*, *Reason and Cause*, Clarendon Press, 2001, p. 84-85.

表 3

I	理性	有理由	有外在理由	无动机/无意图	行为者原因 （心理事件）	原因
	情感		有内在理由	有动机/有意图		
	欲望					
II	直觉	无理由				
	冲动					
III	无	无理由		无动机/无意图	事件原因 （物理事件）	

　　理由、原因、动机或意图是道德心理学最基本的概念。对它们做出不同的理解和定义会给道德心理研究带来不同的分析框架。就该分析框架本身而言，道德心理学若干基本概念的内涵、外延及其相互关系是清晰、明确而稳定的。以此为坐标，我们可以对行为者心理活动及其变化的更复杂情况予以进一步的探究。作为一门实践知识，包括道德心理学在内的一切伦理学知识都必须以伦理生活的实际情况为基础和限度，不断反思并作出调整。只有始终不颠倒伦理生活与伦理知识之间的关系，伦理学才能不辱使命，不忘初心。

（《哲学研究》2015 年第 12 期）

（作者单位：清华大学）

试论儒家伦理的精神性内涵及
其心理健康价值

郭斯萍　柳　林

【摘要】本文重点论述儒家伦理之精神性内涵及其当代心理健康价值。儒家伦理思想从先秦百家之一种学说发展为汇通儒道佛的理学，经过历史的磨砺与选择，最后成为中国传统文化的主要代表性名片，成为洗印中国人心理的统一底片，这种无与伦比的影响力足以与任何宗教比肩。如果以"永恒信念、情感联通、自我超越"作为所有宗教的精神性公约数的话，那么儒家的"天理伦理、民胞物与、圣人之道"等价值观以非宗教的形式完全起到了宗教的精神性功用，还避免了宗教带来的种种弊端。同时，儒家伦理的精神性功用对于中国人的身心健康亦具有积极的意义。当然，对于因为封建专制制度带给儒家文化的负面作用我们也不必讳言。

引　言

随着积极心理学和超个人心理学的发展，人们开始越来越关注宗教及其相关心理学现象的影响。精神性（spirituality）作为从宗教中衍生出来的一种心理现象，也逐渐成为科学心理关注的研究对象。

精神性的研究最初产生于人们对"自己死后会成为什么"的疑问，后来逐渐发展为在哲学、宗教中探究关于"如何更好地生活"的问题。①

---

① D. Y. F. Ho & R. T. H. Ho, *Measuring Spirituality and Spiritual Emptiness*: *Toward Ecum-enicity and Transcultural Applicability*, Review of General Psychology, 2007, 11（1）, p.62-74.

"精神性"一词来自拉丁语，意为"呼吸、勇气、活力、灵魂"等，主要指"内部自我"的活动。[①] 最初"精神性"在希伯来语的旧约和希腊的新约全书中使用较广泛，后逐渐被引用为宗教用语。[②] 因此，对"精神性"的研究最早较多地集中在宗教背景下。早期的心理学家也有从宗教背景下关注到人们的"精神性"问题，如威廉·詹姆士（《宗教经验之种种》）、弗洛伊德（《图腾与禁忌》《摩西与一神教》等）、荣格（《东洋冥想的心理理学——从易经到禅》《寻找灵魂的现代人》等）、弗洛姆（《精神分析与宗教》）、埃里克森（《青年路德》）、冯特（《民族宗教心理学纲要》）及弗兰克（《追寻生命的意义》）等。20 世纪开始，人们越来越发现宗教和精神性的差异，并将之加以区分，认为精神性是人类普遍存在的心理现象，它可以存在于宗教组织中，也可以在宗教组织之外，它是人们日常经验中渗透着的神圣。[③] 尤其是人本主义和超个人心理学的兴起，对人的超越经验的研究作了充分的肯定，认为人的心理本质既是心理的又是精神的[④]，它是人区别于动物的更高指向。这也推动了心理学上对精神性的研究，如在临床、心理咨询与治疗等领域越来越多的研究在探讨精神性及其与身心健康的关系。作为中国传统主流的儒家文化，它对中国人的影响根深蒂固，并有相当学者认为它是传统中国人的"宗教"，具有宗教的功能和意义，满足着人们的精神性需求。因此，作为宗教和心理学共同研究对象的精神性的主要内容和意义，尤其是儒家伦理思想与文化中所蕴含的精神性内容、表现形式、功能以及实现方式等，都非常值得我们深入而持久地探讨和挖掘。本文一是探究宗教精神性与心理学精神性的关系问题，二是探究宗教精神性、

[①] F. David, *Psychology*, *Religion and Spirituality*, British Psychology Society and Blackwell Publishing LTD, 2003, p. 11–13.

[②] P. Hill, K. Pargament, R. Hoood, M. McCullough, J. Swyers, D. Larson, et al., *Conceptualizing Religion and Spirituality*：*Points of Commonality*, *Points of Departure*, Journal for the Theory of Social Behavior, 2000, 30（1）, p. 51–77.

[③] K. I. Pargament, *The Bitter and the Sweet*：*An Evaluation of the Costs and Benefits of Religiousness*, Psychological Inquiry, 2002, 13, p. 168–181.

[④] 陈永胜、陆丽青、梁恒豪：《美国宗教心理学研究的历史、现状与问题》，载《心理科学进展》2005 年第 3 期。

心理学精神性与儒家精神性的等值问题。问题宏大而作者学浅，谬误之处难免，敬请方家指正。

一 宗教中的精神性

宗教心理学的很多研究总是离不开对精神性的探讨。宗教和精神性的关系密不可分，它们既相互区分又彼此包容。牛津字典定义宗教为"人对某种神秘力量或权威产生敬畏及崇拜，从而引申出信仰认知及仪式活动的组织体系"①。有学者认为，宗教为信仰的组织，它的教义、习俗等都来自于精神性，这种精神性能够促进个体超越更大的实在。② 那么，作为与精神性关系密切的宗教，它的精神性可以概括为哪些方面呢？

首先，宗教通过与神圣相连，为其信徒建立了一个永恒的信念。伊利亚德曾从空间和时间维度描述了宗教与神圣的相连。宗教在超自然的神圣世界里为人们构建了一个秩序、美好的"世界"，使"神圣"（如上帝）在人们心中成为一种真实的实在，即一种力量、一种不朽；同时在时间上又让人们相信永生。③ 宗教通过神圣形象的人化（"上帝"），让人们遵守教义信条，建立神圣的信念与虔诚崇拜的信仰体系，在人们心中埋下了永恒信念的种子，满足了有限人生追求永恒的心理需要。

其次，宗教满足了人们的情感需要，促进了精神性的情感联通。人是意识性与社会性兼具的动物，培根说过："喜欢孤独的人不是野兽便是神灵"（《论友谊》）。任何个体都要生活在社会场域中并与他人连结，而这种连结是以情感为基础的。宗教为人们实现这种连接提供了契机和场所，在宗教团体中，信仰的纽带将人与人、人与神圣连结起来，建立人与人、人与神圣之间稳固而纯洁的关系，彼此支持、信任，使得人们在情感上获得了支持及满足，实现了人们的归属感与存在感。或者说，信教者正是通过连接宗教（教义与组织）这一巨大的力量而克服了因为

---

① *Oxford English Dictionary*, Oxford University Press, 1989.
② R. A. Emmons & R. F. Paloutzian, *The Psychology of Religion*, Annual Review of Psychology, 2003, 54（1），p. 377-402.
③ 田薇：《宗教性视阈中的生存伦理》，山东大学 2014 年博士学位论文。

人的意识性带来的对孤独、空虚和死亡的恐惧。

最后，宗教是人们寻求自我超越的圣地。宗教在根本意义上是指向某种完整、绝对、终极的世界，是一个"超验"的维度，个人通过抵达外在的神圣而实现自我的超越。也就是说，宗教通过源自"超人/至上者"的"启示"的方式而产生的神圣救赎或自我解放的身体力行的实践性超越，既在信念之中直接打开超越之维，让天光或神光倾泻而下，又在生活践履中实现生命秩序的重建，使整个人格得以在现世世界里卓然而立。人通过宗教这种超越性的最高表达，突破自然的限制，最大限度地实现自身的超越本性。精神性的超越充分体现了人类精神自由的本质，使人越出了动物的状态，突破了自然的必然性限制。宗教信仰确立起来的"神圣"（如上帝）既是人类超越追求的至高目标，也是人类价值生存的绝对依据，还是支撑人类越出生存困境的终极力量。①

总之，宗教的教义、活动、仪式等不仅是宗教组织存在的方式，同时也具有满足人们心灵需求的功能。宗教信徒通过宗教建立与神圣的连通、与他人情感的连结，通过宗教信仰获得内在的力量感、寻找生命的目标和意义，最终实现自我超越。这在很大程度上也有力地促进了人们精神性的发展。

但是，20世纪开始，人们越来越意识到这种宗教式的精神性与作为人类心灵本质上的精神性还是有一定差异的。柯尼希（Koenig）等认为宗教是一个有组织的体系，包含信仰、实践、仪式和象征，首先是为了与神圣或卓越人物（上帝、高权者、终极真理）保持亲密；其次是为了促进团体成员对关系和责任的理解。精神性是个人对理解生活终极问题答案的追求，如关于意义、关于与神圣或卓越事物的关系等，但这不一定会导致对宗教仪式的追求或团体的发展。② 库克（Cook）将精神性和宗教信仰分别作为两个独立的概念让被试者进行区分，对结果进行聚类分析时发现，大多数被试者认为精神性更多的与人的内在追求、与个人

---

① 田薇：《宗教性视阈中的生存伦理》，山东大学2014年博士学位论文。

② H. G. Koenig, M. McCullough & D. B. Larson, *Handbook of Religion and Health*, Oxford University Press，2000.

信仰有关，而宗教信仰更多的与正规的、制度化的宗教要求和仪式相联系。[1] 宗教信仰更多是外在的，而精神性更多是内在的。[2] 所以说，精神性是人类普遍存在的心理现象，一个人可能具有精神性但却不一定是宗教信徒，即"我爱上帝，但我不喜欢教堂"。

总之，与其将宗教和精神性相区分，不如关注宗教和精神性相通的部分。正如弗洛姆在《精神分析与宗教》中所说："无论我们是否信仰宗教，只要我们关注的不是外壳，关注经验而不是语言，关注人而不是教会，我们就会发现更多的人性和博爱。"[3]

二 心理学中的精神性

(一) 精神性的内涵

在心理学领域也有对"好的生活"（good life）的大量研究，如心理健康、幸福感、生活满意度等，但这些不能等同于"精神性"这一通向更好生活的高层次心理现象。前者更偏向于享乐主义（hedonism），后者则更偏向于因理性而积极生活所带来的幸福（eudaemonia）。[4] 也正因为"精神性"反映的是个体内在心灵的高层次的心理现象，具有一定的神圣性和超越性，所以从操作上定义或测量精神性存在一定的困难。

目前对精神性的定义还存在较大争议，如豪登（Howden）提出精神性包括指导个人的行为和哲学生活的内在力量，克服身体、环境限制的超越感，追求意义和人生目标以及与神圣、天地万物、人类相连通的一

---

[1] S. W. Cook, *College Students′ Perceptions of Spiritual People and Religious People*, Journal of Psychology & Theology, 2000, 28 (2): p. 125-138.

[2] J. Marques, S. Dhiman & R. King, *Spirituality in the Workplace: Developing an Integral Model and A Comprehensive Definition*, Journal of American Academy of Business, Cambridge, 2005, 7 (1), p.81-91.

[3] 陈永胜、陆丽青、梁恒豪：《美国宗教心理学研究的历史、现状与问题》，载《心理科学进展》2005 年第 3 期。

[4] D. Y. F. Ho & R. T. H. Ho, *Measuring Spirituality and Spiritual Emptiness: Toward Ecumenicity and Transcultural Applicability*, Review of General Psychology, 2007, 11 (1), p.62-74.

体感。① 梅拉维利亚（Meraviiglia）认为精神性是一个人独特而具有动态性的精神体验和表现，它反映了对上帝或一个超级存在的信仰，反映了与自我、他人、自然或上帝的联系，并且与思想、躯体和精神有多维度的整合。② 希尔（Hill）认为精神性涉及在寻找神圣物（神的存在、神圣的对象、终极现实或终极真理）的过程中出现的情感、思想、体验和行为。③ 博斯卡利亚（Boscaglia）的定义也强调，精神性是一个信仰和态度体系，它通过与自我、他人、自然环境、一种更高力量和/或其他超自然力量的联系感来赋予生活以意义和目的，并体现在情感、思想、经历和行为中等。④ Ho & Ho 还提出精神性是基于个体的核心价值体系而形成的，它是一种元认知，是个体能够意识到自己的存在，意识到自己的这种控制、调控的认知系统。⑤

还有学者通过编制精神性量表，探索精神性的维度来确定其定义并进行测量。如豪登的精神性评估量表（SAS）⑥，戈麦斯和费舍尔（Gomez and Fisher）的精神幸福感问卷等⑦；国内也有部分学者以大学生为被试自编过精神性问卷，如刘瑶、尤佩娜、刘书瑜等，都发现精神性与

---

① J. W. Howden, *Development and Psychometric Characteristics of the Spirituality Assessment Scale* (*Doctoral dissertation, Texas Women´s University*, 1992), Dissertation Abstracts International, 1992, 54, 0113.

② M. G. Meraviglia, *The Effects of Spirituality on Well-being of People with Lung Cancer.*, Oncology Nursing Forum, 2004, 31 (1), p. 89–94.

③ P. Hill, K. Pargament, R. Hoood, M. McCullough, J. Swyers, D. Larson, *et al.* (2000), *Conceptualizing Religion and Spirituality: Points of Commonality, Points of Departure*, Journal for the Theory of Social Behaviour, 2000, 30 (1), p. 51–77.

④ N. Boscaglia, D. M. Clarke, T. W. Jobling & M. A. Quinn, *The Contribution of Spiritu-ality and Spiritual Coping to Anxiety and Depression in Women with A Recent Diagnosis of Gynecological Cancer*, International. Journal of Gynecological Cancer, 2005, 15 (15), p. 755–61.

⑤ D. Y. F. Ho & R. T. H. Ho, *Measuring Spirituality and Spiritual Emptiness: Toward Ecum-enicity and Transcultural Applicability*, Review of General Psychology, 2007, 11 (1), p. 62–74.

⑥ 同上。

⑦ R. Gomez & J. W. Fisher, *Domains of Spiritual Well-being and Development and Validation of the Spiritual Well-being Questionnaire*, Personality and Individual Differences, 2003, 35, p. 1975–1991.

心理健康有一定关系。① 然而，这些量表有的是基于西方的宗教背景，有的较少考虑到中国传统主流的儒家文化背景，因此在反映或概括传统中国人的精神性时还有待考证其信效度。

总之，科学的精神性应该不仅是人们的一种情感体验、主观和意识的存在状态，它还存在于人们的认知系统中；它既受文化影响，又有个体差异；它体现在个人的心理和情感层面、道德和意识层面、审美意识和信念水平上②；而这些精神性大多都包含了"永恒的信念、情感的连结、自我的超越"等方面，影响着人们工作与生活中的知情意行。

（二）精神性与心理健康

现代人常见的精神危机主要有三类：精神病态、精神空虚、精神依附。③ 这些危机强烈地影响着人们的心理健康。心理学的最终目标则是要实现人的健康发展与完整人格的塑造，完整而健康的人包括"生理—心理—精神"三个层次，精神性属于最高层次，是人性的更为本质的存在，完整的人性应该包含精神性的发展。作为人性必不可少的一部分，精神性的发展对人的心理健康有很大影响，也是衡量人的心理健康的重要指标。因此，通过精神性的研究对缓解精神危机、提高心理健康水平有很大帮助。

在实证研究方面，西方国家对精神性的研究较为重视，在临床治疗、心理咨询等应用领域都有明确的探讨和研究，并将之纳入衡量心理健康的标准，此外还成立了美国心理学会（APA）第 36 分会，研究宗教心理和精神性。我国国内对精神性与心理健康的关系也有相关探讨，如与心理弹性、心境、应对方式等的关系。

目前应用较多的就是通过编制精神性量表，来测量人们的精神性水

① 刘瑶：《大学生的精神性：概念、结构与测量》，浙江师范大学 2008 年硕士学位论文；尤佩娜：《中国汉族大学生的精神性及其对心境的影响》，首都师范大学 2008 年硕士学位论文；刘书瑜：《大学生的精神性及其与心理弹性的关系》，福建师范大学 2009 年硕士学位论文。

② 王坤庆：《精神与教育：一种教育哲学视角的当代教育反思与建构》，上海教育出版社 2002 年版。

③ 郭斯萍、马娇阳：《精神性：个体成长的源动力——基于中国传统文化的本土思考》，载《苏州大学学报（教育科学版）》2014 年第 1 期。

平及其与相关变量的关系，主要表现在以下几个方面。

1. 精神性与幸福感

世界卫生组织生活质量小组的一项关于精神性、宗教性、信念与生活质量关系的跨文化研究（18 个国家和地区，5087 名被试）发现，精神性、宗教性、信念与生活质量的各方面有显著的相关，前者包括内心的平静、信念、希望、乐观以及精神的连结等方面，后者涵盖身体、社会、心理和环境等方面，它们的相关关系尤其体现在心理上的生活质量体验上。[①] 精神性与个体的幸福感、生活体验有一定关系，如精神性水平高的被试对生活的意义感和幸福感评分更高。[②] 扬克、施纳贝尔劳奇和德哈恩（Yonker，Schnabelrauch and Dehaan）通过元分析发现精神性与幸福感的平均效应值为．16。[③] 对大多数人来说，精神性与积极的事物有密切的联系。[④]

2. 精神性与应对

关于精神性/宗教性与应对的关系，目前研究结果一致认为精神性/积极的宗教性均有利于个体在面对压力、灾难时趋向于采取积极的应对方式。如陈和罗德斯（Chan and Rhodes）发现，怀有积极的宗教性的重大灾难的幸存者在灾难发生后能够更快地恢复和成长[⑤]；芭芭拉·西蒙娜和娜塔莎·里亚韦茨·科洛布卡（Barbara Simonič and Nataša Rijavec Klobučč ar）发现精神性/积极的宗教性在帮助个体应对离婚的压力时是

---

① W. S. Group, *A Cross-cultural Study of Spirituality, Religion, and Personal Beliefs as Components of Quality of Life*, Social Science & Medicine, 2006, 62（6），p. 1486-1497.

② A. D. Fave, I. Brdar, D. Vella-Brodrick & M. P. Wissing, *Religion, Spirituality, and Well-Being Across Nations: The Eudaemonic and Hedonic Happiness Investigation*, Well-Being and Cultures, Springer Netherlands, 2013.

③ J. E. Yonker, C. A. Schnabelrauch & L. G. DeHaan, *The Relationship Between Spirituality and Religiosity on Psychological Outcomes in Adolescents and Emerging Adults: A Meta-analytic Review*, Journal of Adolescence, 2012, 35, p. 299-314.

④ C. F. Garfield A. Isacco & E. Sahker, *Religion and Spirituality as Important Components of Men's Health and Wellness: An Analytic Review*, American Journal of Lifestyle Medicine, 2013, 7, p. 27-37.

⑤ C. S. Chan & J. E. Rhodes, *Religious Coping, Posttraumatic Stress, Psychological Distress, and Posttraumatic Growth Among Female Survivors Four Years After Hurricane Katrina*, Journal of Traumatic Stress, 2013, 26, p. 257-265.

非常有效的力量资源①。精神性水平高的被试能更好地适应和应对压力情景。②梁恒豪在分析精神性的影响因素时发现,精神性对积极的应对方式有显著的预测作用。③

3. 精神性与疾病治疗

在疾病治疗或咨询中与病人讨论精神性或宗教性的内容对病人来说是他们比较渴望的,也是非常有益的。现在越来越多的研究发现精神性在疾病治疗中有一定的促进作用。博内利和柯尼希(Bonelli and Koenig)通过文献检索系统收集了1990~2010年关于心理疾病与宗教信仰、精神性方面的实证研究发现:大多数研究证明精神性/宗教信仰的卷入水平越高,抑郁、物质滥用以及自杀等心理疾病的预后越好④,尤其在抑郁症、药物成瘾、癌症、慢性病等方面的治疗有很大的帮助。⑤

4. 精神性与心理咨询与治疗

其实早在弗洛伊德和荣格时期,他们就关注到了宗教式精神性在心理治疗中的作用,后来的人本主义和超个人心理学更加肯定了人类对终极精神的追寻。在心理咨询与治疗领域也已经逐渐引入精神性/宗教式精神性及其实践,其观点主要认为,一系列的信仰和实践会帮助人们处理问题并构建一种积极的生活态度⑥,这有利于在治疗心理疾病时促进来访者对一些关于人性最本质方面的问题的思考,它在一定程度上有利于来访者的成长。莱什季纳和李(Lestina and Lee)通过调查255名心理治

---

① Barbara Simonič & Nataša Rijavec Klobučar. *Experiencing Positive Religious Coping in the Process of Divorce*: *A Qualitative Study*, Journal of religion and health, 2016, p. 1-11.

② C. Gnanaprakash, *Spirituality and Resilience Among Post-graduate University Students*, Journal of Health Management, 2013, 15, p. 383-396.

③ 梁恒豪:《大学生精神性的影响因素及其同心理健康的关系》,浙江师范大学2007年硕士学位论文。

④ R. M. Bonelli & H. G. Koenig, *Mental Disorders*, *Religion and Spirituality 1990 to 2010*: *A Systematic Evidence-based Review.*, Journal of Religion & Health, 2013, 52(2), p. 657-673.

⑤ K. T. Kioulos & J. D. Bergiannaki, *Religiosity*, *Spirituality and Depression*, Archives of Hellenic Medicine, 2014, 31(3), p. 263-271; S. Sussman, J. Milam, T. E. Arpawong, J. Tsai, D. S. Black & T. A. Wills, *Spirituality in Addictions Treatment*: *Wisdom to Know … What It Is*, Substance Use & Misuse, 2013, 48(12), p. 1203-1217.

⑥ P. S. Richards & A. E. Bergin, *A Spiritual Strategy for Counseling and Psychotherapy*, Australian & New Zealand Journal of Psychiatry, 2005, 26(3), p. 391-398.

疗师的数据发现，83. 5%的心理治疗师会在心理治疗的过程中分析精神性，59. 6%的心理学家表示来访者愿意参与这方面的讨论。愿意在治疗过程中讨论精神性的心理治疗师具有更高的专业态度和满意度、个人的精神信仰水平和卷入水平，其精神信仰和卷入水平与专业态度和满意度、精神性因素等具有正相关。[①] 现在心理咨询中有一些流派如有神论心理疗法、正念疗法等，会专门关注一些灵性或与心灵感受相关的内容，一些宗教技术如祈祷、冥想、静坐等也越来越流行运用在心理咨询和治疗的实践中。

可见，精神性与心理健康有密切的关系，精神性可以通过积极的应对方式、幸福感、支持、积极的信念等方面促进个体的心理健康。[②] 西方心理学界对精神性的关注越来越多，如精神性对心理健康、疾病治疗等方面的作用，并重视它是通过何种机制影响到人们的心理及身体、它是先天的还是受后天文化影响、它是否具有跨文化的差异等。从众多的研究中可以发现，精神性是人类普遍具有的心理机制，它是人性神圣、超越的部分，它既是先天的但又受文化影响，不同文化或宗教背景会影响人们精神性的实现方式。

三 儒家伦理文化与精神性

目前对精神性的研究主要是基于西方国家的宗教背景之下。在跨文化的研究中对中国文化背景下的研究甚少，而中国传统文化是不具有宗教性的，那么传统中国人是如何实现自己精神性的呢？

精神性虽然起源于宗教背景，很多人通过宗教组织、宗教信仰实现自己的精神性，但中国主流的传统儒家伦理文化并没有形成一个严格意义上的宗教组织，也没有形成真正意义上的宗教信仰（虽然历史上曾对儒家是不是宗教的问题进行过大讨论，目前也存在较大的争论，在此暂

[①] Lestina & V. Lee, *An Examination of Psychologists' Personal and Professional Variables and How They Relate to the Use of Spirituality As a Treatment Tool in Psychotherapy*, Dissertations & Theses-Gradworks, 2008.

[②] S. R. Weber & K. I. Pargament, *The Role of Religion and Spirituality in Mental Health*, Current Opinion in Psychiatry, 2014, 27 (5), p. 358-363.

且不讨论儒家是或不是宗教的问题，而关于这个问题能引发学术界如此大的争论，说明儒家思想中的部分内容确实起着和宗教类似的作用），那么传统儒家伦理文化背景下的中国人又是如何实现自己的精神性呢？帕尔加芒（Pargamen）曾将神圣浸染到日常的经验、目标、角色以及责任中的能力来界定精神性，那么宗教式的神性追求可以说只是精神性的一种表达形式，精神性还可以存在于日常生活中。① 中国传统儒家伦理文化的精神性特点正是表现为放弃了宗教式的追寻神圣的途径，致力于在日用伦常中寻找神圣性，即所谓"极高明而道中庸"，可以说，儒家的伦理思想与文化中蕴含着深刻而丰富的精神性内涵。

（一）儒家伦理中的精神性内涵

传统儒家伦理的发展具有一定的逻辑性，由孔子创立，经由孟子、董仲舒、二程、朱熹和王阳明等的传承和创造，最终发展为一套严密的伦理思想体系和道德传统体系。可以说，上至国家的内政外交和政治理念、下到百姓的日用伦常和精神安顿，处处都体现着儒家的伦理理念。②

在儒家伦理中，家庭伦理往往成为首重，五伦中父子、夫妇、兄弟都属于家庭伦次，故家庭伦理被尊为天伦。梁漱溟指出："家为中国人生活之源泉，又为其归宿地。人生极难安稳得住，有家维系之乃安。人生恒乐不抵苦，有家其情斯畅乃乐。'家'之于中国人，慰安而勖勉之，其相当于宗教矣。"③ 其余二伦关系君臣、朋友亦为家庭伦理之延伸，由此家庭伦理向社会泛化，从"爱亲"到"泛爱众"，从家到国再到天下，构成家国一体的人伦模式。在一个个"家庭"与"准家庭"之间，一方面人们遵循仁礼准则促进彼此之间的情谊关系，在家庭与社会网络（如五伦关系）中承担伦理角色与义务；另一方面人们"向里用力"，克己自省，通过身心修炼，秉承"天地之性"并转向现实，"变化气质"并最终成为"大人""君子""圣贤"，这不是从人性到神性的异质跳跃，

① 郭斯萍、陈四光：《精神性：中西方心理学体系结合的对象问题》，载《南京师大学报（社会科学版）》2012 年第 3 期。

② 王义、黄玉顺：《重建与超越：新世纪儒教问题的诉求》，载《宗教学研究》2015 年第 1 期。

③ 廖济忠：《梁漱溟伦理思想研究》，中南大学 2010 年硕士学位论文。

而是人性本身充分与完美的实现，是自我价值的实现，是一种向内的自我超越。①

到了宋明时期，儒家伦理通过自我的创造性转化来实现"天人合一"的终极关怀与"安身立命"之道，这虽与西方的以基督教为代表的"宗教"极为不同，却又和基督教以及世界其他各大宗教传统一样，向世人提供了一种实现人类终极关怀的方式。此时儒家的天理、良知也无异于上帝的功能，在回归真实自我的过程中实现人生的超越②，可以说儒家伦理完全是具有宗教性的。

1. "伦理天理化"决定了传统中国人伦理认知的信念化

孔子是仁学思想的开创者，他继承和发展了周代文化重人伦的传统，创立了以仁为核心的中国传统儒家伦理学说。孔子建立了家庭"亲亲"之仁与社会"亲民"之仁（"孝弟也者，其为仁之本与"《论语·学而》），并在"孝弟"的家庭伦理基础上将"仁"扩展到他人（"爱亲"到"泛爱众"），提出恭、宽、信、敏、惠、智、勇、忠等人伦伦理思想和道德标准体系，实现了"爱亲伦理"和"爱众伦理"的统一。孟子扩充了孔子的仁学道义内容，提出亲亲仁民、以仁义为生命根本，同时发展了仁政学说，将一般的伦理要求提升为社会政治生活的准则，将"仁"运用到社会、政治制度之中，实现家庭伦理、社会伦理与政治伦理的内在统一。③汉代儒家代表人物提出"三纲五常"，将伦理设定为宇宙间事物变化的通则，赋予儒家伦理神圣性（"道之大原出于天，天不变，道亦不变"《举贤良对策》三）。到了宋明理学时期，更是将这种"伦理"发挥到极致，理学家们将"伦理"上升为"天理"，视物之理、人之理、吾心之理为一理，即天理，认为它是宇宙万物包括人类社会的本质规定。④儒家认为，"君君臣臣父父子子""父慈子孝"等伦理道德要求是"天经地义"的，像信条一样成为人们的人生信念。此"理"与

---

① 彭国翔：《儒家传统：宗教与人文主义之间》，北京大学出版社 2007 年版。
② 同上。
③ 钱广荣：《仁学经典思想的逻辑发展及其演绎的道德悖论》，载《江海学刊》2008 年第 4 期。
④ 蒙培元：《儒学是宗教吗?》，载《孔子研究》2002 年第 2 期。

"天"同在，"天"成为人信仰崇拜的对象，伦理被推广到天理。于是，儒家伦理从某种文化的规则或知识一跃成为必须遵守的道德律令，成为人们认知的最高规定，给予中国人坚定的人生信念与行为的集体格式化。

2．"民胞物与"的情怀体现了儒家伦理的情感联通

孔子引入"仁"作为"礼"的核心（"克己复礼为仁"《论语·颜渊》），将外在形式的"礼"赋以内在的情感意义，其亲亲、仁民、泛爱众的情感理念都是建立在"仁爱"这种特殊的情感之上，建立在人性善的基础之上，并通过忠恕之道来实现（推己及人），达到天人和谐、其乐融融的极乐景象。孟子进一步提出，这种仁义的良知良能是与生俱来的（"人之所不学而能者，其良能也；所不虑而知者，其良知也。孩提之童，无不知爱其亲也；及其长也，无不知敬其兄也。亲亲，仁也；敬长，义也"《孟子·尽心上》），是血亲之情的自然能力。张载在《西铭》中用"民胞物与"形象地描绘对人和一切事物的爱。他认为，人是天地的儿女，万物的朋友伴侣，人与人、人与物、人与自然之间应该是相亲相爱相互尊重的，天地有好生之德，万物包括人类从而生生不息。人亦继承了天地的"好生"秉性，故人性善。这又使人实现与"天"的沟通与合一成为可能，其真正的目的是实现"天地万物一体"之仁的境界（"仁则一，不仁则二"《遗书》），表面上这是一种普遍的宇宙关怀，实质上是人的一种精神性的情感联通。精神性作为个体内在的灵魂天性也蕴含并实现于人与人、人与万物的关系之中。

3．"圣人之道"开辟了中国人伦理自我超越的途径

人类精神性生活的本质是自我的不断超越。在儒家伦理中，从个人到君子再到圣人，是基于自力与良知的自我超越模式。儒家伦理思想首先将人与禽兽相区分，人与禽兽相同主要在自然本能（小体）方面；但人贵于禽兽之处则在于人有道德自我意识或道德自觉，这才是人性的本质（大体）。儒家伦理思想的关键是认为小体和大体都是与生俱来的，因此人有成为圣贤的可能，也有沦为禽兽的危险（"养其大者为大人，养其小者为小人"）。而人要成为道德主体，就必须通过不断的努力与修行，修得理想人格，才能实现成圣的最高目标。在这个过程中，儒家

教人以非常多成为君子、成为圣人的要求和方法，如仁爱精神，辨别是非的智慧，勇德，重义轻利，注重人与人、人与环境的和谐，化身为"大丈夫"投身于社会、国家的责任之中等。当修得圆满的道德，明哲绝伦、全知全能、功业博大、普济万民之时，便成为了儒家的圣人。①

儒家的圣人之道是内养外修的，即"内圣外王、修齐治平"，既立足于社会道德的人伦又诉诸于终极天命天理（宗教性视域中的生存伦理）。儒家伦理的超越特色是，一方面在超越的主体上希望人们在有限的心灵中寻找一种不灭的灵魂，它认为个体的生命是有限的，群体的生命（家、国、天下）是无限的、永恒存在的，舍弃"小我"投身于更具有神圣价值的"大我"之中，才能安身立命②；另一方面，在超越的目标上，"天"是超越性的存在，它不仅具有神圣的性质，更是伦理之天、道德之天，它还是人类道德生活的终极价值，是人类社会道德生活的超越性根据，"天人合一"是自我不断超越的永恒动力。儒家伦理文化影响下的传统中国人，都希望自己成为一个"好公民"，扮演好自己的伦理角色，承担好自己的社会责任，从而获得生命的意义和内在的力量，它更强调的是充塞于天地间的一种"浩然之气"的伦理精神。

儒家伦理的"宗教性"使得传统中国人的精神性的实现不在于教堂，而在于"家"，在于平常的人伦日用之内。儒家在人伦日用之间体现终极关怀的价值取向，正显示"尽心知性"可以"知天"乃至"赞天地之化育"的信念。③儒家伦理的宗教性给予人心灵的作用与其说是信仰，不如说是"信念"。西方宗教解决了人们的精神信仰的问题，但它是一种外在的超越，而儒家伦理的宗教性更多的是为人们的精神实现提供一种内在的超越，更具理性和世俗性。儒家伦理以非宗教的形式完全达到了宗教精神性的功能，为人们提供了一种安身立命的一贯之道，它俨然具有宗教精神性的意义。

---

① 雷震：《中国传统儒家伦理的逻辑》，黑龙江大学 2011 年博士学位论文。

② 王义、黄玉顺：《重建与超越：新世纪儒教问题的诉求》，载《宗教学研究》2015 年第 1 期。

③ 彭国翔：《儒家传统：宗教与人文主义之间》，北京大学出版社 2007 年版。

儒家精神性与宗教精神性具有本质性契合。传统中国人在认知信念、情感联通、自我超越等精神性内容上实现了宗教精神性的目标，从功能等值的意义上而言，儒家精神性可称为心灵的宗教，其与宗教精神性的不同只是在修行方向（王阳明称为"在事上磨"）、表现形式、实现方式等方面。

（二）儒家伦理的心理健康思想

1. 儒家伦理使人快乐、健康

孔子最早论述了伦理与积极情绪及寿命的关系，并提出了一系列的相关著名命题，如"仁者寿"（《论语·雍也》）、"仁者不忧"（《论语·子罕》）、"乐以忘忧"（《论语·述而》）等。

孟子非常重视伦理之乐，并视之为纵使君王之位也不能换的人生境界。他说："君子有三乐，而王天下者不与存焉。父母俱在，兄弟无故，一乐也；仰不愧于天，俯不怍于人，二乐也；得天下英才而教育之，三乐也。"（《孟子·尽心上》）

《大学》秉承经典儒学伦理的心理健康思想，认为就像物质财富能够装饰房屋一样，伦理道德也能促进人的身心健康（"富润屋，德润身，心广体胖"）。

著名理学家二程更是明确指出，圣贤虽然也会像普通人一样患身体疾病，但其伦理境界能够确保其心理健康（"人之血气，固有虚实，疾病之来，圣贤所不免。然未闻自古圣贤因学而致心疾者""要之，圣贤必不害心疾"）。

2. 伦理使人不遭横祸

在中国文化传统中，有一个"圣人不遭横死"的情结或传承。圣人之所以不会死于非命，乃是因为圣人一身承担着民族文化复兴的重大使命，只要上苍不想毁亡这个民族，自然是天佑圣人——"圣人不遭横死"。

2000 多年以前，孔子途经宋国，和一群弟子正在一棵大树下演习礼仪，没想到宋国大夫桓魋气势汹汹地派人将这棵大树拔掉，还放言要杀死孔子。诸弟子纷纷规劝老师赶快离开宋国。直面"死亡"的孔老夫子毫无虑色地说："天生德于予，桓魋其如予何?"（《史记·孔子世家》）

还有一次，孔子到陈国，途经匡地，因为某种误会，被匡人拘禁起来，失去自由。孔子身在生死不测的困境里，不禁感喟："文王既没，文不在兹乎？天之将丧斯文也，后死者不得与于斯文也，天之未丧斯文也，匡人其如予何？"（《论语·子罕》）

在历史上，南宋思想家朱熹同样遭受过死亡的胁迫。在一场声势浩大的"反道学"运动（史称"庆元党禁"）中，沈继祖请杀朱子。朱子得朝报，不语，散行于庭中云："我这头且暂戴在这里。"移时又曰："自古圣人不曾被人杀死。"（阮葵生：《茶余客话》）

3. 伦理还能治病

清末奇人王凤仪（1864—1937）无机会读书识字，却好思索人间苦痛现象的根源，被称为"儒家慧能"、王善人。他从自己的体验与顿悟出发，认为伦理关系不和谐会导致疾病，通过发现良心、诚心悔过来调和家庭伦理可以治疗疾病。

"我发明劝病的法，是本着人道去讲的。病是什么？就是过。把过道出来，病就好了。"（《王凤仪年谱与语录》）这"过"主要就是人伦关系上的过，而且首先是家庭关系上的过。这"过"也被说成是"气""火"："病是吃'气'活着，疮是吃'火'活着。人能不生气，不上火，就把病和疮饿死了。"

王凤仪及其学生的大量实践表明，这种方法对某些心性所致的疾病疗效显著。

（三）儒家伦理与心理健康的研究

作为人类心灵本质的精神性，它与人们的心理健康关系密切。儒家伦理对人的心理健康有诸多影响，从宗教心理学的角度看，儒家伦理像宗教一样，满足了人们心灵的功能，实现着人们的精神性需要。

很多学者从儒家价值观角度，提炼儒家思想的内容，并编制相关量表，用来测量人们的儒家价值观现状及其与相关变量的关系。价值观是一定文化背景下形成的稳定的观念系统[1]，因此，在一定程度上儒家传

---

① S. H. Schwartz & W. Bilsky, *Toward a Universal Psychological Structure of Human Values*, Journal of Personality & Social Psychology, 1987, 53（3）, p. 550-562.

统价值观反映的是人们受儒家传统文化影响而形成的观念体系，是人们对儒家传统文化的认知。既然受儒家文化影响而形成的中国人的精神性也一定会表现于人们对传统儒家文化的认知上，那么，就可以通过价值观水平对其精神性进行测试。

研究发现儒家传统价值观有利于人们的心理健康，如景怀斌通过编制儒家式应对问卷，包括内在乐观性、"命"认识、人的责任、挫折作用评价四个方面，儒家式应对思想有利于心理健康。儒家式应对思想具有信念性和整体性，前者中包含宗教性或终极性的信念与心理健康有确切关系，后者不仅涉及儒家对人生、社会、生活目的等的认识，还涉及自我超越性的境界体验及超然的精神取向。① 梁世钟通过自编传统价值观问卷和SCI-90对比研究发现，越接受传统价值观的大学生各种心理症状显著较少，尤其体现在安分守己、扬善弃恶、顺从自然、友善待人、重义轻利等方面。② 张静通过采用杨国枢编的儒家传统价值观量表与SCI-90和牛津主观幸福感量表进行对比研究时发现，大学生群体整体的主观幸福感是中等偏上的，主观幸福感与儒家价值观基本表现出一种正向关系，即幸福感指数越高，其儒家价值观得分也越高。③

总体上，儒家价值观念越强，心理健康水平越高。罗鸣春、黄希庭等在调查儒家文化对当前中国心理健康服务实践的影响时发现，儒家文化在心理健康服务过程中具有表征、构建、指导、唤起等功能，对心理健康服务者和被服务者的人格、应对方式及服务态度和行为产生直接或间接的影响。④ 童辉杰等用SCI-90分析传统价值观与心理健康之间的关系时发现，总体上越接受传统价值观，其在SCI-90各因子上得分越低，童辉杰等人将其解释为"根文化假说"，接受自己"根"文化价值者心

---

① 景怀斌：《儒家式应对思想及其对心理健康的影响》，载《心理学报》2006年第1期。

② 梁世钟：《当代大学生的传统价值观及其对心理健康的影响》，苏州大学2007年硕士学位论文。

③ 张静：《当代大学生儒道传统价值观与心理健康的关系研究》，吉林大学2009年博士学位论文。

④ 罗鸣春、黄希庭、苏丹：《儒家文化对当前中国心理健康服务实践的影响》，载《心理科学进展》2010年第9期。

理症状更少，中华民族传统价值观中富含心理保健的营养。①

中国传统的主流思想是儒家文化，从先秦到汉代再到宋明理学时期，其中蕴含着丰富的精神性思想还有待挖掘。精神性与人们的健康关系越来越密切，因此，我们更应该关注本土文化影响下中国人的精神性，这无疑有利于当代中国人的心理健康。

（《宗教心理学》第四辑，社会科学文献出版社，2018 年）

（作者单位：广州大学）

---

① 童辉杰、杨雅婕、梁世钟：《传统价值观接受程度及其对心理健康的影响》，载《中国健康心理学杂志》2010 年第 1 期。

神圣性德育的内核、机制与途径

李明　宋晔

【摘要】道德心理研究越来越关注神圣性的作用，逐渐厘清了神圣性的两个相对独立的维度：宗教性和精神性。宗教性是神圣性的外化表现之一，与道德行为无必然关联，甚至可能带来诸如外群体歧视等消极效应；而精神性则是神圣性内化的精神内核，成为一种内部需求和体验，是道德行为的决定性因素。道德心理研究还对神圣性德育效应的心理机制进行了大量研究，发现因果观发展了道德认知，超越了眼前利益，体现出超越性的道德智慧；敬畏感发展了道德情感，通过与神圣力量的一体化，超越了世俗情欲，产生强大的道德行为动力；监视感发展了道德意志，形成了自律和自觉的道德品质。探索中国传统文化中的精神性内核与心理机制，有助于发挥神圣性在道德教育中的积极作用，也是中国德育工作者的神圣职责。

引　言

近代以来，东西方社会都经历了科学主义的去神圣化"洗礼"，信仰的德育效应也随之急剧弱化，其直接恶果便是道德风尚下滑。西方人虽曾惊呼"上帝死了"，但却从东方传统信仰中吸收了大量营养，带来了道德心理学中神圣性主题的回归，相关学术领域也呈现了一派繁荣景象。总体上说，西方道德心理学的发展，先后形成了三条研究路线，其人性假设，决定了各自对道德神圣性的认识，但其主旋律则是神圣性主题的回归。第一条路线是皮亚杰发起的道德认知研究，但因假设"人是机器"，总体上对神圣性主题关注不多。第二条路线是道德新综合研究，假设"人是动物"，认为道德判断非常类似于审美判断，是一种快速的直觉加工①。第三条路线来自冯特和詹姆斯对宗教心理的论述，后又受中国传统文化启发。马斯洛、罗杰斯、荣格等人曾大量涉及神圣性主题，海特最近又倡导：道德心理学要进一步发展，还需要宗教或信仰视角②。在积极心理学及其实践领域，精神性（Spirituality，或译"灵性"）等神圣性主题已经非常火热③，甚至教育的灵性研究也认为，提升人的灵性应该作为教育的本体性功能④。此时对人的信仰的神圣性的理解已经将精神性从其宗教形式之中剥离出来。西方研究中对神圣性的精神性内核的再认，以及对神圣性德育的心理机制的探索，从某种意义上可以视为中国传统文化复兴在西方学术领域的预演。在中国传统文化中，神圣性德育本来就是常态，精神性诉求也本来就是主流，只是近年来我们丧失了本有的文化特质。探究神圣性德育之于道德教育的意义、内涵、机制和途径，对于中国学者的德育研究都具有重要的启示作用。

一　神圣性德育的内核：宗教性还是精神性

（一）神圣性德育的优势与风险

已有大量实证研究发现，信仰的神圣性是人的道德品质和道德行为最大的影响因素⑤。早在人类学研究中，就有很多研究显示了神圣性在道德维持和社会持续发展中的作用。人类学家索西斯（Richard Sosis）研究了美国创建于 19 世纪的 200 多个公社的历史。这些公社不依赖于亲缘关系，而是依赖于宗教准则或社会主义。索西斯发现，20 年后，宗教性公社的存活率为 39%，而非宗教公社只有 6%。经过量化分析，索西斯发

---

① Haidt J, *The Emotional Dog and its Rational Tail: A Social Intuitionist Approach to Moral Judgment*, Psychological Review, 2001（4）.

② Haidt J, *Morality*, Perspectives on Psychological Science, 2008（1）.

③ 张志鹏、和萍：《国外管理学研究新热点职场灵性研究前沿探析》，载《外国经济与管理》2012 年第 11 期。

④ 朱新卓：《教育的本体性功能：提升人的灵性》，载《教育研究》2008 年第 9 期。

⑤ 曾广乐：《试论宗教产生道德效应的途径与方式》，载《中共福建省委党校学报》2007 年第 11 期。

现一个关键因素：牺牲行为，比如要求戒烟、戒酒、斋戒等。对于宗教公社来说，要求的牺牲越多，公社的寿命就越长久。非宗教公社大多在8年内就销声匿迹，牺牲行为对他们没有起到巩固作用，因为新无神论者的理性阻碍了他们遵从仪式，他们认为那些仪式代价高昂、低效无理。但事实上，正是这些对神圣的非理性信仰使得群体维持得更为长久。海特认为，如果让人们抛弃所有形式的神圣归属感，生活在一个绝对"理性"信仰的世界，就像让人们放弃地球，生活在环绕月球的殖民星球上。这有可能实现，但却需要大量精确细致的工程设计，而那些殖民者的后裔，在10代之后，也许会发觉他们对于地心引力与青草绿叶的原始渴求①。

在婚姻研究中，把婚姻神圣化的人认为，婚姻经过神圣核准，就具有了特殊的力量。有研究者发现，神圣化自己婚姻的夫妇，婚姻满意感更高，互相依赖更强，婚姻问题解决也更有效②。中国传统观念中有天赐良缘、天作之合、姻缘天注定等等说法，结婚仪式中第一要拜的就是天地，连结婚都被简称为拜天地，这种神圣化也正是古代离婚率低的重要原因。有人认为，婚姻神圣性似乎起着一种压力缓冲作用，缓冲了经济等各种压力对婚姻的侵害③。

重要的是，神圣性也并非只有优势，其对道德的影响存在"双刃剑"效应。比如有实验研究发现，宗教启动导致了内群体偏好，甚至增强了明显的种族偏见④和对外群体的消极态度⑤。Decety等人对六个国家（美、加、中、约旦、土耳其和南非）5~12岁儿童做了调查，发现宗教

① ［美］乔纳森·海特：《正义之心：为什么人们总是坚持"我对你错"》，舒明月、胡晓旭译，浙江人民出版社2014年版，第286页。

② Perry J L, Brudney J L, Coursey D, et al., *What Drives Morally Committed Citizens? A Study of the Antecedents of Public Service Motivation*, Public Administration Review, 2008（3）.

③ Ellison C G, Henderson A K, Glenn ND, et al., *Sanctification, Stress, and Marital Quality*, Family Relations, 2011（4）.

④ Johnson M K, Rowatt W C, LaBouff J, *Priming Christian Religious Concepts Increases Racial Prejudice*, Social Psychological and Personality Science, 2010（2）.

⑤ LaBouff J P, Rowatt W C, Johnson M K, et al., *Differences in Attitudes Toward Outgroups in Religious and Nonreligious Contexts in a Multinational Sample: A Situational Context Priming Study*, The International Journal for the Psychology of Religion, 2012（1）.

家庭的孩子更具有同情心，对日常生活中的公正感也更为敏感，但利他行为却比非宗教家庭孩子更少，而且惩罚倾向也比非宗教家庭更多①。也就是说，尽管宗教-道德存在一定程度的关联，但这种关联还不够强大，也不够稳定，有时甚至会出现消极后果。如今，越来越多的研究者认识到，这种宽泛的宗教—道德效应的争论已经没有太大意义，我们更应该关心的，是宗教—道德关联的核心是什么。

（二）神圣性的两个维度与神圣化的两个方向

宗教信仰的原初意义在于让人从世俗中升华，把握这一根本目的，我们才能从宗教形式中剥离出或再认出神圣性的内核。内核不易得见，需要长期体验、体察、体认、体悟，其德育效应才能体现出来。因为实践程度不同，体现的程度也不同。没有实践，也只能看到其宗教形式。而宗教形式则受世俗因素影响，会不断变换。兴盛之时华丽繁盛，人人向往；败落之时丑陋可憎，人人避之。反过来说，即使华丽繁盛，也未必能让人不忘初心，努力从世俗中升华；即使人人避之，也未必都是败落，而可能只是被世俗黑恶势力打压。在宗教形式的迷惑中，人们会因其华丽而信仰，这是迷信；也会因其被丑化而唾弃，同样也是迷信。只有直视其内核，才是正信、真信，才具有道德关联效应。

在最近的一些研究中，就区分了神圣性的两个维度，即宗教性和精神性。这一区分彰显了精神性在宗教-道德关联中的核心作用。比如在公共服务动机（一种自主性亲社会动机）研究中发现，人们参与教堂活动越多，其公共服务动机越低；只有在"与上帝的亲近感"题目上得分高的人，其公共服务动机才越高②。这种"与上帝的亲近感"，其实就是精神性的体现。这一点在 Perry 及其同事所做的后续研究中得到了支持，他们发现宗教活动（如宗教服务、祷告、读经、仪式、组织活动等）虽然能显著预测公共服务动机和志愿活动，但通过进一步的深度访谈，他们

---

① Decety J, Cowell J M, Lee K, et al., *The Negative Association between Religiousness and Children's Altruism Across the World*, Current Biology, 2015（22）.

② Perry J L, Brudney J L, Coursey D, et al., *What Drives Morally Committed Citizens? A Study of the Antecedents of Public Service Motivation*, Public Administration Review, 2008（3）.

发现，在公共服务动机发展中具有核心驱动作用的，实际上是超越性价值观（即精神性）①。

信仰神圣性的精神性内核之所以需要再认，是因为我们一度偏离了、忽视了、遗忘了、丧失了甚至抛弃了神圣性的精神性内核，如今很多宗教场所、宗教活动及其参与者也只是保留了宗教性形式。如果不能区分神圣性的两个维度，就难以辨认出真正影响个体道德行为的因素。

神圣性的形成与回归离不开神圣化过程。与神圣性的两个维度相对应，神圣化过程也可分为内、外两个方向②。神圣性外化（Outward Sanctification）反映的是外部事物的特征，即普通客体因用于神圣目的（比如用于宗教仪式），因而成为圣物；神圣性内化（Inward Sanctification）是内心的蜕变或灵性升华，在此过程中，道德变得纯洁或良善（Moral Purity or Moral Goodness），从而使人本身也变得充满神圣感。所以，神圣性内化的结果体现为个体的精神性③，而外化表现即为其宗教性。

在积极心理学中，精神性的内涵极为丰富，比如既个人化又强调与万物联系，既情感化又经过认真思考，是用来表达意义寻求、强调身心灵整合的、超越性的人类潜能。这些内涵主要来自东方传统文化，比如儒家经典《中庸》有云："故君子尊德性而道问学，致广大而尽精微，极高明而道中庸。"其中的"德性"就是一种道德性的、超越性的、人生境界性的终极追求。这种精神性也有不同表达，如"天道、天性、良知"等等，类似于佛道两家的神佛信仰，但相比之下，儒家不太强调宗教形式，因而更彰显了对精神性内核的追求，同时又通过人伦日用而外化，以"知行合一"达致"致良知"甚至"内圣外王""天人合一"的至高境界。

---

① Perry J L, Brudney J L, Coursey D, et al., *What Drives Morally Committed Citizens? A Study of the Antecedents of Public Service Motivation*, Public Administration Review, 2008 (3).

② Emmons R A, Crumpler C A, *Religion and Spirituality? The Roles of Sanctification and the Concept of God*, The International Journal for the Psychology of Religion, 1999 (1).

③ Pargament K I, *The Psychology of Religion and Spirituality? Yes and No*, The International Journal for the Psychology of Religion, 1999 (1).

（三）神圣性不同维度的融合与分离

在传统的信仰中，神圣化的内化与外化是相互融合、相互促进的。外化的神圣性能营造神圣性的环境，促进神圣性内化，进而又产生更广泛的神圣性外化，循环往复，使整个社会的道德得以维持。比如西方宗教中的祈祷、服务和道德生活方式，东方信仰中的冥想、坐禅、炼丹、礼制等传统，都旨在引导个人转变。随着不断舍弃有限的、不成熟的防御，也逐渐去掉了自欺、傲慢、贪婪和愤怒等习性①，最终完成神圣使命，达到天人合一，这是自下而上的神圣化（内化）。而精神的升华又让人感到犹如重生，随之生活的方方面面也都发生了积极的变化，这是自上而下的神圣化（外化，正如相由心生）。从本质来说，神圣化是一种内在的蜕变，但从过程来说，神圣化是一系列内化、外化过程的动态变化。

在现代社会，神圣化的内化与外化逐渐分离，宗教性与精神性成了两个相互独立的价值维度②。宗教性主要强调宗教的群体、派别、仪式与组织成分，更多地与宗教内群体的维护相关。因此，宗教性与道德的正向关联大多仅限于内群体，实质上已成为更具世俗化的组织，因而脱离了信仰的核心与本质。而精神性是神圣性的内化，强调的是与神圣力量的个人联系，是信仰的神圣性在个体身心上的具体表现，并不注重具体的宗教仪式和组织形式。比如婚姻神圣化不等于宗教化，一般的宗教信仰（宗教性）与婚姻各变量间的关联较弱，但婚姻的神圣化（精神性）与婚姻满意度（品质、调整、受益）、婚姻投入、积极应对和交流风格等变量间均存在较强的相关。

宗教性与精神性的分离，在现代社会有一定的积极意义，比如让我们从宗教形式的盛衰中超脱出来，再认精神性内核，更重要的是，有助于更好地探索影响德育效果的机制。目前对神圣性德育机制的研究中，关注较多的重要变量包括监视感、敬畏感和因果观等等。

---

① Shafii M, *Freedom from the Self*, Human Sciences，1988，3.
② 董梦晨、吴嵩、朱一杰等：《宗教信仰对亲社会行为的影响》，载《心理科学进展》2015 年第 6 期。

二 神圣性德育的机制：因果观、敬畏感和监视感

在皮亚杰的道德发展理论中，他律阶段是人道德发展的萌芽阶段，此时儿童对道德规范的认识是带有神圣性的，有形无形的监视都能维持道德行为。但这种监视只是自制与自律的起点，因为对于成年人来说，仅有无形监视可能不起作用，此时更重要的是对神圣秩序中因果的认识，以及对超越自我的神圣秩序的敬畏情感。这种超越性的道德认知和道德情感是道德智慧的基础，进而将外在的监视感升华为内在的自我监视。以因果观、敬畏感和监视感为核心变量的德育研究都已有大量实证支持，向我们展示了神圣性德育的最基本机制。

（一）因果观：道德智慧的基础

在众多宗教信仰中，因果（Karma, or the Law of Causality）都被作为一种超常的规则，对道德生活的影响最普遍、最深入、最长久、最牢固[1]。道德因果律并非宗教所独有，在东西方古代诗歌、历史、伦理学和哲学中，因果思想也都是最基本的主题。比如"善良的人活得好，而邪恶的人活得糟"这种主题，在荷马的诗篇中随处可见[2]，霍布斯、斯宾诺莎、休谟等也都曾试图指出正直与幸福的必然联系[3]，换句话说，因果的深层次意义就是道德与幸福的统一，这一点在中国传统文化中有着更多的论述[4]。

从周代开始的天命观及先秦诸子的伦理中，大都包含了明确的因果论述。比如孔子在注《易经》时说："积善之家，必有余庆；积不善之家，必有余殃。"《尚书·伊训》中有"惟上帝不常。作善降之百祥，作不善降之百殃"。《老子·七十九章》说"天道无亲，常与善人"。《论语·里仁》有"德不孤，必有邻"。《韩非子·安危》言"祸福随善

---

[1] 魏长领：《因果报应与道德信仰——兼评宗教作为道德的保证》，载《郑州大学学报（哲学社会科学版）》，2004 年第 2 期。

[2] 赵秀玲：《康德的幸福概念及相关问题》，复旦大学 2009 年硕士学位论文。

[3] 王欣：《道德选择与善恶因果律》，载《学海》2002 年第 6 期。

[4] 魏长领：《因果报应与道德公正》，载《河南师范大学学报（哲学社会科学版）》2012 年第 6 期。

恶"。《左传·隐公元年》也有"多行不义，必自毙"之说。《国语·周语》中有"单子知陈必亡，天道赏善而罚淫"。《墨子·明鬼下》也说"以鬼神为明，能为祸福。为善者赏之，为不善者罚之"。

道学把《周易》的因果论发展为承负法则。在东汉的《太平经》中，有着明确的前因后果：前辈行善，今人得福；今人行恶，后辈受祸；即使是自然、社会，也是如此，顺道则昌，违道则衰；天、地、人相互之间也存在着承负的因果关系，这对当今的环境伦理颇有启示。宋代道教经典《太上感应篇》是太上劝人作善之书，主张善恶感动天地，必有报应，被誉为"古今第一善书"，最初只在民间流传，南宋时获官方重视，历经宋、元、明、清而久盛不衰、传播甚广。

因果论同样是整个佛教的基石①。佛教对因果有着完备的论述，涉及业、因、缘、果、报五个方面，业是我们的一切身心活动，是一切结果的原因；业有善恶二重属性，由此构成二重因果；缘是机缘条件，因果关系因"缘"而生而变；更重要的是，佛教中的业力轮报把人生视野扩展到前世、今生与后世，由此构成现报、生报和后报三种业报，而且报有六道之说，远远超出了世俗的眼界，圆满解决了积善无庆、积恶无殃的疑问，由此构成完整的"三世二重因果理论"。更为积极的是，佛教因果报应论一直强调主体自身的决定作用，从自身的道德观念、道德动机、道德责任和道德行为选择来看，都是自作自受，自业自得，自己决定自己的命运，比如通过善缘可以化解恶因可能造成的恶果。

在西方的实证路线下，心理学因果研究也有类似的结果。比如研究发现，人们在做出狂妄之举后，会自动产生消极预期，而做出道德行为后，则会产生积极预期，即存在着一种善行—善果的自动化联系，因此希望好结果，也会激活做好事的认知图式。针对求职者的一项实验显示，如果求职者非常希望能得到某一工作，但本身没有胜算在握，这种不确定感会使他们的助人和捐款行为增多，在那些低投入高回报的便宜事上却不积极；而且发现，做过这些善事的求职者，对求职结果会有更乐观

---

① 牛延锋：《发乎道德，应乎福祸——佛教因果报应思想的精神与特色》，载《五台山研究》2008 年第 1 期。

的期待，选择便宜事的求职者，乐观预期并未上升。研究者将这种现象称为"因果投资"（Karmic-Investment），简言之就是希望得到无胜算的结果时会更倾向于做好事，似乎表明人天生有一种指导行为的因果信念。

不少研究致力于探索这种东方因果观在西方语境下的优势。因果理论（Karmatheory）是印度文化中被普遍接受的信仰，包含三个基本维度：尽职尽责，淡泊名利，不计苦乐①，类似于中国人所谓的"只问耕耘，不问收获"。该信仰的修行途径是业报瑜伽（Karma Yoga），对"业"的理解是修行者的角色内和角色外行为的认知基础，修行者会体现出高任务绩效，表现出做事主动、自律、利他，注重道德品行的提升②。有人提出这种东方的因果信仰能够提升西方语境中的职场灵性（Workplace Spirituality）③，后来的实证研究的确发现，这种因果信仰倾向能提升变革型领导力④，但这种提升只存在于拥有悦性（Sattva）品质的领导者，那些具有激性（Rajas）品质的领导者并未见有变革型领导力的提升⑤，也有人认为是乐观主义增强了因果信仰与变革型领导力的关系⑥。

我们认为，这种对未知事物的因果直觉，因认知上的空间范围扩大与时间跨度上的扩展，无疑使个体的道德认知超出了一时一事，甚至超越了个体一人一世的范围，这种扩展了的认知正是道德智慧的基础。在因果观基础上扩展了的道德认知，会直接影响道德情感和道德意志，其中关注较多的是敬畏感和监视感。

① Mulla Z R, Krishnan V R, *Karma Yoga：A Conceptualization and Validation of the Indian Philosophy of Work*, Journal of Indian Psychology, 2006（1/2）.

② Anuradha M, Kumar Y, *Trigunas in Organizations：Moving toward an East-West Synthesis*, International Journal of Cross Cultural Management, 2015（2）.

③ Pardasani R, R. Sharma R, Bindlish P, *Facilitating Workplace Spirituality：Lessons from Indian Spiritual Traditions*, Journal of Management Development, 2014（8/9）.

④ Mulla Z R, Krishnan V R, *Do karma-Yogis Make Better Leaders？：Exploring the Relationship between the Leader's Karma-Yoga and Transformational Leadership*, Journal of Human Values, 2009（2）.

⑤ Agarwalla S, Seshadri B, krishnan V R, *Impace of Gunas and Karma Yoga on Transformational Leadership*, International Journal on Vedic Foundations of Management, 2013（1）.

⑥ Krishnan V R, *The Effect of Optimism and Belief in the Law of Karma on Transformational leadership*, International Journal on Vedic Foundations of Management, 2013（1）.

(二) 敬畏感：道德成长的动力

敬畏（Awe），是当我们面对那些超越我们当前理解范围的、广阔浩大的事物时，产生的一种复杂情绪反应①，既有惊奇、困惑、畏惧、深刻、奇妙、神圣和庄严感，又有与神圣事物的一体感（Connectedness）、存在感（Existential Awareness）和全然接纳感（Openness and Acceptance）②，以及由此而来的钦佩感、顺从感和虔诚感。

敬畏感与道德存在天然联系，因而为所有宗教所重视。在基督教中，敬畏是教徒的首要德行、智慧之源或美德之源③，以至于美国心理学之父詹姆斯把宗教视为敬畏的发源地和催化剂④。宗教在敬畏感的诱发及敬畏感的道德效应的运用上，可谓充满了超人的智慧，当我们听到神通广大、无所不能、高深莫测的神迹，看到高大的圣殿、教堂、肃穆的寺院或庄严的造像，心中的敬畏感便油然而生，那时心灵即刻得到了净化，即使没有机会表现亲社会行为，也不会有意做不道德的事。诸多研究表明，敬畏情绪确实可以增加亲社会行为、促进精神追求。比如诱发敬畏情绪的个体比诱发快乐情绪的个体更愿意在慈善团体投入更多的时间，更愿意消费精神产品⑤。有研究发现，让被试自由回忆敬畏体验、呈现相关视频（比如彩色水滴滴入牛奶瞬间的慢镜头等微妙非自然景象）、呈现权威领袖信息等社会刺激，以及宏大的理论等认知刺激，从而诱发敬畏感，都能提升亲社会行为⑥。

敬畏的道德效应可能来自"自我渺小感"（Small Self）的中介作

---

① 董蕊、彭凯平、喻丰：《积极情绪之敬畏》，载《心理科学进展》2013 年第 11 期。

② Bonner E T, Friedman H L, *A Conceptual Clarification of the Experience of Awe: An interpretative Phenomenological Analysis*, The Humanistic Psychologist, 2011（3）.

③ 龙静云、熊富标：《论道德敬畏及其在个体道德生成中的作用》，载《道德与文明》2008 年第 6 期。

④ Keltner D, Haidt J, *Approaching Awe, a Moral, Spiritual, and Aesthetic Emotion*, Journal of Personality and Social Psychology, 2015（6）.

⑤ Rudd M, Vohs K D, Aaker J, *Awe Expands People's Perception of Time, Alters Decision Making, and Enhances Well-Being*, Psychological Science, 2012（10）.

⑥ Piff P K, Dietze P, Feinberg M, et al., *Awe, the Small Sell, and Prosocial Behavior*, Journal of Personality and Social Psychology, 2015（6）.

用①。实验发现，诱发敬畏情绪能让我们把自己看作是更大的事物的一部分（即一体感），让我们感觉到自身的渺小和谦卑，由此我们更容易从自我中超越出来，感到个人的日常牵挂变得无足挂齿，个人也显得更为渺小和不重要，因此会更多地关注周围的环境②。其他研究也发现，在诱发敬畏情绪后的自我描述中，个体更倾向于用更大类别中的成员身份（比如"地球居民"）来描述自己，而较少使用"独特"等词语来描述自己③。

有人可能担心，"自我渺小感"是否会降低人的自尊，从而带来消极情感？实际上，与敬畏感相伴生的常是积极情感，是人把自身融入了更宏观更伟大的事物当中，虽然感受到了自己的渺小，但并不存在与神圣的竞争，也没有挫折感，不仅不会带来自尊的降低，反而会因认知上的空前扩展而感到一种自我超越感，或因与神圣事物融为一体而获得了更大的力量感，或因与其他未有此体验的人相比而来的优越感。因此，弱化的自我感可能让人更谦卑地融入更大的生命，因而具有更大的力量；也能让人更多地关注自身之外的事物，从而超越自利，并按照更高道德价值行事，因而实际上提升了自尊④。相反，当人的自我膨胀到无所不知、无所不能、无所畏惧、无所顾忌的地步，人的敬畏感也就荡然无存，道德也不再必要了。个人自我膨胀的结果，最终反而会降低自尊；人类自我膨胀的结果，必然也会遭到自然和社会规律的惩罚。

（三）监视感：自制自律的起点

在大多数信仰中，神圣不仅是全能（Omnipotent）的，掌握并控制

---

① Campos B, Shiota M N, Keltner D, et al. , *What is Shared, What is Different? Core Relational Themes and Expressive Displays of Eight Positive Emotions*, Cognition and Emotion, 2013（1）.

② Shiota M N, Keltner D, Mossman A, *The Nature of Awe: Elicitors, Appraisals, and Effects on Self-Concept*, Congnition and Emotion, 2007（5）.

③ Canevello A, Crocker J, *Interpersonal Goals, Others' Regard for the Self, and Self-Esteem: The Paradoxical Consequences of Self-Image and Compassionate Goal*, European Journal of Social Psychology, 2011（4）.

④ 同上。

着一切，还是全知（Omniscient）的，监视并裁判着一切①。神圣的全知减少了人行为的匿名感，让人感到自己被监视和辨识，从而不敢去做坏事。有人说"一盏好灯就是最好的警察"②，这盏好灯所指代的，就是神圣的监视。

被监视感的直接道德效应就是自制（Self-Control）和自律（Self-Regulation）。这里的自制是指对自身欲望的把控，主要表现为能抵抗诱惑；自律指对自己行为的把控，主要表现为不做坏事。大量研究发现，宗教卷入与抗拒诱惑和自我克制存在正相关③，比如发现宗教家庭的孩子能更好地克制自己的冲动④；宗教信仰越深，在恋爱中越能远离第三者⑤等等。大量纵向研究发现，宗教对健康、幸福和社会行为之所以产生影响，可能是因为宗教首先影响了目标的选择、追求与组织，让人面对诱惑更加自制，也教给人们一套行为自制的技巧，因而培育了自制的力量，并形成了与自制和自律相关的人格特质，如高宜人性、高尽责性、低精神质等⑥。有人做儿童实验，先给一组儿童讲述隐形的爱丽丝公主的故事，然后告诉他们公主就坐在旁边的椅子上监视着他们（其他两组儿童为真实的成人监视和无人监视，以作对比），让儿童站在白线外，背对墙上的靶子，用非利手投掷粘球，投中靶子即可获得奖励。实际上这些条件下很难成功，目的就是看儿童是否作弊（直接用手把球粘到靶子

---

① Laurin K, Kay A C, Fitzsimons G M, *Divergent Effects of ActiVating Thoughts of God on Self-Regulation*, Journal of Personality and Social psychology, 2012（1）.

② Zhong C-B, Bohns V K, Gino F, *Good Lampes Are the Best Police Darkness Increases Dishonesty and Self-Interested Behavior*, Psychological Science, 2010（3）.

③ Koole S L, McCullough M E, Kuhl J, et al., *Why Religion's Burdens Are Light：From Religiosity to Implicit Self-Regulation*, Personality and Social Psychology Review, 2010（1）; Mc Cullough M E, B L, *Religion, Self-Regulation, and Self-Control：Associations, Explanations, and Implications.* Psychological Bulletin, 2009（1）.

④ Bartkowski J P, Xu X, Levin M L, *Religion and Child Development：Evidence from the Early Childhood Longitudinal Study*, Social Science Research, 2008（1）.

⑤ Worthington Jr. E L, Bursley K, Berry J T, et al., *Religious Commitment, Religious Experiences, and Ways of Coping with Sexual Attraction*, Marriage & Family：A Christian Journal, 2001（4）.

⑥ Mc Cullough M E, Willoughby B L B, *Religion, Self-Regulation, and Self-Control：Associations, Explanations, and Implications*, Psychological Bulletin, 2009（1）.

上），以及抵抗诱惑的时间。结果发现，对于年幼的儿童来说，隐形公主的作用类似于真实成年人的监视，相信隐形公主存在的儿童更能忍住诱惑不去作弊。但对怀疑隐形公主存在的儿童（年龄较大）来说，一旦通过试探发现爱丽丝公主根本不存在，他们的作弊行为就开始了。

当然，儿童的自制与自律主要是出于害怕惩罚，而成人的自制与自律则可能有更为积极的追求。超自然监视假说（Supernatural Monitoring Hypothesis）认为，只要头脑中想到神圣，信仰者就会感到自己的行为就像被监视一样。实验研究发现，隐约地提及神佛和宗教，就能促进亲社会行为①。有意识地想象上帝形象时，虔诚的教徒会出现较高的公共自我知觉，而不太信教的人不会如此；但内隐启动上帝概念，却能增强所有人的公共自我知觉和社会赞许性反应②。但对后续社会赞许性行为的影响上，又重新出现信教与否的差异：内隐启动只影响信教者的行为，而不影响不信教者。我们猜测，内隐启动的是植根于集体潜意识中的神圣的原型，自动激活了被监视感，表现出不依赖意识的公共自我知觉和社会赞许性反应；而有意识想象上帝概念，或要表现出行为，都发生于意识层面，是受控加工，不信教者在意识层面抑制了自动激活的被监视感，因而出现了信教与不信教者的差异。

在以上各研究中，信教与否（宗教性）并不是道德行为的关键，关键是被监视感（精神性的一种体现）是否激活。因此可以说，被监视感是宗教—道德关系的一个重要中介变量。但要注意的是，该结论不能随意外推，被监视感也不能被滥用。因为这种被监视来自深藏不露而又难以否认的神圣，因而不难理解宗教道德教化为何有时如此高效，各种宗教概念总是通过各种微妙的方式提醒我们自制自律③。

总之，因果观、敬畏感和监视感是神圣性德育的机制，其本质是精

---

① Mckay R, Efferson C, Whitehouse H, et al., *Wrath of God: Religious Primes and Punishment*, Proceedings of the Royal Society of London B: Biological Sciences, 2011 (3).

② Sproull L, Subramani M, Kiesler S, et al., *When the Interface is a Face*, Human-Computer Interaction, 1996 (2).

③ Rounding K, Lee A, Jacobson J A, et al., *Religion Replenishes Self-control*, Psychological Science, 2012 (6).

神性的，超越于世俗的道德认知、道德情感和道德意志。心理学神圣性研究的这些现代成果，与充满神圣性的中国传统文化遥相呼应。这种呼应不仅体现为中国传统文化中广泛存在的神圣性主题，也体现为中国传统文化对因果观、敬畏感和监视感的强调，更体现为中国传统文化对精神性内核的明确诉求。现代德育心理研究与古老中国传统文化似乎不谋而合，实质上是心理学向更深层和更高境界发展的必然，也是中国传统文化复兴在现代心理学研究中的体现。

三 神圣性德育的途径：中国传统文化的复兴

（一）神圣性德育的理论基础研究：文化复兴，复兴什么

我们认为，每一个民族的精神性内核，都可溯源于其传统文化的神圣性主题。中国传统文化的神圣性，除了宗教文献和神话记述，更体现于有史以来既彰显且深入民心的"天命观"。"天命"虽然充满神圣性，但并不强调特定的宗教形式，因而也就避免了神圣性世俗化带来的风险。这种精神性追求，才是中国传统文化的本色，尤其体现在历代对"天命"的阐释之中。

"天命观"的文字记述最早见于商代甲骨文，如有"帝降祥""帝降灾"之说。汤革夏，周革殷，都托"天命"。在最早的历史文献《尚书》中，也充满了敬天、明德、慎罚的思想，认为一切社会伦理关系和道德规范都是天命所定，如"有夏多罪，天命殛之"（《尚书·汤誓》），"商罪贯盈，天命诛之"（《尚书·秦誓》）。《尚书·皋陶谟》说得更为广泛，认为"天叙有典""天秩有礼""天命有德""天讨有罪"，这就是说一切伦理准则以至社会政治制度（礼法）均源出于天的命定。可见在古人眼中，"天"是道德价值的终极来源，他赋予人以"天命"；人则需以诚敬之心承接"天命"，对自己的行为负责①。

老子的道德判断也出于"天命观"，主要体现在他对"非常道"和"玄德"的强调，也充满了神圣内涵。《道德经》开篇即定下了基调：

---

① 张守东：《论孔子的天命观》，载《中国政法大学学报》2008年第1期。

"道可道，非常道"，表明他所讲的不是世俗之道，而是神圣之道，彻底顺从神圣之道，才是大德（"孔德之容，惟道是从"）。但最高的德，不是人的明德，而是天的玄德。只有上天才有"生之畜之，生而不有，为而不恃，长而不宰"的玄德。因为"玄"，所以人可能会觉得"深矣，远矣，与物反矣"。而老子希望人们学习的，正是这种似乎不合常理的天道天德。古人造"德"字似乎也体现了这种思想：右侧的"悳"、"惪"或"悳"为"直心"，在甲骨文中是仰望上方垂线，表示崇尚的是上天的神圣之道。左侧的"彳"表示行走，引申为行为和行动；"德"下有心，"在心为德，施之为行"（《周礼·地官·师氏》郑玄注）。因而从整体上说，"德"表示正直，向上，济人，有利于众者的心态和行为。

孔子更强调了"天命"的神圣，其态度是"畏天命"（《论语·季氏》），以"敬而远之"回避了殷商时代对鬼神的极度信仰，并认为人只有到五十才"知天命"（《论语·为政》），甚至"不知命，无以为君子也"（《论语·尧曰》）。到了孟子，更明晰了"天命"的道德色彩，认为君臣、父子等伦理关系"莫非命也"；对于人的祸福、夭寿，主张"顺受其正"（《孟子·尽心上》），听天由"命"。到了汉代，董仲舒进而完善了"天人合一""天人感应"的思想。宋代程颐进一步把天地万物、人性、人心都视为由一个"天理"安排的结果。这种内外合一的观点，可视为"天命观"由外向内的过渡。

到了明代，王阳明把"天命观"发展为一种万事内求的"心学"。在"心学"中，"天命"即"良知"，即"天理"，即"心理"，实现了神圣性由外向内的转换。王阳明认为"心"是万事万物的最高主宰，也是最普遍的伦理道德原则，也就是"良知"。他说"位天地，育万物，未有出于吾心之外者"（《紫阳书院集·序》）。"致良知，不假外求"（《王文成公全书·卷一》），心外求理，知行必然分离；求理于心，才能知行合一。知行合一，才能"致良知"。因此，"致良知"不在于读多少经书，也不在于对外物的把握，而是在生活实践中对本心的体悟，也就是一个心性修炼的过程。"心学"以"良知"为道德本源，对道德心理的不同层面进行了分析，展示了道德心理活动的机制。这一机制在王阳明的办学宗旨"四句教"中有着集中体现："无善无恶是心之体，有善有恶是意之动，知善知恶是良知，为善去恶是格物。"（《传习录》）

这种心体、意动、良知、格物的分析与综合，将道德本源、道德观念、道德判断和道德行为紧密相连，基本展现了近代道德心理学的雏形。冯友兰先生曾指出："阳明知行合一之说，在心理学上实有根据。"① 事实上，西方学者对东方文化的神往由来已久，道德心理学的新近发展更是深受中国传统文化的影响，他们的论述，充满了道德神圣的意蕴，也和中国传统文化一样，并无须特定的宗教形式来包裹，其中彰显的精神性诉求，就能够为德育提供有效的指导。

（二）神圣性德育的实践途径研究：东西方文化的共证

在心理学的四大势力中，除了行为主义，其他三大势力（精神分析、人本主义和超个人心理学）及近来的积极心理学潮流，均涉及神圣性主题，也都与中国传统文化的启发有关。

精神分析被称为心理学第一势力，其重要分支之一是分析心理学。分析心理学的创始人荣格就深受东方宗教文化影响，其研究涉及道家、藏传佛教、净土佛教、印度瑜伽、日本禅学，其思想最有创意的部分都可以看到儒、道思想的精灵居间跳跃②。荣格认为，《易经》中包含着中国文化的精神和心灵；几千年中国伟大智者的共同倾注，历久而弥新，仍然对理解它的人展现着无穷的意义和无限的启迪③。荣格提出的最著名概念是集体无意识，它是在心理最深层积淀的人类普遍性精神，以尚未明确的形式代代相传，在一定条件下能被唤醒和激活。这一论述颇类似于王阳明的"良知"："人孰无根？良知即是天植，灵根自生生不息。"（《传习录》）良知在心里最深层、最高处，是先验的、纯净的、理想的，它普遍存在，因此人人皆可为尧舜，一旦破除遮蔽，即可返出良知。荣格也是一个道家思想的实践者，曾一度身着道袍隐居数年，在其与卫

---

① 冯友兰：《中国哲学史》（下），华东师范大学出版社 2010 年版，第 223 页。
② 郭文仪：《荣格与他的"东方"——分析心理学视角下的道家与佛家》，载《理论月刊》2014 年第 7 期。
③ 申荷永、高岚：《理解心理学》，暨南大学出版社 1999 年版，第 254 页。

礼贤合著的《金花的秘密》中，探讨的正是佛道修炼中共有的现象，即通过身心境界升华，最终达到"功德圆满"的深层自我实现，也是超越自我的神圣性的体现。

人本主义心理学被称为心理学第三势力，其创始人马斯洛也是在东方思想的启发下，提出了"自我实现"。他认为，每个人内心都有自我实现的潜能，自我实现的人是完全自由的，支配他们行为的因素来自主体内部的自我选择，自我实现的人是摒弃了自私、狭隘观点的。但他说："东方文明中的出世者，如禅师与和尚等，是否比西方文明中的自我实现者在情感上更加和谐呢？答案很可能是肯定的。"[①] 且不说佛道两家，即使是孔子、孟子、朱熹和王阳明这儒家四圣，恐怕也个个如此。

因此，超越人本主义的心理学的第四势力——超个人心理学，更是直接反映了"天人合一"超越性追求，研究主题涉及终极性价值、终极意义、统一的意识、高峰体验、神人、敬畏、极乐、神秘体验、精神、一体性、超越自我、宇宙意识、日常生活的神圣化等等概念，凝聚为三大主题：探寻精神性，揭示自我迷失并由此探索真我，超越自我从而达成大我，这些都充满了东方思想神韵，只是换了一种西方表达而已。

近十年来，积极心理学迅猛发展。作为对人本主义和超个人心理学的继承，其研究话题也大都带有道德神圣性意味，以致有人认为，积极心理学是受阳明"心学"的启发[②]。积极心理学关注和发扬来自内心的积极力量，不正是心学中的向内求和致良知吗？只不过积极心理学采用了西方实证方法来检验自己的理论，而阳明心学则是东方的体验实证。积极心理学还提供了一些干预手段来提升内心的积极力量，如冥想训练、品味生活、写感恩信等，这不正是"知行合一"实训吗？积极心理学研究表明，金钱、享乐等私欲并不能带来真正的幸福，而帮助他人、感恩等需要付出的善行更能带来幸福，甚至从神经内分泌等层面证实了善恶有报，这不是在为"去得人欲，便是天理"做注脚吗？积极心理学的创

---

① 高岚、申荷永：《中国文化与心理学》，载《学术研究》2000 年第 8 期。
② 任俊、郭丁荣：《当代积极心理学受古代阳明学启发》，载《中国社会科学报》2014 年 3 月 3 日第 1 版。

始人塞利格曼（Martin E. P. Seligman）提出了著名的习得性无助和习得性乐观，认为看同一件事物，不同人会有不同解释风格，这与其身心健康息息相关，这不正是"心外无物"的西方表述吗？良好的解释风格的形成，必然是来自长期的实践中的磨炼，达到积极心理学家柳博米尔斯基（S. Lyubomirsky）提出的"最优化水平"，这不正是"事上磨炼"吗？因此可以说，王阳明的心学，实际上就是中国文化中的道德心理学。

结　语

总之，我们认为道德教育失效，源于神圣性的丧失；道德教育的前途，在于神圣性的回归，尤其是复兴民族传统文化中的精神性内核，而非仅仅保留其宗教性表面。在传统社会，宗教性与精神性相互融合、互相促进；而在现代生活中，二者相互剥离，在道德教育中真正发挥作用的，是神圣性的精神性层面。神圣性德育的机制至少包括三个方面：（1）因果观是道德智慧的最基本原理，为人们提供了局外视角和长远的眼光，让人有机会不执迷于孤立、静止的自我和事件而难以自拔。（2）敬畏感是个体深感神圣伟大和自我渺小的道德情感体验，诱导了个体对道德律令的主动服从，从而趋向与神圣的一体化，进而获得了强大的道德行为动力。（3）监视感是道德意志成长的基础，对欲望的自制，对行为的自律，最早都来自被监视感；当精神性有所成长，外在的被监视感转化为自我的监视时，自制自律更为有力、更为自然，最终形成道德意志品质。

中国自古以来的传统信仰禀赋了神圣性，彰显了精神性，也蕴含着丰富的神圣性德育内涵，近几十年来越来越被高度现代化的西方社会所推崇，催生了诸多心理学流派，积累了丰富的研究成果，为德育提供了颇有价值的启发。近来国际上兴起的精神觉醒运动，其实质正是在弘扬正统的中国传统文化，或许已经为我们树立了德育的典范。但我们不能仅仅满足于像文物和人才回流那样，等西方人研究了、认可了，我们才惊叹我们原有的财富，震惊于我们曾经把这些神圣的遗产弃之如敝屣，甚至唯恐避之不及。作为德育工作者，抛弃思维定式，以虔敬之心重新认识我们文化根源中的神圣宝藏，是应有态度，也是神圣使命。

（《河南师范大学学报（哲学社会科学版）》2018 年第 5 期）

（作者单位：河南师范大学）

试论先秦儒家仁爱道德情感培养机制

邓旭阳

【摘要】 先秦儒家道德情感的培养是一个逐渐养成的过程，其培养机制路径体现在由"仁爱情感表达"到"同理推恩"，进而经由"情感反应—理解宽容—愉悦心境—情感升华"具体推进的三层次、六个环节过程。首先，在先秦儒家看来，"仁者爱人"的情感表达是第一位的，没有"仁爱"，谈不上具备起码的道德水平；"仁者爱人"情感发展突破了自我，将自己内在情感与他人情感相连，形成情感发展的人我纬度。其次，"同理推恩"的情感表达是以同理心把"恩"推至他人，福及四海百姓；促进人与人之间情感连接，形成情感发展的横向人际纬度。第三，在需要的时候，不隐瞒自己的真实情感，允许直接的爱憎分明情感表达，体现了情感的深度。第四，情感发展离不开对他人情感的接纳与宽容，体现了情感的弹性和宽度，为情感的丰富发展提供空间和载体。第五，培养孔颜乐处的积极愉悦情感体验，安贫乐道，信守践行仁爱道德的同时，自身内心也感到愉悦满足。最后，个体要通过不断学习体验，将朴素情感升华为高级情感的理智感和审美感，促进道德感发展，提升了道德情感的高度。

引　言

《中庸》谈到，"天命之谓性，率性之谓道，修道之谓教"，天性即是诚，将内在的本性引导出来呈现为外在的"道"，修行外在道德规范而具备个体自身的道德修养就是道德教育过程。"诚者，自成也。……诚者，非自成而已也，所以成物也。"成就自己，就是仁；成就万物，就是智。先秦佚著《性情》或《性自命出》中说：　"道始于情，情生于性。"① 这里的"性"的内容是情欲、是气质，"情"即《中庸》的已发之"喜怒哀乐"，只有"发而皆中节"之"情"，才可以"谓之和"，从而谓之"道"。② 这里的道即外在的社会道德规范。在先秦儒家看来，道德品质的修为离不开道德情感的培养。积极引发、"中节"到道的道德情感培养是形成儒家君子道德人格的重要环节。

情感是主体需要满足与否的反映，是人对客观与现实态度的主观体验，包括与生理性需要、社会性需要和高级社会性需要相对应的情绪、情感和高级情感（也称情操）。先秦儒家提出了以仁爱为中心的伦理需要层次结构，从仁爱需要出发，逐渐扩展为第二层次：包含尊重需要的"礼"的需要，包含人际交往与归属需要的"信"的需要，包含生理、安全需要适宜满足的"义"的需要，包含求知学习需要的"智"的需要；第三层次需要：包含"乐"、"艺"的审美需要，与"仁"有关的"宽"、"慧"等具体需要，进而"自我实现"；第四层次需要："和"，天下小康与大同的"共同实现"需要（图1）。儒家人伦需要结构是从社会与人际角度来看人伦关系，从个体角度出发，以个体生理需要满足为基础，而以重人伦关系的"仁爱"需要满足为归属与目的，获得爱、尊重、人际交往发展，进而寻求自我成长，基于社会、人际背景下的仁爱与社会发展、整体实现。满足个体内在与人际社会仁爱需要的仁爱情感培养是先秦儒家道德教育的核心。

---

① 荆州博物馆：《郭店楚墓竹简》，文物出版社 1998 年版，第 179 页；李零：《上博楚简三篇校读记》，中国人民大学出版社 2007 年版，第 155、163 页。

② 郭沂：《出土文献背景下的儒家核心经典系统之重构》，郭齐勇主编：《儒家文化研究（第一辑）·新出楚简研究专辑》，生活·读书·新知三联书店 2007 年版，第 102 页。

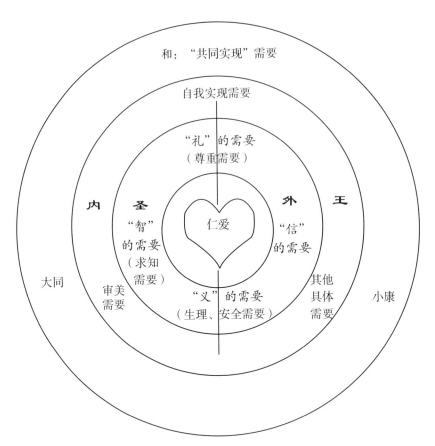

图 1 "仁爱"为中心的儒家人伦需要结构示意图

　　先秦儒家仁爱道德情感培养机制路径体现在由"仁爱情感表达"到"同理推恩"，进而经由"情感反应—理解宽容—愉悦心境—情感升华"具体推进的三层次、六个环节过程（见图 2）。

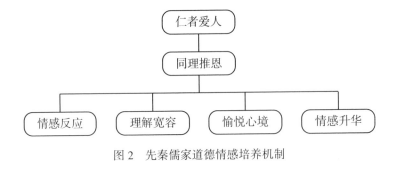

图 2　先秦儒家道德情感培养机制

首先，在先秦儒家看来，"仁者爱人"的情感表达是第一位的，仅在《论语》《孟子》和《荀子》书中，分别出现"仁"字"110""160""133"次，没有"仁爱"，是谈不上具备起码的道德水平；"仁者爱人"情感发展突破了自我，将自己内在情感与他人情感相连，形成情感发展的人我维度；其次，"同理推恩"的情感表达是以同理心把"恩"推至他人，福及四海百姓，"老老幼幼"，这样才能国泰民安，生活幸福；促进人与人之间情感连接，形成情感发展的横向人际维度。第三，在需要的时候，不隐瞒自己的真实情感，允许直接的爱憎分明情感表达，体现了情感的深度；第四，情感发展离不开对他人情感的接纳与宽容，在比较分析中准确理解他人情感，宽容接纳中丰富自身情感；体现了情感的弹性和宽度，为情感的丰富发展提供空间和载体。第五，培养孔颜乐处的积极愉悦情感体验，安贫乐道，信守践行仁爱道德的同时，自身内心也感到愉悦满足。最后，个体要通过不断学习体验，将朴素情感升华为高级情感的理智感和审美感，促进道德感发展，提升道德情感的高度。

一 "仁者爱人"的情感培养与移情表达

任何一种情感都具有一定强度，孔子提倡的"仁爱"情感具有很高的情感强度。孔子与学生之间可谓亲密无间，情同父子。对紧密跟随自己的学生，孔子可谓了如指掌。在周游列国的教学与从仕过程中，教学相长，加深了彼此情感。孔子始终如一地用"吾道一以贯之"（《论语·里仁》）"知、情、意、行"合一的示范来培养学生守道行道的情感。孔子所说的"道"即"仁者爱人"之"仁道"、"忠恕之道"。

《论语》中记载："樊迟问'仁'，孔子回答说：'爱人'。"（《论语·颜渊》）孔子还说"爱众而亲仁"（《论语·学而》）对于"爱人"，孔子的解释是"己所不欲，勿施于人"（《论语·颜渊》）和"己欲立而立人，己欲达而达人"（《论语·雍也》）。前者除了说明对人的"欲"与"施"的态度之外，也是一种爱人如己的"宽恕"情感；后者则是表达对众人"立"与"达"的爱的情感。这是一种基于对人内心渴求"待人如己"、彼此平等尊重的情感需求理解的移情能力体现，也是对于个体情感的积极自我认识、体验与自我调控的结果。

孟子也认同"仁者爱人",认为一个人有无"仁爱之心"的区别在于,用仁爱去对待他人的态度与方式不同:"仁者以其所爱及其所不爱,不仁者以其所不爱及其所爱。"(《孟子·离娄下》)仁爱与否的两者做法正好相反。一个人能注重"仁爱"情感培养与表达的"爱人者",会得到"人恒爱之"的相互移情表达的情感回应。

心理学研究认为移情是对知觉到的他人情绪体验的情绪反应[1],以及理解他人情绪状态以及分享他人情绪状态的能力(Cohen 和 Strayer,1996)[2]。具备移情表达能力是促进人际情感发展,相互关爱,彼此温暖支持的情感发展能力,是通过教育培养和学习体验而获得的。

孔子对人的爱更具体体现在生活和教育中,注重情感培养,尤其表现在视学生如子的真挚师生情谊的移情表达上。比如,"子谓公冶长,'可妻也。虽在缧绁之中,非其罪也'。以其子妻之。""子谓南容,'邦有道,不废;邦无道,免于刑戮'。以其兄之子妻之。"(《论语·公冶长》)孔子将自己的女儿和侄女分别嫁给了身陷囹圄("缧绁"中)的公冶长和"有道不废"的南容,充分表达了对学生的尊重、贤德的欣赏情感。尤其是对最喜欢的学生颜回所表现出的不是父子胜似父子的"疼爱有加"深厚情感,更值得称道。《论语》记载:季康子问:"弟子孰为好学?"孔子对曰:"有颜回者好学,不幸短命死矣!今也则亡。"在颜渊死后,孔子说"噫!天丧予!天丧予!"当孔子"哭之恸"(哀伤之至而不自知)时,随从问孔子:"子恸矣。"孔子回答说:"有恸乎?非夫人之为恸而谁为!"(《论语·先进》)孔子说我不为他哀伤为谁哀伤呢?可见情感至深,悲痛至极,感人泣下!藉由对于自己和学生的深刻认识,学生处境的理解和同情,而产生肯定、欣赏,喜爱与悲痛的移情情绪反应,表达出肺腑真情,以培养学生的"仁爱"情感。

---

[1] Mehrabian A, Epstein N A, *A measure of emotional empathy*, Journal of Personality, 1972, 40 (4), p. 525.

[2] 刘俊升、周颖:《移情的心理机制及其影响因素概述》,载《心理科学》2008 年第 4 期,第 917 页。

孔子的"仁爱之心"还体现在对事情的态度上以人为重，重视人的价值。比如，一次，有一个马厩失火被焚毁，孔子退朝后关切地问"'伤人乎?'不问马"（《论语·乡党》）。

二　仁爱情感的同理推恩

孟子提出的推恩，是一种具有同理心的正向情感的移情表达，体现了情感的传递功能和传递性特征，是一种个体情感的人际横向维度的发展。移情的心理过程涉及认知和情绪两部分。研究表明，移情的认知成分包括对自我和他人认知上的区分，对他人情绪状态的判断与理解；情绪成分包括情绪感染（对于他人情绪状态或需要的直觉反应）、映射性情绪（移情主体产生了与客体相同的情绪体验）、反应性情绪（包括同情在内的个体随后的情绪性反应）。[1] 个体通过认识到自己和他人之间的存在状态不同，对他人的内在需求和情绪状态能够加以准确判断和理解，并做出适度情绪感染、映射性和反应性情绪等多种情绪反应来完成移情过程。其中，移情的情绪成分就是通常说的做出同理心。

所谓同理（empathy），也称同情或同感，是对他人内心情绪、情感活动感同身受的情感体验，是移情表达过程的必备环节；通常人们会产生直觉的情绪反应和唤起与他人相似的情绪体验，但不一定会产生积极意义上的同情、同感或同理心，或许会被过度关注自我、理智化克制等某些因素所遮蔽而无法表达出来。亚当·斯密认为，人具有怜悯或同情的天性，这种本性是"他关心别人的命运，把别人的幸福看成是自己的事情，虽然他除了看到别人幸福而感到高兴以外，一无所得"[2]。相互同情的愉快是一个人会"把同伴们的感情同自己的感情一致看成是最大的赞赏"[3]；当我们表达同情时，当事人会对我们的同情感到高兴，而为得不到这种同情感到痛心，所以我们在能够同情他时似乎也感到高兴，同

---

① 刘俊升、周颖：《移情的心理机制及其影响因素概述》. 载《心理科学》2008 年第 4 期，第917—921 页。

② 同上，第 917 页。

③ 亚当·斯密：《道德情操论》，蒋自强、钦北愚等译，商务印书馆 2006 年版，第 11 页。

样，当我们不能这样做时也感到痛心①。那么，唤起和扩展一个人的"同情"天性，培养积极的同理心，并正向移情表达到其他人身上，可以促进人们积极向上、健康愉悦的情感发展。

值得注意的是，移情表达需要个体有深切的情感体验与自我觉察，同时，也有对他人情感觉察、感同身受的积极的内在共鸣体验，接下来，才是将自己的原有情感体验和被唤起的共鸣情感加以同感整合，传递出去。

孟子在与齐宣王交谈时，首先充分肯定了其对动物的"仁心"情感，说："无伤也，是乃仁术也，见牛未见羊也。君子之于禽兽也，见其生，不忍见其死；闻其声，不忍食其肉。"进而说："故王之不王，非挟太山以超北海之类也；王之不王，是折枝之类也。老吾老，以及人之老；幼吾幼，以及人之幼。天下可运于掌。诗云：'刑于寡妻，至于兄弟，以御于家邦。'言举斯心加诸彼而已。故推恩足以保四海，不推恩无以保妻子。古之人所以大过人者无他焉，善推其所为而已矣。今恩足以及禽兽，而功不至于百姓者，独何与？"（《孟子·梁惠王上》）这实际上，孟子通过古人胜今人在于"善推其所为"，恩及禽兽不如恩及百姓的比较，帮助齐宣王看清楚事情的本质和关联，唤起齐宣王的"不忍"的同理心，相信"人皆有不忍人之心"，希望能将仁爱的情感推恩于百姓，就像把孝敬自己老人和照顾自己孩子的情感推及到他人身上，是可以做到的，而不是像"挟太山以超北海"那样难以做到。孟子相信并肯定齐宣王有同理心，也有移情表达的推恩能力，并鼓励齐宣王将同理推恩能变成行动，真正惠及百姓，从而治天下可运于掌上，实现王道政治心愿。孟子所认为同理推恩的移情表达体现了一种人性本有的自然情感，大一点、远一点说是"保四海"江山，促国家强盛；近一点、小一点说是"保妻子"和家人，促进夫妻和亲子之间的"仁爱"家庭情感和谐健康发展。

---

① 亚当·斯密：《道德情操论》，蒋自强、钦北愚等译，商务印书馆 2006 年版，第 14 页。

三 爱憎分明的真实情感反应

情感具有两极性特征，比如"悲"与"喜"、"急躁"与"淡定"等。先秦儒家道德情感培养中充分体现了情感的两极性，以坦诚的态度直接表达内心真实情感。孟子提倡"贫贱不能移，富贵不能淫，威武不能屈。此之谓大丈夫。"（《孟子·滕文公下》）这是一种好恶分明，正气凛然的正向情感表达。他认为"庖有肥肉，厩有肥马，民有饥色，野有饿莩，此率兽而食人也。"（《孟子·滕文公下》）只顾自己舒适生活的人，无异于率兽吃人，令人深恶痛绝。

荀子在非议"十二子"时说："墨子蔽于用而不知文。宋子蔽于欲而不知得。慎子蔽于法而不知贤。申子蔽于执而不知知。惠子蔽于辞而不知实。庄子蔽于天而不知人"（《荀子·解蔽》）认为"墨子之非乐也，则使天下乱；墨子之节用也，则使天下贫。"（《荀子·富国》）、宋子"上功用，大俭约而僈差等。"（《非十二子》）其所体现的是对诸子学派观点不赞同的负向情感表达。荀子也会表达出积极肯定的情绪，他称赞孔子、子弓是"通则一天下，穷则独立贵名，天不能死，地不能埋"的大儒，孔子在鲁国阙党做司寇的时候，起到了一个儒者在朝廷做官可以"美政"，在民间可以起到"美俗"的作用。"阙党之子弟罔不分，有亲者取多，孝弟以化之也。儒者在本朝则美政，在下位则美俗。"（《荀子·儒效》）可见荀子对孔子的极其赞美之情。

孔子的爱憎分明情感表达是最为强烈且具代表性的。孔子对于学生"冉有"的做法表达出"鸣鼓而攻之"的愤慨，对学生"子路"的回答微笑无语，对"曾皙"的观点表达出强烈同感共鸣，是儒家"爱憎分明"真实情感反应的很好例证。《论语·先进》中谈到孔子知道其学生冉有当了财富胜过周公而位居诸侯之卿的"季氏"的下属（宰），大肆为之聚敛财富时说道："非吾徒也。小子鸣鼓而攻之，可也。"朱熹认为"小子鸣鼓而攻之，使门人声其罪以责之也。圣人之恶党恶而害民也如此。"又认为"然师严而友亲，故己绝之，而犹使门人正之，又见其爱人之无已也。"（朱熹《论语集注》）前者说明孔子所表达的是"恨铁不成钢"的厌恶、憎恨的真实情感，后者说明其背后是彰显了一种"师严友亲"爱人至深，以至于"爱生无己"的道德情感。

《论语·先进》还记载这样一段情感教育过程：孔子与学生子路、曾皙、冉有、公西华一块讨论各自志向和心愿，当子路说道："千乘之国，摄乎大国之间，加之以师旅，因之以饥馑；由也为之，比及三年，可使有勇，且知方也。"夫子哂之。孔子认为"为国以礼，其言不让，是故哂之。"因为子路不符合礼让仁德的道德要求，所以孔子笑而不语。当曾皙（点）敲击瑟而慢慢停下来，随后回答说自己的想法与其他三个同学不同时，孔子给予鼓励，让他尽情表达。于是曾皙说："莫春者，春服既成。冠者五六人，童子六七人，浴乎沂，风乎舞雩，咏而归。"这是一幅多么其乐融融、人与自然和谐相融的美妙景象，于是孔子喟然叹曰："吾与点也！"孔子深深为其所动，产生极大共鸣，表达了自己内心喜悦、人与自然和谐的情感。这在《论语》中是很特别的记述，发人深省。

四　情感接纳与宽容

心理学家比昂（Bion）提出了"容器"理论。他认为容器是内在、非感觉性的，容器与容纳物在一起的作用是主动的，这种主动性既可以是促进完整和联合的，也可以是破坏性的。① 容器和容纳物之间关系代表着"母亲乳房—婴儿"的原型，在一种爱的关系中彼此互利，妈妈和婴儿都能通过容纳和被容纳的体验共同成长。② 在容器遇到容纳物过程中伴随情感体验，这些体验源自内部和外部的感觉输入。容器寻找容纳物的方式，是将这些情感体验材料转化为视觉、听觉以及感觉印象，然后这些元素被储存在记忆中，便于思考加工，丰富思想内容，比昂称之为"阿尔法功能"。③ 情感体验经过了阿尔法功能的包容加工和转化，便

---

① 琼（Joan）：《思想等待思想者：比昂的临床思想》，苏晓波译，中国轻工业出版社 2008 年版，第 81 页。

② 同上，第 72 页。

③ 同上，第 86 页。

同化为人的心理成分，在发挥内在容器积极容纳整合作用基础上，有利于促进情感发展和人际融洽。

情感发展需要个体培养"容器"的积极情感包容与转化能力，先秦儒家提出了对人对事的情感上做到宽容与包容要求；包容与宽容是同一内涵的不同表述，说明了情感的承载容纳特征。要做到情感宽容需要经历对情感的理解和接纳过程，情感接纳与宽容是积极情感发展的重要环节和情感表达的基础，没有对他人的情感理解、接纳和宽容，要达到移情传递、情感推恩是有困难的。情感接纳需要理解对方的情感表达形式与内容、性质与强度，进而接纳其本质，比较分析情感内涵是为了更好地理解情感；同时，需要宽容正向或负向的情感而不偏废喜好，放大正向情感，将负向情感转化为积极正向情感。

孔子在上述的与学生子路、曾皙、冉有、公西华对话谈论志向和心愿后，表现出对与自己不同的观点和想法的学生的理解和宽容。当学生子路说完之后，孔子表现出"微笑无语"的"接纳"，在曾皙事后问他对于其他学生的看法时说："亦各言其志也已矣。"（《论语·先进》）体现了对学生的观点理解和情感接纳。而孔子认为宰我是"朽木不可雕也，粪土之墙不可圬也；于予与何诛？""始吾于人也，听其言而信其行；今吾于人也，听其言而观其行。于予与改是。"（《论语·公冶长》）孔子尽管认为宰我如朽木、粪墙，自己无话可说，但因宰我的言行改变了自己对人的既重言语又重行为的看法。这真实体现了孔子对白天睡大觉但聪明而不勤奋、有才华而不重修养的宰我①所表达的责备中宽容、称赞的情感。

荀子多次论及包容的重要性和具体做法。

（1）指出宽容的重要性。《荀子·不苟》中说"君子能则宽容易直以开道人"，也就是说有才能的君子是宽容、平易近人、正直无私的，这样，才能以自己的品性去开导他人。而作为臣也需要宽容，应做到："……宽容而不乱，晓然以至道……而能化易，时关内之。"（《荀子·臣

---

① 李泽厚：《论语今读》，安徽文艺出版社 1998 年版，第 129 页。

道》）如果能够宽容待人而不至扰乱原则，采取以正确道理去启发君主等办法，就可以使君主感化转变，时时关照君主并使他接纳正确意见。而作为君王处理政事接触百姓时，除了用礼义应付各种变化之外，重要的是"宽裕而多容，恭敬以先之"（《荀子·致士》），以宽容而不急躁的态度去广泛地容纳贤人，并结合采取恭敬的言行来引导百姓，这是治理政事的开端。

（2）强调宽容协调性。君子在个性的修炼中，要做到宽容和其他品性的协调："君子宽而不慢……恭敬谨慎而容。"（《荀子·不苟》）因为宽容而不怠慢、恭敬谨慎而宽容是德行完备的重要组成；如果因宽容而怠慢他人，在做到恭敬、谨慎同时却不能宽容，那就谈不上德行完备。

（3）注重宽容的广泛性。君子对自己要严，用准绳端正自己，对他人要善于引导和宽容："接人用拙，故能宽容，因众以成天下之大事矣。故君子贤而能容罢，知而能容愚，博而能容浅，粹而能容杂，夫是之谓兼术。"（《荀子·非相》）"贤""智""博""纯"的君子要宽容接纳"少才德""愚蠢""肤浅"和"不纯"的人。由于善于引导和采取宽容心态，就能依靠众人而成就天下大事；由于宽容而使道德品质内涵更加丰富、全面地发展。

孟子也注重宽容，指出宽容的价值和意义，劝导人们培养宽容的情感和品质。

（1）宽容让人进退自如。孟子以自己为例，说明保持心胸坦荡、宽容的重要性，不要一味追求物质利益，守着官禄，说话不得不谨慎小心。孟子说："我无官守，我无言责也，则吾进退，岂不绰绰然有余裕哉?"（《孟子·公孙丑下》）当时孟子"居宾师之位，未尝受禄。故其进退之际，宽裕如此。"（朱熹《孟子集注》）

（2）宽容可以感化他人。孟子认为柳下惠作为圣人具有宽容、敦厚品质和道德情感："柳下惠，不羞污君，不辞小官。进不隐贤，必以其道。遗佚而不怨，阸穷而不悯。与乡人处，由由然不忍去也。……故闻柳下惠之风者，鄙夫宽，薄夫敦。"（《孟子·万章章问下》）由于柳下惠能在言行举止中表现出"不羞""不辞""不隐""不怨"等宽容、仁爱道德品质与情感，则使心胸狭隘的人（"鄙夫"）变得宽容，浅薄的人（"薄夫"）变得敦厚。可见宽容的品质和情感是圣人的特征，也能起到感化他人的作用，希望人们能够去学习效仿培养这样的道德品质与情感。

事实上，宽容是一种胸怀和度量，一种积极温暖的情感，是一个循序渐进、不断积累提升对事物容纳能力的过程。只有具有包容能力的个体才能发展出更丰富的情感。不断培养宽容情感和品质，可以积极提升我们对事物的认识和理解水平："心容，其择也无禁，必自现，其物也杂博，其情之至也不贰。"（《荀子·解蔽》）如果我们内心宽容，允许事物自然呈现的话，就能广泛接纳认识事物，进而专心致志而认识到事物纯正内涵。

同时，宽容可以促进人际关系和情感的积极正向转化。孔子说："不念旧恶，怨是用希。"（《论语·公冶长》）不要总是念叨别人对自己所做得不好的事情，要宽宏大量而不怨恨。作为君子不要像小人一样，而要凡事看人之大，看人所长，成就他人的好事："君子成人之美，不成人之恶，小人反是。"（《论语·子罕》）即使别人对自己有仇怨，也以宽容之心以德报怨："或曰：以德报怨，何如？子曰：何以报德？以直报怨，以德报德。"（《论语·宪问》）这里的"直"是"爱憎取舍"（朱熹《论语集注》），不以一己之私愤而是用恰当的道德规范的德行去对待与己有仇怨的人。由此宽容情感去与人相处，就能消除误解、化解仇恨，改善关系，增进人际亲密情感。

五　培养积极愉悦心境

心境是一种程度不强而持久的情绪状态，与一个人所处的环境有关，具有渲染和弥散性。积极愉悦的心境具有积极的动力作用，促进人产生积极行为，并有助于修正不良认知，提高生活、学习、工作等活动效率，促进道德实践和道德品质发展。

《论语》开篇首句："学而时习之，不亦说乎？有朋自远方来，不亦乐乎？"（《论语·学而》）这体现了"以儒学为骨干的中国文化的特征或精神是'乐感文化'，……作为儒学根本，首章揭示的'悦''乐'，就是此世间的快乐：它不离人世、不离感性而又超出它们"。① 获得快乐感受确实是儒家道德修为中不可缺少的环节。

《论语》中，最能反映以求仁道为人生乐事的是《论语·雍也》中记载的极受孔子称赞的颜回的心态和境界："回也，其心三月不违仁，其余则日月至焉而已矣。""贤哉，回也！一箪食，一瓢饮，在陋巷。人不堪其忧，回也不改其乐。贤哉，回也！"孔子认为只有颜回是潜心修道，内心长久不违仁；颜回呀，真是贤德！在吃的差、住的简陋而别人都不能忍受这种忧愁的情况下，也不改变他内心的快乐，颜回呀，真是贤德！这也是通常赞赏的"孔颜乐处"的潜心修道愉悦心境。"这种境界亦可谓 peak experience（高峰体验，A. Maslow），常是瞬间把握，稍纵即逝，难以长久保持。……宋明理学常以'颜子所好何学论'来描述这一要旨：这'好'当然并非以贫困为乐，而是贫困等等不能改损他的这种心理境界。""'乐'在这里虽然并不脱离感性，不脱离心理，仍是一种快乐；但这快乐是一种经由道德而达到的超道德的稳定'境界'（state of mind）。这里的'忧'，当然也并非一般的忧愁，但可解为 Heidegger 的'畏（死）'或'烦（生）'。"② 其实，孔子本人也是这样的，孔子描述自己："饭疏食饮水，曲肱而枕之，乐亦在其中矣。不义而富且贵，于我如浮云。""其为人也，发愤忘食，乐以忘忧，不知老之将至云尔。"（《论语·述而》）要达到这样置生死困苦于外而乐在其中的愉悦心境，首先，专心乐道"志于仁"的道德意志的引导是基本前提和根本办法，"不仁者不可以久处约（约：困苦环境）"（《论语·里仁》），而这种心境又反过来提升修为"达道"境界。其次，在道德认知上要充分认识到"君子谋道不谋食"、"君子忧道不忧贫"（《论语·里仁》）、"贫而乐"（《论语·学而》）的重要性。再次，在道德修为过程中，要善于学习、乐于学习和践行"仁道"，因为"知之者不如好之者，好之者不如乐之者"（《论语·雍也》），"仁者安仁，知者利仁"（《论语·里

---

① 李泽厚：《论语今读》，安徽文艺出版社 1998 年版，第 28 页。
② 同上，第 149—153 页。

仁》），"圣人之思也，乐"（《荀子·解蔽》），力求做到要像圣人一样在轻松愉快中学习思考"仁道"。最后，要善于调控自己的不良情绪并避免犯同样错误，像颜回一样："好学，不迁怒，不贰过。"（《论语·雍也》）

六　情感升华

孔子在道德情感的培养中，基于宽容和接纳，注重保持愉悦心境，也强调通过不断学习，将朴素的初级情感升华，以提升自身的理智感和审美感水平，最终提升道德感水平。理智感、审美感与道德感一样，是需要经过学习提高培养才能获得的高级情感。理智感是与学习求知高级社会性需要对应的高级情感，审美感是与美丑判断选择的审美需要对应的高级情感。

理智感可以帮助我们更好地选择把握道德学习、认知发展的方向和平衡，获得理性认知的升华的。审美感可以促进道德美感的发展，使道德感得到升华，通过艺术审美而更易被深刻体验。如果从狭义的道德情感定义来看，道德情感仅指与道德品质有关的情感，比如仁爱情感，正义感、谦让宽和；而从儒家道德品质的内涵来看，包括了"仁、义、礼、智、信"五大道德品质，其相对应的情感更广泛一些。除了与前三者分别对应的仁爱情感，正义感、谦让宽和等情感外，与"信"相对应的"信任感"、"坚定感"也是道德情感；与"智"相对应的"理智感"是有助于道德感形成的高级情感。

张岱年说："朱熹解释孟子所说'恻隐之心仁之端也，羞恶之心义之端也，辞让之心礼之端也，是非之心智之端也'云：'恻隐、善恶、辞让、是非，情也。仁义礼智，性也。心统性情者也。'（《孟子集注·公孙丑上》）以恻隐、善恶、辞让、是非为情，……孟子本谓'是非之心，智之端也'，辨别是非的作用是一种认识作用，朱氏却归之于情，未免混淆了立志与情感的界限。"[1] 朱熹认为"是非之心，智之端也"，与

---

①　张岱年：《中国古典哲学概念范畴要论》，中国社会科学出版社1989年版，第197页。

是非紧密相关的智也是一种情感，也就是我们说的理智感，而张岱年认为"是非之智"只能算是理性认识层面而不具备情感属性，其实，只是说明了"智"（智慧、聪明）这一品德的认知特征。先秦儒家十分强调"信"这一道德品质的认知、意志和行为层面的特征，所以在情感培养中，与"信"有关的信任感和坚定感我们也就不加以展开讨论。

审美感是与经过学习培养的审美需要的发展与满足紧密相关的。人皆有爱美之心，孔子强调学生要学习五经六艺中《诗》《礼》《乐》等，都与审美感培养分不开的。审美感的培养又与道德感和道德品质的培养紧密相连。试想，如果当年孔子在与齐王见面时，不能识别齐国有辱鲁国的音乐，怎么能挺身而出，义胆慑人、力挽狂澜，逼齐国退兵让城；不能识别季氏使用了本该天子使用的"八佾"祭祀音乐，又怎能愤而发出"是可忍，孰不可忍？"的正义感？

理智感、审美感和道德感三者是人类经过培养的满足高级需要的情感高级水平，对于个体对事物的情感反应体验、表达起着重要的制约和协调作用，体现了情感的制约和互补性。道德感的培养离不开理智感与审美感的发展，理智感与审美感的提升有助于道德感向积极正向的方面发展。也就是说，一个具有良好道德感的人，也具有一定的审美感和理智感；一个不具备一定审美感和理智感的人，很难想象会表现出良好的道德感。

关于理智感的培养，孔子说："好仁不好学，其蔽也愚；好知不好学，其蔽也荡；好信不好学，其蔽也贼；好直不好学，其蔽也绞；好勇不好学，其蔽也乱；好刚不好学，其蔽也狂。"（《论语·阳货》）也就是说："在孔子看来，所谓'好仁'、'好知'、'好信'、'好直'、'好勇'、'好刚'，那不过是一种朴素的感情。人格的完善是不能停留在朴素感情和低级范围之内的，而必须上升到理性的高度。……唯一的途径就是学习，舍此而无他法。"[①] 通过学习，促进自身成长，避免"愚""荡""贼""绞""乱"和"狂"等缺乏自我管理、适度调控的"理智感"的行为；也可以通过学习《诗》而到达"可以兴，可以观，可以

---

① 张岂之：《中国哲学思想史》，陕西人民出版社1990年版，第34页。

群，可以怨。迩之事父，远之事君。多识于鸟兽草木之名"（《论语·阳货》）。这样可以做到自己的兴趣、志意抒发和怨恨不满的合理的情感表达，观察思考和社群的情感交往能力和理智感得以提升，进而做到侍奉父母、君王的道德行为，达到见多识广的状态。这样的话，就可以成为"学道则爱人"（《论语·阳货》）的君子。

关于审美感的培养，孔子也说通过学习，可以达到"巧笑倩兮，美目盼兮，素以为绚兮"（《论语·八佾》）的美好境界，提高审美感。因为，孔子认为画的如此好看，是"绘事后素"的结果，就是说"先有白色的底子，然后画花。'绘事后素'和'素以为绚'的关键'为'和'事'，也就是'学而时习之'。只有通过学习，才能将人的朴素性情陶冶为完善的人格"。① 这也说明，审美感的培养对道德感和道德品质的培养是有助益的。而且，"志于道，据于德，依于仁，游于艺"（《论语·述而》）。在道德发展过程中，"道、德、仁、艺共四个层次。道是原则，德是道的实际体现，仁是最主要的德，艺（礼乐）是仁的具体表现形式。""春秋时期，有所谓天道与人道，而普通所谓道指人道而言"。② 一个人基于人道的良好"仁德"道德品质修为，有助于增强对事物美丑判断和表达的审美感。

总体看来，先秦儒家道德情感的培养是一个逐渐养成的过程。仁爱情感是道德情感的核心和基础，仁爱情感的移情表达是通过同理推恩来实现对更多人的仁爱关怀表达。在同理推恩过程中，觉察并允许自己真实的爱憎分明的情感反应，并注重培养情感的接纳与包容。在各种生活情境中保持积极愉悦的心境，并将生活中朴素的情感升华为理智感、审美感，最终促进仁爱道德情感的整体发展。

（《东南大学学报（哲学社会科学版）》2013年第2期）

（作者单位：东南大学）

---

① 张岂之：《中国哲学思想史》，陕西人民出版社1990年版，第34页。
② 张岱年：《中国古典哲学概念范畴要论》，中国社会科学出版社1989年版，第24页。